电工·水·电·暖·气·安防与智能化技能全攻略

第 2 版

阳鸿钧　等编著

机 械 工 业 出 版 社

本书内容涉及电工需要掌握的基本知识、基本技能、工艺要求、实际操作、经验技巧、维护维修等方面的知识，对水、电、暖、气、安防、智能等有关的疑问进行了解答。工种涉及家装水电工、物业水电工、建筑水电工、智能电工、通用电工等。

本书适用于新电工入门解惑，老电工提升借鉴。同时，也适于职业院校相关专业的师生、社会人员以及相关电工阅读参考。

图书在版编目（CIP）数据

电工·水·电·暖·气·安防与智能化技能全攻略/阳鸿钧等编著 . —2版 . —北京：机械工业出版社，2016.7
ISBN 978-7-111-54310-7

Ⅰ.①电⋯ Ⅱ.①阳⋯ Ⅲ.①电工技术 Ⅳ.①TM

中国版本图书馆 CIP 数据核字（2016）第 163784 号

机械工业出版社（北京市百万庄大街 22 号 邮政编码 100037）
策划编辑：付承桂 责任编辑：付承桂 张沪光
责任校对：刘志文 封面设计：赵颖喆
责任印制：常天培
北京机工印刷厂印刷（三河市南杨庄国丰装订厂装订）
2016 年 9 月第 2 版第 1 次印刷
184mm×260mm · 21.25 印张 · 515 千字
0 001—3 000 册
标准书号：ISBN 978-7-111-54310-7
定价：59.00 元

凡购本书，如有缺页、倒页、脱页，由本社发行部调换

电话服务 网络服务
服务咨询热线：010-88361066 机 工 官 网：www.cmpbook.com
读者购书热线：010-68326294 机 工 官 博：weibo.com/cmp1952
010-88379203 金 书 网：www.golden-book.com
封面无防伪标均为盗版 教育服务网：www.cmpedu.com

Preface 前言

随着用工制度的改变，电工就业变得灵活。电工除了在原来领域从业外，还有可能在相关领域从业。为此，本书主要针对装饰水电工、物业水电工、建筑水电工、智能电工、通用电工等电工学习水、电、暖、气、安防、智能等方面遇到的疑问进行了解答。

全书由 5 章组成，各章的主要内容如下：

第 1 章有关水方面的知识，主要涉及装饰装修/建筑/物业方面的给水系统、生活污水排水系统、玻璃胶、管道与管槽、PPR、PVC、水龙头与阀、去水组件与连接件/配件、地漏、小便器、蹲便器与坐便器、洗面盆、菜盆、槽盆、浴缸、淋浴器、浴室、泵与水表、喷水灭火系统等有关的基础知识、选择技巧、安装要求和维修技巧方面的知识解答。另外，还介绍了有关识图方面的知识解答。

第 2 章有关电方面的知识，主要涉及电工基础知识，电线、套管、电源、布线与配电箱、插头、插座与开关、空白面板与线盒、灯具与电器有关的选择技巧、安装要求、维修技巧方面的知识解答。

第 3 章有关暖方面的知识，主要涉及热水器、浴霸、室内采暖有关的基础知识、选择技巧、安装要求、维修技巧方面的知识解答。

第 4 章有关燃气方面的知识，主要涉及燃气概述、天然气、煤气、液化石油气、燃器具有关的基础知识、选择技巧、安装要求、维修技巧方面的知识解答。

第 5 章有关安防与智能化方面的知识，主要涉及物业建筑、家居弱电智能基础知识，电视、电话、计算机、电铃、监控系统、门禁系统、报警系统、火灾自动报警系统、音响与广播系统、遥控/红外系统、接地有关的基础知识、选择技巧、安装要求、维修技巧方面的知识解答。

第 1 章 399 种与水相关的疑问攻略，第 2 章 286 种与电相关的疑问攻略，第 3 章 82 种与暖相关的疑问攻略，第 4 章 67 种与燃气相关的疑问攻略，第 5 章 174 种与安防智能相关的疑问攻略，全书共 1008 种疑问攻略，满足了全能电工的需求。

本书适用于新电工入门解惑，老电工提升借鉴。同时，也适合职业院校相关专业师生、社会人员以及装饰水电工、物业水电工、建筑水电工、智能电工、通用电工等阅读参考。

本书由阳鸿钧主编，参加本书编写工作的还有许小菊、阳红艳、阳红珍、许四一、任亚俊、欧小宝、平英、阳苟妹、阳梅开、任杰、许满菊、许秋菊、许应菊、唐忠良、阳许倩、曾丞林、周小华、毛采云、张晓红、单冬梅、陈永、任志、王山、李德、黄庆等。

由于时间仓促，加之编者水平有限，书中错漏之处在所难免，恳请广大读者批评指正。

编　者

目录 Contents

水

1.1 概述

➤ 攻略 1 装饰装修有关术语是怎样的?

答:装饰装修有关术语见表 1-1。

表 1-1 装饰装修有关术语

名　　称	说　　明
建筑装饰装修	建筑装饰装修是为了保护建筑物的主体结构,完善建筑物的使用功能与美化建筑物,它是采用装饰装修材料或饰物对建筑物的内外表面与空间进行各种处理的过程
基体	建筑物的主体结构或围护结构
基层	直接承受装饰装修施工的面层
细部	建筑装饰装修工程中局部采用的部件或饰物

➤ 攻略 2 装修房子有关水与设施的注意事项有哪些?

答:装修房子有关水与设施一些注意事项如下:

1)水槽上方要装灯,如图 1-1 所示。

2)地漏最好位于地砖的一边,如果在地砖的中间无论地砖怎么样倾斜,地漏都不会是最低点。

3)卫生间地漏的位置一定要预先想好,量好尺寸。

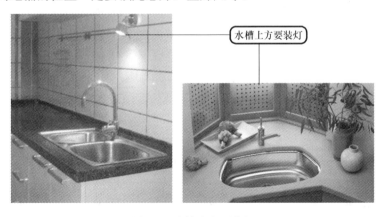

图 1-1　水槽上方要装灯

4）洗手间的淋浴处要做隔断；淋浴房尺寸一定要够大，并用透明玻璃，这样在里面冲凉不会显得狭窄。

5）卫生间如空间够大时，可设计一个小橱放衣服，就不用担心洗澡忘了拿干净的衣服。

6）卫生间应有一个可以拔出来洗发的水龙头。

7）卫生间地砖贴好后，最好在没干前量一下水平，看最低点是不是在地漏处；之后就应试水，如果流水比较缓慢就立即返工。

8）购买坐便器时一定要量好安装坐便器的孔距。

9）卫生间电热水器，应采用双级开关（带插座的面板为宜）。

10）如果地漏中已经装了那种防臭的"碗"，千万别取出来。

11）水管加压测试时间至少在30min以上，最好为1h。

12）水电改造要计划好，开槽要取直线。

13）防水一定要做好，并且做好后一定要试水。

14）在安装橱柜前一定要确认水路是否畅通。

15）餐厅也可以安排气扇，这样吃火锅或做烧烤时就不会弄脏屋厅的天花板。

16）抽油烟机与热水器的排气孔要预先打好。装修前一定要选好抽油烟机、炉具、热水器等，以确定打孔的大小。

17）脸盆尽量选择陶瓷盆，玻璃盆难搞卫生。

18）台下盆安装后的效果比台上盆安装后的效果给人一种秀气的感觉。另外，台下盆安装后比台上盆安装后容易清洁（见图1-2）。

19）选配台下盆水龙头时要注意，考虑到盆边厚度，水龙头嘴要尽量长一些。

20）菜盆水龙头一定要选用能用手背开关的，那种必须用手指的不容易保持清洁，手上有油的时候转动起来也有困难。

a）台下盆　　　　　b）台上盆

图1-2　台下盆与台上盆

21）装洗手盆时要考虑好镜子、放刷牙杯的架子、毛巾架的相对位置。

22）应在洗衣房里做一个洗衣池，便于手洗一些东西。

23）阳台上应设计一个洗污物的水槽。

24）购买镜子时考虑一下镜前灯的位置，如果暂时不想装镜前灯，镜子的大小要能遮住为镜前灯预留的线是最好的。

25）放洗衣机的阳台上可以做个小柜，以方便放一些如洗衣粉之类的杂物。

26）一定要盯着楼上邻居做防水，不然楼上往下滴水，伤的是自己。

27）改水路前就要考虑好将来所装的洗脸盆的大样。

➤ 攻略3　家装用玻璃胶常用什么颜色？

答：一般厨房用透明色（常用位置为水槽、挡水板）；卫生间用白色（因洁具基本是白色的），此为正常使用建议，具体看家装风格而定。玻璃胶如图1-3所示。

玻璃胶建议白色和透明色一起使用，家装主要用到玻璃胶的地方有卫生间（马桶、台盆、浴缸、淋浴房）和厨房（水槽、挡水板），还有阳台门窗。卫生间以洁具为主，家装一般正常用量为，一厨（1支透明色）、一卫（1支白色）、一阳台（1支透明色）。

玻璃胶或者美缝剂打好后造型使用（小弧形、大弧形、直角、阳角、阴角）多功能刮片刮

图1-3 玻璃胶

> **攻略4 给水、排水有关术语是怎样的？**

答：给水、排水有关术语见表1-2。

表1-2 给水、排水有关术语

名 称	说 明
额定工作压力	指锅炉及压力容器出厂时所标定的最高允许工作压力
辅助设备	在建筑给水、排水及采暖系统中，为满足用户的各种使用功能和提高运行质量而设置的各种设备
给水配件	在给水、热水供应系统中，用以调节、分配水量和水压，关断、改变水流方向的各种管件、阀门、水嘴的统称
给水系统	通过管道及辅助设备，按照建筑物、用户的生产、生活、消防的需要，有组织地输送到用水地点的网络
固定支架	限制管道在支撑点处发生径向和轴向位移的管道支架
管道配件	管道与管道或管道与设备连接用的各种零配件的统称
建筑中水系统	以建筑物的冷却水、沐浴排水、盥洗排水、洗衣排水等为水源，经过物理、化学方法的工艺处理，用于厕所冲洗便器、绿化、洗车、道路浇洒、空调冷却、水景等的供水系统为建筑中水系统
卡套式连接	由带锁紧螺母和丝扣管件组成的专用接头而进行管道连接的一种连接形式
排水系统	通过管道及辅助设备，把屋面雨水、生活和生产过程所产生的污水、废水及时排放出去的网络
热水供应系统	为满足人们在生活、生产过程中对水温的某些特定要求而由管道及辅助设备组成的输送热水的网络
试验压力	管道、容器或设备进行耐压强度、气密性试验规定所要达到的压力
卫生器具	用来满足人们日常生活中各种卫生要求，收集、排放生活、生产中的污水、废水的设备
阻火圈	由阻燃膨胀剂制成的，套在硬塑料排水管外壁可在发生火灾时将管道封堵，防止火势蔓延的套圈

> **攻略5 排水系统由哪些系统组成？**

答：排水系统组成的系统有生活排水系统、雨水排水系统。生活排水系统又可以分为厨房排水系统、卫生间排水系统（见图1-4）。

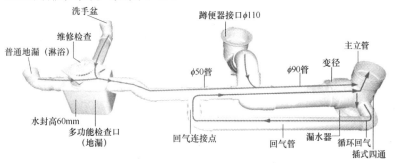

图1-4 排水系统图例

➤ **攻略6 排水系统附件有哪些?**

答:排水系统附件见表1-3。

表1-3 排水系统附件

名　称	说　明
存水弯	存水弯的作用是在其内形成一定高度的水封,通常为50~100mm,阻止排水系统中的有毒有害气体、虫类进入室内,保证室内的环境卫生
检查口	一般装于立管,供立管或立管与横支管连接处有异物堵塞时清掏用,多层或高层建筑的排水立管上每隔一层就应装一个,检查口间距应不大于10m。检查口设置高度一般从地面至检查口中心1m为宜
清扫口	一般装于横管,尤其是各层横支管连接卫生器具较多时,横管长度超过一定长度时,横支管起点应装置清扫口
地漏	通常装在地面须经常清洗或地面有水需排泄处,地漏水封高度不能低于50mm

➤ **攻略7 室内给水系统的分类与敷设形式、组成是怎样的?**

答:室内给水系统分为生活给水系统、生产给水系统、消防给水系统等。室内给水管道的敷设分明装、暗装两种形式。室内给水系统的组成见表1-4。

表1-4 室内给水系统的组成

名　称	说　明
引入管	引入管是把室内管道与室外管网连接起来,一般是在其与室外管网连接处设阀门井
水表节点	水表节点包括水表及其前后的阀门、旁通阀、泄水装置等。一般设置在引入管段的阀门井内,用于计量室内给水系统的总用水量
室内管道	室内管道包括水平、垂直干管、立管、水平支管、立支管等,用于室内用水的输送、分配
给水附件	给水附件包括阀门、水嘴、过滤器等
升压、储水设备	外网不能满足建筑物水压、水量要求时,需要设置水泵、水箱、气压装置、水塔等升压储水设备
室内消防设备	根据建筑物的防火要求及规定,需要设置消防给水系统时,设置消火栓灭火系统或装设自动喷水灭火系统
给水局部处理设备	建筑物所在地点的水质不符合要求、高级宾馆、涉外建筑给水水质要求超出我国现行标准的情况下,需要设置给水深处理设备、局部进行给水深处理

➤ **攻略8 室内生活污水排水系统由哪些设施或部件组成?**

答:室内生活污水排水系统的组成见表1-5。

表1-5 室内生活污水排水系统的组成

名　称	说　明
卫生器具	卫生器具包括便器、面盆等用水设备。要求卫生器具的内表面光滑、不渗水、耐腐蚀、便于清洁卫生
排水管系统	排水管系统包括排水立管、横管、支管等。排水管系统主要作用是将污水快速地排出到室外。其中的排水立管的作用是将各层横管的污水收集并排到排出管,其一般设置在墙角明装,特殊要求也可以采用管槽、管井暗装。排水横管是指连接卫生器具排水管的水平管段,它具有一定的坡度。排水横管的主要作用是将各排水支管的污水收集后排到排水立管。排水支管是连接卫生器具排出口到排水横管部分的管段。排出管是指排水立管与室外第一座检查井间相接的管段
通气装置	通气装置的主要作用是使排水管道与大气相通,从而将排水管道中的臭气、有害气体排放到大气中,以减小管内气压,防止存水弯的水封被破坏,使管道内水流畅通。通气装置包括透气管、排气管、透气帽,其中排气管又称辅助通气管,其是设在最高层卫生器具以上并伸出到屋顶的一段立管
排水管网附件	排水管网附件包括存水弯、地漏等
清通装置	清通装置包括清扫口、检查口等装置。它是用来疏通排水管道,保证管路畅通的作用
检查井	检查井的主要作用是接收排水立管或排出管排出的污(废)水。检查井一般是用砖砌筑或预制成型的一种构筑物

▶ **攻略 9　排水改造的工序与主要步骤的特点是怎样的?**

答:排水改造的工序如下:预制加工→管道安装→固定→通水试验→管口封堵。其主要步骤及特点见表 1-6。

表 1-6　主要步骤及特点

主要步骤	说　明
预制加工	根据所要安装的洁具排水要求,结合实际情况,量好各管道尺寸,然后进行断管。断管的断口需要平齐,断口内外的毛刺需要剔除
管道安装	如果是整体排水改造,则首先需要做干管,然后做支管。正式安装前,需要进行试插,试插合格后,用棉布将插口部位的水分、灰尘擦拭干净,再涂胶粘接(即用力垂直插入)。插入粘接时,将插口稍作转动,以有利于粘结剂分布均匀,待 30~60s 粘接牢固即可,并且在粘牢后立即将溢出的粘结剂擦拭干净
管道固定	如果管道埋在地面,则按坡向坡度开槽,并使用水泥砂浆夯实。如果管道采用托吊安装时,则按坡向做好吊架安装
通水试验	管道安装后需要进行通水试验,以检测是否存在渗漏现象
管口封堵	确认都合格后,可以将所有的管口进行"伞"式封闭

▶ **攻略 10　卫生间为什么要设计成下沉式的?**

答:卫生间一般需要设计成下沉式,下沉 350~400mm,并且将排水横管布置在本层内,防水层设在管道下方,发生堵塞、漏水均在本层解决。为了减少下沉空间,可以选用后排水坐便器、多通道地漏,卫生间吊顶后的高度保证在 2.40m 左右即可。

▶ **攻略 11　室内卫生间常见尺寸是多少?**

答:室内卫生间常见尺寸如下:

1)卫生间面积一般是 3~5m²。

2)浴缸长度一般有三种 1 220mm、1 520mm、1 680mm;宽一般为 720mm,高一般为 450mm。

3)坐便器常见尺寸为 750mm×350mm。

4)冲洗器常见尺寸为 690mm×350mm。

5)盥洗盆常见尺寸为 550mm×410mm。

6)淋浴器高一般为 2 100mm。

7)化妆台长一般为 1 350mm,宽一般为 450mm。

▶ **攻略 12　怎样挑选吊顶材料?**

答:挑选吊顶材料的方法与要点如下:

1)吊顶的材料有很多种,例如有石膏板、铝扣板、铝塑板、PVC 塑料扣板、夹板、防火板等。选购吊灯材料时,需要看它的功能、形式。

2)家居装修中,一般除了厨房、卫生间外,其他的房间都可以使用石膏板吊顶。

3)厨房、卫生间需要选择具有防潮、防火功能的吊顶材料。

4)镂空的吊顶材料不能够用在厨房,因为其很难进行清洁。

5)卫生间因遮盖管线吊顶后往往较低,如果用平板材料,洗澡时水蒸气又无处流通,会凝结成水珠滴在身上。

6）卧室、吧台、书房等房间也可以使用夹板吊顶。木质夹板易受室内温度、湿度影响，容易翘起、开裂、变形、扭曲等。石膏板稳定性要比夹板好。

图1-5　集成吊顶图例

▶ 攻略13　什么是集成吊顶？

答：集成吊顶是金属方板与电器的组合（见图1-5）。集成吊顶分为取暖模块、照明模块、换气模块。集成吊顶具有安装简单、布置灵活、维修方便。集成吊顶成为卫生间、厨房吊顶的主流。

▶ 攻略14　卫生洁具进水口离地、离墙的尺寸是多少？

答：卫生洁具进水口离地、离墙的尺寸见表1-7。

表1-7　卫生洁具进水口离地、离墙的尺寸　　　（单位：mm）

洁具名称	离地距离	冷热进水口间距	进出水口凸出瓷砖的长度	洁具名称	离地距离	冷热进水口间距	进出水口凸出瓷砖的长度
洗菜池	450～500	150	0	热水器	1400	150	0
洗脸盆	450～500	150	0	冲洗阀	800～1000	—	0
混合龙头	800～1000	150	−5	坐便器	150～250	—	0
拖把龙头	600	—	0	洗衣机	1100～1200	—	0

注：表中为实际参考高度。

▶ 攻略15　卫生陶瓷的术语和定义是怎样的？

答：卫生陶瓷的术语和定义见表1-8。

表1-8　卫生陶瓷的术语和定义

名称	说明
安装孔平面	比安装孔半径大10mm的环形平面
斑点	尺寸不超过1mm的异色点。除非数量足以引起变色，小于0.3mm的斑点密集程度不足以引起变色时可不计
便器用水量	一个冲水周期所用的水量
标准面	边长为50mm的正方形面
冲水周期	在冲水装置打开瞬间至供水阀完全关闭瞬间的时间内，完成冲洗便器内壁并补水至水封水位的过程
冲水装置	连接在供水管道和便器之间的一种阀门，启动时，水能以一定速度和预定的水量流到便器里执行冲洗过程，然后慢慢关闭，并使存水弯里重新形成水封
瓷质卫生陶瓷	由黏土或其他无机物质经混练、成型、高温烧制而成的用做卫生设施的、吸水率为0.5%的有釉陶瓷制品
大包	尺寸超过3mm的表面隆起部分
大花斑	尺寸为3～6mm的异色点
挡水堰	便器排水道内控制水位的部位
节水型蹲便器	用水量不大于8L的蹲便器
节水型小便器	用水量不大于3L的小便器
节水坐便器	用水量不大于6L的坐便器

（续）

名 称	说 明
洁具	带配件的陶瓷件
静压力	进水阀关闭时，在水无流动状态下，供水管的水对进水阀的压力
坑包	尺寸不大于 6mm 的凹凸面
孔眼圆度	孔眼最大半径与最小半径的差
临界水位	冲水装置因重力作用或真空作用而流回至供水管道内的最低水位
流动压力	冲水过程中，在水流动状态下，供水管的水对进水阀的压力
排污口安装距	下排式便器排污口中心到完成墙的距离；后排式便器排污口中心到完成地面的距离
配件	与陶瓷件配套使用的洁具配件。如水箱配件、冲洗阀、坐圈和盖、水嘴、软管及排水配件等
熔洞	釉面上尺寸大于 1mm 的孔洞
色斑	尺寸超过 6mm 的异色区或由密集斑点形成的异色区
水封表面面积	当坐便器中水充至存水弯挡水堰时，坐便器中静止的水表面面积
水封深度	从水封水表面到水道入口最高点的垂直距离
水箱（重力）冲水装置	能储存一定水量，开启时由于重力作用而排出定量的水（含供水系统内同时排出的水）进入便器
陶质卫生陶瓷	由黏土或其他无机物质经混练、成型、高温烧制而成的、用做卫生设施的、吸水率小于 8%的有釉陶瓷制品
小包	尺寸为 1.3mm 的表面隆起部分
小花斑	尺寸为 1～3mm 的异色点
压力冲水装置	利用供水水压形成冲水压力的装置。如冲洗阀、压力式冲洗水箱
溢流水位	当洁具排水口关闭或堵塞时，洁具内发生溢流时的水位
釉泡	尺寸不超过 1mm 的表面隆起部分
棕眼	釉面上尺寸不大于 1mm 的小孔

▶ 攻略 16 卫生陶瓷的分类是怎样的？

答：卫生陶瓷的分类见表 1-9。

表 1-9 卫生陶瓷的分类

名 称	说 明
壁挂式洗面器	安装于墙面或托架上的一种洗面器
壁挂式小便器	挂装于墙壁上的一种小便器
壁挂式坐便器	挂装在墙面上的一种坐式大便器。冲洗管道有冲落式、虹吸式的
便器	用于承纳并冲走人体排泄物的一种有釉陶瓷质卫生器
冲落式坐便器	借冲洗水的冲力直接将污物排出的一种便器。其主要特点是在冲水、排污过程中只形成正压，没有负压
低水箱	与坐便器配套的带盖水箱。根据安装方式有挂式低水箱、坐式低水箱
蹲便器	使用时以人体取蹲式为特点的一种便器。其可以分为无遮挡蹲便器、有遮挡蹲便器；根据结构分为有返水弯蹲便器、无返水弯蹲便器
高水箱	与蹲便器配套的无盖水箱，利用高位差产生的水压将污物排走
挂箱式坐便器	水箱挂装在墙面上的一种坐便器
虹吸式坐便器	主要借冲洗水在排水道所形成的虹吸作用将污物排出的一种便器。冲洗时正压对排污起配合作用
净身器	带有喷洗的供水系统与排水系统，洗涤人体排泄器官的一种有釉陶瓷质卫生设备。根据洗涤水喷出方式，分为直喷式净身器、斜喷式净身器、前后交叉喷洗方式净身器

（续）

名　　称	说　　明
立柱式洗面器	下方带有立柱的一种洗面器
连体式坐便器	与水箱为一体的一种坐便器。其冲洗管道有虹吸式、冲落式的
落地式小便器	直立于地面的一种小便器
喷射虹吸式坐便器	在水封下设有喷射道，借喷射水流而加速排污并在一定程度上降低冲水噪声的一种坐便器
水箱	与便器配套，用以盛装冲洗水的一种有釉陶瓷质容器
台式洗面器	与台板组合在一起的一种洗面器
洗面器	供洗脸、洗手用的一种有釉陶瓷质卫生设备。其有悬挂式洗面器、立柱式洗面器、台式洗面器
小便器	专供男性小便使用的一种有釉陶瓷质卫生设备。有壁挂式小便器、落地式小便器之分
旋涡虹吸式连体坐便器	利用冲洗水流形成的旋涡加速污物排出的一种虹吸式连体坐便器
坐浴盆	专供洗浴用的一种有釉陶瓷质卫生设备

▶ 攻略 17　卫生陶瓷坯体厚度是多少？

答：卫生陶瓷任何部位的坯体厚度一般应不小于 6mm。

▶ 攻略 18　卫生陶瓷吸水率是多少？

答：卫生陶瓷吸水率的要求如下：

1）瓷质卫生陶瓷产品的吸水率 $E\leqslant0.5\%$。

2）陶质卫生陶瓷产品的吸水率 $8.0\%\leqslant E<15.0\%$。

▶ 攻略 19　感应卫浴产品有哪些分类？

答：感应卫浴产品的一些分类如下：

1）感应卫浴产品根据使用场所可以分为一般有感应水龙头、感应小便冲水阀、感应大便冲水阀。

2）根据感应方式分可以分为红外线感应卫浴产品、电容式感应卫浴产品。

▶ 攻略 20　感应卫浴产品的选购步骤是怎样的？

答：感应卫浴产品选购主要步骤如下：

1）确认产品的安装使用区域没障碍物。红外线感应产品感应区域内不能有障碍物，感应产品对面不能有镜子，否则会造成误感应。电容式产品不能安装在金属产品上，并且附近不能有大型的金属器具，否则会造成影响。

2）确认所需产品的款式与样式。

3）看质量。

4）看是否环保。

5）使用功能与配件是否齐备，配件质量是否合格。

6）看售后是否有保证。

▶ 攻略 21　怎样保养感应卫浴产品？

答：感应卫浴产品的保养方法与要点如下：

1）平时金属表面一般用清水加软棉布清洁即可，感应器部分不能够用水直接冲洗。

2）避免用硬物擦拭感应卫浴产品的表面。

3）当感应卫浴产品的表面存在污渍时，可用中性清洁剂擦拭，再用干的、柔软的棉布擦干。

4）定期清洗过滤网。

5）安装完成后，注意电池（电源）盒的密封，避免电池（电源）盒的插头被氧化。

6）感应小便（大便）冲水阀电源电池要定期检查。更换电池后要将电池盒螺钉拧紧。

▷ 攻略 22　洗浴五金挂件主要使用材质是什么？它们的特点是怎样的？

答：洗浴五金挂件主要使用材质以及它们的特点见表 1-10。

表 1-10　洗浴五金挂件主要使用材质以及它们的特点

名　称	应　用	优　点	缺　点
不锈钢挂件	目前，该类挂件比较少	不怕磨损、不生锈	样式单一
铜镀铬挂件	该类挂件分为空心、实心，电镀分为亮光、磨砂。空心铜镀铬一般是圆杆挂件，粗方杆挂件一般是空心铜镀铬	空心铜镀铬样式多	空心铜镀铬怕磨损
	全铜实心镀铬挂件一般是方管	全铜实心镀铬挂件做工精细，电镀层比较厚	全铜实心镀铬挂件价格高、样式少
铝合金（或铝镁合金）		不怕磨损	用久了会发乌

▷ 攻略 23　常用盆类有哪些？

答：常用盆类的分类见表 1-11。

表 1-11　常用盆类的分类

名　称	说　明
污水盆	污水盆一般是水磨石制品，其多置于住宅楼、办公楼的厕所内。污水盆作为洗涤拖布、排放污水用
洗涤盆	洗涤盆多为陶瓷制品，主要安装于住宅、食堂的厨房内
洗脸盆	洗脸盆可以分为普通洗脸盆、柱脚洗脸盆。普通洗脸盆的支架安装锚一般是固定在墙上。柱脚式洗脸盆一般是直接安装在地面上。洗脸盆配有冷水接管、热水接管、水龙头。常用的水龙头有普通水龙头、立式铜水龙头、肘式开关水龙头、脚踏开关水龙头
浴盆	浴盆有陶瓷、玻璃钢、搪瓷、塑料等多种制品。浴盆配水可以分为冷水、热水、冷热水混合喷头等形式
化验盆	化验盆主要用于化验室内，可以分为台头式化验盆、托架式化验盆。台头式是将化验盆安装在化验台的端头或侧面上。化验盆常用普通水龙头、鹅头水龙头
妇女卫生盆	妇女卫生盆一般设在卫生间、产科医院。妇女卫生盆可装冷、热水龙头。热水连通管上一般安装转换开关

▷ 攻略 24　聚乙烯、聚氯乙烯、聚苯乙烯、聚丙烯有什么区别？

答：聚乙烯、聚氯乙烯、聚苯乙烯、聚丙烯的区别见表 1-12。

表 1-12　聚乙烯、聚氯乙烯、聚苯乙烯、聚丙烯的区别

名　称	特　点	应　用
聚苯乙烯（PS）	在未着色时为透明状。制品落地或敲打，有金属似的清脆声、光泽、透明很好，类似于玻璃。用手指甲可以在制品表面划出痕迹	文具、杯子、食品容器、家电外壳、电气配件等
聚丙烯（PP）	未着色时呈白色半透明、蜡状。透明度比聚乙烯好，比聚乙烯刚硬	盆、桶、家具、薄膜、编织袋、瓶盖、汽车保险杠等

（续）

名　　称	特　　点	应　　用
聚苯二甲酸乙二醇酯（PET）	透明度很好，强度、韧性优于聚苯乙烯与聚氯乙烯，不易破碎	常用于瓶类制品，如可乐瓶、矿泉水瓶等
聚氯乙烯（PVC）	色为微黄色半透明状，有光泽。透明度胜于聚乙烯、聚苯乙烯，差于聚苯乙烯。其分为软、硬聚氯乙烯，软制品柔而韧，手感粘，硬制品的硬度高于低密度聚乙烯	板材、管材、鞋底、玩具、门窗、电线外皮、文具等
聚乙烯（PE）	未着色时呈乳白色半透明、蜡状。用手摸制品有滑腻的感觉，柔而韧、稍能伸长。一般低密度聚乙烯较软，透明度较好；高密度聚乙烯较硬	手提袋、水管、油桶、饮料瓶、日常用品等

攻略 25　部分塑胶材料抗化性与耐温性是怎样的？

答：部分塑胶材料抗化性与耐温性对比见表 1-13。

表 1-13　部分塑胶材料抗化性与耐温性对比

名　　称	缩写	一般抗化性	长时间最大工作温度/℃	短时间最大工作温度/℃
丙烯氰-13丁烯-苯乙烯树脂	ABS	可抗碱性、抗稀释有机酸、无机酸、抗脂肪族氢类，尤其是油和润滑油；但会被芳香族、酮醚、氯化氢等化学物质所腐蚀	60	70
丁二烯橡胶（丁腈橡胶）	NBR	对石油与油类有相当好的抗化性，但不适合氧化介质	90	120
氟化橡胶	FPM	在橡胶类中是抗化性最好的，对强氧化酸如：浓缩硫酸、硝酸等有相当好的抗化性，除此之外 FPM 对脂肪族、芳香族、油类也有相当好的抗化性；但会被酮、氨以及浓缩氢氧化钠所腐蚀	150	200
聚丙烯	PP	不适用于强酸，如浓缩硝酸、铬酸混合物，可抗许多有机溶剂，但会被含氯溶剂、脂肪族、芳香氢等化学物质所腐蚀	90	100
聚氯乙烯	PVC	可抗一般的酸性、碱性、咸性溶液，但却会被芳香剂、碳化氢、酮、酯类等化学物质所腐蚀	55	60
聚偏二氟乙烯	PVDF	很好的耐高温性、可抗酸咸和有机化学物，会被硫酸气体和强碱氨所腐蚀。在可特定条件下 PVDF 很适合用在酮、酯类、醚、有机械和碱性溶液中	140	150
氯化聚氯乙烯	CPVC	物性同硬质 PVC，但比 PVC 有更好的耐化性、耐高温性、机械性	95	100
三元乙丙橡胶	EPDM	与酮和酯相比，EPDM 有极好的抗臭氧性抗化性，但无法抗脂肪族	90	120
天然橡胶	NR	弹性佳，可以用于一般饮用水，但抗化性是所有橡胶类中最差的，不适合氧化介质。大多用于轮胎、鞋材等	60	90
特氟龙	PTFE	抗一般的酸性、碱性、咸性，在一般溶剂介质中不会被溶解或起变化。会被高温熔碱金属氟和三氟化氯所腐蚀	250	350

攻略 26　怎样鉴定家装水泥的优劣？

答：鉴定家装水泥的优劣的方法与要点如下：

1）质量过硬的水泥应该量足，且水泥袋子很饱满、几乎没有塌陷。

2）用一次性杯子装一点水泥，然后加水搅匀，等静置 0.5h 后，用手戳一戳、捻一捻，如果戳不动捻不开就是好水泥。如果再等一段时间，水泥不能凝固，则说明水泥质量不好。

3）如果贴瓷砖容易起下来，则说明这种水泥质量差。

▶ 攻略 27 什么是晶雅材质、珠光材质、光影材质？

答：晶雅材质、珠光材质、光影材质都是 TOTO 独有的材料。它们的特点见表 1-14。

表 1-14 晶雅材质、珠光材质、光影材质的特点

名 称	说 明
晶雅材质	晶雅石材质是一种高分子复合材料。它由高性能的树脂、先进的胶衣相结合固化而成。相比其他材质，使用晶雅材质的产品具有造型多样、外观圆润大气等特点
珠光材质	珠光材质可以采用珠光胶衣技术，使珠光浴缸散发出珍珠般光泽。保温性、耐热性、厚度、强度、耐污性等具有独特的优势
光影材质	光影材质具有半透明的水晶玻化外观。光影材质可以承受高达 360℃ 的高温，与一般玻璃材质相比，更具有耐敲击、不易被刮伤等特点

▶ 攻略 28 垫片的分类是怎样的？

答：垫片的分类见表 1-15。

表 1-15 垫片的分类

依 据	种 类	细 分
垫片材质	非金属垫片	石棉垫片、合成树脂垫片、高分子垫片、橡胶垫片、动物皮革垫片、植物纤维垫片
	半金属垫片	缠绕式垫片、金属包覆垫片、夹金属丝网垫片
	金属垫片	纯铁垫片、钢垫片、铜垫片、铝垫片、铅垫片等；波形垫片、齿形垫片、环形垫片
垫片形状	环状平垫片、复合型垫片、波纹型垫片、环状垫片	

▶ 攻略 29 钢制法兰型号标记是怎样的？

答：钢制法兰型号标记如图 1-6 所示。

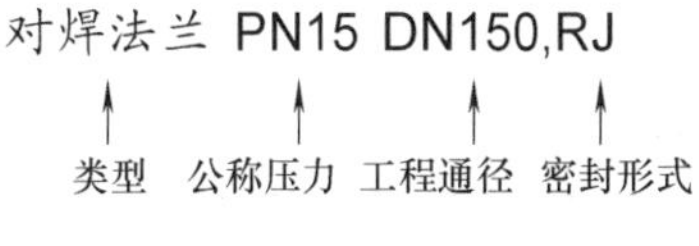

▶ 攻略 30 怎样应用吸气阀？

答：遇到排水立管无法穿越楼层伸出屋面情况，可以通过加大排水管径增加排水能力。如果排水效果不理想，易形成负压，破坏水封。如果在立管顶部设置吸气阀就可以解决该问题。该吸气阀的作用如下：

对焊法兰 PN15 DN150,RJ

类型　公称压力　工程通径　密封形式

图 1-6 钢制法兰型号标记

1）该阀负压时开启吸气，正压时关闭，臭气无法进入室内。

2）替代室外通气帽，使建筑屋面干净美观。

3）替代环形通气管及通气立管，可以节约空间。

4）替代器具透气管，可以保护水封。

5）作为排水检查口，便于疏通管道。

▶ 攻略 31 怎样保养钢化玻璃？

答：保养钢化玻璃的方法与要点如下：

1）不要用尖锐物打击或撞击玻璃表面，以免玻璃破损。

2）不要用天那水类腐蚀性液体擦拭玻璃表面，以免破坏玻璃表面的光泽。

3）不要用粗糙的物料擦拭玻璃表面，以避免划痕玻璃。

▶ 攻略 32   怎样保养铝合金框架？

答：保养铝合金框架的方法与要点见表 1-16。

表 1-16   保养铝合金框架的方法与要点

名　称	说　明
氧化着色类产品（金色、银色、亚银、拉丝银等表面着色类）	相对静电喷涂类产品不容易褪色，但硬度较差。氧化着色类产品不能用粗糙物料、尖锐物体擦拭、刻画表面。铝材表面出现污渍，一般采用中性洗洁液溶水后擦拭
静电喷涂类产品（白色、骨色、蓝色、黄色、红色、紫色等固体喷塑类）	静电喷涂类产品要防止阳光的直射与曝晒、不能用尖锐物刻画表面、不能用腐蚀性液体或材料进行擦拭、不能用粗糙物料（包括牙膏）擦拭表面

▶ 攻略 33   什么是不锈钢？其分类是怎样的？

答：不锈钢是一种合金钢，是一种不容易生锈的钢。以金相组织的分类不锈钢可以分为奥氏体不锈钢、铁素体不锈钢、马氏体不锈钢等。

▶ 攻略 34   不锈钢为什么会生锈？

答：不锈钢具有抵抗大气氧化的能力，也就是具有不锈性，同时也具有在含酸、碱、盐的介质中抗腐蚀的能力，也就是具有耐蚀性。但其抗腐蚀能力的大小是随其钢质本身使用条件、化学成分、相互状态、环境介质类型等不同而异。因此，不锈钢在一定的条件下也会生锈，例如 304 钢管，在干燥清洁的大气中，有抗锈蚀能力，但放到海滨地区，由于含有大量盐分也会生锈。

不锈钢之所以不生锈是其靠表面形成的一层极薄而坚固细密的稳定的富铬氧化防护膜，防止氧原子继续渗入、继续氧化，从而获得抗锈蚀的能力。如果某种原因，破坏了该防护薄膜，则空气或液体中氧原子就会渗入或金属中使铁原子不断地析离出来，形成疏松的氧化铁，金属表面也就锈蚀。这也就是不锈钢为什么会生锈的原因。不锈钢制品如图 1-7 所示。

图 1-7   不锈钢图例

▶ 攻略 35   不锈钢富铬氧化防护膜被破坏的形式有哪些？

答：不锈钢富铬氧化防护膜被破坏的形式有以下几种：

1）不锈钢表面存积含有其他金属元素的粉尘、异类金属颗粒的附着物，在潮湿的空气中，附着物与不锈钢间的冷凝水连成一个微电池，引发电化学反应，破坏保护膜。

2）在有污染的空气中遇冷凝水，形成硫酸、硝酸、醋酸等，引起化学腐蚀。

3）不锈钢表面粘附有机物汁液，在有水氧下，构成有机酸，有机酸会腐蚀金属表面。

4）不锈钢表面粘附含有酸、碱、盐类物质，引起局部腐蚀。

▶ 攻略 36   怎样避免不锈钢生锈？

答：避免不锈钢生锈的一些方法如下：

1）经常对装饰不锈钢表面进行清洁擦洗，去除附着物。

2）海滨地区要使用 316 材质的不锈钢。

3）需要采用化学成分达到国家标准的不锈钢，如果采用不合格材质的不锈钢，则会引起生锈。

▶ **攻略 37　怎样选择拖把池上的配件？**

答：选择拖把池上的配件主要是选择水龙头、下水器。

1）选择水龙头配件需要根据盆上有没有孔来选择。

2）选择拖把池下水器，需要根据实际情况选择塑料下水器还是选择不锈钢下水器、S 形弯下水管、韩式下水管等。

1.2　玻璃胶

▶ **攻略 38　密封胶的分类是怎样的？**

答：密封胶的分类如下：

1）硅酮密封胶：硅酮密封胶是平常所说的玻璃胶。硅酮密封胶又可以分为酸性硅酮密封胶、中性硅酮密封胶。中性硅酮密封胶又可以分为石材密封胶、防火密封胶、防霉密封胶、管道密封胶等。

2）聚氨酯密封胶：聚氨酯密封胶主要用于建筑方面的防水密封，一般比硅酮密封胶价格要高。

3）聚硫密封胶：聚硫密封胶主要用于中空玻璃的密封。

4）丙烯酸密封胶：丙烯酸密封胶主要用于建筑节点的密封，其耐水性一般。

▶ **攻略 39　什么是玻璃胶？**

答：玻璃胶是将各种玻璃与其他基材进行粘接、密封的一种材料。它是一种家庭常用的粘合剂，主要成分是硅酸钠。其易溶于水、有黏性，北方也称为泡花碱，南方也称为水玻璃。

制作玻璃胶时，可将玻璃（主要成分二氧化硅）与氢氧化钠反应，生成玻璃胶与水。另外，玻璃胶也可以由石英砂与碳酸钠高温熔融后和水蒸煮而成，或者由浓碱溶液与石英砂在加压条件下共热制得。

▶ **攻略 40　玻璃胶成分的特点是怎样的？**

答：玻璃胶成分的一些特点见表 1-17。

表 1-17　玻璃胶成分的一些特点

名　　称	说　　明
硅酸钠	在以水为分散剂的体系中为无色、略带色的透明或半透明黏稠状液体
固体硅酸钠	为无色、略带色的透明或半透明玻璃块状体
普通硅酸钠	为略带浅蓝色块状或颗粒状固体，高温高压溶解后是略带色的透明或半透明黏稠液体

▶ **攻略 41　玻璃胶的特点是怎样的？**

答：玻璃胶的一些特点见表 1-18。

表 1-18　玻璃胶的一些特点

名　称	说　明
酸性硅酮玻璃胶	粘接范围广、粘接力强,对大部分建筑材料如玻璃、铝材等具有优异的粘接性。其不能用于粘接陶瓷、大理石等。酸性玻璃胶对部分材料有一定的腐蚀性、刺激性味道大
中性硅酮玻璃胶	中性硅酮玻璃胶可以用于粘接陶瓷洁具、大理石、金属、玻璃等材质,刺激性味道小、粘接力比较弱
水性玻璃胶	水性玻璃胶具有粘接力较弱、固化过程慢、干透后能在上面刷漆。家装过程中用得较少

攻略 42　玻璃胶的常见种类有哪些?

答:玻璃胶的品种很多,有酸性玻璃胶、中性耐候胶、硅酸中性结构胶、硅酮石材胶、中性防霉胶、中空玻璃胶、铝塑板专用胶、水族箱专用胶、大玻璃专用胶、浴室防霉专用胶、酸性结构胶等。

玻璃胶主要有两大类,即硅酮胶和聚氨酯胶(PU)。硅酮胶又可以分为酸性胶、中性胶。中性胶又可以分为结构胶、密封胶、耐候胶。聚氨酯胶又可以分为粘接胶、密封胶。硅酮胶从产品包装上可以分为单组分、双组分。

玻璃胶根据颜色,可以分为白色玻璃胶、黑色玻璃胶、彩色玻璃胶、透明色玻璃胶等。家装用玻璃胶根据性质可以分为中性玻璃胶、酸性玻璃胶、水性玻璃胶。

攻略 43　怎样选择与使用玻璃胶?

答:选择与使用玻璃胶的方法与要点如下:

1)玻璃胶的好坏可以从粘接力、拉力、防霉、易清洁、不变色等方面来判断。

2)家装用的玻璃胶多为硅酮材料。

3)安装镜子,如果用酸性玻璃胶会导致其背面的水银被腐蚀。

4)中性玻璃胶粘接力比较弱,一般用在卫生间镜子背面这些不需要很强粘接力的地方。

5)中性玻璃胶在家装中使用比较多,主要是它不会腐蚀物体。

6)尽量使用中性防霉胶,因为其具有一定的防霉作用,但也不可避免会产生发黑、发霉、变黄等现象。

7)酸性玻璃胶一般用在木线背面的哑口处,粘接力很强。

8)少用酸性胶。酸性胶一般是透明的,容易发黄。特别是安装洁具会从缝隙内部向外渗透发黑。酸性玻璃胶主要用于玻璃与其他建筑材料间的一般性粘接。酸性硅酮玻璃胶会腐蚀或不能粘合铜、黄铜(及其他含铜合金)、镁、锌、电镀金属(及其他含锌合金),砖石料制成物品及碳化铁体基质上也不要使用酸性玻璃胶。移动大于接缝宽度25%的粘接也不适合用酸性玻璃胶。

9)使用玻璃胶要注意防霉。

10)不同情况下应选择不同性能的玻璃胶。如果用错玻璃胶,会导致胶条断裂、发霉、窗户漏水、台面漏水等现象。

11)酸性玻璃胶在固化过程中会释放出刺激性气体,对人的眼睛、呼吸道有刺激性作用。

12)醇型中性胶在固化过程中会释放出甲醇。甲醇有潜在的致癌危险,并且对皮肤、呼吸道有刺激。

13)使用玻璃胶需要在通风良好的环境中使用。

14）使用玻璃胶时，避免进入眼睛或长时间与皮肤接触。

15）使用玻璃胶后需要洗手。

16）玻璃胶不能够让儿童接触。

17）如果玻璃胶不慎溅入眼睛，应用清水冲洗，并随即求医。

18）长期浸水的地方不宜施工硅酮胶。

19）完全密闭处无法固化硅酮胶。

20）避免硅酮胶长时间与皮肤直接接触。

21）家装时常用的玻璃胶根据性能可以分为中性玻璃胶、酸性玻璃胶。

22）使用玻璃胶要防霉。例如玻璃胶用于卫生间，卫生间本来就很潮湿，容易发霉，所以玻璃胶一定要防霉。

> **攻略 44 家装中用到玻璃胶的有哪些地方？**

答：家装中一般使用玻璃胶的地方如下：

1）木线背面哑口处。

2）适用于卫浴设备如淋浴房、浴缸、台盆、坐便器等密封。

3）适用于一般建筑材料防水密封，包括玻璃。

4）铝型材、砖石、混凝土、陶瓷、玻璃纤维及大部分建筑材料的密封。

5）适用于厨房设备如灶具、台阁、水槽等密封。

> **攻略 45 玻璃胶用量如何计算？**

答：例如，一般 330mL 的玻璃胶能打出 5mm 宽、10m 长左右的一条。

> **攻略 46 玻璃胶的固化时间要多久？**

答：玻璃胶的固化时间与胶的粗细、室内温度、室内湿度、涂抹的多少、空气接触面积、胶枪打出来的胶线粗细等有关；玻璃胶的固化时间是随着粘接厚度增加而增加的，例如 12mm 厚度的酸性玻璃胶，可能需 3～4 天才能凝固，但约 24h 内，有 3mm 的外层已固化。

> **攻略 47 怎样选择需要的玻璃胶最划算？**

答：选择需要的玻璃胶的方法如下：

1）选择玻璃胶时需要看胶的净含量、价格比。

2）根据建材产品的实际需要来选择：

① 一般性或临时性粘接、密封，档次不高的装修可以选择质量档次低一些的玻璃胶，从而控制装修成本。

② 如果连表面效果都不需要注重的装修场所可以选择差一些的玻璃胶。

③ 装修要求高标准的场所需要选择质量好的、档次高的玻璃胶。

> **攻略 48 玻璃胶的使用寿命是多久？**

答：普通玻璃胶的寿命一般为 5 年左右，高档玻璃胶寿命一般为 7～8 年。

> **攻略 49 硅酮玻璃胶有什么优点？**

答：硅酮玻璃胶的优点如下：

1）优异的粘接性：无需底漆，可与大多数建筑材料形成很好的粘接力。

2）容易使用：可以随时挤出来使用。

3）中性固化：适用于大多数建筑材料而不会产生不良反应。

4）硅酮胶由于其不会因自身的重量而流动，因此，可以用于装饰材料的过顶、侧壁的接缝。

5）质量好的硅酮玻璃胶在 0℃ 以下使用也不会发生挤压不出、物理特性改变等现象。

6）充分固化的硅酮玻璃胶在温度到 204℃ 情况下使用仍能保持持续有效，但是，温度高达 218℃ 时，有效时间会缩短。

攻略 50　硅酮胶按颜色分为哪几类?

答：硅酮胶按颜色可以分为黑色硅酮胶、瓷白硅酮胶、透明硅酮胶、银灰硅酮胶、灰硅酮胶、古铜硅酮胶等。其他特殊颜色有的是定做的。

攻略 51　硅酮胶按性质分为哪几类?

答：硅酮胶根据性质可以分为酸性胶、中性胶两种：

1）酸性玻璃胶主要用于玻璃与其他建筑材料间的一般性粘接。

2）中性玻璃胶克服了酸性玻璃胶腐蚀金属材料，与碱性材料发生反应的特点。

3）硅酮结构密封胶直接用于玻璃幕墙的金属和玻璃结构或非结构性粘合装配。

攻略 52　怎样使用单组分硅酮玻璃胶?

答：单组分硅酮玻璃胶的使用方法：用打胶枪将它从胶瓶内打出来，然后用抹刀或木片修整表面即可。

玻璃胶未固化前可以用布条、纸巾擦掉，固化后，则可以用刮刀刮去或二甲苯、丙酮等溶剂擦洗。框架式压胶枪外形如图 1-8 所示。

安装玻璃胶的方法如图 1-9 所示。

全铁或半铝柄

图 1-8　框架式压胶枪

用刀割开胶头

拧上胶嘴

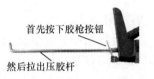
首先按下胶枪按钮

然后拉出压胶杆

放好玻璃胶

图 1-9　安装玻璃胶的方法

攻略 53　怎样使用免钉硅胶?

答：免钉硅胶的使用方法如下：

1）首先切开螺纹线上方的喷嘴，大小、角度需要达到期望值。

2）在需要粘接物的背面挤出两条连续的胶条，并且在 10～15min 内粘贴两个待粘接物。

3）然后在被粘接物体整个表面施加强力。

4）大约在 2min 内，被接粘物体可以重新调整到合适的位置。

5）在镶嵌面板顶端、底端需要使用支撑物进行固定。

6）溢出的胶可用蘸有溶剂油的布擦去即可。

▶ **攻略 54　怎样去除衣服上的玻璃胶?**

答：去除衣服上的玻璃胶的方法如下：

1）用二甲苯去除玻璃胶。

2）用酒精泡。

3）用香蕉水滴在胶水渍上，并且用旧牙刷不断搅刷，待胶水变软脱下后，再用清水漂净。这样反复刷洗，直到刷净为止。

4）首先在有胶水痕迹的衣物背面垫上吸水布，再往胶水痕迹上涂些白醋，最后用棉花蘸水擦洗干净。

5）如装修时不慎将硅酮玻璃胶弄到了棉布裤子上，可以用洗甲水慢慢涂即可把胶水溶解掉，但可能会使衣服掉色。

6）可以用风油精来去除衣服上的玻璃胶。

▶ **攻略 55　怎样去除铝塑板上的玻璃胶?**

答：去除铝塑板上的玻璃胶的方法如下：

1）如果玻璃胶在保护膜上，则把保护膜撕掉即可。

2）如果铝塑板上没有保护膜了，则可以用刀片轻轻地推刮，注意不要弄伤铝塑板。

▶ **攻略 56　怎样去除木地板上的玻璃胶?**

答：去除木地板上的玻璃胶的方法如下：

1）用专用清洁剂去除。

2）如果是酸性玻璃胶，可以用汽油或者碱面洗去除。

3）如果是碱性玻璃胶，可以用信那水洗（信那水也叫天那水、香蕉水、稀料、稀释剂）。

▶ **攻略 57　怎样去除瓷器、玻璃上的玻璃胶?**

答：瓷器、玻璃上去除玻璃胶的方法如下：胶厚且多的地方用刀刮，再用钢丝球擦，然后用水砂纸打磨。

▶ **攻略 58　怎样清洁手上、玻璃上的玻璃胶?**

答：清洁手上、玻璃上的玻璃胶的方法如下：

1）玻璃胶固化后一般是粘不牢手，可以搓几下双手即可。

2）玻璃胶粘在手上或玻璃上没有固化，可以用干净的布条蘸一些丙酮或二甲苯或 120号溶剂油或玻璃胶清洁剂擦拭即可。

3）如果玻璃胶粘在玻璃上已经固化了，则可以用刀片平刮即可。

▶ **攻略 59　玻璃胶为什么会发黑?**

答：玻璃胶发黑的原因：玻璃胶有一定的透气性，表面是一种微孔结构，很容易吸附各种有机物，所以在潮湿的环境下会发霉、发黑。

▶ **攻略 60　中性透明玻璃胶变黄是什么原因?**

答：中性透明玻璃胶变黄的一些原因如下：

1）中性透明玻璃胶变黄的原因如下：胶浆本身存在缺陷，主要是由中性胶内的交联剂与增粘剂引起的。

2）中性透明玻璃胶如果与酸性玻璃胶同时使用，有可能导致中性玻璃胶固化后变黄。

3）中性透明玻璃胶的胶与基材发生反应引起的。

4）中性透明玻璃胶存放时间过长。

▶ 攻略 61　中性玻璃胶固化后表面起皱是什么原因？

答：中性玻璃胶固化后表面起皱的一些原因如下：

1）有位移或振动引起的。

2）玻璃胶本身太稀引起的。

3）基材的膨胀系数较大引起的。

4）玻璃胶内填充料少而加多了增塑剂引起的。

5）施胶太薄固化后引起的。

▶ 攻略 62　酸性玻璃胶用在水泥上为什么容易脱落？

答：酸性玻璃胶用在水泥上脱落的原因是由于酸性玻璃胶在固化时会产生醋酸，并与水泥、大理石、花岗岩等碱性材料的表面发生反应，形成一种物质，从而引起脱落。

▶ 攻略 63　中性玻璃胶干胶后表面为什么有粉末状的东西？

答：中性玻璃胶干胶后表面有粉末状东西的原因如下：

1）胶的原材料选择存在缺陷。

2）原料混合不均匀。

3）施工环境影响，灰尘比较多。

▶ 攻略 64　为什么玻璃胶与胶条反应有变黄的现象？

答：玻璃胶与胶条反应有变黄现象主要是玻璃胶与 PVC 胶条发生反应造成的。

▶ 攻略 65　为什么有些玻璃胶打出来时有盐粒般大小的粒状物，而固化后有些粒状物又自动化解？

答：有些玻璃胶打出来时有盐粒般大小的粒状物，而固化后有些粒状自动化解的原因是选择胶的原材料配方上存在问题。

▶ 攻略 66　为什么在镜子背面打上玻璃胶，一段时间后，镜面会出现花斑或胶的痕迹？

答：镜子常有三种不同的背面镀层，即水银、纯银和铜。如果镜子施胶一段时间后镜面出现花斑，则可能是使用了酸性玻璃胶。因为酸性玻璃胶通常会与这些材质会发生反应，造成镜面看到花斑。

中性胶分为醇型、酮肟型。如果铜底的镜选用酮肟型中性胶，则酮肟会对铜质材质有轻微腐蚀。

因此，用胶前，最好做一个相溶性测试。

▶ 攻略 67　为什么家装时要用质量好的玻璃胶？

答：普通玻璃胶短期内就可能发霉、黄变、脱落，这样会使厨卫产品黯然失色。如果返工，费用远比一支好的玻璃胶要高。

➤ **攻略 68　玻璃胶出现渗油现象是什么原因?**

答：玻璃胶一般出现渗油现象的胶质量不好，说明不是百分百的硅酮玻璃胶，其中增加了石油类增塑剂。增塑剂是一种油性物质，具有溶胀性。破坏了增塑剂与其他成分物质间的平衡，油就会渗出来。

➤ **攻略 69　玻璃胶出现软体颗粒、硬块、黑点是什么原因?**

答：有的玻璃胶分别出现软体颗粒、硬块、黑点，甚至一起出现，主要原因是由于在生产、分装中处理不当，有固化的玻璃胶块、杂物混入造成的。

1）出现软体颗粒、硬块说明可能是表面干得过快或者是分装时桶底与桶面刮胶时所引起的。

2）黑点一般是原材料不干净引起的。

➤ **攻略 70　酸性玻璃胶在什么情况下不能正常使用?**

答：酸性玻璃胶在下面一些情况下不能正常使用：

1）密不通风的场所不能够使用酸性玻璃胶。

2）结霜或潮湿的表面不能够使用酸性玻璃胶。

3）金属、镀膜玻璃的装配不能够使用酸性玻璃胶。

4）会渗出油脂、增塑剂、增塑溶剂的材料不能够使用酸性玻璃胶。

5）大理石、花岗岩、混凝土等碱性物质接触的场合不能够使用酸性玻璃胶。

6）在结构用玻璃上也最好不要用普通酸性玻璃胶。

7）在有磨蚀以及会产生实质弊端的地方不应使用酸性玻璃胶。

8）移动大于接缝宽度 25% 的连接处也不适合使用酸性玻璃胶。

9）砖石料制成物品、碳化铁体基质上不要使用酸性玻璃胶。

10）酸性硅酮玻璃胶会腐蚀或不能粘合铜、黄铜、其他含铜合金、镁、锌、电镀金属，以及其他含锌合金。

11）甲基异丁烯酸盐、聚碳酸、聚丙烯、聚乙烯、特氟隆、聚四氟乙烯制成的材料上使用酸性玻璃胶会无法获得很好的粘接效果和相容性。

12）温度太高、太低，湿度太大、太小都会影响干胶速度，使用酸性玻璃胶也得需要注意。

➤ **攻略 71　中性胶下垂现象是什么原因?**

答：中性胶下垂现象主要原因是胶的触变性不好，下垂度不合格或胶太稀。

➤ **攻略 72　同一等级的胶浆杂色胶会比透明胶粒状物体多的原因是什么?**

答：同一等级的胶浆杂色胶会比透明胶粒状物体多的原因是杂色胶比透明胶要多加颜料，多一道工序，也就意味着多了一个出粒状的可能。如果混合不均匀，就会出现粒状物。

➤ **攻略 73　为何有的高档次硅酮酸性玻璃胶与部分铝塑板等粘接效果不好?**

答：有的高档次硅酮酸性玻璃胶一般是百分之百硅酮玻璃胶，本身材质过硬、缺乏浸润性，可能会与一部分铝塑板、不锈钢、铝合金的相溶性不好。加上其固化速度快，而铝塑板、不锈钢、铝合金的表面又平整光滑，因此，玻璃胶还没完全渗透进铝塑板、不锈钢、铝合金的表面就已经固化，从而会出现粘不牢的现象。

> **攻略 74　中性瓷白色胶为何有时会变成粉红色，而有些胶固化后又变回了瓷白色?**

答：醇型的中性胶可能有变粉红的，胶固化后又变回瓷白色的现象，主要原因是生产原料钛铬合物引起的。钛铬合物本身是红色的，胶的瓷白颜色是胶中的钛白粉在起调色作用。由于胶是有机物，可能存在可逆反应和副反应。如果温度适当，可能引起该现象的发生。好点的中性瓷白胶生产技术、配方可能会没有该现象的发生。

> **攻略 75　为何同一瓶玻璃胶或同一批玻璃胶出现稀稠不一的现象?**

答：同一瓶玻璃胶或同一批玻璃胶出现稀稠不一可能是胶浆混合不均匀，胶内含有填充料，填充料遇到空位就会向空位钻，因此，会出现稀稠不一的现象。

同一瓶胶出现稀稠不一的现象，则可能是由于胶与瓶发生了反应，或是胶已过期。

> **攻略 76　为何有的酸性玻璃胶打在不锈钢门上会起泡?**

答：一般而言，酸性玻璃胶与不锈钢的相溶性不算好。有的酸性玻璃胶打在不锈钢门上会起泡的原因主要是不锈钢有质量问题、酸性胶的 pH 值低、酸性较强等原因引起的。

> **攻略 77　为何玻璃胶打在玻璃上几天未干?**

答：玻璃胶打在玻璃上几天未干的原因：①天气较为寒冷；②胶打得过厚；③环境影响；④胶浆过期；⑤胶有问题。

> **攻略 78　为何玻璃胶在施胶时出现"啪啪"的气泡声?**

答：玻璃胶在施胶时出现"啪啪"的气泡声的一些原因如下：

1）分装时不过关，胶瓶内混入了空气。

2）黑心厂家故意不压紧瓶底盖，瓶中留有空气，给人以装满胶的感觉。

3）胶不是采用百分百硅酮胶，增加的填充料与玻璃胶包装瓶的 PE 软胶发生轻微化学反应，从而出现空气渗入胶浆产生空隙，施胶时打出"啪啪"的气泡声。

> **攻略 79　为何有的中性玻璃胶打在混凝土、金属窗框的结合部位固化后会出现气泡? 应怎样解决?**

答：中性玻璃胶打在混凝土、金属窗框的结合部位固化后出现气泡的一些原因如下：

1）醇型玻璃胶胶在固化中所含的甲醇会释放出气体（甲醇在 50℃左右开始挥发）。遇到太阳直射、高温反应时更强烈一些。

2）混凝土、金属窗框透气难，玻璃胶释放的气体就只能从未完全固化的胶层中跑出来。

3）酮肟型中性玻璃胶胶在固化过程中不会释放出气体，不会产生气泡。　如果质量差的酮肟型中性胶冬天在固化过程中遇冷会出现收缩龟裂现象。

具体解决该问题的方法如下：

1）根据使用时间、基材类型，正确选择恰当的中性胶。一般而言，夏天选择酮肟型，冬天选择醇型。

2）保持施工表面洁净、干燥。

3）夏天施胶时，避开高温时段，即避开 35℃以上高温；同时也要避开太阳直射。

> **攻略 80　为何使用中性玻璃胶胶粘接铝塑板、塑钢门窗效果不好? 应怎样解决?**

答：中性玻璃胶胶粘接铝塑板、塑钢门窗效果不好一般出现在醇型中性胶的应用上。因为铝塑板、塑钢门窗上的材料与醇型硅酮胶的相溶性不好。具体解决该问题的方法如下：

1）选择酮肟型中性胶，可以降低该种现象的发生。

2）如果选择醇型中性胶，则首先可以用丙酮或二甲苯擦一下基材表面，然后待基材表面完全干后再施胶。

1.3 管道与管槽

1.3.1 总述

▶ **攻略 81 管道的分类是怎样的？**

答：管道的分类见表 1-19。

表 1-19 管道的分类

依 据	分 类	再分类或说明
管道的基本特性、服务对象	水暖管道	水暖管道是为生活或为了改变劳动卫生条件而输送介质的管道，一般称为暖卫管道。该种管道常见的有给排水管道、采暖管道等
	工业管道	为生产输送介质的管道。工业管道又可以分为工艺管道、动力管道
介质的压力	工业管道	工业管道根据管内输送的介质压力分为四级： 1）低压管道公称压力应不大于 2.5MPa 2）中压管道公称压力为 4～6.4MPa 3）高压管道公称压力为 10～100MPa 4）超高压管道公称压力应大于 100MPa
	水暖管道	水暖管道属于低压管道，其公称压力应小于 2.5MPa
	特定介质管道	（1）压缩空气管道根据工作压力一般分为以下几种： 1）低压管道工作压力应小于 2.5MPa 2）中压管道工作压力为 2.5～10MPa 3）高压管道工作压力应大于 10MPa （2）乙炔管道根据工作压力一般分为以下几种： 1）低压管道工作压力应小于 0.007MPa 2）中压管道工作压力为 0.007～0.15MPa 3）高压管道工作压力为 0.15～2.5MPa （3）燃气管道根据工作压力一般分为以下几种： 1）低压管道工作压力应不大于 0.005MPa 2）中压管道工作压力为 0.005～0.15MPa 3）次高压管道工作压力为 0.15～0.3MPa 4）高压管道工作压力为 0.3～0.8MPa 5）超高压管道工作压力为 0.8～1.2MPa （4）热力管道包括蒸汽管道、热水管道。根据工作压力一般分为以下几种： 1）低压管道：蒸汽管道工作压力不大于 2.5MPa；热水管道工作压力不大于 4.0MPa 2）中压管道：蒸汽管道工作压力为 2.6～6MPa；热水管道工作压力为 4.1～9.9MPa 3）高压管道：蒸汽管道工作压力为 6.1～10MPa；热水管道工作压力为 10～18.4MPa

（续）

依　据	分　类	再分类或说明
介质的温度	常温管道	常温管道是指工作温度为-40～120℃的管道
	低温管道	低温管道是指管内输送的介质温度在-40℃以下的管道
	中温管道	中温管道是指工作温度在121～450℃的管道
	高温管道	高温管道是指工作温度超过450℃的管道
介质的性质	水、气介质管道	水、气介质管道是指管道内输送的介质是冷水、热水或饱和水蒸气、过热水蒸气的管道
	腐蚀性介质管道	腐蚀性介质管道是指所输送的介质中含有许多腐蚀性介质的管道

▶ 攻略 82　管道的组成部分有哪些？

答：管道也称为管路，通常由管子、管路附件、接头配件组成。

1）管路附件是指附属于管路的部分，例如阀门、过滤器、混水器、漏斗、视镜等。

2）接头配件包括管件（例如三通、四通、大小头、外接头、弯头、活接头、补心等）和连接件（紧固件）（例如法兰、螺母、垫圈、螺栓、垫片等）。

▶ 攻略 83　不同给水管材的特点是怎样的？

答：室内给水常用管材根据材质不同可以分为钢管、铸铁管、塑料管等。钢管、铸铁管常用公称直径 DN 表示其规格，塑料管常用外径 de 表示。不同管材的特点见表 1-20。

表 1-20　不同管材的特点

名　称	说　明
钢管	钢管根据制作工艺不同可以分为焊接钢管、无缝钢管。焊接钢管又可以分为镀锌钢管、非镀锌钢管。钢管镀锌可以起到不使水质变坏、延长使用年限、防锈、防腐等作用 钢管强度高、承受的流体压力大、抗振性能好、长度大、接头少、加工安装方便、重量比铸铁管轻、造价较高、抗腐蚀性差 ①生活用水管采用镀锌钢管；②自动喷水灭火系统的消防给水管道采用镀锌钢管与镀锌无缝钢管，并且要求采用热浸镀锌工艺生产的管子；③水质没有特殊要求的生产用水或独立的普通消防系统允许采用非镀锌钢管
铸铁管	给水铸铁管分为低压管（工作压力不大于 0.45MPa）、普压管（工作压力不大于 0.75MPa）、高压管（工作压力不大于 1MPa）。如果同一条管线上压力不同，需要根据最高值压力来选择。铸铁管具有耐腐蚀性强、使用期长、价格低、重量大、管段长度小、质脆、适宜埋地敷设等。①室内给水管道一般采用普通压力给水铸铁管；②生产与消防给水管也可以采用铸铁管
塑料管	塑料管具有优良的化学稳定性、良好的机械性能、不易燃烧、无不良气味、耐腐蚀、不受酸碱盐油类等物质的侵蚀、质轻而坚、密度为钢的 1/5 等优点。常用的给水塑料管有硬聚氯乙烯塑料管（PVC）、聚乙烯塑料管（PE）、聚丙烯塑料管（PP）、聚丁烯塑料管等
铝塑管	铝塑管具有质轻、耐用、施工方便，但铝塑管的材料很难适应冷热变化，用作热水管使用时，长期的热胀冷缩容易损坏管壁导致渗漏
镀锌管	镀锌管是明令禁止使用的水管管材。以前老房子大部分用的都是镀锌管。镀锌管具有易氧化、易腐蚀、易产生锈垢，并易导致水中重金属含量过高、危害人体健康
铜管、不锈钢管	铜管、不锈钢管具有耐腐蚀特别高、造价较高，普通家庭装修一般不选择铜管、不锈钢管

▶ 攻略 84　室内排水管道常用管材的特点是怎样的？

答：室内排水管道常用管材的特点见表 1-21。

表 1-21　室内排水管道常用管材的特点

名　称	说　明
排水铸铁管	排水铸铁管是用灰口铸铁浇铸制成,主要用于没有压力的排水管。排水铸铁管的管壁比铸铁给水管薄,长度一般为 2m,只有承插式一种形式
碳素钢管	室内排水管有些地方采用低压流体输送用钢管、电焊钢管
石棉水泥管	石棉水泥管根据工作压力可以分为 0.45MPa、0.75MPa、1MPa。石棉水泥管连接方法常用水泥套管连接,再做刚性接口
排水混凝土管	排水混凝土管内径一般为 75～450mm,最小管长一般为 1m,排水混凝土管的连接方式有承插式、套管式
陶土管(缸瓦管)	陶土管可以分为带釉陶土管、不带釉陶土管。根据厚度可以分为普通管、厚管、特厚管。陶土管比铸铁下水管耐腐蚀能力强,但不够结实。陶土管一般适于埋地敷设
硬聚氯乙烯塑料排水管(UPVC管)	硬聚氯乙烯塑料管具有耐腐蚀、重量轻、加工方便等。其广泛用于室内外排水管工程。塑料排水管根据外径可以分为 40mm、50mm、75mm、110mm、160mm 等规格。轻型塑料管适用于压力小于或等于 0.6MPa。重型塑料管适用于压力小于或等于 1MPa。塑料管适用温度为连续排水水温不大于 40℃,瞬时排水水温不大于 80℃

▶ **攻略 85　常用室外给水管道有哪些?**

答:常用的室外给水管道有低压流体输送用镀锌钢管、低压流体输送用焊接钢管、输送流体用的无缝钢管、给水铸铁管、预应力与自应力钢筋混凝土管、石棉水泥管等。其中,低压流体输送用焊接钢管温度使用范围为 0～200℃,压力范围为 1MPa 以下。预应力与自应力钢筋混凝土管主要用于大管径输水工程。

▶ **攻略 86　常用室外排水管道有哪些?**

答:常用室外排水管道有预应力钢筋混凝土管、钢筋混凝土管、陶土管、石棉水泥管、排水铸铁管等。

▶ **攻略 87　常见的水管有哪些?**

答:常见的水管见表 1-22。

表 1-22　常见的水管

名　称	图　例	名　称	图　例
洗脸盆双龙头进水软管	连接头　螺帽　丝　内管　套子　密封圈	防缠绕手持花洒软管	
菜盆单龙头冷热进水软管	螺帽　外丝尖头　也适用于洗脸盆单龙头冷热进水管	不锈钢波纹管	

▶ **攻略88　怎样判断一根软水管的好坏?**

答：判断一根软水管的好坏的方法如下：

1）区分材质。软水管材质主要有不锈钢材质、铝镁合金丝。不锈钢丝的拉力大于铝镁合金丝，不锈钢丝耐腐蚀性好、不易氧化。判断是不锈钢材质还是铝镁合金丝的方法如下：用手摩擦铝镁合金丝软水管表面，手会变成灰的。此外，不锈钢软水管表面颜色黑亮，铝镁合金丝软水管表面颜色苍白暗亮。

2）用鼻子闻软水管水口处是否发出刺鼻气味。管内含胶量越多越不刺鼻（如果含低劣的胶，则有明显刺鼻的气味），且拉力爆破等性能也较好。

3）看软水管的编织效果。如果编织不跳丝、丝不断、不叠丝、密度高则说明编织越好。编织软管密度高低可以通过看每股丝间的空隙与丝径判断。

图1-10　软水管

软水管外形如图1-10所示。软水管的比较如图1-15所示。

▶ **攻略89　水龙头进水软管有哪些特点?**

答：水龙头进水软管的一些特点如下：

1）水龙头进水软管一般采用不锈钢丝编织软管。

2）水龙头进水软管长度有30cm、50cm、60cm、70cm等。

3）冷、热水龙头安装一般需要两根进水软管。

4）冷、热水厨房水龙头常用的进水软管。单水龙头进水软管外形如图1-11所示。

5）水龙头进水软管常见的口径为4分（通用）管（见图1-12）。双头软管是用在热水器与角阀间的连接管进水管，或者用在坐便器与角阀间的连接管进水管。冷水热水面盆水龙头、单冷水龙头也用该双头软管。

图1-11　单水龙头进水软管外形

图1-12　4分口径

▶ **攻略90　不锈钢波纹管有哪些特点?**

答：不锈钢波纹管的一些特点如下：

1）不锈钢波纹管又叫做不锈钢波纹防爆管。

2）不锈钢波纹管常见的规格有4分、6分口径（20mm内丝）等。6分波纹软管主要适用于连接总进水处的水处理设备，例如中央净水机、太阳能热水器、增压泵、前置过滤器、软水机、燃气热水器等。

3）不锈钢波纹管一般适用温度为-10~100℃。

4）不锈钢波纹管具有安装时可适度弯曲、硬度高、耐高压、外观亮、耐腐蚀、抗低温、抗高温等特点性能。

5）不锈钢波纹管适合作为坐便器的进水管、双孔台盆水龙头进水管、热水器等进水配套使用。

6）不锈钢波纹管避免了普通软管橡胶内管老化的现象，橡胶管老化后易爆裂。

图 1-13 不锈钢波纹管外形

不锈钢波纹管外形如图 1-13 所示。

➤ 攻略 91   怎样使用不锈钢波纹管？

答：使用不锈钢波纹管的方法与要点如下：

1）根据安装需要，调整波纹管的长度。

2）根据具体位置，弯曲波纹管管体。

3）把两端螺母旋入连接丝口，调整管体，使之为最佳形态。

4）安装顺序：检查外观、密封圈→安装→密封检查→通水试用。

5）安装前需要关闭水源阀门。

6）不得用尖锐金属等硬物挤压、冲击、碰撞不锈钢波纹管管体。

7）不锈钢波纹管不要接近火源，防止密封圈变形失效。

8）通水试用时，需要仔细观察螺帽连接处、管体是否渗漏。

➤ 攻略 92   花洒软管有哪些特点？

答：有的花洒软管有弹性，可以防止拉断，伸缩自如。花洒软管接口有为全铜螺帽，有的为镀锌产品。常见接口为 4 分国际通用口。花洒软管外形如图 1-14 所示。

➤ 攻略 93   薄壁不锈钢水管产品标记是怎样的？

答：产品标记由产品代号管子外径壁厚与材料代号组成，具体如图 1-15 所示。

图 1-14 花洒软管外形

图 1-15 薄壁不锈钢水管产品标记

➤ 攻略 94   薄壁不锈钢水管焊接有哪些要求？

答：薄壁不锈钢水管焊接的一般要求：咬边夹渣内外面应加工良好，不应有超出水管壁厚负公差的划伤凹坑，水管焊缝表面应没有裂缝气孔，断口应无毛刺等。

➤ 攻略 95   薄壁不锈钢水管的端部锯切平整水管端部的切斜有什么规定？

答：薄壁不锈钢水管的端部应锯切平整水管端部的切斜应符合的规定见表 1-23。

表 1-23 水管端部的切斜

公称直径（DN）/mm	切斜/mm≤	公称直径（DN）/mm	切斜/mm≤
≤20	1.5	>50～100	3
>20～50	2	>100	5

▶ 攻略 96　管道法兰与管子连接有哪些类型?

答:管道法兰与管子连接方式的基本类型有螺纹连接、平焊、对焊、承插焊、松套法兰。各种方式的特点见表 1-24。

表 1-24　管道法兰与管子连接方式

名　称	说　明
松套式法兰	PPR、PVC 类管件法兰一般为松套式法兰。常见的松套法兰一般与翻边短接组合使用,即将法兰圈松套在翻边短接,管子与翻边短接对焊连接,法兰密封面加工在翻边短接上
螺纹式	一般用在镀锌钢管不宜焊接的场合,温度反复波动或高于 260℃、低于-45℃的管道不宜使用。任何可能发生裂隙腐蚀的场合应避免使用螺纹法兰
平焊法兰	将管子插入法兰内孔进行正面、背面焊接。板式平焊法兰刚性较差,焊接时易引起法兰面变形,引起密封面转角而导致泄漏,一般用在压力温度较低,不太重要的管道上
带径平焊法兰	带径平焊法兰的短径使法兰的刚度和承载能力大大提高了。与管子连接的焊接与板式平焊法兰一般为角焊缝结构
承插焊法兰	承插焊法兰与带径平焊法兰相似,只是将管子插入法兰的承插孔中进行焊接,一般只在法兰背面有一条焊缝
对焊法兰	对焊法兰是将法兰焊径端与管子焊接端加工承一定形式的焊接坡口后直接焊接。由于法兰与管子焊接处有一段圆滑过渡,法兰径部厚度逐渐过渡到管壁厚度,降低了结构的不连续性。对焊法兰适用于压力温度波动幅度大或高温、高压和低温管道

▶ 攻略 97　什么是公称压力?

答:公称压力是管子、管件、阀门等在规定温度下允许承受的以压力等级表示的一种工作压力。公称压力符号为 PN,米制单位为 MPa 或 bar,英制单位为 PSI,换算关系为

$$1PSI = 6.89kPa; \quad 1MPa = 10bar$$

米制(欧洲体系 PN)与英制(美洲体系 CALSS)的差别如下:

1)基准温度有差异:公称压力一般表示管道法兰、法兰连接的其他管道组件在某一基准温度下的最大允许工作压力。公称压力中的某一基准温度在公制中为一个较低温度、常温。英制中的这一基准温度为一较高的温度。

2)管线最大允许压力时对应的温度不同:公制管线最大允许压力时对应的温度为低温;英制管线最大允许压力时对应的温度为高温。它们不能通过简单地换算来彼此代替。

▶ 攻略 98　什么是公称通径?

答:公称通径(或叫公称直径)DN 表示管子、管件、阀门等管道器材元件、附件的一种名义内径、称呼直径。公称直径近似于法兰式阀门与某些管子(例如给水铸铁管、下水铸铁管)的实际内径,一般而言,公称通径既不是实际内径也不是外径。

采用公称直径的目的是使管子连接处的口径保持一致,具有良好的通用性、互换性。目前,国内外公称直径分级基本相同。我国公称直径单位为 mm,美国采用 in(英寸)。它们间的换算关系为 1in = 25.4mm。

公称直径用代号 DN 后边表示公称直径尺寸,单位为 mm(单位一般不写)。例如 DN25 表示公称直径为 25mm。

制品的实际内径与外径,由制品的技术标准来规定,但是无论制品的内径与外径多大,管子都能与公称直径相同的管路附件相连接,以达到互换、通用的目的。

▶ **攻略 99 公称压力、试验压力、工作压力有什么特点?**

答：公称压力、试验压力、工作压力的特点见表 1-25。

表 1-25 公称压力、试验压力、工作压力的特点

项 目	说 明
公称压力	管路中的管子、管件、附件均是用各种材料制成的制品。这些制品所能承受的压力受温度的影响，随着介质温度的升高材料的耐压强度逐渐降低。制品在基准温度下的耐压强度称为"公称压力"。公称压力以符号 P_N 表示，公称压力数值写于 P_N 后，单位为 MPa（单位不写）
试验压力	试验压力常指制品在常温下的耐压强度。管子、管件、附件等制品在出厂前以及管道工程竣工后，均应进行压力试验。试验压力常用符号 P_s 表示，试验压力数值写于 P_s 后，单位为 MPa（单位不写）
工作压力	工作压力一般是指给定温度下的操作工作压力
公称压力、试验压力、工作压力的关系	试验压力、公称压力、工作压力间的关系为试验压力≥公称压力≥工作压力

▶ **攻略 100 管径的表达方式有什么规定?**

答：管径的表达方式应符合以下一些规定：

1）塑料管材的管径一般要根据产品标准的方法来表示。

2）钢筋混凝土管（或混凝土管）、陶土管、耐酸陶瓷管、缸瓦管等管材，管径一般以内径 d 表示。

3）水煤气输送镀锌钢管或非镀锌钢管、铸铁管等管材，管径一般以公称直径 DN 表示。

4）无缝钢管、焊接钢管、铜管、不锈钢管等管材，管径一般以外径×壁厚表示。

5）当设计均用公称直径 DN 表示管径时，应有公称直径 DN 与相应产品规格对照表。

6）给水用聚丙烯（PP）管材规格用 de×e 表示（公称外径×壁厚）。

7）建筑排水用硬聚氯乙烯管材规格用 de×e 表示（公称外径×壁厚）。

▶ **攻略 101 怎样区分 4 分和 6 分管?**

答：4 分是英制管道直径长度的叫法，即 1/2in，等于米制的 15mm，具体表达如下：

8 分 = 1in = 25.4mm；6 分 = 3/4in = 20mm；4 分 = 1/2in = 15mm

家居装修时，一般而言理论上总管道用 6 分管（带两个水龙头以上的管路），支管道用 4 分管（单个水龙头的管路）。

一般家居装修管道是以内径计算的，不过管道的丝扣螺纹都是以中径来计算的，常用通径 DN 表示。螺纹分米制（M）与英制（G），管道螺纹一般用英制。

▶ **攻略 102 怎样安装塑料排水管?**

答：塑料排水管的安装方法与要点见表 1-26。

表 1-26 塑料排水管的安装方法与要点

名 称	说 明
排出管安装	排出管安装的方法与要点如下：①埋地敷设时，一般可做 100～150mm 的砂垫层，并且垫层宽不应小于管径的 2.5 倍，坡度与管道坡度相同；②管子铺设后，需要用细土或沙子填到管顶以上至少 100mm 处
排水立管的安装	排水立管安装的方法与要点如下：①根据要求设置固定支架或支件；②进行立管的吊装。安装立管时，一般先将管段吊正，然后安装伸缩节；③再将管端插口插入伸缩节承口橡胶圈中，注意用力应均衡，避免橡胶圈顶歪；④安装完成后，把立管固定；⑤用细石混凝土堵洞

（续）

名　称	说　明
排水横管的安装	排水横管安装的方法与要点如下：①将预制好的管段用钢丝临时吊挂；②检查后，进行打口或粘接；③再迅速摆正位置，并且临时固定；④待粘接固化后，再紧固支承件，⑤拆除临时绑固用铁丝；⑥将接口临时封严，再由土建堵洞

▶ **攻略 103　管子怎样下料?**

答：管子下料的要点如下：

1）干管、立管、支管安装中，需要对管段长度进行测量，并计算出管子加工下料尺寸。管道的下料长度 = 管段长度 − 阀门管件长度 + 螺纹拧入配件或插入法兰内长度。

2）管道下料常用的方法如下：

① 锯割：分手工锯断、电锯切断。

② 磨割：砂轮切割机切割。

③ 刀割：用管子割刀切断管子。

④ 气割：用氧−乙炔焰切割，一般用于 DN100 以上的钢管，镀锌管不允许用气割。

⑤ 凿割：工具有扁凿、榔头，主要用于铸铁管。

管道切割要求切口表面平整、不得有裂纹、毛刺、缩口熔渣、重皮、氧化铁、铁屑等。

▶ **攻略 104　管道连接的方法与要点是怎样的?**

答：管道连接的方法与要点如下：

1）管道连接方法有螺钉连接、焊接、承插连接。

2）加工管螺纹也称套螺纹，其分为手工套螺纹、机械套螺纹。

3）管子螺纹要规整，断丝或缺丝不得大于螺纹总扣数的 10%。

4）管道螺纹连接时，管子外螺纹与管件内螺钉间需要加适当的填料，室内给水管一般采用生胶带、油麻丝、白厚漆等。

▶ **攻略 105　安装钢管管道有什么要求?**

答：安装钢管管道的一些要求如下：

1）管道安装时，首先安装引入管，再安装干管、立管、支管，最后安装配水水龙头。

2）安装需要遵循的原则：先主管、后支管；先地下、后地上；先大管、后小管的原则。

3）当管道交叉中发生矛盾时，要遵循的避让原则：①小管让大管；②低压管让高压管；③辅助管道让物料管道；④支管道让主管道；⑤无压力管道让有压力管道；⑥一般管道让易结晶、易沉淀管道；⑦一般管道让低温管道、高温管道。

▶ **攻略 106　安装排水管的有关标准与要求是怎样的?**

答：安装排水管的有关标准与要求如下：

1）排水胶容易挥发，使用后应随时把盛装胶水的容器瓶封盖。

2）多口粘接时，应注意预留口的方向。

3）室内排水坡向一般为 2.5%。

4）涂抹排水胶时，一般需要先涂抹承口后涂抹插口。

5）排水胶粘接凝固的时间大约为 3min。

6）最低气温低于 0℃ 的地方，所做立管进口超过 4m 必须装设伸缩节。

7）安装排水三通、四通需要注意配件的顺向，90° 转弯处宜用两个 45° 弯头。

8）洗脸盆、沐浴房等用水器具出水口，必须安装存水弯，如果安装是吊管存水弯必须带有检查口。

9）暗埋于地面的排水管管径必须不小于 50mm，蹲便器、坐便器排水管径必须不小于 110mm。

▶ **攻略 107　给水路怎样试压检验？**

答．给水管路试压主要工序：试压前的准备→试压→卸压。各步骤的特点见表 1-27。

表 1-27　各步骤的特点

项　目	说　明
试压前的准备	1）首先逐一把每个出水口打开 2）再用较大水流冲洗一遍各段管路 3）然后用软管将所试压的冷水管、热水管连通 然后将除试压的管道最低一个出水口以外的其他出水口严密封堵
试压	1）将手动试压泵连接在管路的最低出水口处 2）然后打开手动试压泵的进水阀向试压泵的储水仓内充水；舱内注满后水即将管路注水，并且充分排除管内空气，直至预留的最高出水口有水流出时关闭总进水阀并封堵出水口 3）用手动泵对管道缓缓升压，升压到规定的试验压力后停止摇压手动泵 4）查验水路的各个连接点是否渗漏 5）等稳压 12h 后，检查压力降不得超过规定值
卸压	试压合格后，拆下连接软管、外丝，以及用堵头封堵相关水口

▶ **攻略 108　给水路试压检验相关标准与要求是怎样的？**

答：给水路试压检验一些相关标准与要求如下：

1）水路试验压力要求不小于 0.6MPa。

2）稳压需要在 1h 或者以上，压力降不得超过 0.06MPa。

3）热熔连接的管道，水压试验应在管道连接 24h 后进行。

4）试压前，水路管道需要固定好，接头需要明露，并且不得连接配水器具。

5）直埋在地坪面层、墙体内的管道，水压试验必须在封槽前进行，试压合格后才能够继续动工。

6）用于封堵出水口的堵头一般需要选择金属堵头。

7）试压合格后，把冷热水连接软管拆下。

说明：排水管道安装、改造完成后也需要进行相应的通水试验。

▶ **攻略 109　怎样安装铸铁排水管？**

答：铸铁排水管的安装方法与要点见表 1-28。

表 1-28　铸铁排水管的安装方法与要点

名　称	说　明
排出管安装	排出管一般埋地或地沟敷设。埋地管道的管沟需要底面平整，无突出的坚硬物。排出管的埋设深度、坡度需要符合要求。排出管与立管相连一般采用两个 45°弯头或弯曲半径不小于 4 倍管径的 90°弯头。排出管与横管及横管与立管相连，一般采用 45°三通或 45°四通和 90°斜三通或 90°斜四通
立管安装	排水立管一般设在最脏、杂质最多的排水点附近。其安装方式有明敷方式、暗敷方式。排水立管的安装需要在固定支架或支承件设置后进行。一般先将管段吊正，再将管端插口平直插入承口中，安装完后再把立管固定 立管安装时应一些注意事项如下： 1）立管底部的弯管处需要设支墩或采取固定措施 2）铸铁管的固定间距不大于 3m，层高小于或等于 4m 时，立管可安装一个固定件 3）立管上需要设检查口，每隔一层需要设置一个。在最低层与卫生器具的最高层也必须设置 4）检查口中心距地或者楼面距离一般 1m，并高于该层卫生器具上边缘 150mm 5）立管安装时，注意将三通口的方向对准横管方向，三通口与楼板的间距一般大于 250mm，但不得大于 300mm 6）检查口的朝向应便于检修 7）检查口盖的垫片一般选用厚度不小于 3mm 的橡胶片 8）透气管的安装不得与风管、烟道相连接 9）透气管高出屋面不得小于 300mm 10）经常上人的平屋面顶上，透气管需要高出屋面 2m 11）透气管出口 4m 内有门窗者，需要高出门窗顶 600mm 或引向无门窗一侧 12）透气管为了把下水管网中有害气体排到大气中，需要保证管网中不产生负压破坏卫生设备的水封设置
排水横管安装	排水横管一般需要底层在地下埋设、楼板下吊设。排水横管安装的要点与一些注意事项： 1）安装时，先测量要安装的横管尺寸 2）再在地面进行预制 3）再将吊卡装在楼板上，并且调整好吊卡高度 4）再开始吊管。吊装时要将横管上的三通口或弯头的方向及坡度调好 5）吊卡收紧打麻、捻口后，将横管固定于立管上，并把管口堵好 6）横管上吊卡间距不得大于 2m 7）横管与立管的连接和横管与横管的连接，一般采取 45°三通或四通、90°斜三通。一般不采用正四通和 90°正三通连接
排水支立管安装	排水支立管安装的要点与一些注意事项： 1）安装前，检查附件、规格型号、预留孔洞位置、尺寸是否符合要求 2）配置支管时，需要根据卫生器具的种类、数量、尺寸来进行 3）地漏一般需要低于地面 5～10mm，坐便器落水处的铸铁管一般高出地面 10mm
管道连接	管道连接的要点与一些注意事项： 1）排水铸铁承插接口根据实际情况采用石棉水泥、纯水泥、沥青马蹄脂等作填料 2）接口做好后需要进行养护 3）柔性排水铸铁管可以采用橡胶压盖用螺栓紧固 4）排水系统安装后，需要试漏的灌水试验

攻略 110　怎样解决明装管的热膨胀变形问题？

答：解决明装管的热膨胀变形的方法：①使用伸缩接补偿法；②用密集的管卡、吊架约束法；③用膨胀回路补偿膨胀，利用自然拐角或设置。

▶ 攻略 111　管材的线膨胀量是多少?

答：部分管材的线膨胀量见表 1-29。

表 1-29　部分管材的线膨胀量

名　　称	线膨胀量/（mm/m·℃）	名　　称	线膨胀量/（mm/m·℃）
PPR 给水管	0.15	PPR 玻纤增强管	0.06
PPR 纳料抗菌管	0.15	PB 采暖管道	0.13

▶ 攻略 112　PPR、PE-RT、PB 热熔管道怎样施工?

答：PPR、PE-RT、PB 热熔管道施工的一般要点与注意事项如下：

1）选择的管材与管件需要符合设计要求。不得使用有损坏迹象的材料。管道系统安装过程中的开口处应及时封堵。

2）施工安装时需要复核冷、热水管的压力等级与使用场合，并且管道标记需要面向外侧显眼位置。

3）安装时，不得扭轴。

4）穿越街坊道路，覆土厚度小于 700mm 时，需要采用严格的保护措施。

5）管道出地坪处需要设有护管，并且高度需要高出地坪 100mm。

6）穿越基础墙时，需要设置金属套管，并且套管与基础墙应预留孔上方的净空高度，如果设计无规定，则不应小于 100mm。

7）在穿越墙或楼板时，不能够强制校正。

8）塑料管材与其他金属管道平行敷设时需要有一定的保护距离，一般净距离不小于 100mm，并且聚丙烯管需要在金属管道内侧。

9）在室内明装时，需要在土建粉饰完成后进行，并且安装前需要配合土建正确预留孔洞或预埋套管。

10）室内地坪以下管道铺设需要在土建工程回填土地夯实以后，重新开挖进行。严禁在回填土之前使用或未经夯实的土层中铺设。

11）铺设管道的沟底需要平整，不得有突出的尖硬物体。

12）埋地管道回填时，管道周围填土不得夹有尖硬物直接与管壁接触。

13）穿越楼板时，需要设置钢套管，套管高出地面 50mm，并且有防水措施。

14）穿越屋面时，需要采取防水措施，并且穿越前端需要设有固定支架。

15）设置在公共场所部位的给水管需要设在管道井内。

16）明敷的给水立管需要布置在靠近用水量大的卫生器具的墙角、墙边、立柱旁。

17）明敷的水管不得穿越卧室、储藏室、烟道、风道。

18）明敷的水管给水管道需要远离热源，立管距热水器或燃气灶净距不得小于 400mm。

19）穿越地下室等有防水要求处时，应设刚性或柔性钢制防水套管。

20）严禁对给水聚丙烯管材进行明火烘弯。

21）给水聚丙烯管道不得作为拉攀、吊架等使用。

22）直埋暗管封蔽后，应在大墙面或地面标明暗管的位置走向，严禁在管上冲击或钉金属钉等尖锐物体。

▶ 攻略 113 水管道连接有哪些注意事项？

答：水管道连接的注意事项如下：

1）给水塑料管道与金属管件连接时，应用带金属嵌件的塑料管件作为过渡，管件与塑料管材一般采用热熔连接。

2）给水塑料管道与金属管件连接时，管件与金属配件、卫生洁具五金配件一般采用丝扣连接。

3）同种材质的管材与管件连接，需要采用热熔连接。暗敷墙体、地坪面层内的管道不得采用丝扣或法兰连接。

▶ 攻略 114 水路改造需要考虑哪些问题？

答：水路改造需要考虑的问题如下：

1）水路设计首先需要想好与水有关的所有设备的位置、安装方式，以及是否需要热水。

2）要提前想好用燃气热水器，还是电热水器，避免更换热水器种类，导致水路需要重复改造。

3）卫生间留足洗手盆、坐便器、洗衣机、接水拖地等出水口。

4）洗衣机位置确定后，洗衣机排水可以考虑把排水管做到墙里面。

5）洗衣机地漏最好不用深水封地漏。

6）水路改造后需要打压测试。

7）如果要封闭多余的地漏，一定要将排水管与地漏间的缝隙堵死，防止水流倒溢。

8）使用深水封地漏时，需要经常清理。

9）冷热水上水管应保证间距为 15cm、冷热水上水管口高度一致、冷热水上水管口垂直墙面。

10）冷热水上水管口应该高出墙面 2cm，铺墙砖时还应该要求瓦工铺完墙砖后，保证墙砖与水管管口同一水平。

11）卫生间地面要做防水，淋浴区如果不是封闭淋浴房的话，墙面防水层要做到 180cm 高。

12）在抹水泥前一定要做 24h 闭水试验，没有问题了才能铺砖。

▶ 攻略 115 怎样固定配水点？

答：固定配水点的方法与要点如下：

1）水龙头固定在卫生洁具上，角阀是塑料给水管与金属配件相连接的连接件，需要有一内衬内螺纹的镶铜塑料件的过渡配件。

2）卫生间的装饰没有专门为给水、排水横支管修筑的壁龛，因此，配水点处塑料管与水龙头接驳件不是嵌装在墙体内，一般是明敷于墙体外。

3）嵌装在砖墙内的消火栓配件，除将其固定在砖墙体上外，还需要用高标号的水泥砂浆或环氧胶泥将其嵌在墙体内。

4）明装的塑料给水管，终端需要一个金属件接驳。如果支管尽端是水龙头，一般是装弯头或三通件。其中，通件中有一通不通，在不通的一端接上镀锌钢管短管，尾部砸偏，扎入墙体内，然后用水泥砂浆填实。

5）明装的塑料给水管，支管中间用三通接出配水栓，则应用四通件，四通件中有一通不通水。

6）管道支承间距与管径、壁厚、管道弹性模数有关。

7）一般塑料给水管不进行支承间距计算，一般用查表方式进行。

攻略 116　管道怎样暗敷？

答：管道暗敷的方法与要点如下：

1）砖墙管道暗敷时，支管宜在砖墙上开管槽，管道直接嵌入并用管卡将管子固定在管槽内。管槽宽度一般为管子外径 de + 20mm，槽深为管外径 de 多一点，不要使管子露出砖坯墙面即可。槽弯曲半径需要满足管道最小弯曲半径。

2）钢筋混凝土剪力墙暗敷时，支管需要敷设贴于墙表面，并且用管卡子固定在墙面上，待土建墙面施工时，用高标号水泥砂浆抹平，或用钢板网包裹于管道外侧用水泥砂浆抹平，再在外面贴瓷砖等装饰材料。

3）吊顶内敷设时，需要有意倾斜布设，并且做支承架。

4）当一户、有两个卫生间或有三个卫生间并且需要穿过客厅时，可以把管道直埋于地坪找平层的管子（一般只适用于 de20）。埋于找平层中的管子，不得有任何连接件。若要埋设在钢筋混凝土的楼板中必须有套管，并且要有防止混凝浇捣时流入套管的措施。

5）立管需要敷设在管道井中。

6）厨房中的管道需要敷设在柜后，可不必嵌入墙内。暗敷的立管，需要在穿越楼板处做成固定支承点，以防止立管累积伸缩在最上层支管接出处产生位移应力。

7）立管 de≤40mm 的管道除穿越楼板处为固定支承点外，并且需要在每层中间设两个支承点。

8）de≥50mm 立管，层间只可以设一个支承点，支承点可以不必等距离设置。

9）立管布置在管道井中时，需要在立管上引出支管的三通配件处设固定支承点。

10）暗设管道需要在试压后没有渗漏的情况下才能够进行土建施工。

攻略 117　怎样开水管槽？

答：开水管槽的方法如下：

1）根据设施的具体位置，以及水管走向按横平竖直的原则弹线。

2）用切割机、开槽机切到相应深度。管路开槽必须是平行线、垂直线，并且平行走线的管路控制在 60～90cm 高（从地面算起）。

3）再用电锤或用手锤把槽凿到相应深度。有水龙头的管路必须垂直。水管管路深度控制在 3cm。

4）热水管槽标准深度为管径加 15mm；冷水管槽标准深度是管径加 10mm。

攻略 118　封槽的工艺流程是怎样的？

答：封槽的工艺流程为：调制水泥砂浆→湿水→封槽。其中调制水泥砂浆就是调制配比为 1:3 的水泥砂浆用做补槽。顶面补槽的砂浆需要用 801 胶与水泥砂浆结合，再掺入少许细砂即可。湿水就是在墙上、地面开槽处用水将所补槽处湿透。

攻略 119　封槽的相关标准与要求是怎样的？

答：封槽的相关标准与要求如下：

1）补槽前，首先进行隐蔽工程验收；并需要把线管固定牢固；还必须把所补的地方用水湿透。

2）用于墙面补槽的水泥砂浆比为1:3。

3）顶棚的补槽，用801胶+水泥+掺入30%的细砂。

4）补槽平面不能凸出墙面，可以低于墙面1～2mm。

攻略120 镀锌钢管安装管道吊架最大间距是多少？

答：镀锌钢管安装管道吊架最大间距见表1-30。

表1-30 镀锌钢管安装管道吊架最大间距

管道直径/mm		15	20	25	32	40	50	70	80	100	125
最大间距/m	保温管道	1.5	2	2	2.5	3	3	3.5	4	4.5	5
	非保温管	2.5	3	3.5	4	4.5	5	6	6	6.5	7

攻略121 管道井中安装管道有哪些要求？

答：管道井中安装管道的一般要求如下：

1）公共场所部位的给水管一般需要设置在管道井中。

2）在主管的两个支管附近各装一个锚接物，这样，主立管可以在两个楼板间竖直产生膨胀或收缩。

3）竖井中两个锚接点间的距离不能超过3m。

4）主管的分管中装设膨胀支管的要求：①首先计算出线膨胀度再在穿墙前预留长度；②通过不固定方式使其吸收线性膨胀；③通过不同补偿环、弯头来限制线膨胀。

5）还可以采用其他方法来补偿给水管的膨胀现象。

6）埋嵌到墙壁、楼板、样板等处的管道是能够防止膨胀的。

7）管道有符合要求的隔离材料能够允许膨胀，管道外径不宜超过de25，连接方式一般采用热熔连接。

攻略122 外装式管网明敷有哪些要求？

答：外装式管网明敷的一般要求如下：

1）管道安装时，必须根据不同管径、不同要求设置管卡，并且位置要准确、埋设要平整、接触要紧密，且管道表面不得损伤。

2）明敷的给水管不得穿越卧室、贮藏室、烟道、风道。

3）给水管道需要远离热源，立管一般距离热水器、灶边净距不得小于400mm。如果条件不具备，需要加隔热防护措施，但是最小净距也不得小于200mm。

4）采用金属管卡时，金属管卡与管道间用塑料带、橡胶等软物隔垫。

5）金属管配件与给水聚丙烯管道连接处，管卡需要设置在金属管配件一端。

6）明敷的给水立管需要布置在靠近用水量大的卫生器具的墙角、墙边、立柱旁。

7）穿越地下室外壁等处需要有防水处理，一般设刚性或柔性钢制防水套管，并且还有防渗、固定措施。

8）进水设备需要可靠固定，重量不应作用在管道上。

9）水平干管与水平支管的连接、水平干管与立管的连接、立管与每层支管的连接等都需要考虑管道互相伸缩时不受影响。

10）地坪层内布置的管道，需要有定位尺寸，一般沿墙敷设。如果可能遭到损坏，则需要局部管道加保护套管。

11）可以用机械约束的方法防止膨胀 d20～d50。支撑管网一般采用槽钢，吊钩固定在槽上，槽又固定管道。

12）用膨胀回路补偿膨胀 d63～d110。管网方向改变的各处均可利用来补偿线膨胀量，但是一些特殊情况（主要是 d50 以上的管道），需要用一种 U 形膨胀回路。安装锚接物位置时，要把管道分开成各个部分，而膨胀力又能够被导向所需的方向。

13）用密集管卡约束方法来防止膨胀。聚丙烯给水管道因工作温度的升高产生的变形，可以用密集管卡约束变形。不同外径的管道，其管卡支撑中心距离见表1-31。

表 1-31 聚丙烯给水管道管卡支撑中心距离

管材外径/mm	20	25	32	40	50	63	75	90	110
冷水管/mm	480	550	650	720	800	1 020	1 160	1 320	1 620
热水管/mm	300	350	420	500	550	600	700	800	900

1.3.2 PPR

▶ 攻略 123 可以生产冷热水管的 PP 专用材料有哪几种？

答：可以生产冷热水管的 PP 专用材料有以下三种：

1）PPH：PP 加入一定量的增韧助剂经共聚而成，这种原料称为 PPH。

2）PPB：采用 PP 与 PE 嵌段共聚，这种原料称为 PPB。

3）PPR：采用先进的气共聚工艺，PE 在 PP 的分子链中随机、均匀地进行聚合，这种原料称为 PPR。

▶ 攻略 124 PP 管有哪几种？

答：PP 管的种类见表 1-32。

表 1-32 PP 管的种类

名 称	说 明
PPB	PPB 为嵌段共聚聚丙烯，在施工中采用溶接技术，所以也俗称热溶管。PPB 无毒、质轻、耐压、耐腐蚀。PPB 一般来说不但适用于冷水管道，也适用于热水管道、纯净饮用水管道
PPC	PPC 为改性共聚聚丙烯管，性能基本与 PPB 一样
PPR	PPR 为无规共聚聚丙烯管

注：PPC（B）与 PPR 的物理特性基本相似，应用范围基本相同，工程中可替换使用。主要差别：①PPC（B）材料耐低温脆性优于 PPR；②PPR 材料耐高温性好于 PPC（B）；③实际应用中，当液体介质温度不大于 5℃时，优先选用 PPC（B）管；当液体介质温度不小于 65℃时，优先选用 PPR 管；当液体介质温度为 5～65℃，PPC（B）与 PPR 的使用性能基本一致；④国际标准中，聚丙烯冷热水管有 PPH、PPB、PPR 三种，没有 PPC。

▶ 攻略 125 什么是 PPR？

答：PPR 英文名称是 Pentatricopeptide Repeats，PPR 又叫做三型聚丙烯、无规共聚聚丙烯，它是采用无规共聚聚丙烯经挤出成为的管材，注塑成为管件。PPR 是采用气相共聚工艺

使 5%左右 PE 在 PP 的分子链中随机地均匀聚合而成为新一代
管道材料（见图 1-16）。

图 1-16   PPR 管图例

➤ 攻略 126   PPR 有什么特点?

答：PPR 的一些特点如下：无毒、卫生、安装方便、保温
节能、重量轻、耐腐蚀、不结垢、强度高、较好的抗冲击性能、
较好的长期蠕变性能、优异的耐化学物品腐蚀性能、使用寿命
长、较好的耐热性、物料可回收利用等。

➤ 攻略 127   PPR 冷水管与热水管有什么区别?

答：冷水管与热水管的差异如下：

1）冷水管与热水管所能承受的压力不同。

2）热水管的导热系数是金属管的 1/200，
冷水管不存在导热系数。

3）热水管可以通冷水，但是冷水管不可以
通热水。

4）方便区分，有的热水管有红色共挤条，
冷水管没有共挤条。

5）PPR 冷水管与热水管的壁厚不同，冷水
管壁厚较薄。如果经济条件允许，建议全部买
热水管使用。

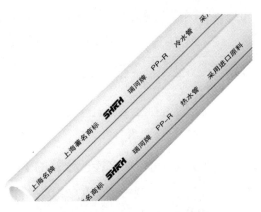

图 1-17   PPR 冷水管与热水管图例

PPR 冷水管与热水管的标注如图 1-17 所示。

➤ 攻略 128   PPR 管有关配件外形是怎样的?

答：PPR 管有关配件外形如图 1-18 所示。

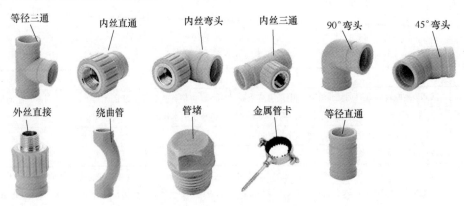

图 1-18   PPR 管有关配件外形

➤ 攻略 129   PPR 管有关配件常见规格是哪些?

答：PPR 正弯头、管套、正三通、45°弯头常见规格为 20mm、25mm、32mm、40mm、
50mm、63mm、75mm、90mm、110mm 等。

PPR 内螺纹弯头、内螺纹管套、外螺纹管套常见规格为 20×1/2、25×1/2、32×1/2、25×3/4、32×3/4、32×1"、40×5/4、50×3/2、63×2"等。

PPR 内螺纹活接常见规格为 20×1/2、25×3/4、32×1"、40×5/4、50×3/2、63×2"等。

▶ **攻略 130　PPR 管有关配件怎样应用？**

答：PPR 管有关配件的应用图例如图 1-19 所示。

PPR 管有关配件的一般参考用量见表 1-33。

图 1-19　PPR 管有关配件的应用图例

表 1-33　PPR 管有关配件的一般参考用量

名　称	二卫生间 一厨房	一卫生间 一厨房	名　称	二卫生间 一厨房	一卫生间 一厨房	名　称	二卫生间 一厨房	一卫生间 一厨房
45° 弯头	10 只	5 只	管卡	60 只	40 只	内丝直弯	13 只	7 只
90° 弯头	70 只	40 只	过桥弯	3 根	1 根	生料带	4 卷	2 卷
PPR 热水管	大约 80m	大约 40m	内丝三通	2 只	1 只	同径三通	14 只	7 只
堵头	13 只	7 只	内丝直接	4 只	2 只	直接头	10 只	5 只

▶ **攻略 131　PPR 管主要用于哪些场所？**

答：PPR 管主要用于的场所如下：

1）建筑物的冷热水系统，包括集中供热系统。

2）建筑物内的采暖系统，包括地板、壁板、辐射采暖系统。

3）直接饮用的纯净水供水系统。

4）中央集中空调系统。

5）输送或排放化学介质等工业用管道系统。

6）目前，家装水管基本上采用 PPR 管。PPR 管的管径为 16～160mm，家装中常用到的主要是 20mm、25mm 两种（也就是分别俗称的 4 分管、6 分管）。

▶ **攻略 132　怎样判断 PPR 螺纹管件的质量好坏？**

答：PPR 螺纹管件的质量好坏可以通过铜嵌件的质量进行判断：好的管件应该有加强防滑筋，内（外）丝接头较光滑，并带有滚花小齿。有的采用双螺纹设计，这样可以在缠绕生料带时防止打滑，接合更严密，更有效地防止滴漏现象（见图 1-20）。

图 1-20　生料带的应用图例

▶ **攻略 133　如何识别 PPR 管与其管件的好坏？**

答：识别 PPR 管与其管件好坏的方法如下：

1）质量好的 PPR 管完全不透光，低劣的 PPR 管有轻微透光或半透光。

2）质量好的 PPR 管手感柔和，低劣的 PPR 管手感光滑。

3）质量好的 PPR 管落地声较沉闷，低劣的 PPR 管落地声较清脆。

4）PPR 管的产品名称为冷热水用聚丙烯管或冷热水用 PPR 管。如果冠以超细粒子改性聚丙烯管或 PPR 冷水管、PPR 热水管、PPE 管等这些非正规名称的可能是低劣的 PPR 管。

5）如果 PPR 检测单位属非专业单位，则 PPR 管可能是低劣的 PPR 管。

6）质量好的 PPR 管呈白色亚光或其他色彩的亚光，低劣的 PPR 管光泽明亮或色彩鲜艳。

7）质量好的 PPR 管使用寿命均在 50 年以上，低劣的 PPR 管使用寿命仅为 1～5 年。

8）质量好的 PPR 管一般采用 100%进口 PPR 原料，低劣的 PPR 管可能采用回收料。

9）质量好的 PPR 管韧性好，可轻松弯成一圈不断裂，低劣的 PPR 管较脆，一弯即断。

10）质量好的 PPR 管包装上信息较全，低劣的 PPR 管包装上信息含糊。

11）质量好的 PPR 管喷字标识具体，低劣的 PPR 管喷字标识模糊。

12）质量好的 PPR 管在安装时，正常的焊接温度下，一般是无烟无味的；低劣的 PPR 安装时，正常的焊接温度下，会冒烟，并有刺鼻的气味。

另外，PPR 质量好坏可以通过捏、摸、闻、砸来判断，见表 1-34。

表 1-34　PPR 质量好坏判断方法

名　　称	说　　明
捏	PPR 管具有相当的硬度，如果随便可以捏成变形的管，则可能不是 PPR 管或者低劣的 PPR 管
摸	摸一摸 PPR 管，如果颗粒粗糙，则可能是掺和了其他杂质
闻	PPR 管应无气味。低劣的 PPR 有气味，则可能是掺和了聚乙烯，而非聚丙烯
砸	好的 PPR 管，回弹性好。容易砸碎的 PPR 管，一般是低劣的 PPR

▶ 攻略 134　如何根据压力选择水管？

答：管材喷码中的 PN 代表公称压力，单位一般为 MPa。公称压力不同的管材，壁厚也不同，选择管材时需要保证管材的公称压力不低于自来水的水压。

▶ 攻略 135　怎样热熔 PPR？

答：热熔 PPR 的方法与要点如下：

1）首先把热熔工具接通电源，等到达工作温度且指示灯亮后才能够开始操作。

2）管材切割一般使用专用管子剪或管道切割机。必要时可使用锋利的钢锯，但切割管材断面应去除毛边和毛刺。

3）切割管材，必须使端面垂直于轴线。

4）管材与管件连接端面必须清洁、干燥、无油污。

5）熔接弯头或三通时，按设计要求，需要注意方向，可以用辅助标志标出位置。

6）连接时，应无旋转地把管端导入加热套内，插入到所标志的深度。同时把管件推倒加热头上，并且达到规定的深度。

7）达到一定的加热时间后，立即把管材与管件从加热套与加热头上同时取下，然后迅速无旋转地直插到所标的深度，使接头处形成均匀的凸缘。

8）刚刚热熔接插好的接头可校正，但严禁旋转。热熔一定时间后，则不能够校正，更不能够旋转。

9）同位置的两个冷水、热水出口必须在同一水平线上平正，并且是左边为热水口、右边为冷水口。给水管出水口位置不能破坏墙面砖与墙砖的边角。

> **攻略 136 热熔 PPR 管的时间要求是怎样的?**

答:热熔 PPR 管有关的时间要求见表 1-35。热熔 PPR 管的前后如图 1-21 所示。

表 1-35 热熔 PPR 管有关的时间要求

管材外径 /mm	熔接深度 /mm	加热时间 /s	插接时间 /s	冷却时间 /s	管材外径 /mm	熔接深度 /mm	加热时间 /s	插接时间 /s	冷却时间 /s
20	14	5	4	2	63	24	24	8	6
25	15	7	4	2	75	26	30	10	8
32	16.5	8	6	4	90	32	40	10	8
40	18	12	6	4	110	38.5	50	15	10
50	20	18	6	4	160	56	80	20	15

注:在室外有风的地方作业时,加热时间延长 50%。

 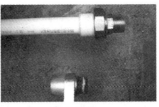

a)热熔前   b)热熔后

图 1-21 热熔 PRR 管的图例

> **攻略 137 怎样熔接弯头、三通?**

答:熔接弯头、三通的要点如下:

1)熔接弯头、三通时,需要根据设计图样的要求进行。

2)熔接时需要注意方向,在管件与管材的直线方向上,用辅助标志标出其位置。

3)连接时,旋转地把管端套入加热器内,插入到所标志的深度,同时,无旋转地把管件推到加热头上直到规定标志处。

4)达到加热时间后,立即把管材、管件从加热套与加热头上同时取下。

5)迅速无旋转且直线均匀地插入到所标深度,使接头处形成均匀凸缘。

6)PPR 管可以采用热熔连接,与其他管材或部件连接可采用专用管件。

7)PPR 管适合于室内敷设,长期日光照射易于老化,不可与铜材管件直接连接。

> **攻略 138 怎样安装 PPR 稳态管?**

答:安装 PPR 稳态管的一些方法与要点如下:

1)安装前,安装人员需要熟悉 PPR 稳态管的性能,掌握操作要点,严禁盲目施工。

2)安装中,要防止油漆、沥青等有机物与 PPR 稳态管、管件接触。

3)施工前,根据图样正确掌握管道、附件等的品名、规格、长度、数量、位置等。

4)PPR 管在热熔连接时,首先应准确进行放样。

5)管道系统安装应对材料的外观、接头配合的公差进行仔细检查,并清除管材、管件内外的污垢、杂物。

6)PPR 铝塑稳态管熔接前,需要完全剥去铝塑复合层。

7）开始熔接前，需要检查铝塑复合层是否被完全清除。

8）管道端部 4～5cm 最好切掉。

9）管道、接头的表面需要保证平衡、清洁、无油污。

10）在管道插入深度处做记号。

11）利用剪刀按使用长度垂直剪断 PPR 管，应保持断口平整不倾斜。

12）管子成直角方向切断后，需要将管端面的毛刺与切割碎屑进行清理。

13）加热后的管材、管件垂直对准推进时用力不要过猛，以防弯曲。

14）室内横支管铺设于地面平层内，室内竖支管铺设于预留的管槽内。

15）室内明装管道一般需要在土建粉饰完毕后进行，安装前，需要复核预留的管槽位置是否正确。

16）将嵌入深度加热后平稳均匀地推入接头中，形成牢固而完美的结合。

17）在加工的时间内刚刚熔接好的接头还可校正，但严禁旋转。

18）冬季施工应避免踩压、敲击、碰撞、抛摔。

19）安装后，必须进行增压测试，试压时间为 30min，打压到 8～10kg，在试验压力下 30s 内压力降不应大于 0.05MPa。

20）家装水管最好放置于吊顶之上，以便于检修。

21）使用带金属螺纹的 PPR 管件，必须使用足够密封带，以避免螺纹处漏水。

22）管件不要拧太紧，以免出现裂缝导致漏水。

23）进入施工现场必须戴好安全帽。

▶ 攻略 139　PPR 给水管改造的主要步骤以及一般步骤的特点是怎样的？

答：PPR 给水管改造主要步骤如下：材料、工具的准备→组装 PPR 热熔器→PPR 管熔接操作→PPR 管的固定。

一般步骤的特点见表 1-36。

表 1-36　一般步骤的特点

项　目	说　明
组装 PPR 热熔器	将热熔器组装好后平稳地放置于地面上，然后将模头上好并且用内六角螺钉旋具拧紧。如果一台热熔器可装多个模头，则小的放在前面，大的放在后面。安装好后检查无误后插上电源（注意需要采用具有接地线的插座），再将温度调到 250～300℃即可
材料、工具的准备	将布管中需要的管材、配件准备好，然后将操作中要用到的剪切器、卷尺、铅笔等放置于方便操作的地方。另外，因为热熔温度较高，PPR 热熔冷却需要时间，因此，操作时需要戴手套

▶ 攻略 140　怎样解决 PPR 给水管热膨胀变形问题？

答：热膨胀变形是材料在受到温度的波动而产生的热胀冷缩而造成的变形。就 PPR 给水管而言，可以忽略其径向变化，主要考虑其长度变化。PPR 给水管线膨胀系数比较大（一般为 0.15mm/m·℃），因此，在明装管道中，需要对其控制。暗敷管路中，由于其膨胀力小，因此，不考虑其变形，但是覆盖管道的泥浆厚度必须大于或等于管道的外径，管道的外径一般宜控制在 32mm 以下。

➤ 攻略 141　PPR 水管开槽要开多深?

答：一根 PPR25 管槽的深度与宽度一般为 3cm 左右。PPR
水管槽图例如图 1-22 所示。

➤ 攻略 142　PPR 管在安装施工中需要注意哪些事项?

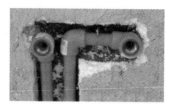

图 1-22　PPR 水管槽图例

答：PPR 管在安装施工中的一些注意事项如下：

1）不同品牌的 PPR 管热熔系数不一样，不推荐两种品牌的
水管连接。

2）正确选择管道总体使用系数（即安全系数 C）。一般场合，长期连续使用温度小于 70℃
时，可选 $C = 1.25$；重要场合，长期连续使用温度大于等于 70℃ 时，并有可能较长时间在更
高温度下运行，可选 $C = 1.5$。

3）用于冷水温度不大于 40℃ 的系统，选用 PN 1.0～1.6MPa 的管材、管件。

4）用于热水系统选用不小于 PN2.0MPa 的管材、管件。

5）钢塑管件的管件的壁厚应不小于同规格管材壁厚。

6）PPR 管较金属管硬度低、刚性差，在搬运、施工过程中应加以保护，避免不适当外
力造成机械损伤。

7）暗敷后要标出管道位置，以免二次装修时破坏管道。

8）PPR 管 5℃ 以下存在一定低温脆性，冬季施工时要注意。

9）切管时要用锋利刀具缓慢切割为适宜。

10）对已安装的管道不能重压、敲击，必要时对易受外力部位应覆盖保护物。

11）PPR 管长期受紫外线照射容易老化降解，如要安装在户外或阳光直射处必须包扎深
色防护层。

12）PPR 管除了与金属管、用水器连接使用带螺纹嵌件或法兰等机械连接方式外，其余
均应采用热熔连接，使管道一体化，没有渗漏点。

13）PPR 管的线膨胀系数较大，在明装或非直埋暗敷布管时必须采取防止管道膨胀变形
的措施。

14）管道安装后在封管（直埋）、覆盖装饰层（非直埋暗敷）前必须试压。

15）冷水管试压压力为系统工作压力的 1.5 倍，但不得小于 10MPa。

16）热水管试验压力为工作压力的 2 倍，但不得小于 1.5MPa。

17）PPR 管明敷或非直埋暗敷布管时，必须按规定安装支架、吊架。

18）PPR 管熔接图例如图 1-23 所示。

做记号

利用PPR管专用剪刀按使用长度垂直
剪断PPR管，应保持断口平整不倾斜

将嵌入深度加热后平稳
均匀地推入接头中

形成牢固而完善的结合

图 1-23　PPR 管熔接图例

攻略143　埋地PPR管敷设有哪些要求?

答:建筑物埋地引入PPR管与室内埋地PPR管敷设的一些要求如下:

1)室内地坪水平坡度以下PPR管道敷设需要分两段进行:首先进行地坪水平坡度以下到基础墙外壁段的敷设,待土建施工结束后,然后进行户外连接管的敷设。

2)PPR管道在穿基础墙时,应设置金属套管。套管与基础墙预留孔上方的净空高度,无规定时不应小于100mm。

3)室内地坪以下PPR管道敷设应在土建工程回填土夯实后,重新开挖进行。严禁在回填土前或未经夯实的土层中敷设。

4)敷设PPR管道的沟底应平整,不得有凸出的坚硬物体。土壤的颗粒径不宜大于12mm,必要时可以铺100mm厚的砂垫层。

5)PP-R管道出地坪处应设置护管,其高度应高出地坪100mm。

6)埋地PPR管道回填时,管的周围回填土不得有坚硬物直接与管壁接触。需要先用沙土或颗粒径不大于12mm的土回填至管顶上300mm处,经夯实后方可回填原土。

7)室内埋地管道的埋置深度不宜小于300mm。

8)PPR管道在穿越街坊道路,覆土厚度小于700mm时,需要采用严格的保护措施。

攻略144　怎样保证PPR材料的质量?

答:要保证PPR管的安装质量,就得把握好、控制好PPR材料的质量关,具体如下:

1)PPR管进场后,应核对管道规格型号是否相符。

2)检查PPR管外表是否有损伤,壁厚是否在允许误差范围内。

3)搬运PPR管材、管件时,不应破坏塑料外包装,避免油污污染,小心轻放,严禁抛、摔、滚、拖。

4)管材和管件不得露天存放,防止阳光直射。

5)PPR管材一般堆放在平整的货架上,避免管材弯曲,堆置高度不得超过15m。

攻略145　PPR管材的颜色与质量有直接关系吗?

答:平时见到的PPR管多为白色、绿色、灰色。PPR管材的有毒无毒不取决于外表颜色,取决于它的内在质量。PPR的各种颜色是生产厂家根据有关规定与用户的需求,在原料中分别加入了白色、绿色、灰色等色母粒,从而生产出白色、绿色、灰色等PPR管材。管材有毒、无毒取决于管材内部铅、锡、汞、镉、氯乙烯单体的含量是否符合规定标准。

攻略146　家居PPR水管需要选配多少三角阀、软管?

答:PPR水管选配三角阀(见图1-24)、软管时,对于一卫一厨户型各参考选配6~8只,对二卫一厨户型各参考选配8~12只。具体应根据装饰要求、设计来选择。

图1-24　三角阀外形图例

攻略147　怎样处理水管做完后有些内丝弯头不平行或露出墙面的情况?

答:水管安装完毕后,封水管时需要调整水管平行度,具体一些要求如下:

1)淋浴两出水口中心距为15cm。

2)内丝弯头深度以贴墙砖厚度为主,以免墙砖与水管内丝弯头不平行或露出墙面。

▶ **攻略 148 管道怎样试压?**

答: 管道试压的方法与要点如下:

1) 管道内充满水, 彻底排净管道内的空气。

2) 用加压泵将压力增到试验压力。

3) 每隔 10min 重新加压到试验压力, 重复两次。

4) 记录最后一次泵压 10min 及 40min 后的压力, 压差不得大于 0.06MPa。

5) 试压结束后再过 2h, 压力下降不应超过 0.02MPa。

1.3.3 PVC

▶ **攻略 149 PVC 有哪几种?**

答: PVC 可分为软 PVC、硬 PVC。其中, 软 PVC 一般用于地板、天花板、皮革的表层。软 PVC 中含有柔软剂容易变脆、不易保存。硬 PVC 不含柔软剂, 柔韧性好、易成型、不易脆、无毒无污染、保存时间长。

▶ **攻略 150 怎样辨别 PVC 管的好坏?**

答: 辨别 PVC 管好坏的方法如下:

1) 如果其表面光滑平整光洁度好的, 则 PVC 管较好。

2) 摔: 容易摔碎的一般是高钙产品, 也就是质量低劣的产品。

3) 脚踩: 脚踩管材边, 看是否裂开或者裂开后的断裂伸长率。如果能开裂或开裂长度长, 均属于质量低劣的产品。

4) 耐候性: 拿到高温高光的地方放几天, 看表面变化率。如果表面变皱, 则说明是质量低劣的产品。

▶ **攻略 151 怎样连接 PVC 管卡?**

答: 连接 PVC 管卡的方法如图 1-25 所示。

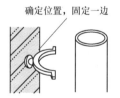

确定位置, 固定一边   装上另一边, 调整螺钉即可

图 1-25 连接 PVC 管卡的方法

▶ **攻略 152 建筑 PVC 排水管件是怎样连接的?**

答: 建筑 PVC 排水管件连接如图 1-26 所示。

▶ **攻略 153 硬聚氯乙烯管 (UPVC) 有哪些特点?**

答: 硬聚氯乙烯管 (UPVC) 的一些特点如下:

1) 排水用的是 UPVC 管材、管件具有重量轻、耐腐蚀、强度较高、使用寿命一般可达 30~50 年、管材内壁光滑、流体摩擦阻力小等特点。

2) UPVC 管径比公称直径大一号, 例如 DN100 就是 UPVC110, DN150 就是 UPVC160。

3）UPVC 管件常见的有斜三通、四通、弯头、管箍、变径、管堵、存水弯、管卡、吊架等。

攻略 154　硬聚氯乙烯（UPVC）管材的种类有哪些?

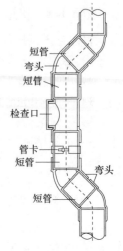

图 1-26　建筑 PVC 排水管件连接简图

答：硬聚氯乙烯（UPVC）管材是以聚氯乙烯树脂为主要原料，经挤出成型用于给水或建筑物内排水的管材。硬聚氯乙烯管材也称 UPVC 给水管材、UPVC 排水管材。硬聚氯乙烯（UPVC）管件是以聚氯乙烯树脂为主要原料，经注塑或管材弯制成型的用于给水、建筑物内排水的管件。硬聚氯乙烯（UPVC）管件简称 UPVC 给水管件、UPVC 排水管件。

建筑排水用硬聚氯乙烯管材、建筑排水用硬聚氯乙烯管件根据连接方式可以分为胶粘剂连接型管件、弹性密封圈连接型管件。给水用硬聚氯乙烯管材、给水用硬聚氯乙烯管件根据连接方式可以分为粘接式承口管件、弹性密封圈式承口管件。

攻略 155　硬质聚氯乙烯（UPVC）施工工艺流程是怎样的?

答：硬质聚氯乙烯（UPVC）施工工艺流程：施工准备→预制加工→干管安装→立管安装→支管安装→卡架固定→封口堵洞→闭水试验→通水试验→通球试验。

攻略 156　怎样安装硬质聚氯乙烯（UPVC）干管?

答：安装硬质聚氯乙烯（UPVC）干管的方法与要点如下：

1）根据设计要求的坐标、标高，打好过墙等孔洞。

2）施工前，根据各受水口位置测量出相关尺寸，然后绘制草图，再根据草图进行加工预制。

3）管道穿结构墙体处需要设置刚性防水套管。

4）塑料排水导管吊装时，吊卡间距需要符合要求，具体见表 1-37。

表 1-37　吊卡间距

管径/mm	50	75	110	125	160
立管/m	1.2	1.5	2.0	2.0	2.0
导管/m	0.5	0.75	1.10	1.30	1.60

5）排水导管必须根据设计要求和实际情况安装伸缩节，如果设计没有要求时，伸缩节间距需要小于 4m。

6）在连接两个或两个以上坐便器、三个以上卫生器具的污水横管上，需要设置清扫口。当污水管在顶板下吊装时，可将清扫口设在上一层地面上。

7）污水管起点的清扫口与管道相垂直的墙面，距离不得小于 200mm。

8）污水管起点位置设置堵头代替清扫口时与墙面不得小于 400mm。

9）在转角 135° 的污水横管上，需要设置检查口或清扫口。

10）在转角与水平管道、水平管道与立管的连接处需要采用 45° 三通或 45° 四通和斜三通或斜四通。

11）立管与排出管端部的连接，应采用两个 45° 弯头或曲率半径不小于 4 倍管径的 90° 弯头。

12）通向室外的排水管穿过墙壁或基础时，必须应采用 45° 三通和 45° 弯头连接，并应在垂直管段的顶部设置清扫口。

13）管道安装好后应及时堵管洞，按要求支模封堵。

14）安装后的管道严禁攀登或借作他用。

► **攻略 157　怎样安装硬质聚氯乙烯（UPVC）立管？**

答：安装硬质聚氯乙烯立管的方法与要点如下：

1）立管安装前，需要根据设计要求坐标，确定卡架位置，预装立管卡架。

2）土建墙面粉刷后，根据预留口位置确定管道中心线后，依次安装管道、管件、伸缩节，并且连接各管口。

3）UPVC 排水管穿过楼顶板时，需要预留防水刚性套管，并且做好屋顶防水与套管间隙的防水密封。

4）选用整体式防火圈时，需要根据要求以及管径的大小安装防火圈或阻火圈，即先将防火圈或阻火圈套在管段处，然后进行接口连接。

► **攻略 158　怎样安装硬质聚氯乙烯（UPVC）支管？**

答：安装硬质聚氯乙烯（UPVC）支管的方法与要点如下：

1）根据设计要求、坐标、标高修整预留孔洞，确定吊卡位置。

2）安装吊装导管支架、吊架：涂刷粘结剂进行支管安装，调整支管坡度。锁固卡架、固定支架位置。临时封闭各预留口后，封堵结构孔洞。

3）支导管安装中，地平管穿越楼板洞时，需要安装防水翼环，并且确保其位置正确、粘接牢固。

4）暗敷立管的分支管管径 $\phi \geqslant 100\text{mm}$ 时，根据设计防火等级要求，应安装阻火圈。

5）对于支导管安装，直管段长度大于 4m 时，需要安装伸缩，确保每段内净长不大于 4m。

► **攻略 159　硬质聚氯乙烯（UPVC）生活污水塑料管道的坡度是多少？**

答：硬质聚氯乙烯生活污水塑料管道的坡度见表 1-38。

表 1-38　硬质聚氯乙烯生活污水塑料管道的坡度

管径/mm	标准坡度（‰）	最大坡度（‰）	管径/mm	标准坡度（‰）	最大坡度（‰）
50	25	12	125	10	5
75	15	8	160	7	4
110	12	6			

► **攻略 160　硬质聚氯乙烯（UPVC）塑料排水横管固定件的间距是多少？**

答：硬质聚氯乙烯塑料排水横管固定件的间距见表 1-39。

表 1-39　硬质聚氯乙烯塑料排水横管固定件的间距

公称直径/mm	50	75	100
固定件间距/mm	0.6	0.8	1.0

► **攻略 161　怎样固定塑料管？**

答：固定塑料管的方法与要点如下：

1）聚氯乙烯管道一般采用镀锌扁钢冲压成形的抱卡、吊卡固定，避免使用圆钢制成的 U 形螺钉卡子。

2）选择的支承件需要内壁应光滑，与管身间应留有微隙。

3）一般楼层立管中部设的抱卡，只起定位作用，不能将管身箍得太紧。

4）长管道、大管道需要计算出总伸缩量，按每只伸缩节允许的伸缩量选择伸缩节的数量，确定安装位置，并且根据管道伸缩方向再定每个支承件安装的松紧度。

➤ 攻略 162　怎样使用排水胶?

答：使用排水胶的方法与要点如下：

1）粘结剂使用前需要摇匀。

2）粘接的管道、承插口部位需要清理干净。

3）承插的间隙越小越好。

4）承口内薄薄地均匀刷一遍胶，插口部位外刷两次胶，待 40～60s 后插入到位。

5）注意根据气候变化适当增减胶干时间。

6）粘接时严禁沾水。

7）管道到位后必须平放。

8）管道或管网系统需要进行水压试验。

9）待接头干后 24h 才能够回填。

10）管道尽量用同一厂家的产品。

11）UPVC 管与钢管套接时，必须将钢管连接处擦净后再涂胶，然后将 UPVC 管加热变软，之后承插在钢管上并且做降温处理。

12）对管材大面积损坏的需要更换整段管材，可以采用双承口连接件更换管材的办法进行处理。

13）对溶剂粘接处渗漏的处理，可以采用溶剂法。

➤ 攻略 163　塑料管粘接的主要步骤是怎样的?

答：塑料管粘接的主要步骤见表 1-40。

表 1-40　塑料管粘接的主要步骤

主 要 步 骤	说　　明
锯管	1）锯管长度需要根据实测尺寸和管件的尺寸来决定 2）用铅笔在管端划出切口线 3）选择的锯管工具一般需要选择粗齿锯、割刀、割管机 4）锯管时需要一直锯到管底，并且不能够扭断或折断 5）锯口断口需要平整、美观、垂直于管轴线，且断面没有任何变形
锉坡口	1）使用中号锉刀将管道外插口锉成倒角 2）给水管倒角 10°～15°，排水管倒角 15°～30° 3）用刀具去除废边、毛边，或者用砂布打磨所需连接的管端表面到粗糙
试组装	把管与管件承口试插一次，找到最佳装置位置，并且在其表面划出标记
粘合面清理	用干净抹布将承口内侧、插口外侧表面的灰尘、水迹擦拭干净

（续）

主要步骤	说　明
涂刷清洁剂、粘结剂	1）用干净的干燥的毛刷，在管道粘接外表面、管件承口均匀涂抹清洁剂，以保证表面渗透良好 2）待清洁剂稍干燥，可用毛刷蘸粘结剂涂刷需粘接插口外侧及承口内侧 3）涂刷的粘结剂要适量，应保证连接后填满所有的空隙 4）不得漏涂或涂抹过厚 5）应先涂承口，后涂插口
承插口粘接	1）将粘有粘结剂的管件平稳地植入管道中 2）旋转到试组装时的最佳位置、承插深度，再施力加以挤压

▶ 攻略 164　UPVC 排水管施工时需要注意哪些问题？

答：UPVC 排水管施工需要注意的一些问题如下：

1）UPVC 螺旋管排水系统为了保证螺旋管水流螺旋状下落，立管不能与其他立管连通，因此必须采取独立的单立管排水系统。

2）与螺旋管配套使用的侧面进水专用三通或四通管件，属于螺母挤压胶圈密封滑动接头，一般允许伸缩滑动的距离均在常规施工和使用阶段的温差范围内。根据 UPVC 管线膨胀系统，允许管长为 4m，即无论是立管还是横支管，只要管段在 4m 以内，均不需要再另设伸缩节。

3）排水出户管的布置对排水系统的设计流量有影响。立管与排出管连接要用异径弯头，出户管应比立管大一号管径，出户管尽可能通畅地将污水排出室外，中间不设弯头或乙字管。

4）较细的排水出户管及出户管上增加的管件会使管内的压力分布发生不利的变化，减少允许流量值，并且在以后使用过程中易发生坐便器排水不畅的现象。

5）在某些高层建筑中，为了加强螺旋管排水系统立管底部的抗水流冲击能力，转向弯头与排出管使用了柔性排水铸铁管。施工时，需要将插入铸铁管承口的塑料管的外壁打毛，从而增加与嵌缝的填料的摩擦力和紧固力。

6）UPVC 螺旋管采用螺母挤压胶圈密封接头。这种接头是一种滑动接头，可以起伸缩的作用，因此需要根据规程考虑管子插入后预留适当的间隙。以免预留间隙过大或过小，随季节温度变化，使管道变形引起渗漏。

7）伸出屋面的通气管。因为其受室内外温差影响及暴风雨袭击，经常出现通气管管周与屋面防水层或隔热层的结合部产生伸缩裂缝，导致屋面渗漏。防止的方法就是在屋面通气管周围做高出顶层 150~200mm 的阻水圈。

8）埋地的排出管施工中由于室内地坪以下管道敷设未在回填土夯实以后进行，造成回填土夯实以后虽在夯实前灌水实验合格，但使用后管道接口开裂变形渗漏。另外，隐蔽管道时左右侧及上部未用沙子覆盖，造成尖硬物体或石块等直接碰触管外壁，也会导致管壁损伤变形或渗漏。

9）地漏的顶面标高应低于地面 5~10mm，地漏水封深度不得小于 50mm。

10）室内明装 UPVC 螺旋管道安装需要在土建墙面粉饰完成后连续进行。如果与装修同步进行，需要在 UPVC 螺旋管安装后及时用塑料布缠绕保护，以及加强施工中对 UPVC 螺旋管道的成品保护，严禁在管道上攀登、系安全绳、搭脚手板、用作支撑或借做他用。

UPVC 排水管施工图例如图 1-27 所示。

▶ 攻略 165 怎样敷设 UPVC 管道基础?

答:敷设 UPVC 管道基础的方法如下:

1)为保证管底与基础紧密接触并控制管道的轴线高程、坡度,UPVC 管道仍应做垫层基础。

2)一般土质只做一层 0.1m 厚的砂垫层即可。对于软土地基,并且当槽底处在地下水位以下时,需要铺一层沙砾或碎石,厚度不小于 0.15m,碎石粒径为 5~40mm,上面再铺一层厚度不小于 0.05m 的砂垫层。

3)基础在承插口连接部位需要先留出凹槽便于安放承口,安装后随即用沙子回填。

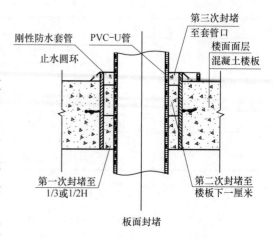

图 1-27 UPVC 排水管施工图例

4)管底与基础相接的腋角,必须用粗沙或中沙填实,紧紧包住管底的部位,形成有效支承。

5)管道安装一般均采用人工安装,槽深大于 3m 或管径大于 DN400 的管材可用非金属绳索向槽内吊送。

6)承插口管安装时需要将插口置于顺水流方向,承口置于逆水流方向由下游向上游依次安装。

7)管材的长短可用手锯切割,但需要保持断面垂直平整不得损坏。

8)小口径管的安装可用人力,在管端设木挡板用撬棍使被安装的管子对准轴线插入承口。

9)直径大于 DN400 的管子可用葫芦形扳手等工具,但不得用施工机械强行推顶管子就位。

10)管道接口以橡胶圈接口居多,但需要注意橡胶圈的断面形式和密封效果。

11)圆形胶圈的密封效果欠佳,并且变形阻力小又能防止滚动。异形橡胶圈的密封效果比较好。

12)普通的粘接接口仅适用 DN110 以下的管材。

13)肋式卷绕管需要使用生产厂商特制的管接头和粘结剂,以确保接口质量。

14)管道与检查井的连接一般采用柔性接口,可采用承插管件连接,也可采用预制混凝土套环连接,即将混凝土套环砌在检查井井壁内,套环内壁与管材间用橡胶圈密封,形成柔性连接。

15)水泥砂浆与 UPVC 的结合性能不好,不宜将管材或管件直接砌筑在检查井壁内。可采用中介层作法,即在 UPVC 管外表面均匀地涂一层塑料粘合剂,紧接着在上面撒一层干燥的粗沙,固化 20min 后即形成表面粗糙的中介层,砌入检查井内可保证与水泥砂浆的良好结合。

16)对在坑塘、软土地带,为减少管道与检查井的不均匀沉降,可以用一根不大于 2m 的短管与检查井连接,下面再与整根长的管子连接,使检查井与管道的沉降差形成平缓过渡。

17)沟槽回填柔性管是按管土共同工作来承受载荷,沟槽回填材料和回填的密实程度对管道的变形和承载能力有很大影响。

18）回填土的变形模量越大，压实程度越高，则管道的变形越小，承载能力越大。

19）沟槽回填除应遵照管道工程的要求外，还需要根据 UPVC 管的特点采取相应的必要的措施。

20）管道安装完毕应立即回填，不宜久停再回填。

21）从管底到管顶以上 0.4m 范围内的回填材料必须严格控制。可采用碎石屑、沙砾、中沙、粗沙或开挖出的良质土。

22）管道位于车行道下，并且敷设后即修筑路面时，应考虑沟槽回填沉降对路面结构的影响，管底到管顶 0.4m 范围内须用中、粗沙或石屑分层回填夯实。回填的压实系数从管底到管顶范围应大于或等于 95%；对管顶以上 0.4m 范围内应大于 80%；其他部位应大于等于90%。雨季施工还应注意防止沟槽积水，管道漂浮。

23）管道安装完成后的严密性检验可采用闭水试验或闭气试验。

▶ 攻略 166 排水管的噪声是怎么回事？

答：有关排水管的噪声的一些特点、排除方法等如下：

1）普通 UPVC 管道的排水噪声比铸铁排水管高约 10dB。

2）不同的 ϕ110mm 管材噪声不同：UPVC 管为 58dB 噪声；铸铁管为 46.5dB 噪声；超级静音排水管为 45dB 噪声。

3）排水立管靠近卧室、客厅，现浇楼板的隔音效果较差，能够感觉到排水管道的噪声。因此，卫生器具布置时要考虑使排水立管远离客厅、卧室。

4）可以选择芯层发泡 UPVC 管道、UPVC 螺旋管、超级静音排水管，它们有明显降低噪声的性能。

5）施工时要注意立管与底层排出管交接处的要求：弯头要用两只 45°弯头连接，立管底部需要设支墩以防沉降。塑料管支墩必须位于立管轴线下端，并且将整个弯头部分包裹起来，使立管中的水流落在实处。

6）为减轻底层噪声，在底层立管的抱卡内侧还可以垫入一些毡子、橡皮垫子以适当收紧，这样可以消除部分管道的空鸣声。

▶ 攻略 167 户内排水支管漏水的原因是什么？

答：漏水主要原因在于排水横管敷设楼板下，装修时可能破坏了管道、防水层。

▶ 攻略 168 怎样修理水管漏水？

答：水管漏水的修理方法与要点如下：

1）无论水是滴漏还是喷涌，均需要关闭供水管阀门。

2）先截断水源，然后卸下连接压缩接头的阴阳螺母，在螺纹上绕几层螺纹密封胶布，然后重新装上接头。

3）套筒接头漏水，可能需要拆下接头并重装水管。

4）接头出现漏水，可以先利用修补水管的专用胶布进行临时修补。

5）补水管的专用胶布捆住水管的损毁部分。

6）可以用玻璃纤维胶布或环氧树脂粘结剂修补水管的裂缝。

7）爆裂后漏水，需要检查水压。

8）水管爆裂的原因是管道过于陈旧，应及时检查和修理。

9）水管爆裂严重，可以用毛巾包裹住水管的破裂部分，这样阻止水流四处喷射，也可以将水流引入放置好的水桶中，以免造成巨大浪费。同时关闭户内总水管阀门。

1.4　水龙头与阀

▶ 攻略169　水龙头常见的材料有哪些以及它们的特点是怎样的？

答：水龙头的主体材料主要有铸铁、塑料、黄铜、陶瓷、玻璃、玉石、水晶、不锈钢、合金材料等。

铸铁水龙头基本淘汰了。塑料水龙头一般是一些低端场所使用。一些特殊水龙头是用不锈钢等材料制作。部分低档水龙头是采用黄铜（见图1-28）做本体，用锌合金做手柄。制造水龙头所用的黄铜一般采用H59、H62、H65低铅铜，含铅量在2.5%以下，对人体健康无害。铜材以铜锭与铜棒为主，也有少量使用铜管的。

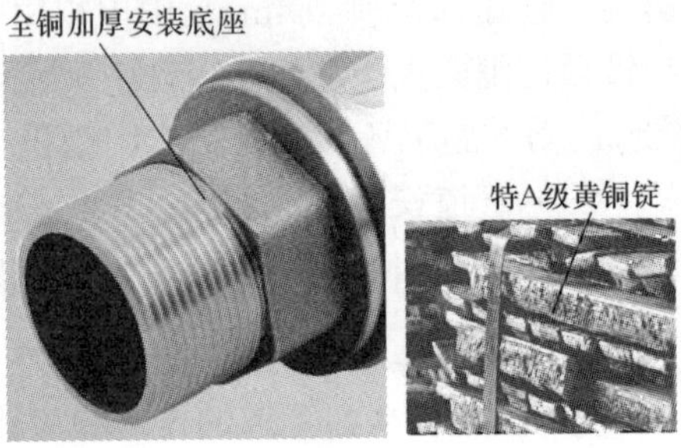

全铜加厚安装底座

特A级黄铜锭

图1-28　黄铜

▶ 攻略170　水龙头根据材料可以分为哪些种类？

答：水龙头根据材料可以分为SUS304不锈钢水龙头、铸铁水龙头、全塑水龙头、黄铜水龙头、锌合金材料水龙头、高分子复合材料水龙头等。

▶ 攻略171　水龙头阀芯的种类有哪些？

答：常见的水龙头阀芯有钢球阀芯、陶瓷阀芯。其中钢球阀芯具有很好的抗耐压能力，但起密封作用的橡胶密封圈容易损耗。相比而言，陶瓷阀芯更耐热耐磨，并良好的密封性能。采用陶瓷阀芯的水龙头，手感舒适，开启关闭迅速。

▶ 攻略172　水龙头的表面需要怎样处理？

答：水龙头磨抛成型后，有的表面需要镀镍或铬，以防水龙头被氧化。镀镍或铬后应对水龙头进行中型盐酸试验，试验后在一定时间内镀层应无锈蚀现象。

▶ 攻略173　水龙头主体有什么材质？

答：水龙头主体一般是黄铜，黄铜纯度越高电镀质量越好，表面的电镀层越不易被腐蚀。有的为锌合金代替黄铜，锌合金电镀质量差，耐腐性不强。

▶ 攻略174　水龙头起泡器的特点是怎样的？

答：起泡器一般要六层，通常由金属网罩（部分为塑料）构成（见图1-29），水流经过网罩时会被切割成大量中间夹杂着空气的细小水柱，使水不能四处飞溅。

▶ 攻略175　水龙头有哪些种类？

答：水龙头的种类如下：

图1-29　水龙头起泡器

1）根据结构可以分为单联式水龙头、双联式水龙头、三联式水龙头等。

2）根据开启方式可以分为螺旋式水龙头、扳手式水龙头、抬启式水龙头、按压式水龙头、触摸式水龙头、感应式水龙头等。

3）根据使用功能可以分为面盆水龙头、浴缸水龙头、淋浴水龙头、厨房水槽水龙头、妇洗器水龙头、冲洗阀、感应冲洗阀、户外水龙头等。

4）根据出水的温度可以分为单冷水龙头、冷热混合水龙头和恒温水龙头。

5）根据安装结构可以分为一体的水龙头、分体的水龙头、暗装入墙水龙头、瀑布型水龙头。

6）根据水龙头的安装孔距尺寸可以分为单孔脸盆水龙头、双孔 4in 脸盆水龙头、三孔 8in 脸盆水龙头。

7）根据表面处理方式可以分为镀铬水龙头、镀钛金水龙头、青古铜仿古水龙头、红古铜仿古水龙头、烤漆水龙头、烤瓷水龙头、镍拉丝水龙头等（见图1-30）。

图1-30 水龙头外形图

➤ 攻略176 水龙头的特点是怎样的?

答：部分水龙头的特点见表1-41。

表1-41 部分水龙头的特点

名　　称	说　　明
单联式水龙头	单联式水龙头只有一根进水管，只接一根水管，可以是热水管也可以是冷水管，一般厨房水龙头常采用该种水龙头
双联式水龙头	双联式水龙头可同时接冷热两根管道，多用于浴室面盆以及有热水供应的厨房洗菜盆的水龙头
三联式水龙头	三联式水龙头除接冷热水两根管道外，还可以接淋浴花洒，主要用于浴缸的水龙头
单手柄水龙头	单手柄水龙头通过一个手柄即可调节冷热水的温度
双手柄水龙头	双手柄水龙头则需分别调节冷水管与热水管来调节水温

➤ 攻略177 怎样选购水龙头?

答：选购水龙头的主要步骤见表1-42。

表1-42 选购水龙头的主要步骤

步　　骤	说　　明
第1步：确认水龙头的款式与样式	根据实际的需求状况、安装位置、安装尺寸等确认所需水龙头的款式与样式
第2步：看材质	质量较好的水龙头本体一般均由铜铸造而成，经成型磨抛后，表面镀镍和镀铬

（续）

步　骤	说　明
第 3 步：看阀芯	阀芯是水龙头的"心脏"，目前陶瓷阀芯是最好的阀芯
第 4 步：看表面	表面应光亮如镜，无任何氧化斑点、烧焦痕迹、无气孔、无起泡、无漏镀、色泽均匀
第 5 步：检查工艺	质量较好的水龙头一般用数控机床加工，加工精细，尺寸比较精密
第 6 步：看环保	选择进行除铅处理的水龙头
第 7 步：配件	质量好的水龙头配件的配置齐备
第 8 步：售后	选择售后有保证的水龙头

▶ 攻略 178　安装水龙头需要备用哪些工具?

答：安装水龙头需要备用的工具有扳手、螺钉旋具、手电筒等。

▶ 攻略 179　水龙头安装有哪些注意事项?

答：水龙头安装的一些注意事项如下：

1）水龙头的工作压力为 0.5～6kgf/cm^2（1kgf/cm^2≈0.1MPa），则推荐压力一般为 2～5kgf/cm^2。

2）在墙上钻任何孔时，需要确保在准备钻孔的地方没有隐蔽的管道、电缆。

3）淋浴时，需要先将切换阀切换到手握花洒档位，以免烫伤。

4）在安装、更换、拆卸水龙头前，一定要先清理管道内污垢，然后断掉水源，再打开水龙头释放水压。

5）PVC 管道需要待胶水干后再安装水龙头。

6）易冻地区需要采取防冻措施。

7）浴室需要在装修清洁完成后，才能安装水龙头。

8）需要备足一些常用配件，以便以后检修。

▶ 攻略 180　怎样安装暗装水龙头?

答：安装暗装水龙头的方法与主要步骤如下：

1）安装前，确认是否在墙内预埋了管道。

2）确认预埋了管道后，将止水垫片放入阀体进水孔处，利用活接头将进水管道与阀体相连接。连接时，需要在活接头上缠上适量的生料带。

3）将上、下出水管连接好。

4）将墙盖套在出水弯管上。

5）将出水弯管缠上适量的生料带旋入上出水管接头中。

6）将出水接管缠上适量的生料带旋入下出水管接头。

7）将出水嘴旋在出水接管上。

8）将装饰面板套在阀体上。

9）再用螺钉将装饰面板固定在阀体上。

10）再用一字形螺钉旋具将手柄装在阀芯杆上。

11）再将止水垫片放入出水喷头中。

12）然后将出水喷头安装在出水弯管上。

攻略181 怎样使用水龙头？

答：部分水龙头的使用方法见表1-43。

表1-43 部分水龙头的使用方法

名　　称	说　　明
暗装水龙头	①向上提起拉帽，手握花洒出水，向下按下拉帽则出水嘴出水；②向上提起把手，水龙头出水，反之，则水龙头关闭；③水龙头处于开启状态时，向左转动把手，调节热水；向右转动把手，调节冷水
浴缸淋浴水龙头	①向上提起拉帽，手握花洒出水，向下按下拉帽则出水嘴出水；②向上提起把手，水龙头出水，反之，则水龙头关闭；③水龙头处于开启状态时，向左转动把手，调节热水；向右转动把手，调节冷水；④花洒架可前后摆动360°，调节花洒出水方向
挂墙式厨房水龙头	①向上提起把手，水龙头出水，反之，则水龙头关闭；②水龙头处于开启状态时，向左转动把手，调节热水；向右转动把手，调节冷水；③出水管可左右摆动一定幅度，调节出水方向
挂墙式淋浴水龙头	①向上提起把手，水龙头出水，反之，则水龙头关闭；②水龙头处于开启状态时，向左转动把手，调节热水；向右转动把手，调节冷水；③花洒架可前后摆动360°，调节花洒出水方向

攻略182 怎样把热冷水龙头用做单冷水龙头使用？

答：热冷水龙头用做单冷水龙头使用时，就是将两根进水软管接在三通的两侧，具体如图1-31所示。

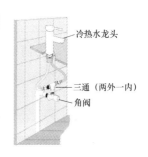

冷热水龙头

三通（两外一内）

角阀

图1-31 热冷水龙头用做单冷水龙头使用

攻略183 怎样清洁保养水龙头？

答：清洁保养水龙头的方法与要点如下：

1）用细软的布涂上牙膏可以清洁水龙头的表面，之后再用清水清洁表面。

2）不可以使用碱性清洁剂或百洁布、钢丝球来擦拭水龙头的表面，以免使电镀表面受损。

3）不可以使用含氨、酸或漂白剂的清洁剂清洁表面。

4）出水口的部位一般会有发泡装置，常使水龙头使用一段时间发生水量小。这可能是发泡器被杂物堵塞，可以旋下发泡器用清水或者针来清除杂物。

5）水龙头表层电镀不能与硬物碰撞、摩擦。

6）当出水口阻塞时，可以旋转下出水嘴配件，进行清洗。

7）不得使用去污粉、抛光粉等含粗颗粒的洗涤剂或尼龙刷清洗水龙头。

8）金属表面的水应轻轻擦拭，而不是用力擦拭。

9）避免让水在金属表面自行挥发，否则，水蒸发后会在金属表面留下渍痕。

10）水龙头供热水一侧处于高温状态，不要使皮肤直接接触五金配件表面，以免烫伤。

11）当较长时间不使用龙头时，则应关闭进水总阀门。

12）安装前需要清理管中杂物、沙粒等异物，以免造成堵塞。

13）单柄水龙头使用中，要慢慢开启与关闭。

14）双柄水龙头不能关得太死，以免止水栓脱落。

15）安装完后，接通水源反复检查各衔接处是否有渗漏，确保正常。

攻略184   怎样清洗水龙头滤网?

答：清洗水龙头滤网的方法：首先将气泡头拆下，然后取出滤网，再用牙刷或小毛刷刷洗水龙头的洗滤网即可。

攻略185   车蜡可防止水龙头电镀部分生锈吗?

答：目前，一般只要是跟水有关系的用具，上面亮银色的部分多半做过镍铬电镀处理。电镀可以起到装饰、防锈等作用。电镀层上有很多肉眼无法分辨的小洞，如果潮湿气体或腐蚀性气体从这些洞进入，电镀层下的材质就会生锈而渗出到表面，从而生锈。使用车蜡擦拭电镀部分因油脂会覆盖住小孔，并且保护水龙头电镀层，从而起到保护水龙头不生锈。

攻略186   水龙头常见故障怎样解决?

答：水龙头常见故障与解决方法见表1-44。

表1-44   水龙头常见故障与解决方法

故　　障	原　　因	排 除 方 法
不出水或出水小	气泡头内堵塞	清除杂物
不出水或出水小	花洒出水孔堵塞	清除杂物
不出水或出水小	停水、水压低	等供水重起、加装增压泵

攻略187   为何把手放在水龙头冷水位置也会有热水出来?

答：这种情况一般发生在使用燃气式热水器的用户，主要原因是水压偏高，热水管出来的水虽然减少，但压力仍足以顶开热水器压力阀门，从而使热水器点火、工作，从而出现把手放在水龙头冷水位置也会有热水出来的情况。

攻略188   水龙头为什么漏水?

答：水龙头漏水的一些原因如下：

1）水质差，造成阀芯内有垃圾。

2）阀芯密封陶瓷片在使用过程中，由于受到坚硬物质的磨损而产生划痕，因而不能密封，就会漏水。

3）进水软管与水龙头本体连接处漏水。

进水软管不要"绷"得太紧，否则容易损坏，图例如图1-32所示。

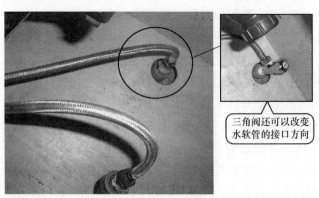

图1-32   进水软管不要"绷"得太紧，否则容易损坏

▶ **攻略 189　怎样处理水龙头漏水?**

答:水龙头漏水的处理方法与要点如下:

1)水龙头漏水,一般来说,只要换上水龙头内部的轴心垫片、三角密封垫等密封垫类的零件即可解决问题。

2)水龙头接头处漏水一般是拴水龙头部的固定螺钉的止水胶带损坏所致。只要使用扳手将水龙头取下,在固定螺钉的地方重新卷上新的止水胶带即可。水龙头接头处漏水也可能是水龙头内的轴心垫片磨损所致、压盖内的三角密封垫磨损所引起、盖型螺母松掉所致,可按下述方法检修:

① 水龙头下部缝隙漏水→压盖内的三角密封垫磨损所致→将螺钉转松取下栓头,接着将压盖弄松取下,然后将压盖内侧三角密封垫取出,换上新的即可。

② 出水口漏水→水龙头内的轴心垫片磨损所致→用钳子将压盖栓取下,以夹子将轴心垫片取出,换上新的轴心垫片即可。

③ 接管接合处漏水→盖型螺母松脱所致→重新拧紧盖型螺母或者换上新的 U 形密封垫即可。

3)水量变少也可能是发生漏水,单枪水龙头的止水磁盘卡住砂石也会发生该现象,则需要拆解水龙头进行清理。当然也可能是胶垫损坏,此时更换胶垫即可。

▶ **攻略 190　水龙头接头处漏水维修的步骤是怎样的?**

答:水龙头接头处漏水维修的主要步骤如下:

1)首先把水龙头拴紧用扳钳将水龙头以逆时针方式回转取下。

2)然后将螺纹孔向外,在螺纹部分用胶带顺时针卷上 5~6 回。

3)看水龙头是否调整好,之后,再用扳手顺时针方向装入。

4)完成后,打开总开关试水,不漏水即可。

▶ **攻略 191　单孔水龙头有什么特点?**

答:单孔水龙头有冷热水的双用的,也有只能使用冷水的。有冷热水的单孔水龙头是家居中最常用的水龙头,面盆、水槽是单孔的就可以使用该种龙头。只能使用冷水的水龙头,也就是单冷水龙头。如果水槽上不想使用热水,则可以使用单冷水龙头。一般单冷水龙头是不配进水软管的。

▶ **攻略 192　双孔水龙头有什么特点?**

答:双孔水龙头一般可以使用冷、热双水。同时,一般双孔水龙头有配的进水管,进水管一般是使用 DN15 大小的进水管。

▶ **攻略 193　单把水龙头与双把水龙头有什么差异?**

答:单把水龙头与双把水龙头差异如下:

1)单把水龙头上面的把手是一个(由一个手柄控制冷、热水流量及温度),双把水龙头上面的把手是两个(由两个手柄控制冷、热水流量及温度)。单把、双把也称单柄、双柄。

2)单把水龙头把把手抬起就可以出水,左右转动把手就可以调节水。双把水龙头就是利用一个把手控制出冷水量,另一个把手控制出热水量,通过两个把手同时调节来使水温达到合适的要求。

3）单孔单把水龙头是冷热双进水，一个底孔。

4）单把双孔水龙头是冷热双进水，有一个把手，两个底孔。

5）双把双孔水龙头是冷热双进水，有两个把手，两个底孔。

6）双把单孔水龙头是冷热双进水，有两个把手，一个底孔。

7）单冷水龙头只使用一种方式冷水或热水。单冷水龙头有一个把手，一个底孔。

8）单控水龙头与双控水龙头是指水龙头控制供水管路的数量。单控水龙头是指控制一路供水。双控水龙头是指控制两路（冷、热）供水。

▶ 攻略 194   陶瓷片密封水龙头有什么特点?

答：陶瓷片密封水龙头的特点如下：

1）冷、热水标志应清晰，蓝色（或 C 或冷字）表示冷水，红色（或 H 或热字）表示热水。

2）双控水龙头冷水标志在右，热水标志在左。

3）水龙头连接要牢固。

4）轮式手柄水龙头逆时针方向转动为开启，顺时针方向转动为关闭。

▶ 攻略 195   藏墙式感应水龙头主要参数有哪些?

答：藏墙式感应水龙头主要参数如下：

1）电源：根据实际情况，选择直流电池盒、交流电源盒供电，直流电池盒供电一般为6V，交流电源盒供电一般采用市电220V。

2）静耗：一般分为直流静耗、交流静耗。直流静耗一般应为零点几 mW，交流静耗一般应为零几 W。

3）感应范围：有的产品为 75cm，可以根据具体情况选择。

4）适合水压：一般要比 0.1～0.3MPa 水压范围大。

5）使用环境温度：一般情况选择 0～55℃即可。

6）进出水口管径：有 $G\frac{1}{2}''$（DN15）等。

7）尺寸：包括面板尺寸、预埋盒尺寸。有的产品面板尺寸有 120mm×120mm（宽×高）；预埋盒尺寸为 200mm×128mm×65mm（宽×高×厚）。

▶ 攻略 196   安装藏墙式感应水龙头有哪些注意事项?

答：安装藏墙式感应水龙头的一些注意事项如下：

1）不要在阳光直接照射、强烈灯光照射处安装电子感应器。

2）不要在感应窗对面墙上镶贴不锈钢等易反射信号的物品或安装类似的光电感应器，以免误动作的发生。

3）冲水器的用水不要使用未加处理的污水或含有杂物较多的水源。

4）安装电磁阀前应清洗管道。

5）禁止使用如洁厕灵、硫酸等有腐蚀性的清洁剂清洗主机外观。

▶ 攻略 197   怎样安装鹅颈水龙头?

答：鹅颈水龙头是一种无压、卫生型单冷水龙头。其安装特点与方法如下：

1） 将装饰圈、橡胶垫穿套在螺纹管上，注意装饰圈在上，橡胶垫在下。然后移到水龙头底部，再将螺纹管插入台面的安装孔中。

2）固定水龙头。从台面下先将铜垫片穿套于螺纹管上，再用手或扳手将铜螺母往上旋紧到固定牢靠。

3）组装水管。

4）检测密封性。

▶ 攻略 198   为什么节能水龙头能节水？

答：节能水龙头能节水的主要原因如下：

1）在材质上，普通螺旋水龙头内壁一般是铁的，易生锈。水压人时，易裂井。普通螺旋水龙头关小后水流形状不规则水流细。节能水龙头采用特殊工艺，能够有效控制水流量。

2）节能水龙头内壁是全铜或不锈钢材质的，不生锈、硬度大。水压大时，不易开裂。节能水龙头的内置阀芯大多陶瓷阀芯。陶瓷阀芯密封性好、耐磨、灵敏度高。

3）节能水龙头有手动式、感应式、延时自闭式。感应式水龙头只要使用者把手移开后2s 左右即自动断水，这能节约水。延时自闭式水龙头可以实现定量给水，这也能节省水量。

▶ 攻略 199   恒温水龙头出水忽冷忽热的原因？

答：恒温水龙头出水忽冷忽热的原因见表 1-45。

表 1-45   恒温水龙头出水忽冷忽热的原因

现　象	原　因	方　法
热水用水量太少	一般发生在使用燃气式热水器的用户，且多发生在夏季。由于反复点火、熄火、点火，致使热水供应有、无、有，从而导致出水忽冷忽热	将热水器的火势及温度相对调低
功率不足	配套的热水器功率不足或垃圾堵塞过滤网	更换大功率热水器、清除垃圾

▶ 攻略 200   沐浴电热水龙头适用哪些场所？

答：沐浴电热水龙头适用场所有：①家庭洗菜盆、洗手台、浴室；②美容店、宾馆、医院、餐厅等洗手台。

▶ 攻略 201   安装电热水龙头有哪些注意事项？

答：安装电热水龙头的一些注意事项如下：

1）安装完毕后，应首先将水完全放出（热水区），再接上电源。

2）手柄向上抬起是开，向下是关闭。手柄向左是热水，向右是冷水。

3）首次使用应先通水后通电。

4）热水区，水越小温度越高，水越大温度越低。

▶ 攻略 202   沐浴电热水龙头常见故障与解决方法是怎样的？

答：沐浴电热水龙头常见故障与解决方法见表 1-46。

表 1-46   沐浴电热水龙头常见故障与解决方法

现　象	原　因	解决方法
水不加热	电源没有接通、水压太低	电源线路是否接通，使用水压应不低于 0.04MPa
水温偏低	水流量太大、电压过低	可以通过调节手柄降低出水量

（续）

现　象	原　因	解　决　方　法
水温太高	水流量太小、进水口堵塞	清洗进水口处过滤网
指示灯不亮	电路故障、水压太低	检查电路、水压

▶ **攻略 203　拖把池水龙头有哪些种类?**

答：根据材质拖把池水龙头可以分为黄铜拖把池水龙头、锌合金加纯铜管拖把池水龙头、塑料拖把池水龙头、铁拖把池水龙头、不锈钢拖把池水龙头。不同材质的水龙头价格上也有区别，黄铜材质的为上乘材质。如果材质相同，则价格差别主要体现在工艺和造型上，用户可以根据自己的个人需要挑选不同材质的水龙头。

▶ **攻略 204　怎样选择拖把池水龙头?**

答：选择拖把池水龙头的方法见表 1-47。

表 1-47　选择拖把池水龙头的方法

项　目	说　明
材质	常见水龙头的材质多以铜为主，部分是锌铝合金的。一般铜材质的水龙头比较重。壁较厚的水龙头，看起来有质感，镀层质量也相对要好一些。壁薄的水龙头镀层不结实，容易脱落
零部件	一般的水龙头是陶瓷阀芯的，有的是进口陶瓷阀芯，有的是国产陶瓷阀芯。这两种陶瓷阀芯的用料、加工精度不同，也会影响到水龙头的使用寿命
转手柄	上、下、左、右转动手柄，如果感觉轻便、无阻滞感则说明阀芯是好的
看外表	看外表镀层要光亮如镜，说明是好的
试水流	试水流时发泡丰富说明是好的

▶ **攻略 205　怎样搭配拖把池水龙头?**

答：拖把池主要是提供一个污水排放、清洗拖把和抹布的区域，它着重在于功能性。选择搭配拖把池的水龙头的方法如下：

1）样式选择：有拖把水龙头是与洗衣机水龙头一体化的，如果选择该种水龙头，可以节约一个出水口。具体情况根据装修情况来选择。

2）造型选择：拖把池一般是设计在比较隐蔽的地方，它在造型对整体影响不大，因此，一般选择简约风格造型的即可。

3）安装方法的需要：选择水龙头的管体要略长一些，让流水的落地点在拖把池的中心位置。

▶ **攻略 206　安装藏墙式感应水龙头主要步骤是怎样的?**

答：安装藏墙式感应水龙头主要步骤：开凿槽坑→布设管道→冲洗管道→安装预埋盒→布置线路（交流产品）→连接各管接头→管道试压→粉刷墙壁→补贴瓷砖→拆卸保护盒→安装电源→安装面框及面板。

▶ **攻略 207　淋浴、盆池用水龙头花洒出水时，水龙头为什么同时出水?**

答：由于淋浴、盆池用水龙头的切换都是通过水压来控制的，如果进水水压过低没有达到所要求的水压，就会造成水龙头的切换阀门虽然被顶起，但没有完全被顶住密封，水龙头的出水管路仍然通水，因而会出现淋浴、盆池用水龙头花洒出水时，水龙头同时出水。

该故障可通过增加水压的方法解决，例如增加增压泵。

▶ **攻略208 菜盆水龙头的安装步骤与注意事项是怎样的？**

答：菜盆水龙头的安装步骤与注意事项见表1-48。

表1-48 菜盆水龙头的安装步骤与注意事项

项　目	说　明
安装步骤	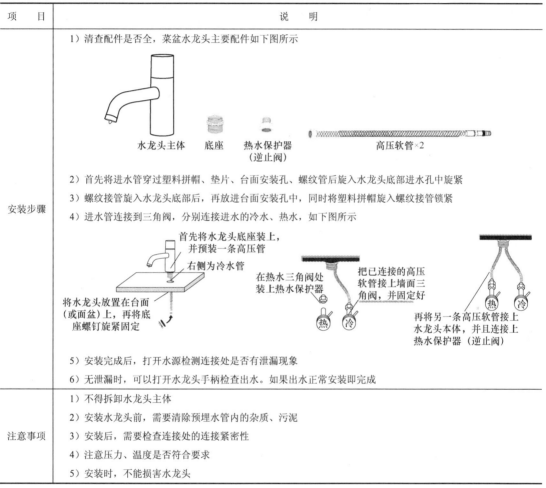1）清查配件是否全，菜盆水龙头主要配件如上图所示 水龙头主体　底座　热水保护器（逆止阀）　高压软管×2 2）首先将进水管穿过塑料拼帽、垫片、台面安装孔、螺纹管后旋入水龙头底部进水孔中旋紧 3）螺纹接管旋入水龙头底部后，再放进台面安装孔中，同时将塑料拼帽旋入螺纹接管锁紧 4）进水管连接到三角阀，分别连接进水的冷水、热水，如上图所示 5）安装完成后，打开水源检测连接处是否有泄漏现象 6）无泄漏时，可以打开水龙头手柄检查出水。如果出水正常安装即完成
注意事项	1）不得拆卸水龙头主体 2）安装水龙头前，需要清除预埋水管内的杂质、污泥 3）安装后，需要检查连接处的连接紧密性 4）注意压力、温度是否符合要求 5）安装时，不能损害水龙头

▶ **攻略209 洗衣机水龙头有哪些种类？**

答：根据材质洗衣机水龙头可以分为黄铜水龙头、锌合金加纯铜管水龙头、塑料水龙头、铁水龙头、不锈钢水龙头。如果是普通水龙头，则洗衣机引水管的连接图例如图1-33所示。

▶ **攻略210 怎样选择洗衣机水龙头？**

答：洗衣机水龙头的选择技巧见表1-49。

图1-33 普通水龙头与洗衣机引水管的连接

表 1-49 洗衣机水龙头的选择技巧

项 目	说 明
转手柄	上、下、左、右转动手柄,感觉轻便、无阻滞感则说明阀芯较好
看外表	用手摸水龙头没有毛刺、没有砂粒。用手指按压水龙头后,指纹很快散开,以及不易附着污物。将水龙头放在光线充足的地方进行查看,水龙头表面应光亮如镜、没有任何氧化斑点、没有任何烧焦痕迹、没有气孔、没有起泡、没有漏镀、色泽均匀。具备这些情况说明洗衣机水龙头是好的
看检测报告书	黄铜较重较硬,锌合金较轻较软。看产品检测报告书可以知道是锌合金的,还是黄铜的
试水流	尽量选择带有起泡器的水龙头,并且用手触摸感觉水流,水流应柔和且发泡

▶ 攻略 211 洗衣机水龙头需要怎样搭配?

答:洗衣机水龙头安装后一般会被洗衣机遮挡住,因此在选购时可以重点考虑实用性。有的洗衣机需要专用的洗衣机水龙头才能对接上,因此,选购洗衣机时需要了解清楚,以免造成漏水等问题。

▶ 攻略 212 怎样安装洗衣机水龙头?

答:洗衣机水龙头(见图 1-34)的安装方法:洗衣机水龙头的安装只能高于或者持平洗衣机进水孔。尽管有软管衔接,如果水龙头安装位置低于进水孔,会导致水压变小,影响正常使用。安装洗衣机水龙头图例如图 1-35 所示。

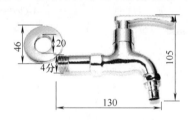

图 1-34 洗衣机水龙头

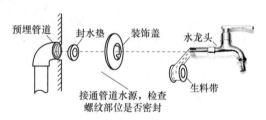

图 1-35 安装洗衣机水龙头图例

▶ 攻略 213 怎样安装全自动洗衣机水龙头?

答:如果是洗衣机专用龙头,需要将有四颗螺钉的那部分拆除不要,余下部分有一个可上下活动的环,将环向后拉住不放,然后将管套套进专用水龙头后放开环即可。

▶ 攻略 214 怎样清洁洗衣机水龙头?

答:清洁洗衣机水龙头的方法如下:

1)清洁洗衣机水龙头可以用温和洗涤剂清洗。

2)不能够使用含氨、酸、漂白剂的清洁剂或者是使用研磨清洁剂清洗洗衣机水龙头。

3)冲洗后保证整个表面的洁净。

▶ 攻略 215 浴缸淋浴水龙头有哪些种类?

答:浴缸淋浴水龙头的种类如下:

1)浴缸淋浴水龙头根据功能可以分为浴缸水龙头、淋浴水龙头。

2)浴缸淋浴水龙头根据控制类型可以分为单把双控水龙头、双把双控水龙头、恒温控制水龙头。

3)浴缸淋浴水龙头根据花洒支架类型可以分为固定支座水龙头、带升降水龙头、固定可旋转水龙头。

攻略 216 浴盆与淋浴水龙头有关术语是怎样的?

答:浴盆与淋浴水龙头有关术语见表 1-50。

表 1-50 浴盆与淋浴水龙头有关术语

名 称	说 明
浴盆水龙头	安装在垂直壁板上或水平壁板上,通过对水介质启、闭及控制出口水流量和水温度向浴盆供水的一种装置
淋浴水龙头	安装在垂直壁板上,通过对水介质启、闭及控制出口水流量和水温度,使水流经过固定或手持花洒供水的一种装置
根据启、闭控制部件数量分类	水龙头根据启闭控制部件数量分为单柄水龙头、双柄水龙头
根据控制供水管路的数量分类	水龙头根据控制供水管路的数量分为单控水龙头、双控水龙头
根据密封材料分类	水龙头根据密封材料分为陶瓷水龙头、其他水龙头
根据使用功能分类	水龙头根据使用功能分为浴盆水龙头、淋浴水龙头

攻略 217 单把冷热水淋浴龙头尺寸是多少?

答:单把冷热淋浴水龙头尺寸两孔距离一般是 15cm。另外,采用铜弯脚均可以调整一定的距离,如图 1-36 所示。冷热水淋浴龙头安装图例(应先施工完成水管埋设后才能安装淋浴龙头)如图 1-37 所示。

最小可调至13cm

标准孔距15cm

最大可调至17cm

图 1-36 单把冷热水淋浴龙头尺寸

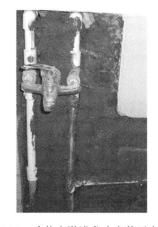

图 1-37 冷热水淋浴龙头安装示意图

攻略 218 浴盆与淋浴水龙头冷、热水标志是怎样的?

答:浴盆与淋浴水龙头冷、热水标志的特点如下:

1)浴盆与淋浴水龙头冷、热水标志应清晰,蓝色(或 C 或 COLD 或冷字)表示冷水,红色(或 H 或 HOT 或热字)表示热水。

2)双控水龙头冷水标志在右,热水标志在左。

3)浴盆与淋浴水龙头连接要牢固。

4）浴盆与淋浴水龙头轮式手柄水龙头逆时针方向转动为开启，顺时针方向转动为关闭。

▶攻略219 浴缸淋浴水龙头的特点是怎样的？

答：浴缸淋浴水龙头的特点见表1-51。

表1-51 浴缸淋浴水龙头的特点

名　　称	说　　明
浴缸水龙头	浴缸水龙头安装于浴缸一边上方，用于放冷热混合水。浴缸水龙头有双联式、螺旋升降式、金属球阀式、陶瓷阀芯式、单柄浴缸龙头、黄铜水龙头等
淋浴水龙头	淋浴水龙头安装于淋浴房上方，用于放冷热混合水。淋浴水龙头有软管花洒、嵌墙式花洒、恒温水龙头、带过滤装置的水龙头、有抽拉式软管的水龙头等
单把双控水龙头	单把双控水龙头主要是指使用一个水龙头阀门来控制冷水、热水，调节沐浴时的水温
双把双控水龙头	双把双控水龙头主要是指冷水、热水的分成两个不同的水龙头阀门来控制
恒温控制水龙头	恒温控制水龙头是通过设定温度，水龙头自行控制水温。当温度高于恒温控制水龙头设定的温度时，恒温阀会阻止热水器出水，待温度降低时，热水器又会自动点燃
固定支座型水龙头	固定支座型水龙头就是整个花洒固定在一个支座上，不能够调整花洒的高度或者方向
带升降型水龙头	带升降型水龙头就是花洒固定在一个杆子上，可以通过上、下移动来调整花洒的位置
固定可旋转型水龙头	固定可旋转型水龙头就是花洒固定在一个支点上，可以固定花洒，也可以调整高度与方向

▶攻略220 单把浴缸水龙头的结构是怎样的？

答：单把浴缸水龙头的结构如图1-38所示。

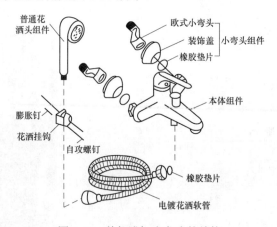

图1-38 单把浴缸水龙头的结构

▶攻略221 怎样选择浴缸淋浴水龙头？

答：浴缸淋浴水龙头选择方法见表1-52。

表1-52 浴缸淋浴水龙头选择方法

项　目	说　　明
看外表	好的水龙头表面镀铬光亮，即表面越光滑越亮说明质量越好
转把柄	好的水龙头在转动把手时，水龙头与开关间没有过度的间隙，开关轻松无阻不打滑。劣质的水龙头间隙大受阻感也大

（续）

项　　目	说　　明
听声音	好的水龙头是整体浇铸铜，敲打起来声音沉闷。如果声音很脆，可能采用的是不锈钢材料，质量就要差一些
识标记	如果标识分辨不清，说明水龙头可能是低劣的

► 攻略 222　怎样搭配浴缸淋浴水龙头?

答：浴缸淋浴水龙头的选购需要考虑水龙头的款式与装修风格的协调性，具体见表 1-53。

表 1-53　搭配浴缸淋浴水龙头

项　　目	说　　明
颜色选择	水龙头以不锈钢镀铬最为常见，另外，还有一些色彩鲜艳的水龙头。不同的水龙头适应不同的风格：不锈钢镀铬水龙头一般是以简约风格为主；古铜色水龙头一般是中式风格为主；金色水龙头一般搭配欧式风格
造型选择	水龙头的手柄与出水管造型各式各样，一般为流线型。各种直线或曲线水龙头造型能够与简约风格的装修搭配

► 攻略 223　怎样安装浴缸水龙头?

答：浴缸配套常用的水龙头有冷热水混合水龙头，冷热水分别供水、三联混合水龙头（也就是冷热水混合供水再加软管淋浴装置）。三联混合水龙头安装时需要注意冷水管、热水管的孔距、伸出墙面的位置，安装好后应使护口盘能够正好紧贴墙面。热水给水管安装时需要采用具有保温性能的管材，并尽可能缩短管子长度以减少热损失。

► 攻略 224　怎样清洁浴缸淋浴水龙头?

答：浴缸淋浴水龙头清洁方法与注意事项如下：

1）水嘴表面应常用软布蘸用清洁剂轻轻擦拭，不能够用金属丝团或带有较硬微粒的百洁布擦拭。

2）可以使用下列清洁剂去除粗实面膜和堆积物：温和液态玻璃清洁剂、纯清液态玻璃清洁剂、不含酸无磨损性柔和液体、完全溶解的粉末、无摩擦性溶液擦光剂。

3）不能够使用任何摩擦性清洁剂、布或纸布擦拭水龙头。

4）不能够使用任何含酸的清洁剂、抛光摩擦剂、粗糙清洁剂擦拭水龙头。

5）水压不低于 0.02MPa 的情况下，使用一段时间后，如果发现出水量减小，甚至出现热水器熄火的现象，则可轻轻拧下水龙头出水口处的筛网罩，清除杂质。

► 攻略 225　怎样保养浴缸淋浴水龙头?

答：保养浴缸淋浴水龙头的方法与要点如下：

1）安装水龙头前需要放水冲洗水管中的泥沙杂质、杂物。

2）用细软的布涂上牙膏可以清洁水龙头的表面，然后用清水清洁表面。

3）单把水龙头在使用过程中，要慢慢开启与关闭。

4）双柄水龙头不能够关得太死，否则会使止水栓脱落，引起关不了与止不了水等问题。

► 攻略 226　怎样安装挂墙式淋浴水龙头?

答：挂墙式淋浴水龙头安装方法与主要步骤如下：

1）安装前需要将进水管道内的污物清理干净，左、右冷热水进水管道中心距为 150mm，进水管接头应与墙面垂直且高度一致。

2）将左、右两只进水弯脚旋入左、右进水管上。为了防止渗漏，则在旋入前缠绕适量的生料带。

3）将平脚盘旋入进水弯脚，以扣住墙面为止。

4）将主体组连同橡胶垫片一起与左、右两个进水弯脚对齐。

5）用扳手将六角螺母锁紧。

6）调节进水弯脚将龙头主体组调到水平。

7）将花洒软管六角螺母端旋合在主体底部螺纹上，旋合程度要适当，以拧紧后无渗漏为准，不要过度拧紧。

图 1-39　花洒龙头

8）将花洒支架用锁紧螺钉固定在墙面的适当高度。

9）将花洒软管圆锥端与手握花洒的螺纹拧紧，不要过于用力拧紧。

10）将花洒放置在花洒支架上即可。

11）花洒龙头如图 1-39 所示。淋浴水龙头图例如图 1-40 所示。

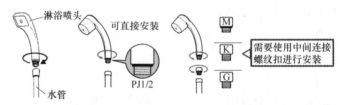

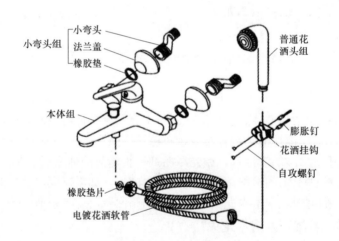

图 1-40　淋浴水龙头图例

➤ 攻略 227　厨房水龙头的种类有哪些?

答：厨房水龙头根据款式可以分为单把单孔水龙头、双把单孔水龙头。厨房水龙头可以根据水龙头是否活动可以分为活动式水龙头和固定式水龙头。

➤ 攻略 228　单把厨房水龙头的结构是怎样的?

答：单把厨房水龙头的结构包括出水嘴、起泡器、起泡器扳手、色扣、限位滑块、弹簧、阀芯压紧螺母、阀芯装饰罩、垫圈、螺母等。例如一款单把厨房水龙头的结构图如图 1-41 所示。单把厨房水龙头安装尺寸（单位 mm）如图 1-42 所示。

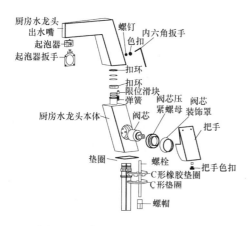

图 1-41 单把厨房水龙头的结构

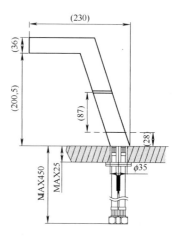

图 1-42 单把厨房水龙头安装尺寸

攻略 229 怎样使用单把厨房水龙头?

答:单把厨房水龙头的使用方法图解如图 1-43 所示。

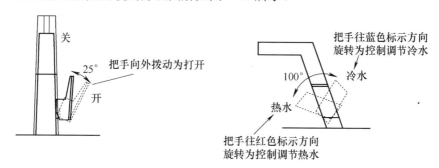

图 1-43 单把厨房水龙头的使用方法图解

攻略 230 厨房水龙头的特点是怎样的?

答:厨房水龙头的部分特点见表 1-54。

表 1-54 厨房水龙头的部分特点

名 称	说 明
活动式厨房水龙头	活动式水龙头可以分为旋转活动式水龙头、伸缩活动式水龙头。旋转活动式水龙头可以 360° 旋转便于使用。伸缩活动式水龙头颈部一般是软管,如果厨房水槽较深可以便于清洗
固定式厨房水龙头	固定式厨房水龙头的颈部不可以活动,一般在单一水槽的情况下搭配使用
单把单孔厨房水龙头	单把单孔厨房水龙头是指水龙头的入水管接口只有一个,水龙头阀门也只有一个,这样的水龙头一般是在只有冷水流入的情况下使用
双把单孔厨房水龙头	双把单孔厨房水龙头是指水龙头的入水管接口有一个,水龙头的阀门有两个

攻略 231 厨房专用不锈钢水龙头有哪些特点?

答:厨房专用不锈钢水龙头的部分特点见表 1-55。

表 1-55　厨房专用不锈钢水龙头的部分特点

项　目	说　明
应用场所	油烟、潮湿、细菌滋生等场所
不锈钢水龙头	具有抗腐蚀、抗氧化、易清洗、抗菌等特点

➤ 攻略 232　怎样选购厨房水龙头？

答：选购厨房水龙头的一般方法与要点见表 1-56。

表 1-56　选购厨房水龙头的一般方法与要点

项　目	说　明
使用要顺手	水龙头要装顺手的水龙头，这与它的阀芯、手柄位置、开关方式有关。好的厨房水龙头阀芯开关自如，使用时手感不会太松或太紧。手柄位置方便开合。传统的螺旋式、扳手式开关目前一般不选用，而是使用闭合迅速地抬启式开关的水龙头
便于清理	厨房水龙头最好选用不沾油污、方便擦洗的产品。因此，一般不选择造型复杂、线条多变的、镀层薄、硬度低的水龙头。一般选择造型简单、镀层坚硬的水龙头
尺寸合适	厨房水龙头与水槽要搭配，一般确保厨房水龙头出水口的角度正对水槽正中。厨房水龙头有 180°旋转的和 360°旋转的
节水环保	节水型水龙头比普通水龙头能节约 30%～40%的水。节水型水龙头有两种：一种是用好的起泡器，将空气注入水中，防止落水四溅、保持冲洗效果的同时，也减缓水流速度，降低了水流量，达到了节水目的；另一种是手柄"提示"设计，当手柄抬到一定高度时，有一个明显停顿感，提醒用户用水量已增大
风格统一	厨房间里，水槽与水龙头在材质、风格上要搭配
人性化设计	厨房水龙头应选择人性化的产品或者有特殊要求的则选择特殊的产品

➤ 攻略 233　怎样搭配厨房水龙头？

答：选购厨房水龙头时，需要考虑水龙头的款式与装修风格的协调性，具体要求如下：

1）规格选择：根据水槽的规格挑选合适的水龙头。

2）造型选择：简约风格一般选择款式简单、表层镀铬、单手柄混水龙头。古典、美式、欧式的风格一般搭配造型圆润、金色镀层、铜色镀层、双手柄的厨房水龙头。

➤ 攻略 234　怎样安装厨房水龙头？

答：安装厨房水龙头的方法与要点如下：

1）厨房水龙头，安装孔距一般为 34mm，进水口管径为 20mm。

2）安装水龙头前，先清理预埋水管内的杂物；可先拧开水管开关，让水流出，水流自然会冲出杂物。安装后检查各连接处是否紧密，管道是否泄漏。

3）水龙头的工作水压一般为 0.5～5kgf/cm² (1kgf/cm²≈0.1MPa)（包括冷水及热水压力）。如果压力过大，可以把进水总开关关小一点即可。

➤ 攻略 235　净身盆水龙头有哪些种类？

答：根据款式净身盆水龙头可以分为单把单孔水龙头、单把双孔水龙头、双把单孔水龙头、双把双孔水龙头。

➤ 攻略 236　脸盆水龙头有哪些种类？

答：根据安装方式脸盆水龙头可以分为挂墙式水龙头、坐式水龙头。根据水龙头款式可以分为单把单孔水龙头、双把双孔水龙头、单把双孔水龙头、双把单孔水龙头。根据启闭控制方式分为机械式水龙头、非接触式水龙头。根据启闭控制部件数量分为单柄水龙头、双柄水龙头。非接触式脸盆水嘴根据传感器控制方式分为反射红外式水龙头、遮挡红外式水龙头、热释电式水龙头、微波反射式水龙头、超声波反射式水龙头等。根据控制供水管路的数量分为单控水龙头、双控水龙头。根据密封材料分为陶瓷水龙头、非陶瓷水龙头。

▶ **攻略 237　脸盆水龙头的特点是怎样的?**

答:脸盆水龙头的特点见表 1-57。

表 1-57　脸盆水龙头的特点

名　称	说　明
挂墙式脸盆水龙头	挂墙式脸盆水龙头是指从脸盆对着的那堵墙延伸出来的水龙头,水管都是埋在墙壁里
坐式脸盆水龙头	坐式脸盆水龙头是指常规的与脸盆孔对接水管,与脸盆相连接的水龙头
单把单孔脸盆水龙头	单把单孔脸盆水龙头是指水龙头的入水管接口只有一个,水龙头阀门也只有一个,这种水龙头一般是在只有冷水流入的情况下使用
双把双孔脸盆水龙头	双把双孔脸盆水龙头是指水龙头的入水管接口有两个,将冷热水分开,水龙头控制的阀门也有两个,一个控制热水,一个控制冷水
单把双孔脸盆水龙头	单把双孔脸盆水龙头是指水龙头的入水管接口有两个,水龙头阀门有一个。这种水龙头一般是通过左右或者上下的转动阀门达到调节冷热水的作用
双把单孔脸盆水龙头	双把单孔脸盆水龙头是指水龙头的入水管接口有一个,水龙头的阀门有两个

▶ **攻略 238　怎样选购脸盆水龙头?**

答:选购脸盆水龙头的方法见表 1-58。

表 1-58　选购脸盆水龙头的方法

项　目	说　明
看外表	好的水龙头的表脸镀铬越光滑越亮代表质量越好
转把柄	好的水龙头转动把手时,没有过度的间隙,关开轻松无阻,不打滑
听声音	好的水龙头敲打起来声音沉闷

▶ **攻略 239　怎样选择脸盆水龙头的尺寸?**

答:脸盆分为台上盆、台下盆,水龙头的挑选上要注意水龙头的高度,一般选择能够保持水龙头出水口位置高于脸盆的高度 15cm 左右的脸盆水龙头。

▶ **攻略 240　怎样安装脸盆水龙头?**

答:脸盆水龙头安装方法与主要步骤如下:

1)确认所购水龙头安装尺寸与预埋进水管道的安装尺寸相匹配。安装水龙头前需要清除管道内污物,并且开启水源冲洗管道。主体连接冷、热水管一定要注意左边接热水,右边接冷水。一般脸盆水龙头适用水压为 0.05～0.6MPa,推荐水压为 0.2～0.5MPa。水龙头使用介质温度不能大于 90℃。双把双孔与单把双孔脸盆水龙头安装孔距一般为 102mm。进水口管径为 20mm,单把单孔脸盆安装孔距为 34mm,进水口管径为 20mm。

2)再将防滑垫片套在进水脚上,紧贴在主体组底部。

3）再将主体组放入脸盆孔内。

4）再将橡胶垫片、锁紧螺母套在固定螺杆上。

5）再调节主体组方向，使水龙头出水口位置对正脸盆正中。

6）然后将锁紧螺母锁紧，注意不要用力过人。

7）将进水软管与主体组进水脚进行旋合，保证进水软管与进水脚接合紧密无渗漏即可。

8）部分脸盆水龙头如图1-44所示，脸盆水龙头安装图例如图1-45所示。

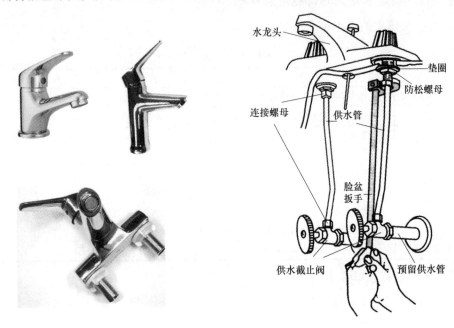

图 1-44　脸盆水龙头

图 1-45　脸盆水龙头安装图例

> **攻略 241　单把单孔脸盆水龙头结构是怎样的？**

答：单把单孔脸盆水龙头结构如图1-46所示。

> **攻略 242　怎样安装洗手台水龙头？**

答：洗手台水龙头的安装如图1-47所示。

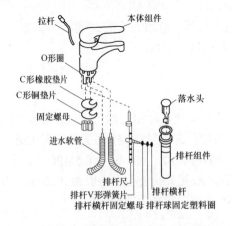

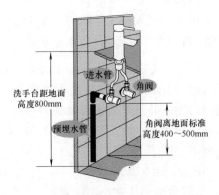

图 1-46　单把单孔脸盆水龙头结构

图 1-47　洗手台水龙头的安装

▶ 攻略 243　常见的水龙头与阀有哪些?

答：常见的水龙头与阀如图 1-48 所示。

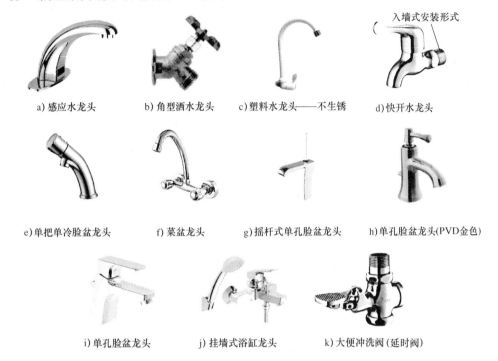

a) 感应水龙头　　　　b) 角型洒水龙头　　　c) 塑料水龙头——不生锈　　　d) 快开水龙头

e) 单把单冷脸盆龙头　　f) 菜盆龙头　　g) 摇杆式单孔脸盆龙头　　h) 单孔脸盆龙头(PVD金色)

i) 单孔脸盆龙头　　　j) 挂墙式浴缸龙头　　　k) 大便冲洗阀(延时阀)

图 1-48　常见的水龙头与阀

▶ 攻略 244　延时冲洗阀有什么特点?

答：延时阀的形式有多种，根据控制方式可以分为电磁（红外感应）延时阀、气动延时阀、脚踏延时阀、按钮延时阀、自闭式延时阀等。根据结构可以分为二位三通、二位四通等。根据安装方式可以分为暗装延时阀和明装延时阀。

有的延时冲洗阀由主体、浮动阀、开关装置组成。开关装置由开关、定位座、推动定位针、定位套组成，开关的前端面与定位座的后端面平行相对，推动定位针与定位座固定连为一体，推动定位针通过卡槽与浮动体的推动杆滑动连接。

脚踏自闭式延时阀由连接管、检修阀、冲洗阀（主体）、冲洗口等组成。其中，检修阀有一个水开关调节螺钉，以便于维修。阀体内有一个上下活动的阀芯，阀芯有铸铜的和塑料的。阀芯由卸压杆、增压针孔、进水口、上下密封橡胶圈组成。

延时阀外形如图 1-48k 所示。

▶ 攻略 245　什么是三角阀? 它的特点是怎样的?

答：三角阀又叫角阀、折角水阀、角形阀、安全阀、止水阀、八字阀。采用三角阀的目的是因为管道在三角阀处成 90°的拐角形状。

三角阀的阀体一般有进水口、水量控制口、出水口三个口。现在的三角阀在不断地改进，尽管还是三个口，但也有不是角形的角阀。

► **攻略 246　三角阀有几种?**

答:三角阀有冷、热两种,并且以蓝、红标志区分。

► **攻略 247　三角阀有什么作用?**

答:三角阀主要作用如下:

1)起转接内外出水口。

2)水压大,三角阀可以调节关小一点,也就是能够控制水压。

3)检修时,三角阀可以起开关作用,如果水龙头漏水等现象发生,可以把三角阀关掉,从而可以不必关闭水管总阀。

4)三角阀可以起到一定的装饰搭配作用(见图 1-49)。

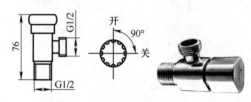

图 1-49　三角阀

5)单独控制。天热了,不想让水龙头出热水了,把控制热水的三角阀关掉即可。

6)保护水龙头软管。

7)角阀是承压部件,必要时可以关闭,有利于在安装水龙头时进行调试工作。

► **攻略 248　快开三角阀与普通三角阀有什么差异?**

答:普通三角阀是橡圈阀芯,快开三角阀是陶瓷阀芯,并且快开三角阀只需打开 90°就可以放水。

► **攻略 249　三角阀能够使用多久?**

答:一般锻压的三角阀可以使用 10 年以上,翻砂的三角阀一般可以使用 5～8 年,合金的三角阀一般可以使用 3 年左右。

► **攻略 250　怎样计算三角阀的使用量?**

答:三角阀的使用量:马桶(带水箱的蹲便器)需要 1 只三角阀,即冷水三角阀;脸盆龙头需要 2 只三角阀,即冷水和热水三角阀;菜盆龙头需要 2 只三角阀,即冷水和热水三角阀;热水器需要 2 只三角阀,即冷水和热水三角阀。洗衣机、拖布池、淋浴水龙头都不需装三角阀。

► **攻略 251　家居装饰中的三角阀可以省略吗?**

答:家居装饰中的三角阀不可以省略,如果安装三角阀的话,可以提前发现铜接头处有没有漏水。如果不安装,则只有在最后安装好水龙头后才能够检查是否漏水。另外,由于漏水需要加压一段时间才能够测试出来,因此,最后安装内接和水龙头不安全。

家居装饰完成后,如果没有三角阀,则维修检查时,必须关闭总闸。这样会因局部或者某一处异常而影响其他地方的正常使用。

► **攻略 252　怎样选择三角阀?**

答:选择三角阀的方法见表 1-59。

► **攻略 253　怎样安装三角阀?**

答:安装三角阀的方法如图 1-50 所示。

表 1-59 选择三角阀的方法

项 目	说 明
看外观	在光线充足的情况下，将三角阀放在手中伸直后观察，表面应乌亮如镜，没有任何氧化斑点、无烧焦痕迹、无气孔、无起泡、无漏镀、色泽均匀。用手摸没有毛刺沙粒，用手指按一下角阀表面指纹很快散开，并且不易附水垢
看重量	加厚的全铜三角阀壁厚一般超过 25mm
看阀芯	内部有白色光滑陶瓷片的阀芯就是陶瓷阀芯，能够耐久使用、耐磨损、无需维修

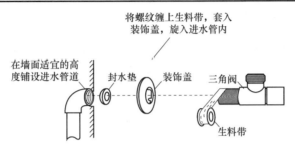

图 1-50 安装三角阀的方法

▶ 攻略 254 阀门与标准阀门型号编制规定是怎样的?

答：阀门是用来控制管道内介质输出、流量、速度、减压等的部件。标准阀门型号编制规定如图 1-51 所示。

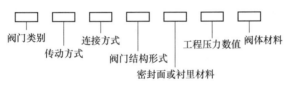

图 1-51 标准阀门型号编制规定

▶ 攻略 255 阀门有哪些类型?

答：阀门的类型见表 1-60。

表 1-60 阀门的类型

种 类	说 明
切断阀	切断阀的功能是切断管道中的流体流动。几乎所有的阀门都具有切断管道流体的作用，但结构、性能各不相同。作为切断阀使用的阀有截止阀（J）、闸阀（Z）、旋塞阀（X）、球阀（Q）、蝶阀（D）
流量调节阀	流量调节阀在完全关闭时，也能够切断管道中的流体，但其主要功能是在运行过程中起到调节流体流量的作用。作为这类阀的阀有截止阀、柱塞阀、节流阀、球阀、蝶阀

▶ 攻略 256 阀门的特点是怎样的?

答：阀门的特点见表 1-61。

▶ 攻略 257 防烫伤恒温混水阀的原理是怎样的?

答：防烫伤恒温混水阀的原理：防烫伤恒温混水阀内置了全方位高灵敏感温系统，能够根据设定的温度要求，动态调节冷热水的混合比例，使出水温度一直恒定在设定温度，同时避免热水温度过高，造成烫伤等严重后果。

表 1-61　阀门的特点

名　称	说　明
暗杆闸阀	暗杆闸阀的特点：①阀杆行走螺纹置于阀体之内，不受外界环境影响；②阀门开闭时阀杆只作旋转运动；③阀瓣沿阀杆螺纹上下行走，外部难于识别阀门的开启程度；④阀杆螺纹与流体接触，在不洁净及腐蚀性的介质中，对螺纹有不良影响
浮动式球阀	浮动式球阀的特点：①球体是浮动的；②介质压力作用下球体被压紧到出口侧的密封圈上，而保持密封；③结构简单；④单侧密封，密封效果较好；⑤球面与密封面介质压紧力较大，启闭力矩大；⑥一般只适用于较小口径和较低压力的阀
固定式球阀	固定式球阀的特点：①球阀的球体由上下两端的轴承固定只能转动不能水平和上下移动；②阀体和阀座间设置弹簧，使阀座与密封圈能压紧球体，达到密封要求；③嵌在阀座上的密封圈由弹性材料制造，保证了密封性能；④介质对球体的压力是由轴承承受的，使密封圈与球间的摩擦力减小；⑤结构复杂，适用于大口径及较大压力的阀 　球阀用于直通管路中截断、接通、分配和改变介质的流动方向。工作时通过旋转阀杆使球芯接通或关闭流路。球阀只需要用旋转 90° 的操作与很小的转动力矩就能严格关闭或完全接通
换向阀	换向阀可以分为三通（四通）球阀、三通（四通）旋塞阀，具有流向选择功能、流体的分流、合流等作用。换向专用阀门有蒸汽输气阀、减压阀、减温减压阀、安全等
角式截止阀	角式截止阀的特点是结构简单、力学性能好，是用于高压小口径截止阀
截止阀	截止阀适用于 DN≤50 的管道。截止阀安装要求：①截止阀安装的方向需要正确，一般外壳上的箭头方向应与阀内水流方向一致；②阀门和旋塞的填料应饱满；③压盖压紧；④阀杆转动灵活、严密不漏
明杆闸阀	明杆闸阀的特点：①阀杆行走螺纹置于阀体之外，并有阀轮；②阀杆与阀瓣同步上升与下降，因此，易识别阀门开启的程度；③恶劣环境中，阀杆的外露螺纹易受损伤、腐蚀
闸阀	DN>70 时可以采用闸阀。闸阀安装要求：①安装需要平整（特殊要求外）；②手轮不允许向下；③明杆式闸阀安装时注意闸杆向上移动的位置应留有余地
直流式截止阀	直流式截止阀又称 Y 形阀，直流式截止阀的特点：①直流阀的流体流通路线比直通式节流阀要平稳；②流体阻力较小；③阀板行程较大，制造、安装、维修复杂；④用于对流体阻力要有严格要求的场所
直通式截止阀	直通式截止阀具有加工、安装、维修、操作容易。直通式截止阀是截止阀最广泛的类型。其缺点就是流体的阻力较大
止回阀	止回阀是用来阻止、限制水流（流体）的反向流动，其又可以分为升降式止回阀、旋启式止回阀。止回阀安装要求：①应使管道中的水流方向与阀体上的箭头方向一致；②安装升降式止回阀时，需要保证阀盘中心线与水平面垂直；③安装旋启式止回阀时，需要保证摇板的旋转枢轴水平；④明杆阀门不能装在地下；⑤止回阀一般安装在泵、压缩机的出口，保护设备、管道的安全
单向阀	单向阀安装于有热水循环回路的系统中，以防回水管道中的水回流而使出水口的混水温度降低。单向阀参数有工作压力、工作温度等。安装时应按箭头指向安装

➤ 攻略 258　防烫伤恒温混合阀的结构是怎样的？

答：防烫伤恒温混合阀由阀体、连接件、活动部分、护罩、调节钮、密封圈、弹簧等组成。

防烫伤恒温混合阀的结构如图 1-52 所示。连接方式有外螺纹连接、焊接等种类。

➤ 攻略 259　球阀拆装顺序是怎样的？

答：球阀拆装顺序：螺母→阀盖→螺柱→扳手→轴用挡圈→限位片→螺钉→压盖→密封圈→阀杆→密封圈→垫片→密封圈→球芯→密封圈。

拆装时应注意如下事项：

图 1-52　防烫伤恒温混合阀的结构

1）安装时要预留出阀杆作 90°旋转的位置。

2）注意不要损坏垫片。

3）螺柱在旋合时注意不要损伤螺纹表面。

> **攻略 260 输水阀的工作原理是怎样的？**

答：输水阀的工作原理：自由浮球式蒸汽输水阀内部只有一个活动部件的不锈钢空心浮球。它既是浮子又是启闭件，阀盖上部设有空气排放阀。启动工作时，管道内的空气经过空气排放阀排出，低温凝结水进入疏水阀内，随着凝结水的液位上升，浮球上升，阀门开启，凝结水排出，蒸汽进入设备，设备升温，空气排放，阀关闭。

图 1-53 输水阀外形

输水阀开始正常工作后，浮球随着凝结水的流入量而上下升降，并且实现自动调节排放。一旦凝结水停止流入，浮球下降，并与阀座排放口相接触，从而关闭输水阀。输水阀外形如图 1-53 所示。

> **攻略 261 输水阀的拆装顺序是怎样的？**

答：输水阀的拆装顺序：从上到下，先依次拆卸放气阀芯→放气阀座→垫圈→阀盖上螺母与垫圈→阀盖与垫圈从阀体上拆下→阀体内腔的挡圈→过滤网与过滤罩→取出阀体内部的浮球→将阀体倾斜放置稳定，拆卸下面的压盖→垫圈、阀座、垫圈→再拆卸排污丝堵、垫圈。装配顺序与拆卸顺序相反，即后拆下的零件先装，将拆卸下来的全部零件都安装到原来的位置上即可。

> **攻略 262 输水阀的拆装有哪些注意事项？**

答：输水阀的拆装的一些注意事项如下：

1）拆装必须在室内清洁地方进行，不能有灰尘、沙土、杂物等。

2）拆卸零件时，先将输水阀阀盖朝上放置稳定，看好零件原始的方向和位置后再拆卸。拆卸过程中可两人配合，一人扶稳一人进行拆卸，必要时，应做好记录。拆下的零件按拆卸先后顺序，分部位排放整齐，以防装错或漏装。

3）不同的零件要选择适当的工具进行拆卸，如放气阀芯、放气阀座、螺母、压盖及排污丝堵等要用扳手拆卸，阀座用内六角扳手拆卸，而挡圈的拆装需要专用的卡钳工具。此外，螺柱在拆装过程中不要使用钳子直接夹在螺纹处，以免造成零件损坏，应用钳子小心地夹在螺柱中间光杆部分，同时注意用力平稳、均匀。

4）对于筛网及过滤罩的拆卸可以使用镊子协助取出，要轻拿轻放，注意不要破坏塞网。精密研磨的浮球是空心件，拆装过程中注意不要使其磨损或发生挤压损坏。

> **攻略 263 膜片式减压阀的工作原理是怎样的？**

答：膜片式减压阀的工作原理：压力为 P_1 的流体由减压阀输入口输入，经阀口节流后，压力降为 P_2 输出。P_2 的大小可由阀体内调压弹簧进行调节。若压力 P_1 瞬时提高或下降，减压阀均可将输出压力调整为原来值，以保持输出压力的稳定。

膜片式减压阀外形如图 1-54 所示。

图 1-54 膜片式减压阀

▶ **攻略 264　膜片式减压阀拆装顺序是怎样的?**

答:膜片式减压阀拆装顺序:上部(罩→螺母→上盖→大弹簧及其上下支撑→螺柱→膜片→垫片);下部(下螺母→下端盖→垫片→小弹簧→阀杆→螺柱)。

▶ **攻略 265　怎样安装防烫伤恒温混合阀?**

答:防烫伤恒温混合阀安装示例见表1-62。

表1-62　防烫伤恒温混合阀安装示例

名　称	图　例	名　称	图　例
水温集中控制	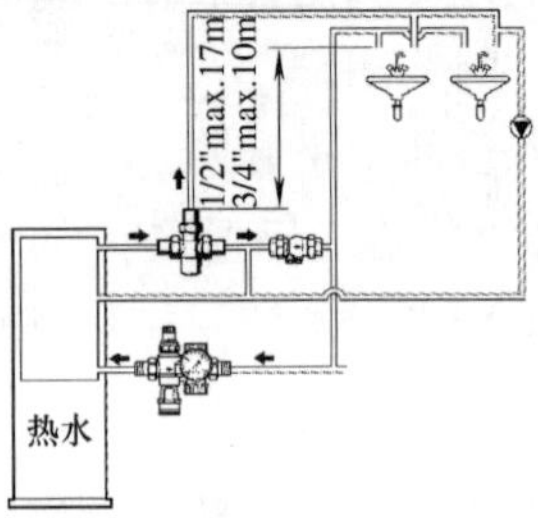	集中供热系统	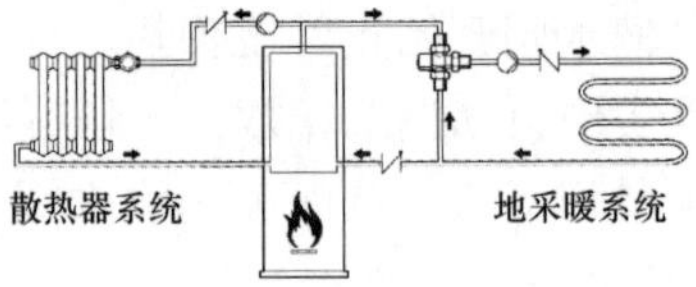
水温分区控制	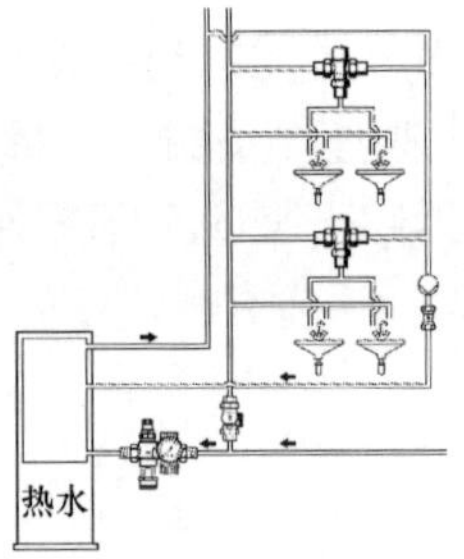	集中供热系统中用作分流阀	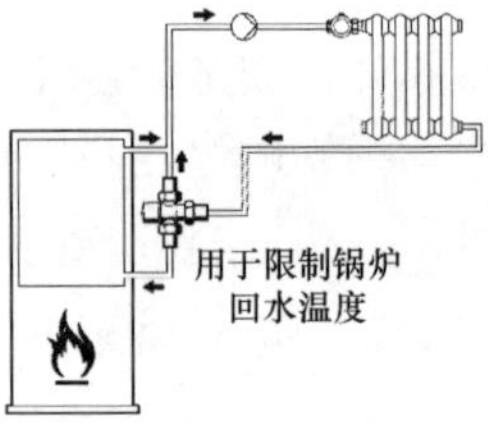
双重能源太阳能热水系统的水温集中控制	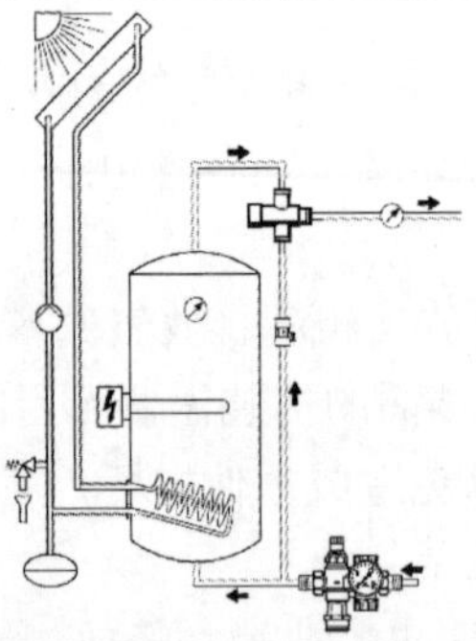		

▶ **攻略 266　蹲便器冲洗阀怎样选择? 怎样布水管?**

答:蹲便器冲洗阀可以分为直冲式、二极延时式、脚踏式。根据进水口径有 3/4in、1in。蹲便器冲洗阀需要根据其进水口径、所装冲洗阀的位置布水管。

1.5　去水组件与连接件、配件

▶ **攻略 267　卫生洁具排水配件有关术语是怎样的?**

答:卫生洁具排水配件有关术语见表1-63。

表 1-63　卫生洁具排水配件有关术语

名　　称	说　　明
排水配件	排水配件指排水系统中介于卫生洁具与建筑物排水管道间，用于从卫生洁具底部控制、输送废水到建筑物排水管道的一种装置
存水弯管	存水弯管是指排水配件主体部分与建筑物排水管道间，用于排水与防止返味的装置
显著表面	如果损坏，则有碍产品外观或功能的表面
明显缺陷	有妨碍或损坏产品功能的缺点

▶ 攻略 268　去水组件结构是怎样的? 怎样使用去水组件?

答：去水组件结构如图 1-55 所示。去水组件安装尺寸（单位为 mm）如图 1-56 所示。落水头压下，排杆关闭，面盆储水；落水头弹起，排杆打开，面盆排水，如图 1-57 所示。

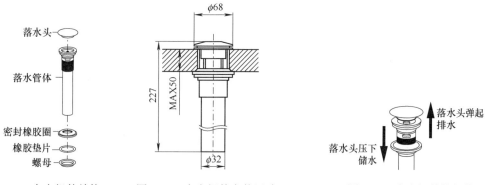

图 1-55　去水组件结构　　　图 1-56　去水组件安装尺寸　　　图 1-57　去水组件的操作

▶ 攻略 269　怎样选择带溢水口与不带溢水口的下水管?

答：选择带溢水口与不带溢水口的下水管的方法如下：

1）如果是陶瓷面盆一般要装带溢水口的下水管，则可以选择有方向的带溢水口下水器与弹跳带溢水口下水器。

2）如果是玻璃面盆的要装不带溢水口的下水管，也可以选择有不带溢水口方向的下水器或不带溢水口弹跳下水器。

3）面盆下的下水管可以装在地上的有波纹下水管与韩式下水管。

4）有的面盆是装在墙上的要装有入墙下水管。

▶ 攻略 270　怎样安装面盆下水器?

答：下面以带溢水孔的弹跳下水器为例（见图 1-58、图 1-59）进行介绍，其他下水器的安装步骤与要点与此类似。

1）把下水器下面的固定件与法兰拆下。

2）把下水器的法兰扣紧在盆上。

3）法兰放紧后，把盆放平在台面上，下水口对好台面的口。

4）在下水器适当位置缠绕上生料带，防止渗水。

5）把下水器对准盆的下水口。

6）把下水器对准盆的下水口放进去

7）把下水器对准盆的下水口，放平整。

8）把下水器的固定器拿出，拧在下水器上。

9）用扳手把下水器固定紧。

10）在盆内放水测试。

▶ **攻略 271　连接件外形是怎样的？**

答：螺纹连接件、焊接连接件外形如图 1-60 所示。

图 1-59　面盆下水器的外形图

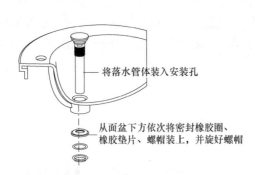

将落水管体装入安装孔

从面盆下方依次将密封橡胶圈、
橡胶垫片、螺帽装上，并旋好螺帽

图 1-58　安装面盆下水器

焊接连接件　　螺纹连接件

图 1-60　螺纹连接件、焊接连接件外形

▶ **攻略 272　怎样搭配抽水马桶上的配件？**

答：搭配抽水马桶上的配件主要有进水软管与三角阀，具体方法如下：

1）三角阀。一般只需要配一个单冷的三角阀即可。如果马桶上没有密封圈的则需要另外购买。

2）进水软管。抽水马桶一般是距离墙不远，用一根 30cm 长左右的进水管连接。

▶ **攻略 273　不锈钢下水管怎样防臭安装？**

答：不锈钢下水管防臭安装的方法如下：

1）拿出可以弯曲的下水管，然后把下水管用力弯曲（有波纹的地方）。

2）把水管弯的方向再弯下，弄出 S 形弯以达到防臭效果。

3）感觉弯成的幅度适合时即可。

4）用泡沫片包在管子底上。

5）用胶水固定泡沫。

6）把下水管的固定口螺纹松掉套在下水器上，然后把下水管套上螺纹固定。

7）再用玻璃胶把下水管与地上的排水管口密封即可。

▶ **攻略 274　不是从地面引出的下水管怎样防臭？**

答：不是从地面引出的下水管的防臭方法就是安装专门的用于手盆、洗菜盆的防臭下水接头即可。

▶ **攻略 275　怎样安装清扫口？**

答：安装清扫口的一般要点如下：

1）清扫口应安装在排水管道转弯处。

2）清扫口应接有两个或两个以上的大便器，或三个及三个以上的卫生器具的排水横管的起始端。

3）直线管段较长时需要安装多个，管径在 DN50～DN75 时，每隔 15～20m 设一个。管径在 DN100 以上时，每隔 25～30m 设一个。

4）清扫口安装必须与地面平。

5）为了便于清掏与墙面需要保持不小于 150mm 的距离。

1.6　地漏

▶ 攻略 276　地漏有关术语是怎样的?

答：地漏有关术语见表 1-64。

表 1-64　地漏有关术语

名　称	说　明
箅子	安装在地漏表面带有孔隙的盖面，是地漏的部件之一
侧墙式地漏	箅子为垂直方向安装且具有侧向排除地面积水功能的无水封地漏
带网框地漏	内部带有活动网框（可用来拦截杂物），并且可取出倾倒的地漏。根据内部结构可以分有水封、无水封两种形式
调节段	用于调节箅子面高度，使其与地坪表面高度一致的地漏部件之一
多通道地漏	可同时接纳地面排水与一两个具有侧向排除地面积水功能的无水封地漏
防水翼环	设于地漏壳体周边，用于防止地漏与地坪接触部位的渗水，是地漏外壳体的组成部分
防溢地漏	具有防止废水在排放时冒溢出地面功能的有水封地漏
盖板	安装在地漏表面没有孔隙的盖面，是密闭型地漏的部件之一
密闭型地漏	带有密封盖板的地漏，其盖板具有排水时可人工打开、不需排水时可密闭的功能。根据内部结构可以分为有水封、无水封两种形式
密封防臭地漏	即密闭型地漏，它有传统型、改良型两种。其中改良的密闭型地漏，在上盖下装有弹簧，使用时用脚踏上盖，上盖就会弹起，不用时再踏回去，俗称弹跳地漏
三防地漏	是在地漏体下端排污处安装一个小漂浮球，日常利用下水管道里的水压与气压将小球顶住，使其与地漏口完全闭合，从而起到防返味、防菌虫、防返水的作用
实用型地漏	用于地面排水，并且兼有其他功能或安装形式特殊的地漏
水防臭地漏	主要是利用水的密封性来防止异味的散发，从而起到防臭的一种传统式地漏
水封	地漏中用于阻隔臭气逸出的存水装置
水封深度	指地漏中存水的最高水面到水封下端口间的垂直距离
四防地漏	四防地漏是利用永磁铁的重力平衡原理来上下制动开闭的地漏装置，它通过对重力及磁力的精确计算及结构巧妙设计使得密封垫打开自如，实现自动密封，从而达到防返味、防返水、防菌虫、防堵塞的作用
洗衣机专用地漏	指在中间有一个圆孔，可供排水管插入，上覆可旋转的盖，不用时可以盖上，用时旋开的专用于洗衣机排水用的地漏
直埋式地漏	可直接安装在垫层且排出管不穿越楼层的有水封地漏
直通式地漏	排除地面的积水，并且出水口垂直向下的无水封地漏

> **攻略 277　地漏的分类是怎样的？**

答：地漏的分类如下：

1）根据使用功能或安装形式地漏可以分为直通式地漏、密闭型地漏、带网框地漏、防溢地漏、多通道地漏、侧墙式地漏、直埋式地漏等。

2）根据用途专属上地漏可以分为普通地漏、洗衣机专用地漏。

3）根据防臭方式地漏可以分为水防臭地漏、密封防臭地漏、三防地漏、四防地漏。

4）根据排出口公称直径（mm）地漏可以分为 A、B、C、D、E、F 六种规格（地漏规格是按排出口公称直径表示）。

5）根据材料不同，地漏可以分为铸铁地漏、塑料地漏。

6）根据构造形式不同，地漏可以分为带水封地漏、不带水封地漏（带水封时水封高度不得小于 50mm）。

7）根据规格，地漏可以分为 50mm、75mm、100mm。

部分地漏外形如图 1-61 所示。

洗衣机地漏　　地漏　　防溢水直通

图 1-61　部分地漏外形

> **攻略 278　地漏有什么功能？**

答：地漏有排水、防臭、防反溢、防堵塞、美观、防爬虫、防病菌滋生等功能。

> **攻略 279　什么位置需要安装地漏？**

答：需要安装地漏的地方有淋浴区、浴缸、洗衣机、墩布池、手盆与洗菜盆的下水管等排水用的下水管道。地漏安装需要平正、牢固，安装于地面最低处，并低于该处地面 5～10mm。

地漏安装平面示意图如图 1-62 所示。

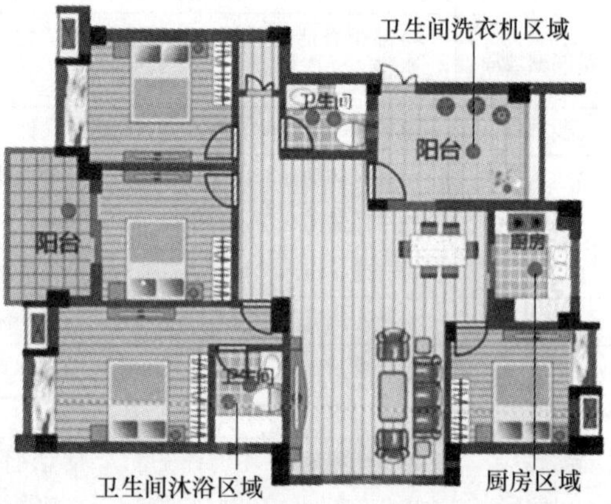

> **攻略 280　地漏适合在哪些场所使用？**

答：地漏适合住宅、宾馆酒店、机关学校、商场写字楼等场所使用。

卫生间洗衣机区域

卫生间沐浴区域　　厨房区域

图 1-62　地漏安装平面示意图

> **攻略 281　什么材质的地漏好？**

答：地漏常接触水，需要不怕腐蚀，不同材质的地漏具有不同的特性：铜材质最不怕腐蚀，其次是不锈钢材质，再次就是 PVC 材质的。

> **攻略 282　地漏的锁扣有什么作用？**

答：地漏的锁扣的作用如下：

1）地漏的锁扣主要是为了方便把地漏芯拿下来检查下水管道。

2）地漏盖板的锁扣主要是为了让盖板与地漏本身连接得更牢靠，即不能够轻易拿下来。

> **攻略 283　地漏型号与字母对应表示的意思是怎样的？**

答：地漏型号与字母对应表示的意思如下：

F—面板是方形的地漏；Y—面板是圆形的地漏；G—面板是不锈钢的地漏；T—面板是

铸铜的地漏；X—洗衣机专用的地漏。

▶ **攻略284 购买地漏需要注意哪些事项?**

答：购买地漏需要注意的事项如下：

1）要选择购买美观的、搭配的。

2）尺寸合适的不会影响安装。

3）材质抗腐蚀好的，寿命更长。

4）如果特殊要求，则选择特殊地漏。

5）选择不会挂毛发的，免清理、易清理。

6）无水封的不会存污纳垢滋生病菌飞虫现象。

7）防臭效果好的，密封严的，不会有爬虫现象。

8）排水通道截面积大的，排水速度快，则不会反溢。

▶ **攻略285 地漏免清理功能会不会把下水道堵住?**

答：地漏免清理功能就是把毛发等杂物冲到下水道里，其中的防护网会把长的头发、较大的杂物拦截住，冲到下水道里都是比较短的头发、细小的杂物，不会造成下水道堵塞。

▶ **攻略286 直通密闭式地漏有什么特点?**

答：直通密闭式地漏的特点：不用存水弯，直通式排水，不排水时下部有密封垫封闭。

▶ **攻略287 密闭式地漏有什么特点?**

答：密闭式地漏的特点：种类有偏心盖板式密闭式地漏、弹簧式密闭式地漏、硅胶式密闭式地漏、磁铁式密闭式地漏。硅胶式防水密闭式地漏防虫性能差。磁铁式密闭式地漏磁铁的磁力会逐渐衰减，并且容易吸附铁质杂质，会使密封垫无法闭合。偏心盖板式密闭式地漏密封不严，销子易坏。弹簧式密闭式地漏弹簧容易锈蚀。

▶ **攻略288 高水封地漏有什么弊端?**

答：高水封地漏的存水弯过长，黏性污物会附着在内壁上，无法清理，时间久了，会出现排水不畅现象。此外，这种地漏高度一般都在15cm左右，一些房屋的水管高度不够，不能够安装。

▶ **攻略289 钟罩式地漏有什么弊端?**

答：钟罩式地漏的弊端：管道系统内的正压引起上浮，破坏水封。

▶ **攻略290 怎样解决地漏下水返臭味?**

答：淋浴房、手盆、洗菜盆的地漏下水返臭味可以采用下列方法解决：安装防臭功能的地漏及接头、采用深水封的（比浅水封的效果好）、采用密封的（要比水封的效果好）。

▶ **攻略291 为什么卫生间里有飞虫? 怎样解决?**

答：卫生间里有飞虫可能原因就是水封地漏存水或排水管道口密封不严造成的。此时，可采用无水封的密封防臭地漏，并且不漏掉任何一处能排水出气的管道。

▶ **攻略292 采用深水封的地漏可行吗?**

答：国家对于水封地漏的标准是水封不得低于5cm，因此，水封式地漏是浅水封的效果不怎么样,深水封地漏防臭效果要好些。但是水封地漏的排水通道至少要走两个 180° 的弯,管径也比较细,所以排水速度慢,并且用在洗衣机位置,容易出现溢水与杂物不好清理等现象。

▶ 攻略 293 楼上冲厕所,楼下地漏的盖板为什么发生回跳现象?

答:楼上冲厕所,楼下地漏的盖板发生回跳现象的原因:楼上冲厕所水量很大,会形成一种类似水泵工作的状况,气压急升急降,气流反冲把地漏的盖板顶起来,这是普通浅水封地漏才会有的现象,换成真正能隔绝空气的防臭地漏就能解决了。

▶ 攻略 294 怎样避免地漏安装水封深度不足?

答:避免地漏安装水封深度不足的注意事项如下:

1)地漏型号及规格选择要正确,例如洗衣机地漏需要选择专用地漏或直通式地漏。直通地漏的支管需要增加返水弯,返水弯水封深度一般不小于 50mm。

2)施工前,需要根据基准线标高与地漏所处位置、结合地面坡度来确定地漏安装标高,从而保证地漏安装在地面最低处,并且地漏顶面低于地面面层 5mm。

▶ 攻略 295 硅胶防臭地漏密封圈有什么用?

答:排水管与下水管道间的连接一般用玻璃胶密封,但是这种密封不能做到严丝合缝,下水道的臭气可能冒出来、容易被毛发污物堵塞、难以打开清理等。硅胶防臭地漏密封圈可以安装在下水管道上,并且可以拆卸、密封严实,其外形如图 1-63 所示。

图 1-63 硅胶防臭地
漏密封圈

▶ 攻略 296 安装了防臭地漏,怎么还有异味?

答:安装了防臭地漏还有异味,而且不是从地漏里出来的,则一般需要从密封方面来检查。洗手池的下水管、厨房下水管与下水道的连接处如果没有严格的密封,则下水道的臭味会进入室内的通道。

为了排除该现象,需要确保洗手池的下水管、厨房下水管与下水道的连接处密封性,也就是将这些接口处的缝隙可以用玻璃胶、其他粘合剂封住即可。另外,也可以采用硅胶防臭地漏密封圈。

▶ 攻略 297 老式铸铁、PVC 地漏怎么防臭?

答:老式铸铁、PVC 地漏解决防臭的方法就是根据老式地漏中间的孔径来选择适合的、相应尺寸的新型带防臭功能的地漏。

▶ 攻略 298 改造老式地漏是安装地漏芯好还是换地漏?

答:改造老式地漏可以安装地漏芯好,也可以换地漏。只是安装地漏芯没有整个换地漏效果好。

▶ 攻略 299 仿古地砖怎样搭配地漏?

答:地漏有不锈钢拉丝面板、白铜拉丝面板、彩色不锈钢面板等种类。不锈钢拉丝面板、白铜拉丝面板、彩色不锈钢面板的均可以配合仿古砖使用。

▶ 攻略 300 洗衣机地漏排水时溢水的原因是什么?怎样解决?

答:洗衣机地漏排水时溢水的主要因为是地漏排水管道截面积过小、排水弯道过多造成的排水速度慢。该现象一般是深水封地漏、斜挡板地漏才会发生该种现象。此时，将其更换为洗衣机专用防臭地漏即可。

▶ **攻略 301　洗衣机排水时拿掉地漏盖板或插入地漏中间的窜窿时会返出臭味怎么办?**

答：洗衣机排水时拿掉地漏盖板或插入地漏中间的窜窿时会返出臭味主要原因是使用了浅水封地漏。解决方法就是更换为洗衣机专用的带防臭芯的地漏。

▶ **攻略 302　浴缸、淋浴房怎么做防臭处理?**

答：浴缸、淋浴房下水口一般是弹跳式的盖子，安装好后很难修改。因此，安装前需要提前安装防臭地漏芯。如果已经安装了弹跳式普通地漏，则需要重新换一个防臭地漏。

1.7　小便器、蹲便器与坐便器

▶ **攻略 303　小便斗的分类是怎样的?**

答：小便斗的分类如下：

1）根据结构可以分为冲落式小便斗、虹吸式小便斗。

2）根据排污方式可以分为后排式小便斗、下排式小便斗。

3）根据冲水方式可以分为普通型小便斗（冲水阀与小便斗是分开的）、连体型小便斗（感应小便冲水阀已先行安装在小便斗内）、无水小便斗。

4）根据安装方式可以分为落地式小便斗、挂墙式小便斗。

5）根据进水方式可以分为上进水型小便斗、后进水型小便斗。

▶ **攻略 304　选购小便斗的主要步骤是怎样的?**

答：选购小便斗的主要步骤见表 1-65。

表 1-65　选购小便斗的主要步骤

步　　骤	说　　明
第一步	明确小便斗排污管道是后排污的还是下排污的，管道带不带存水湾。如果管道带有存水湾，则不要选择带有虹吸功能的小便斗
第二步	根据进水方式、安装方式、冲水方式、排污方式、结构选择相应的小便斗
第三步	检查产品，选择尺寸适合安装的小便斗
第四步	如果选择的是普通型小便斗，还需要选购相应的小便冲水阀
第五步	注意选择售后有保证的产品

▶ **攻略 305　地排污、墙排污小便器安装常用工具有哪些?**

答：地排污、墙排污小便器安装常用工具有扳手、螺钉旋具、卷尺、冲击电钻、锤子、记号笔等。

▶ **攻略 306　地排污、墙排污小便器的安装常用材料有哪些?**

答：地排污、墙排污小便器的安装常用材料有生料带、玻璃胶、角阀、软管、膨胀螺栓等。

▶ **攻略 307　地排污、墙排污小便器的安装主要步骤是怎样的?**

答：地排污、墙排污小便器的安装主要步骤如下：

1）首先以小便器排污口中心引垂直线作为中心线。

2）再用卷尺测量出挂式小便器挂槽孔的中心距离。

3）保证小便器便槽的上边缘离地约530~600mm，在两侧安装挂片处用铅笔做好标记。

4）再用冲击电钻钻孔，然后将膨胀螺栓放入孔内卡紧，在把挂片安装在墙上。

5）安装小便器以及小便器的进水装置。

6）将冲洗阀的出水端接入小便器上面的进水孔内。

7）试冲水，看是否正常。

▶ 攻略308　一般小便器是怎样安装的?

答：一般小便器的安装方法如下：

1）墙排污型小便器（P型）：首先将小便器的去水铜座、胶垫安装在便器排污孔上，然后在便器的靠墙面涂上一层玻璃胶，再对准安装好的挂片，同时调节便器的排污口与下水管道入口对齐，然后轻压便器的两侧，再用玻璃胶密封便器与墙面的缝隙处。

2）地排污型小便器（S型）：首先在小便器的靠墙面涂上一层玻璃胶，再将小便器挂在挂片上，并且调整适当位置，然后轻压便器的两侧，再将排水管一端接在小便器的排污口处，另一端接入下水管道内，然后用玻璃胶密封接合处。

▶ 攻略309　安装地排污、墙排污小便器有哪些注意事项?

答：安装地排污、墙排污小便器的一些注意事项如下：

1）安装前，需要完成墙地砖施工，预留进水管、预留排污管。

2）小便器需要安装在坚硬平整的墙面上，并且注意排污口与进水端头的位置要正确。

3）尺寸需要以实物为准。

4）使用时，不要将杂物投入便槽，以免堵塞下水部分。

5）安装、使用小便器时需要避免猛力撞击。

6）感应式小便器工作压力一般不小于0.3MPa。

▶ 攻略310　怎样保养小便斗?

答：小便斗的保养方法与要点如下：

1）小便斗安装完毕24h内不得使用。需要待玻璃胶完全干固，以免影响稳固性。

2）小便斗不得用水泥安装，防止撑裂小便斗。

3）不得向小便斗内丢入物品，以免堵塞。

4）如果安装的是智能冲水阀，需定期清洗电磁阀膜片、电磁阀进水过滤网。

5）定期清洁小便斗。

6）避免尖锐器械刮划、硬物撞击小便斗。

7）不要使用带研磨作用的清洁剂、清洁用具清洁小便斗，以免磨损表面。

▶ 攻略311　蹲便器的种类有哪些?

答：蹲便器根据功用可以分为防臭型、普通型、虹吸式、冲落式，根据进排水冲水方式可以分为后进前出式、后进后出式。根据有无存水弯（结构）可以分为带存水弯、不带存水弯的蹲便器（见图1-64）。

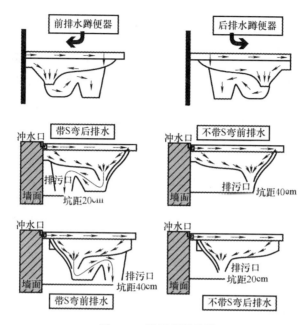

图 1-64　蹲便器的种类

▶ **攻略 312　怎样选择蹲便器?**

答：选择蹲便器的方法如下：

1）防臭型、普通型的选择：如果是改造设施，原房屋排水系统排污口没有相应的防臭设置，则应选择安装带有存水弯的防臭型蹲便器。如果原房屋排水系统在安装蹲便器的排污口处设置了存水弯，则可以选择普通型蹲便器。

2）后进前排型、后进后排型的选择：如果地面排污口到墙面距离为 35cm 以内，一般选择安装后排型蹲便器。如果地面排污口到墙面距离 65cm 左右的，一般选择前排型蹲便器。

▶ **攻略 313　怎样安装蹲便器?**

答：安装蹲便器的一般要点如下：

1）蹲便器的排污口与落水管的预留口均需要涂上粘结剂或者胶泥。

2）蹲便器的排污口与落水管的预留口需要接驳好，并且校正好蹲便器的位置。

3）如果砌砖固定蹲便器，则需要预留填碎石的缺口。

4）与蹲便器相配合安装的冲水阀分有手压式冲水阀、脚踏式冲水阀。根据选择的阀种安装好。

5）与蹲便器相配合安装的水箱，水箱安装高度距离便器水圈 1.8m，水压要求 0.14～0.55MPa 为宜。

6）待粘结剂干后，才能够往蹲便器内试冲水。

7）蹲便器内试冲水时，需要观察接口是否漏水。

8）只要试验合格后，才能够在地面与蹲便器间填入碎石土。需要注意严禁填入水泥混凝土。

9）填入碎石土后，用砖封闭缺口。最后在砖外面涂抹水泥砂浆（水泥:砂 = 1:3），然后贴上瓷砖。

蹲便器的安装示例如图 1-65 所示。

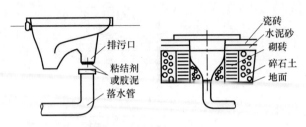

图 1-65　蹲便器的安装示例

▶ 攻略 314　怎样保养蹲便器?

答:蹲便器的保养方法与要点如下:

1)地面和蹲便器间需填满细砂土,严禁填入水泥混凝土,以免撑裂蹲便器。

2)蹲便器安装完毕 24h 内不得使用。待水泥完全干固,以免影响其稳固性。

3)不得向蹲便器内丢入杂物,以免堵塞。

4)需定期对冲水阀(水箱)进行维护,如果冲水系统是智能冲水阀,还需清洗电磁阀膜片、电磁阀进水过滤网。

5)经常清洁蹲便器。

6)不要使用带研磨作用的清洁剂或清洁用具清洁蹲便器。

7)避免尖锐器械刮划蹲便器,避免硬物撞击蹲便器。

▶ 攻略 315　坐便器的种类有哪些?

答:坐便器的种类如下:

1)坐便器根据水箱与底座的连接、结构方式可以分为连体坐便器、分体坐便器。连体坐便器又可以分为高水箱、低水箱两种。其中,低水箱连体坐便器对用户家的水压有比较高的要求,用户家的水压不能低于 2kgf(1kgf≈10N)。

2)根据排水方式,可以分为横排(墙排)式坐便器、底排(下排)式坐便器。

3)根据排水系统冲水功能,马桶冲水方式可以分为冲落式马桶、虹吸式马桶。其中,虹吸式马桶又分为普通虹吸式马桶、漩涡虹吸式马桶、喷射虹吸式马桶、喷射漩涡虹吸式马桶。冲落式马桶又可以分为后排式马桶、下排式马桶。虹吸式坐便器都为下排式坐便器。

4)根据坐便器的孔距可以分为 30cm 坐便器、40cm 坐便器、50cm 坐便器。

5)根据使用功能可以分为普通马桶、智能型马桶、节水型马桶。节水型马桶根据有关规定,产品每次冲洗周期大便冲洗用水量不大于 6L。当水压为 0.3Pa 时,大便冲洗用产品一次冲水量为 6L 或 8L,小便冲洗用产品一次冲水量 2~4L(如人为分两段冲洗,则为第一段与第二段之和),冲洗时间为 3~10s。

6)根据安装方式可以分为落地式坐便器、挂墙式坐便器。

▶ 攻略 316　坐便器的特点是怎样的?

答:部分坐便器的特点见表 1-66。

表 1-66　部分坐便器的特点

项　目	说　明
连体式坐便器	连体式坐便器是水箱与底座相连,具有造型美观、坚固、清洁容易、适合较小卫生间使用等特点
分体式坐便器	分体式坐便器是水箱与底座分开的,具有安装困难、实用性好、体积比较小、搬运比较方便、生产比较容易、价钱相对便宜等特点
横排水坐便器	横排水坐便器的出水口要与横排水口的高度相等(或者略高一些),这样才能够保证污水的流畅
中下水坐便器	下水口的中心到水箱后面墙体的距离为 30cm 的坐便器为中下水坐便器
后下水坐便器	下水口的中心到水箱后面墙体的距离 20~25cm 的坐便器为后下水坐便器

（续）

项　目	说　明
前下水坐便器	下水口中心到水箱后面墙体的距离在 40cm 以上的坐便器为前下水坐便器
冲落式坐便器	冲落式坐便器是依靠有效水量以最快速度、最大流量，封盖污物并且把污物排出。如果没有设置管道水封选择冲落式马桶则不容易防臭。冲落式坐便器用水较多。冲落式的水封比虹吸低，水封的表面积也比较小。冲落式的管道内径比较大，一般都在 7cm 以上
虹吸坐便器	虹吸坐便器是指在大气压的情况下，迅速形成液体高度差，使液体从受压力大的高水位流向压力小的低水位，并且充满污管边，产生虹吸现象，直到液体全部排出，虹吸用水较少，虹吸的管道内径国家标准要求 4.1cm 以上 　1）普通虹吸式：当洗净面的水达到一定量时，产生虹吸现象，将脏物通过管道抽吸出去 　2）喷射虹吸式：其比普通虹吸在水封底部多了一个底辅冲孔，一部分的水将通过喷射管道产生一个推动力，使虹吸效果更好，更省水 　3）漩涡虹吸式：其也叫静音虹吸，洗净面一般不对称，一边高一边低，水箱一般都比较矮。冲水的时候，噪声比较小，但需要的冲水量比较多 　4）喷射漩涡虹吸式：其比漩涡虹吸式多了一个底辅冲孔，该种款式最省水、结构比较复杂、容易出故障
挂墙式排污方式坐便器	挂墙式排污方式坐便器一般都是后排冲落式结构，并且需要预埋水箱与铁架、承重能力相对较弱、可以消除卫生死角

▶ 攻略 317　怎样选择坐便器？

答：选择坐便器的方法见表 1-67。

表 1-67　选择坐便器的方法

项　目	说　明
瓷质	一般的优质坐便器的瓷釉厚度均匀，色泽纯正，没有脱釉现象，没有较大或较多的针眼，摸起来没有明显的凹凸感、釉面应该光洁、顺滑、无起泡、色泽饱满
坯泥	坯泥的用料、厚度对坐便器的质量、稳固性有十分的重要性
冲水方式	坐便器主要是虹吸式的，排水量小。直冲虹吸式坐便器有直冲、虹吸两者的优点。节水型用水量为 6L 以下
看出水口	卫生间的出水口有下排水、横排水之分。选择时，需要测量好下水口中心到水箱后面墙体的距离。这是因为每套房子都有不同的马桶安装孔距
水箱配置	应选择具有注水噪声低，坚固耐用，经得起水的长期浸泡而不腐蚀、不起水垢的坐便器水箱
下水道	如果马桶的下水道粗糙的话，则以后容易造成遗挂现象
售后	选择有售后保证的产品
变形大小	将瓷件放在平整的平台上，各方向活动检查是否平稳匀称，安装面及瓷件表面边缘是否平正，安装孔是否均匀圆滑
手轻轻敲击坐便器	挑选坐便器时，可以用手轻轻敲击坐便器，如果敲击的声音是沙哑不清脆响声，则这样的坐便器很可能有内裂或产品没有烧熟
吸水率	无裂纹高温烧制的坐便器吸水率低、不容易吸进污水、产生异味。有些中低档的坐便器吸水率高，当吸进污水后易发出难闻气味，并且很难清洗。时间久了，还会发生龟裂、漏水等现象
坑距	排污口中心点到墙壁的距离一般分为 200mm、300mm、400mm 等
盖板	坐便盖板如果是依照人体工程学原理设计的，则舒适安全，如果采用高分子材料的，则强度高、耐老化

▶ 攻略 318　选购坐便器的主要步骤是怎样的？

答：选购坐便器的主要步骤如下：

1）弄清楚家里的排污管道是后排污还是下排污，管道带不带存水弯。

2）测量坑距。

3）选择坐便器的种类。

4）了解坐便器盖、水件的材质、性能。

5）了解坐便器的冲水量。

6）检查产品外观与配件。

坐便器的类型如图 1-66 所示。

a）喷射式虹吸　　　　b）冲落式虹吸

c）旋涡式虹吸　　　　d）双辅冲式虹吸

图 1-66　座便器的类型

► **攻略 319　便器盖、水件的分类是怎样的？**

答：便器盖、水件的分类如下：

1）便器盖根据材质可以分为 PP、脲醛、实木等。根据使用功能可以分为普通型盖板、缓冲盖板、智能盖板。

2）水件根据按压方式可以分为正压式水件、侧压式水件。根据冲水功能可以分为一段式水件、两段式水件。

► **攻略 320　怎样判断坐便器管道带不带存水弯？**

答：带存水弯的不能选择虹吸式的坐便器。判断坐便器管道带不带存水弯的方法如下：

1）第一种管道外露的，只要看管道的结构就很清楚了。

2）第二种管道封在水泥里，可以拿根铁丝捅一下。如果没有弯管，铁丝可以完全捅进去，有存水弯，捅到一定长度铁丝就会受阻。

► **攻略 321　坐便器排污口安装距离是多少？**

答：坐便器排污口安装距离：下排式坐便器排污口安装距离（从下水管中心到毛坯墙墙面的距离）分为 305mm、400mm、200mm。后排式坐便器排污口安装距离（从下水管中心到地面距离）分为 100mm、180mm。坐便器排污口安装距离如图 1-67 所示。

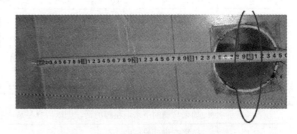

图 1-67　坐便器排污口安装距离

► **攻略 322　坐便器安装常用工具有哪些？**

答：坐便器安装常用工具有扳手、卷尺、冲击电钻、水平尺、螺钉旋具、锤子、记号笔等。

► **攻略 323　坐便器安装常用材料有哪些？**

答：坐便器安装常用材料有生料带、软管、密封圈、玻璃胶、角阀、膨胀螺栓等。

► **攻略 324　坐便器安装主要步骤是怎样的？**

答：坐便器安装主要步骤如下：

1）将坐便器排污口与下水管道入口对齐摆正坐便器，并且在安装孔处做好标记，移开坐便器在标记处钻孔放入膨胀螺栓。

2）安装坐便器水箱配件及盖板。

3）连接水箱、坐便器底座。

4）在排污口连接处及坐便器底面边缘涂抹玻璃胶，将密封圈套在排污口上。

5）对准排污口与膨胀螺栓将坐便器固定在地上。

6）在装饰帽内涂抹玻璃胶并将它卡在螺栓上。

7）安装三角阀并放水冲出进水管内的残渣。

8）用软水管连接三角阀与坐便器进水阀。

9）试冲水，以检验是否正常。

➤ 攻略 325 怎样安装坐便器?

答：安装坐便器的方法如下：

1）首先要明确安装坐便器的孔距是 30cm，还是 40cm 或 50cm。在没有贴瓷砖前需要测量出其净孔距，也就是坐便器排水孔中心到原墙的距离减去墙面所贴瓷砖的厚度。如果孔距不理想，则可以选用移位器进行调整。

2）安装移位器时，移位器周围敷水泥砂浆后需要作防水涂料处理，并且蓄水观察，看是否渗漏。如果渗漏，需要处理好。

3）如果排水管突出地面，则需要将其锯平，再用干抹布或卫生纸将坐便器所在地面、坐便器底边抹干净。

4）安装坐便器时，需要小心慎重，轻拿轻放，具体操作步骤如下：

① 首先将水箱盖取下放好。

② 然后将坐便器出水口对准地面排水口并且调整好位置。

③ 确认放好后用铅笔沿坐便器底边轻画一圈。

④ 然后将坐便器移到干净位置，根据画线在边缘均匀打上一层玻璃胶。玻璃胶没有完全变干前不得沾水以及移动坐便器。

⑤ 如果坐便器配有密封圈，则将密封圈放于地面排水口，再将坐便器对准位置轻放于地面上，将溢出的玻璃胶抹干净。然后连接好进水。

⑥ 把水箱盖放上，并装好其他配件即可。

➤ 攻略 326 坐便器安装有哪些注意事项?

答：坐便器安装的注意事项如下：

1）安装前，需要完成墙地砖施工，并应预留进水管、排污管。

2）安装尺寸需要以实物为准。

3）坐便器的排污口需要对准下水管道入口，并且在结合处涂抹玻璃胶或油泥，以确保污水不能够溢出管外。

4）低水箱坐便器工作压力一般不小于 0.4MPa。

5）安装坐便器时必须核对预留排污管距墙的距离是否与所购便器的排水距相符。

6）坐便器需要安装在坚硬平整的地面上，并且与坐便器连接的排污管不能够设置存水弯。

7）坐便器安装孔需要用膨胀螺栓紧固时，不能够太紧，以防破损。

8）严禁用水泥砂浆安装坐便器，一般采用玻璃胶。

9）坐便器一般禁止在 0℃ 以下的环境中使用。

10）安装、使用时避免撞击陶瓷。

11）使用时，不得向坐便器内投入新闻纸、纸尿垫等易堵塞的物质。

▶ 攻略 327 坐便器怎样保养?

答：坐便器的保养方法如下：

1）产品安装完毕24h内不得使用。需要待玻璃胶完全干固，以免影响稳固性。

2）坐便器底座空腔不得填充水泥浆，以防止坐便器被撑裂。

3）避免猛力击打盖板、坐圈。

4）避免尖锐器械刮划盖板、坐圈。

5）避免硬物撞击坐便器。

6）定期清洗进水阀过滤网。

7）需要定期清洁坐便器、坐便器水箱与配件。如果所在地供应的水源为硬质水，更需注意保持坐圈冲水孔的清洁。

8）盖板与座圈一般用软布清洁，禁用强酸、强碱、带研磨效果的清洁剂或溶剂和去污粉清洁，以免损坏表面。

▶ 攻略 328 怎样排除坐便器常见故障?

答：坐便器常见故障原因与排除方法见表1-68。

表1-68 坐便器常见故障原因与排除方法

现　象	原　因	排　除　方　法
漏水	分体坐便器水箱与底座安装不好 瓷件存水弯处有气孔漏水	重新安装，注意连接处密封圈要对齐进水口及连接螺栓受力要均匀 将漏水部位打磨后用树脂或其他粘结剂进行粘补
无虹吸	虹吸式坐便器有双存水弯存在会有无虹吸现象产生	改变双存水弯状态为单存水弯后可得到解决
堵塞	有杂物进入便槽	清除杂物
不防臭	瓷件内补水管未接上，水封高度不够 臭气从便器内溢出 便器底部排污口未密封好，臭气溢出	连接补水管保证水封正常 重新安装黄油密封圈确保排污口对接密封严实，并在便器底部边沿涂抹玻璃胶

▶ 攻略 329 怎样检修坐便器冲水功能不良故障?

答：检修坐便器冲水功能不良故障的方法与要点如下：

1）检查排污立管顶端是否被堵住。

2）检查水件工作是否正常。

3）检查水量是否符合要求。

4）排污管道上是否增设了存水弯。

5）检查排污管道是否与大气联通。

6）检查坐便器排污口与管道是否对准。

7）坐便器安装地面是否不平，存在倾斜现象。

8）检查坐便器管道内、排污口是否有异物堵塞。

9）坐便器排污口是否进行孔开大、补小等情况。

10）检查水箱水位调试是否到位，水封有没有得到充分补充。

11）坐便器排污口与管道口局部是否被水泥砂浆、玻璃胶堵塞。

➤ 攻略 330　怎样解决坐便器一直进水故障?

答：解决坐便器一直进水的问题，需要根据以下情况来进行：

1）家中、周围区域的水阀是否最近因故被关掉过。杂质进入水管到达进水阀的密封垫圈，会影响密封性能。这种情况可以通过清理进水阀或者更换进水阀密封垫圈来解决。

2）检查有没有水流进溢出管道，如果存在，则需要调节阀门。

3）检查链条是否太松或者太紧，确定链条只有 1～2 个链环的松弛度。

➤ 攻略 331　怎样解决坐便器堵塞?

答：坐便器堵塞的解决方法如下：

1）采用通厕器。

2）买个揣子掏。

3）向里面倒入一半的水，用圆形的拖把或用圆头软体的刷子对准下水道的洞用力捣。

4）用比较长的软通气管插进去，往里边通气，然后冲水。

5）坐便器被泥土、纸一类的可溶或可打散的物品堵住，此时冲一盆开水下去即可。

6）气筒上面缠上破布，然后再倒些水，放进去，再打气疏通。

7）可以找一根 13mm 左右宽的竹条伸进马桶里疏通。

8）有时候往坐便器中多冲水，会自然疏通的。

➤ 攻略 332　智能坐便器故障怎样维修?

答：智能坐便器故障与维修方法见表 1-69。

表 1-69　智能坐便器故障与维修方法

故　障	原　因	处 理 方 法
不出水	进水角阀是否关闭，过滤网是否堵塞	打开进水角阀，清洗过滤网
	上盖与安装卡座接触是否良好	顺时针调节一字形螺钉
	坐圈上的感应器是否打开	位置要正确
	主板、电磁阀插头是否有直流 9V 输出，变压器二次侧是否开路	用万用表检查
冲洗途中停止	按下按键约 1.5min 后，该功能自动停止	重新按键
	人体坐姿不正确	坐好，重新按键
除臭功能不工作	着坐感应接线是否松动脱落	检查接线插座
除臭效果不明显	除臭剂是否受潮，灰尘是否堵塞	清扫除臭匣，晾晒除臭剂
除臭一直工作	坐圈感应器上方是否有水或杂质	清洗干净
电源指示灯点亮，按面板键及遥控器均无反应	面板纸是否进水，其中有按键一直导通	将面板纸插头与主板连线脱离，更换面板纸
烘干途中停止	按下烘干键约 4min 后，该功能自动停止	重新按键
	人体坐姿不正确	坐好，重新按键
进水阀已关，但水箱继续进水	进水阀密封圈中有杂质	清理干净
水温、坐温经常处于低温	自动节电时，水温、坐温会降低，但只要人坐上后温度会慢慢上升	遥控器是否设置了节电

（续）

故　障	原　因	处 理 方 法
陶瓷漏水	放水阀按钮是否恢复	检查恢复
	进水阀密封圈中是否有杂质	检查恢复
	顶在放水阀上的调节螺钉是否松动	检查恢复
陶瓷无吸力	水压是否偏低	检查、调整
	地面是否平整	检查、调整
	波纹管是否有开裂、脱落	检查、调整
	水位是否正常	检查、调整
	放水螺钉是否正常	检查、调整
	移位器、下水道有无东西堵塞	检查、调整
通电时电源指示灯时亮时灭	面板纸电源键是否进水	换面板纸
无电源	漏电保护开关是否处于关闭状态	重新打开漏电保护开关
	上盖与安装卡座接触是否不良	顺时针调整一下螺钉
	变压器一次、二次侧是否开路	用万用表检查阻值，如果异常更换变压器
无水温、坐温	遥控器是否处于关闭状态	调节水温、坐温键
	水温、坐温传感器是否接触不良或短路、断路	检查
	水温加热器阻值有无 85～100Ω	用万用表检查
	坐温加热器阻值有无 900～1 000Ω	用万用表检查
	主板水温、坐温插头有无 220V 输出（带负载）	用万用表检查
无自动放水	遥控器是否设定在自动冲水状态，接收头是否接收蜂鸣器发出响声	检查
	着坐感应器上是否有水或杂质	清理干净
	放水电动机插座有无直流 9～12V 电压输出	用万用表检查

1.8　洗脸盆

▶ 攻略 333　什么叫洗脸盆溢水孔?

答：洗脸盆溢水孔就是在台面下盆底部向上约 $\frac{2}{3}$ 处的一个小圆孔。其作用是当水到该位置时，水会自动通过该小孔，流到下水管中，从而防止水溢出来。

▶ 攻略 334　怎样选购洗脸盆?

答：选购洗脸盆的方法见表 1-70。

表 1-70　选购洗脸盆的方法

项　目	说　明
款式	传统的洗脸盆可以分为台式洗脸盆、立柱式洗脸盆，两者又各自延伸出很多的种类。因此，根据安装空间、装饰风格来选择具体的种类
尺寸	确认好尺寸，以便适合安装
水龙头种类	确认要安装的水龙头的种类，以此来选择相应开孔的洗脸盆

（续）

项 目	说 明
深度宽度	深度与宽度也很重要，一般来说，卫生间洗脸盆的台盆深度大约为 16cm，宽度 40cm 左右，会比较适用于多重用途
高度	台盆的高度也很重要，太高或太低让人使用起来觉得累，尤其是立柱式台盆，更应考虑安装后的高度。如果考虑人的平均身高为 165～175cm，则台盆离地的高度一般为 75～85cm
外观、质量	检查产品是否有裂纹、变形大小、釉面质量等
售后	应选择有售后保证的洗脸盆

▶ 攻略 335 台式洗脸盆有什么特点？

答：台式洗脸盆是以沉面盆为主体结构的梳妆台，有洗脸、化妆等多种用途。台式洗脸盆的台面一般采用大理石或人造大理石制作，也可以在水泥台面上铺贴釉面砖等。

台式洗脸盆的种类有陶瓷台板的台式洗脸盆。台式洗面盆又可以分为台上式洗脸盆、台下式洗脸盆。

▶ 攻略 336 怎样安装台式洗脸盆？

答：台式洗脸盆又可以分为台上式洗脸盆和台下式洗脸盆（见图 1-68）。其中，台上式洗脸盆的安装方法就是将洗脸盆周围端部露在化妆台的上面。台下式洗脸盆就是将洗脸盆周围端部隐蔽起来。台下式洗脸盆是在托架式或立柱式洗脸盆的基础上，在化妆台面上挖出洗脸盆形状的孔，然后将洗脸盆安装在化妆台面下用托架固定，洗脸盆与台面接触处用建筑密封胶或者玻璃胶勾缝。台式洗脸盆的水龙头可以安装在洗脸盆上，也可以安装在台面上。安装在台面上时，台面的相应位置应打好配件的安装孔。因此，安装前必须精确测量、准确定位。

图 1-68 台式洗脸盆外形图例（台下式）

▶ 攻略 337 怎样安装角式洗脸盆？

答：角式洗脸盆就是能够安装在墙角的一种洗面器，其平面形状是三角形（见图 1-69）。角式洗脸盆一般适合小型卫生间使用。角式洗脸盆的安装方法：将洗脸盆上缘两侧各有的两三个安装孔，用螺钉直接固定在墙中预埋木砖上或膨胀尼龙塞上。然后就是安装上、下水管道配件。

图 1-69 角式洗脸盆外形图例

▶ 攻略 338 安装立柱盆常用的工具有哪些？

答：安装立柱盆常用的工具有扳手、水平尺、冲击电钻、螺钉旋具、卷尺、锤子、记号笔等。

▶ 攻略 339 安装立柱盆常用材料有哪些？

答：安装立柱盆常用材料有生料带、角阀、软管、玻璃胶、膨胀螺栓等。

▶ 攻略 340 怎样安装立柱式洗脸盆？

答：立柱式洗脸盆（见图 1-70）与悬挂式、托架式洗脸器相比，具有立柱来支撑洗脸器的重量。因此，立柱式洗脸盆的洗脸器可以大

图 1-70 立柱式洗脸盆外形图例

一些，一般在 60cm 以上。立柱式洗脸盆一般适合于较大卫生间的使用。

立柱式洗脸盆安装要点见表 1-71。

表 1-71   立柱式洗脸盆安装要点

项　目	说　明
配件的安装	1）立柱式洗脸盆的给水配件品种繁多，规格也不尽相同，例如有单孔、双孔、三孔、手轮开启、手柄式开启等 2）立柱式洗脸盆一般采用冷水、热水混合水龙头，而不采用单冷或单热水龙头，或者冷、热两只水龙头。因此，安装时需要将混合水龙头装牢在洗脸器上后，冷水管、热水管要分别接到冷、热水混合阀的进水口上，并且用锁紧螺母锁紧 3）立柱式洗脸盆一般配置提拉式排水阀。提拉式排水阀工作特点是：提拉杆提起，通过垂直连杆、水平连杆将阀瓣放下，停止排水。提拉杆放下，阀瓣顶开，排去污水。安装时需要注意各连杆间相对位置的调整
立柱式洗脸盆的安装	立柱式洗脸盆的一些安装特点： 1）首先根据排水管中心在墙面上画好竖线 2）然后将立柱中心对准竖线放正，将洗脸盆放在立柱上，使洗脸器中心线正好对准墙上竖线 3）放平找正后在墙上画好洗脸盆固定孔的位置 4）在墙上钻孔，再将膨胀螺栓塞入墙面内 5）在地面安装立柱的位置铺好白灰膏，之后将立柱放在上面 6）将洗脸器安装孔套在膨胀螺栓上加上胶垫，拧紧螺帽 7）将洗脸盆找平，立柱找直 8）将立柱与洗脸盆及立柱与地面接触处用白水泥勾缝抹光，洗脸盆与墙面接触处用建筑密封胶勾缝抹严或者涂抹玻璃胶

➤ 攻略 341   安装立柱盆有哪些注意事项？

答：安装立柱盆的一些注意事项如下：

1）安装前，首先应完成墙地砖施工，并预留进水管、排污管。

2）立柱洗脸盆需要安装在坚硬平整的墙面上，并注意排污口与进水端头的位置。

3）立柱洗脸盆安装孔可以用膨胀螺钉紧固，注意不要拧得太紧。

4）使用时，不能够将杂物投入盆内，以免堵塞下水部分。

5）安装、使用时避免撞击立柱盆。

➤ 攻略 342   高温热水可以直接倒入陶瓷洗脸盆吗？

答：高温热水不可以直接倒入陶瓷洗脸盆中，温度较低的热水才可以直接倒入陶瓷洗脸盆，这样才可以防止陶瓷洗脸盆开裂。

➤ 攻略 343   怎样保养洗脸盆？

答：洗脸盆的保养方法与要点如下：

1）洗脸盆安装完毕 24h 内不得使用，需要待玻璃胶完全干固，以免影响稳固性。

2）应定期清洁。

3）定期清洗水龙头起泡器的滤网。

4）避免尖锐器械刮划、硬物撞击洗脸盆。

5）不要使用带研磨作用的清洁剂、清洁用具清洁洗脸盆，以免磨损表面。

▶ 攻略 344　妇洗器有哪些种类?

答：妇洗器的种类如下：

1）根据功能可以分为虹吸式妇洗器、冲落式妇洗器。

2）根据安装方式可以分为落地式妇洗器、挂墙式妇洗器。

1.9　菜盆、槽盆

▶ 攻略 345　不同材质的水槽有哪些特点?

答：不同材质的水槽部分特点见表 1-72。

不锈钢水槽外形图例如图 1-71 所示。

图 1-71　不锈钢水槽外
形图例

表 1-72　不同材质的水槽部分特点

水槽类型	水槽材质	优势	缺点
人造结晶石水槽	石英石与树脂混合	材质硬度高并具有良好的吸音能力，能够把洗刷餐具时产生的噪声减到最低，并具有很强的抗腐蚀性、形状可塑性强、色彩多样	安装难度高、价格昂贵、易吸水吸油、易被染色
不锈钢水槽	不锈钢	材料具有良好的弱弹性，且坚韧、耐磨、耐高温、抗生锈、防氧化、不吸油和水、不藏垢、易清洗、安装方便、密封性强、不易渗水	无颜色选择、形状可塑性不强
铸铁珐琅水槽	铸铁内芯	坚实、高强度抗压、多种颜色选择、造型艺术感强、易于清洁	过于厚实和笨重、材质容易受损、安装不方便、材质无弹性、器皿易受损

▶ 攻略 346　不同的石材有什么特点?

答：不同的石材的一般特点见表 1-73。

表 1-73　不同的石材的一般特点

石材类型	分类（主要成分）	优势	缺点
天然石材	大理石（碳酸盐类的岩石）	硬度高、耐磨、材质有天然纹路、耐用年限为 150 年	具有放射性物质、材质渗透性强，耐污性差易染色、花样和色泽不够丰富
	花岗岩（长石/石英/云母）	材质硬度大、耐磨、耐火及耐侵蚀、耐用年限为 200 年	手感冰冷、材质强度低、成型差、具有放射性物质
人造石材	人造复合石材（不饱和聚酯树脂）	成本低、耐冲击性、抗划痕性要好、形状可塑性强、色彩可任意调配、吸水率相对较低	易形成表面的气泡和麻面、材质纹路自然性不足、材质具有渗透性、会染色、温度变化后易变形
	花岗岩（天然石英）	颜色多样性、光泽佳、色泽鲜艳、不吸水、耐侵蚀和不退色、坚固耐用、易于清洗和保养、质地坚硬、耐磨损、材质不被轻易染色	加工成本高、生产工艺复杂

▶ 攻略 347　S/S 钢有哪些类型与特点?

答：S/S 钢的类型与特点见表 1-74。

表 1-74　S/S 钢的类型与特点

S/S 钢种类型	主要成分含量		优势	用途
	铬	镍		
普通不锈钢	12	6	耐腐蚀性较好、耐高温氧化及强度高、易清洁、不结垢、不吸油	工业用、家用
202	17	6	抗磁性优、材质硬度高、耐磨性能好	工业用、家用
304	18	9	耐蚀性、耐热性、低温强度和机械特性、高质密度、拉伸和弯曲等加工性好	工业用、家用、医疗用品
Franke 304DDQ	18	9	深冲性极佳、材质拉伸大、良好的耐蚀性、耐热性、低温强度和机械特性、冲压弯曲等热加工性好、无热处理硬化现象、光洁度佳	医用、食用级别

➤ 攻略 348　水槽盆有哪些特点？

答：水槽盆的特点见表 1-75。

表 1-75　水槽盆的特点

项　目	说　明
水槽的结构	翼板、面板、下水孔下水孔、水龙头孔、盆、溢流孔、挡水边等
标准附件	下水器（Waste kit）、水龙头（Tap）、皂液器（Soap dispenser）、排水管（Drainer kit）、安装夹（Clip）等
制作工艺	可以分为一体拉伸水槽（一体拉伸）、焊接水槽（由两个一体成型的单盆对焊、由两个一体成型的单盆和一块面板焊接）
种类	可以分为槽盆台下盆、台上盆、1 个大水槽 1 个小水槽、1 个大水槽半个小水槽、台面盆、2 个大水槽半个小水槽、翼板带溢水孔盆、有翼板盆、无翼板盆、单水槽等。
表面处理	可以分为丝光、花岗岩、精密细纹等
槽体种类	可以分为 300×340（左）/420×380（右）、420×380/420×380、240×380/480×380、300×380/420×380、280×340/380×340 等

➤ 攻略 349　怎样安装菜盆下水管？

答：菜盆不锈钢下水管安装的主要步骤与要点如下：①打开螺母；②插入管子，套上密封圈，再插入下水管；③拧紧螺母；④将排水口插入下水管道。

图 1-72　菜盆下水管的安装

说明：安装台盆下水器 32mm 管子通用万向软管长度一般是 70cm。菜盆下水管安装如图 1-72 所示。

➤ 攻略 350　怎样保养与清洗水槽盆（菜盆）？

答：保养与清洗水槽盆（菜盆）的方法如下：

1）房屋装修时需要开窗通风，避免装修材料发出的腐蚀性气体，对盆表面进行氧化。

2）菜盆使用完毕后，用清水冲洗并擦干。

3）菜盆表面不能接触含有重金属成分的水。

4）菜盆应尽量避免与强力漂白粉、家用化学品和肥皂长时间的接触。

5）不锈钢菜盆若有水斑，可用去污粉来刷洗。

6）安装后如盆有浮锈，一般情况下属于装修水管内存在金属碎屑造成，正常使用后通常会自然消失，也可用牙膏轻轻擦拭。

7）顽固污渍、油漆或石油沥青等可以用松脂或油漆稀释剂除去。

8）强酸、强碱性物质容易使表面失去光泽，因此要注意防止接触。

9）滞留的水分导致矿质沉积，可以使低浓度的醋溶液来除去这种沉积，最后用清水清洗干净即可。

10）擦洗菜盆不要用钢棉。清理水槽避免用钢刷或质地粗糙的刷子，以免将菜盆表面刮伤。

11）菜盆要经常清洁，清洗菜盆请用海绵或布。

12）菜盆中尽量不要使用橡皮垫，因为橡皮垫下的污垢很难清洁。

► **攻略 351　引起不锈钢菜盆生锈有哪些原因？**

答：引起不锈钢菜盆生锈的一般原因如下：

1）房屋装修时，水管内有铁屑、锈水，这些杂质沾在菜盆表面，并且没有及时冲洗掉，从而造成锈斑。

2）铁质的物质长期放在不锈钢菜盆中，引起生锈。

3）装修墙壁的碱水、石灰水喷溅到不锈钢菜盆引起的局部腐蚀。

4）瓜菜、面汤等有机物汁液长时间盛放在不锈钢菜盆中对金属表面的腐蚀。

5）大气中的化学成分对不锈钢菜盆金属表面引起化学腐蚀，造成块状锈斑。

► **攻略 352　不锈钢菜盆除锈有哪些方法？**

答：不锈钢菜盆除锈的一般方法见表 1-76。

表 1-76　不锈钢菜盆除锈的一般方法

名　　称	说　　明
洗钢水	1）首先用清水打湿钢盆锈处 2）然后用棉签或棉布沾一些洗钢水擦掉锈处 3）等擦完洗钢水 10s 内要清洗，以防止产品变颜色 4）用清水清洗干净后，用布擦干即可
去除含重金属的水	1）首先使用不锈钢光亮剂稀释 4 倍 2）再用毛巾反复擦洗，直到表面的锈迹去掉 3）再用热水清洗干净，等晾干后，喷上防锈水即可
去除矿物质沉积、水斑	使用低浓度的醋溶液或去污粉可以除去矿物质沉积、水斑，再用清水清洗干净即可
沾上酸碱强的物质造成的锈斑	1）沾上酸碱强的物质时立即用水冲洗即可 2）出现锈迹了，则可以用氨溶液或中性碳酸苏打水溶液醋、不锈钢处理剂洁尔亮等浸洗去掉锈斑 3）用中性洗涤剂或温水洗涤
防护不当，水管内的残留铁锈造成的锈斑	1）首先用牙膏擦洗 2）再用冷水冲洗干净 3）然后用棉布擦干即可
表面灰尘、易除掉的污垢物等	可以可用肥皂、弱洗涤剂、温水洗涤
不锈钢表面的商标、贴膜	1）可以用温水，弱酸性洗涤剂来洗 2）可以用酒精或有机溶剂（乙醚、苯）擦洗

（续）

名　　称	说　　明
不锈钢表面的油脂、油、润滑油污染	1）可以用柔软的布擦干净 2）可以用中性洗涤剂、氨溶液、专用洗涤剂清洗
不锈钢表面的彩虹纹	可以用温水、中性洗涤剂清洗

➤ 攻略 353　怎样维修不锈钢菜盆的故障？

答：不锈钢菜盆的故障维修方法见表 1-77。

表 1-77　不锈钢菜盆的故障维修方法

故　障	原　因	维修方法、对策
下水器与菜盆结合处漏水	1）下水器没有旋紧 2）胶垫止水凸面没有贴住不锈钢菜盆 3）水槽胶垫太薄，压缩量不足 4）所配下水器型号不对	1）旋紧下水器 2）使胶垫止水凸面贴紧不锈钢菜盆 3）更换/加厚的水槽胶垫 4）更换下水器
下水管漏水	1）少锥度垫、台阶垫、平面垫 2）锥度垫、台阶垫安装方向错 3）螺纹未旋歪、未旋到位	1）加锥度垫、台阶垫、平面垫 2）调整锥度垫、台阶垫安装方向 3）调整螺纹
粉浆脱落	受冲击脱落、结合力未达要求、在喷涂时有杂物漂附喷涂后脱落	补粉浆
消声垫脱落	1）胶垫较差，胶垫结合力未达要求导致 2）使用环境超要求（如热水超90℃）	1）换消声垫 2）补胶水，按使用环境要求使用

➤ 攻略 354　水槽常见故障怎样解决？

答：水槽常见故障的解决处理见表 1-78。

表 1-78　水槽常见故障的解决处理

故　障	原　因	处理方法
排水管渗水	渗水部位密封圈漏装、螺母松脱	装上密封圈、拧紧螺母
排水管渗水	排水配件是否水平或垂直	调整安装位置以保证水平或垂直
排水速度慢	管道内有杂物堵塞	找到堵塞点，然后清理杂物
下水器漏水	下水器上下橡胶圈漏装、损坏	装上、更换橡胶圈
下水器漏水	下水器中心螺钉没有拧紧	拧紧中心螺钉
溢水口渗水	溢水口胶垫漏装、不平	装上、嵌平胶垫
溢水口渗水	螺钉松脱	拧紧螺钉

水槽下水器如图 1-73 所示。

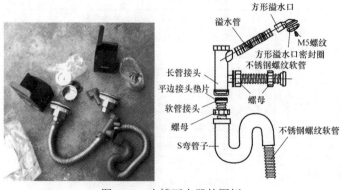

图 1-73　水槽下水器的图例

1.10 浴缸、淋浴器、浴室

➤ 攻略355 浴缸的特点是怎样的?

答:浴缸是卫生间洁具中最大的器具。浴缸形状多,但是以长方形浴缸最为常见。有的浴缸带裙边、防滑底、溢水口、靠手或扶手,还有按摩健身浴缸具有多个喷嘴自动调节喷出水流和气泡,使浴缸中浴液成旋流运动状态,对人体穴位进行水流按摩,达到健身的目的。

一般浴缸都是按照三面靠墙设计,一些现代高档浴缸有四面不靠墙设计。家居卫生间的浴缸一般至少两面靠墙。如果居室卫生间放置浴缸的角上有一根铸铁或者塑料排水管,则可以考虑选用缺角浴缸或用亚克力、玻璃钢等复合材料制成的浴缸,将有铸铁或者塑料排水管位置的角锯去,这样可以充分利用空间。

➤ 攻略356 选购浴缸的步骤是怎样的?

答:选购浴缸的主要步骤如下:

1)测量卫生间的安装尺寸,确认浴缸的安装方式以及功能。

2)确认所需购买浴缸的材质与种类。

3)确认产品的厚度与大小。如果浴室面积较小,可以选择1 200mm、1 350mm、1 500mm浴缸或淋浴房;如果浴室面积大,可选择1 700mm浴缸;如果浴室面积足够大,可以安装高档按摩浴缸、双人用浴缸。

4)检查产品质量以及是否有异味。

5)检查配件以及安装是否到位。

6)确认功能与售后情况。

➤ 攻略357 怎样安装浴缸主体?

答:安装浴缸主体的一般方法与要点如下:

1)首先要在浴缸缸下地面做防水层,一般是1:3的防水水泥砂浆。

2)在浴缸安放位置处沿浴缸横向砌两道砖支座,砖支座上面要根据浴缸底面形状抹成曲面,使浴缸安上砖支座后能平稳。砖支座的高度要使浴缸安装好以后的上边缘至地面距离达到要求。

3)浴缸放在砖支座上,上缘需要采用水平尺找平。

4)在浴缸临时空边,用砖立砌裙边(带裙边的浴缸则不需要),裙边外侧用1:0.3:3水泥石灰砂浆打底,然后用1:0.3:2水泥石灰砂浆抹面,然后粘贴表面装饰材料。

5)在靠近排水阀处的裙边上留一个检修门,检修门一般不得小于200mm×160mm。

➤ 攻略358 怎样安装浴缸排水阀?

答:安装浴缸排水阀的要点如下:

1)排水阀可以采用铜质排水阀或塑料排水阀,直径一般选择为30~38mm的。存水弯公称直径一般选择DN50mm。

2)排水阀安装时,首先将溢水管、弯头、三通等进行预装配,待量好后截取所需各管的长度、类型。

3)将排水阀装在相应的排水孔上,排水阀下端与浴缸排水的三通相接,排水三通另两端分别与浴缸溢水口、存水弯相接。存水弯与排水管相接。

4）各管道连接处需要做好密封处理，保证不漏水。

▶ 攻略 359 怎样保养浴缸?

答：保养浴缸的方法与要点如下：

1）排水管道要一周清理一次或两次。

2）浴缸安装要远离高温环境。

3）往浴缸里注入水时，先放冷水，后放热水，严禁往浴缸内直接加入沸水。

4）浴缸清洁时要用海绵或绒布，不能使用带研磨作用的物料或清洁剂。

5）温和处理表面污渍可以用废弃的软毛牙刷蘸漂白粉水刷洗表面。遇到难擦的污渍，可以用半个柠檬蘸食盐擦，也可以用软毛牙刷涂上有美白功能的牙膏擦洗。

6）亚克力浴缸如果需修复黯淡或划伤部分，可以用干净抹布混合无色自动打磨溶液用力擦拭，然后涂上一层无色保护蜡。注意不要在落脚的区域上蜡，以防滑倒。

7）亚克力浴缸要避免与苯类、油漆、油漆清除剂、丙酮、氨水等强有机溶剂接触。

8）亚克力浴缸安装环境要避免太阳光的直射。

9）每月应冲洗按摩浴缸系统两次以上。顺时针方向调节喷嘴到完全关闭位置，防止漏气。往浴缸注入温水至最高喷嘴上 50mm 处，或者在使用完后将水留在浴缸中。在水中加入两勺低泡沫洗洁精与少量家用漂白剂。将按摩浴缸开启 5～10min，然后关闭，将水排掉，接着用水冲洗浴缸表面。

10）按摩浴缸的水位要超过水位线才能够使用按摩功能，否则会造成电动机空转烧坏电动机。

▶ 攻略 360 怎样清除浴缸的水垢?

答：浴缸水垢的清除方法见表 1-79。

表 1-79 浴缸水垢的清除方法

方　法	说　明
醋泡法	清除浴缸、墙壁、水龙头上的水垢，可以将抹布浸泡在醋中，再覆盖在污垢上静置一晚。隔天再将苏打粉与醋调成糊状，再用牙刷蘸上糊状物刷洗即可清除
牙膏法	水龙头底部的水垢，往往附有石灰。可以用布蘸点牙膏擦拭或者用布缠绕刷洗
肥皂法	将肥皂放在海绵上，不但肥皂不易变软，海绵上积存的肥皂液还用来擦洗浴缸
清洁剂法	可以用专用浴缸清洁剂清除浴缸表面常见皂垢、水垢等
报纸擦法	旧报纸擦拭浴缸可清除沉积污垢，擦拭完后，再用清水冲洗

▶ 攻略 361 智能浴缸的分类是怎样的?

答：智能浴缸的分类如下：

1）根据材质可以分为亚克力浴缸、钢板浴缸、铸铁浴缸、木质浴缸等。

2）根据安装方式可以分为嵌入式浴缸、带裙边靠墙浴缸、独立式浴缸。

3）根据功能可以分为普通浴缸、按摩浴缸。

4）从裙边上可以分为无裙边浴缸、有裙边浴缸。

▶ 攻略 362 什么是亚克力浴缸?

答：了解什么是亚克力浴缸，主要是要了解什么是亚克力。亚克力的化学名称为甲基丙烯酸甲酯。它是一种经久耐用富有弹性的材料，具有表面光滑、色泽美观、造型多变、保温性好、清洗方便。

选择亚克力浴缸需要注意其背面不能有固化不良、毛刺、缺损、分层、浸渍不良等现象；外表面不能有固化不良、裂纹、缺损、小孔、皱纹、气泡等。

攻略 363　怎样保养亚克力淋浴盆？

答：保养亚克力淋浴盆的方法与要点如下：

1）不要用尖锐物打击、撞击亚克力表面，以免破损淋浴盆。

2）不要用天那水类的腐蚀性液体擦拭亚克力表面，以免破坏淋浴盆。

3）不要用粗糙的物料擦拭亚克力表面，以免出现划痕。

攻略 364　不同材质浴缸的特点是怎样的？

答：不同材质浴缸的特点见表 1-80。

表 1-80　不同材质浴缸的特点

名　称	概　述	优　点	缺　点
亚克力浴缸	使用人造有机材料制造	重量轻、搬运安装方便、加工方便、造型丰富、价格便宜、保温性好、可以随时随地进行抛光翻新	耐高温能力差、不能经受太大的压力、不耐碰撞、表面容易被硬物弄花、长时间使用后表面会发黄
钢板浴缸	由整块厚度约为 2mm 的浴缸专用钢板经冲压成型，表面再经搪瓷处理而成	耐磨、耐热、耐压、安装方便、质地相对轻巧	保温效果差、注水噪声大、造型较单调，不能进行后续加工
铸铁浴缸	采用铸铁制造，表面覆搪瓷	耐磨、耐热、耐压、耐用、注水噪声小、便于清洁	价格高、分量重、安装与运输困难
木质浴缸	选用木质硬、密度大、防腐性能好的材质，（如云杉、橡木、松木、香柏木等）制作而成。市场上实木浴桶的材质以香柏木的最为常见	充分浸润身体、保温性强、缸体较深、容易清洗、不带静电、环保天然	价格较高、需保养维护、易变形漏水

攻略 365　怎样安装浴盆？

答：安装浴盆的方法与要点如下：

1）浴盆安装形式有不带淋浴器、带固定淋浴器、带活动淋浴器等。

2）根据具体种类不同来安装，有的可以用盆腿直接将浴盆安装在地面上，有的可以用砖砌体支撑。

3）单柄水龙头裙边浴盆安装的要点如下：①把浴盆腿安装在浴盆上，然后固定、找平；②砖砌体的需要抹水泥砂浆后把浴盆安装在支座上，再找平找正；③安装排水支管；④连接给水管与水龙头；

攻略 366　淋浴器有哪些种类？

答：淋浴器有成品件式、管件现场组装式、混合水形式、冷热水管形式。有的现场组装式淋浴器由镀锌钢冷热水管、混合管、管件、截止阀、莲蓬头等组配而成。淋浴器的安装方式有明装和暗装两种。

▶ **攻略 367   怎样选购花洒?**

答：选购花洒的方法与要点如下：

1）水压一般或较低的地区适合使用单出水功能或出水功能较少的花洒。

2）出水较稳定，水压充足的地区可以选择多功能花洒。

3）花洒软管可以分铜管、不锈钢软管，好的软管光亮度较高，拉抻不易变形。

4）品质好的升降杆外观光亮，升降松畅而不松动。

5）有的升降杆设计了皂盒，使用方便。

6）选用具有滴水功能的花洒具有节约用水、保护花洒内部零件、提醒用户及时关闭水源等好处。

7）橡胶出水粒花洒轻轻拨弄水套便可以清除水垢与阻塞物，并具有装饰、按摩等作用。

花洒外形如图 1-74 所示。

图 1-74　花洒外形

▶ **攻略 368   怎样安装淋浴器?**

答：家装淋浴器也就是花洒，安装淋浴器的主要步骤如下：①根据尺寸（见图 1-75）在墙面上画出安装中心线；②配管（见图 1-76）；③在热水管上安上短节、阀门、活接头；④在冷水管上安装抱弯、装阀门；⑤混合管的半圆弯采用弯头与冷水、热水管连接；⑥安装混合管、喷头。

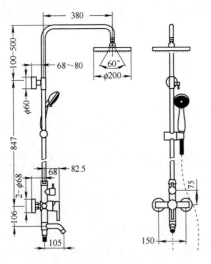

图 1-75　尺寸

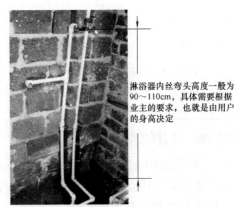

淋浴器内丝弯头高度一般为 90～110cm，具体需要根据业主的要求，也就是由用户的身高决定

图 1-76　配管

带伸缩杆淋浴器各部分尺寸如图 1-75 所示。家装淋浴器安装方法与要点如下：

1）混水阀距地面高度。安装水管时，应预留淋浴器内丝弯头，这是为瓷砖铺贴好后安装混水阀用的。淋浴器内丝弯头高度一般为 90～110cm，具体需要根据用户的身高决定，如果安得太高，则会导致带升降杆花洒装不上；如果安得太低，则开阀门时用户需要弯腰。

2）混水阀两内丝扣间距（见图 1-77）。暗装 15cm，误差不超过 5mm；明装是 10cm（中心线对中心线）。尽管有调整对丝，但是调整对丝的调整范围是有限的。

3）混水阀两内丝扣在贴完墙砖后应与墙体保持一个平面。安装预留丝头时，需要贴墙砖的厚度，一般要高出毛坯墙 15mm。丝头陷墙里太深，则可能装不上淋浴器；丝头高出墙面太多，则后面安装混水阀的装饰盖会盖不住丝头与调整螺钉，如图 1-78 所示。

暗装15cm，明装是10cm
（中心线对中心线）

图 1-77　混水阀两内丝扣间距

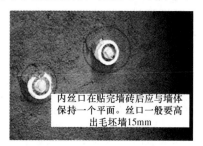

内丝口在贴完墙砖后应与墙体
保持一个平面。丝口一般要高
出毛坯墙15mm

图 1-78　混水阀两内丝扣的高度

4）不同款式淋浴器不同安装方法。淋浴器的种类有墙壁式的，有吊顶式的。安装花洒的位置要注意私密性，一般不要选择在门口或窗户旁边。整体浴房，需要考虑好淋浴器混水阀安装的位置。

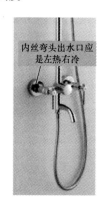

内丝弯头出水口应
是左热右冷

5）注意出水口应是左热右冷。内丝弯头出水口应是左热右冷，如图 1-79 所示。

6）内丝头固定定位。安装好后需要固定水管以及封管，以免贴墙砖的师傅动了距离，造成淋浴器装不上。

7）镀铬的淋浴器与其配件非常精致，拧紧时扳手内壁应用布缠上，以防划伤淋浴器及其配件。

► 攻略 369　怎样保养花洒？

答：保养花洒的方法与要点见表 1-81。

图 1-79　左热右冷

表 1-81　保养花洒的方法与要点

项　目	说　明
水垢的去除	定期将花洒拆下置于小盆，用食用白醋对花洒表面、内部进行浇灌并浸泡 4～6h，再用棉质抹布轻轻擦拭花洒表面出水嘴处，这样可以起到一定的杀菌功效
水龙头电镀表面的维护	用软布蘸少许面粉擦拭花洒电镀表面，再用清水冲洗，这样可以保护花洒表面
注意事项	1）拆装花洒时应注意不要损坏
	2）滤网垫片不可用网孔过大的或过细的，过滤网的规格一般以 40～60 目为宜
	3）去水垢时不可用强酸，以免腐蚀花洒表面
	4）花洒使用环境温度不能超过 70℃
	5）紫外光会加快花洒的老化，因此，花洒尽量远离浴霸等电器热源安装。花洒不能装在浴霸正下方，需要距离应在 60cm 以上

► 攻略 370　浴缸常见问题怎样解决？

答：浴缸常见问题的解决方法如下：

1）浴缸水龙头出现漏水、功能失灵时，直接更换阀芯即可。

2）冲浪缸如电动机不能起动，则检查断路器是否连接好、是否漏气，并检查电源、更换漏电保护开关。

► 攻略 371　淋浴房的分类是怎样的？

答：淋浴房的分类如下：

1）根据款式可以分为转角型淋浴房、一字形浴屏。

2）根据功能可以分为整体淋浴房、简易淋浴房。

3）根据底盘的形状可分为方形淋浴房、全圆形淋浴房、扇形淋浴房、钻石形淋浴房等。

4）根据门的结构可以分为推拉门淋浴房、折叠门淋浴房、转轴门淋浴房等。

攻略 372　选购淋浴房的步骤是怎样的？

答：选购淋浴房的步骤如下：

1）测量卫生间的安装尺寸，确认淋浴房的款式、样式。

2）确认玻璃的厚度以及确认玻璃是否为钢化玻璃。

3）确认铝材的外观质量、厚度。

4）检查配件与售后情况。

攻略 373　怎样保养淋浴房？

答：保养淋浴房的方法与要点见表 1-82。

表 1-82　保养淋浴房的方法与要点

项　目	说　明
清洁	1）使用浴室专用洗涤剂时，需要根据有关说明以及注意事项正确使用 2）不要使用酸性或碱性溶剂、药品、丙酮稀释剂、去污粉等清洁淋浴房，以免对人体造成不良影响 3）清洁淋浴房四壁、底盆时，可以使用柔软的干布清洁；轻微的污垢，可以用柔软的布或海绵沾中性清洁剂进行清洗；顽垢可以用酒精清除
使用、保养淋浴房滑轮	1）避免正面用力撞击活动门，以免造成活动门脱落 2）定期清洁滑轮、滑轨、滑块，定期加注润滑剂 3）定期调整滑块滑轮的调节螺钉，保证滑块滑轮对活动门的有效承载与良好滑动
铝合金框架、胶条的保养	1）避免阳光的直射与曝晒，以免胶条、磁条老化 2）铝材表面出现污渍，可用中性清洁剂溶水后擦拭 3）不能用腐蚀性液体或材料进行擦拭 4）不能用粗糙、尖锐物品擦拭或刻画产品表面
钢化玻璃的保养	1）玻璃门在安装、使用维护过程中不能受到大的碰撞或尖锐物体的撞击 2）玻璃表面有污渍时，可用中性清洁剂或玻璃水进行清洁
底盆、挡水条的清洁维护	大理石挡水条可以用清水清洁即可。亚克力淋浴底盆的清洁维护与亚克力浴缸的清洁维护一样

攻略 374　淋浴房常见故障怎样处理？

答：淋浴房常见故障的处理方法见表 1-83。

表 1-83　淋浴房常见故障的处理方法

问　题	原因或解决方法
出现渗水、漏水	1）淋浴房防水胶条没有安装好 2）淋浴房与底盆、墙壁间没有安装好玻璃胶 3）底盆与墙壁间空隙没有密封好 4）去水器没有安装好 5）排水管的连接没有密封好
活动门不顺畅	1）滑轮坏了，道轨变形了，需要更换 2）滑轮没有上紧，门左右两边滑的不平行，需要调整

（续）

问　　题	原因或解决方法
活动门不顺畅	3）活动门轮与玻璃有异物卡住
	4）上下导轨没有安装到位
	5）玻璃上下孔距有偏差
活动门关上后，上边或下边有裂缝	1）活动门平行度差，可以调整底盆或芯轮来达到平行
	2）垂直度存在偏差，需要重装调整好
底盆排水不畅、有积水	1）排水器，排水管堵塞、不顺畅
	2）地面不水平
	3）底盆安装不水平，需要重装调整好
铝材、玻璃有划伤、损坏	更换铝材、玻璃

▶ **攻略 375　浴室配件的分类是怎样的？**

答：浴室配件根据材质可以分为钛合金、铜镀铬、不锈钢镀铬、铝合金镀铬、铁质镀铬、塑料等。根据所用管材实心情况可以分为空心管、实心管。

▶ **攻略 376　怎样选购浴室配件？**

答：选购浴室配件的步骤：①看产品，确认配套件的种类、颜色；②选配套件的材质；③看配套件的电镀质量；④看配套件的售后保证情况。

▶ **攻略 377　浴室柜的分类是怎样的？**

答：浴室柜的分类如下：

1）根据材质可以分为实木类浴室柜、PVC 类浴室柜、贴木皮类浴室柜、陶瓷类浴室柜、不锈钢类浴室柜、亚克力类浴室柜等。

2）根据功能可以分为主柜、侧柜、镜柜、吊柜等。

3）根据安装方式可以分为靠墙式、挂墙式。

▶ **攻略 378　整体浴室常见故障怎样处理？**

答：整体浴室常见故障的处理方法见表 1-84。

表 1-84　整体浴室常见故障的处理方法

问　　题	原因或者解决方法
浴巾架、毛巾架、其他金属附件上有暗斑	有暗斑一般是洗涤污水、蒸气中的杂质聚集造成的，可以用干软抹布蘸中性清洗剂清洗
防湿灯灯罩变形	防湿灯灯罩变形的原因如下：①灯罩安装时位置倾斜，没安装到位；②灯泡功率大于实际功率，需要更换实际功率用的灯泡，一般为60W；③需要更换灯罩
防湿灯不亮	防湿灯不亮的原因如下：①线路停电，需要检查电源线路是否有电；②灯泡损坏，则需要更换灯泡；③开关或线路断路，则需要检查开关或线路
换气扇不转、防雾镜起不到防雾作用	可能线路停电、开关或线路断路、换气扇或防雾镜本身有故障
组合水嘴关水不严	水嘴内密封圈被损坏，则需要检查、更换密封圈
组合水嘴不出水	管网停水、水源开关被关闭、水嘴出口处滤网被杂物堵塞
水箱进水噪声大、水压过高	调节给水接头上的减压阀
水箱浮球阀不出水或出水量很小	水箱进水阀处滤网被杂物堵塞，需要清除水箱进水阀处滤网上杂物

（续）

问　题	原因或者解决方法
水箱开关链条脱落，开关控制无效	扣环太松，致使脱落，此时需要接上链条，并且用铜丝加强连接点
水箱开启大小水不明显或没有小水	水箱开启大小水不明显或没有小水的原因如下：①水箱配件有问题，需要更换；②安装时，没有调节好冲水开关
水箱冲洗水量不够	水箱浮球阀关闭过早，使得水箱水位偏低，水量不够
开启混合水龙头时有剧烈的振动并发出较大噪声	开启混合水龙头时有剧烈的振动并发出较大噪声的原因如下：①水压过高；②与混合水龙头相连接的给水管固定不稳；③容积式热水器本身质量有问题或安装不正确
地漏排水不畅，从底盘处溢出废水	地漏排水不畅，从底盘处溢出废水的原因如下：①地漏滤网上有杂物，需要清除地漏滤网上的杂物；②洗脸盆、浴缸同时最大排水，尽量避免洗脸盆与浴缸同时最大排水的情况
整体浴室底盘上出现划痕	整体浴室底盘上出现划痕的原因如下：①有人穿硬底鞋进入整体浴室；②底盘上不干净，常有沙砾在制品表面
整体浴室天花板上有水珠	整体浴室天花板上有水珠主要是水蒸气没有排出，聚集而成。因此，每次使用浴室后，应开启换气扇30min以上，以保持浴室内干燥
开关门时有较大的声响	开关门时有较大的声响主要是整体浴室密封性好，开关门时气压会变动，致使天花板检修口振动。这属于正常现象

1.11　泵与水表

▶攻略379　离心泵的分类是怎样的?

答：离心泵的分类如下：

1）根据泵轴位置可分为立式水泵和卧式水泵。

2）根据叶轮数量可分为单级泵和多级泵（一个轴上装有几个叶轮）。

3）根据扬程（H）可以分为低压泵（$H \leqslant 20m$）、中压泵（$H = 20 \sim 60m$）和高压泵（$H > 60m$）。

4）根据工作原理可以分为容积式泵、叶片式泵［包括离心泵（见图1-80）、轴流泵、混流泵等］和其他类型泵。

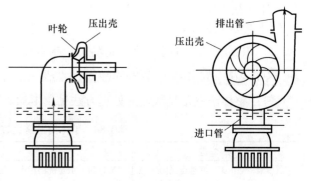

图1-80　离心泵图例

5）根据水泵起动前的充水方式可以分为吸入式（泵轴高于吸水池水面）、灌入式（吸水池水面高于泵轴）。

▶攻略380　怎样安装整体式离心水泵?

答：安装整体式离心水泵的方法与要点如下：

1）清理基础，将螺栓孔打毛。

2）水泵就位。将水泵放置于基础上，穿上地脚螺栓，然后拧上螺母。注意底座与基础间应放置垫铁，初步找平后把地脚螺栓孔内灌满混凝土。

3）待混凝土凝固期满，可以通过调整垫铁的厚度进行精平，然后拧紧螺母，并把同一组垫铁点焊在一起。

4）最后把基础表面用水泥砂浆抹平即可。

▶ 攻略381　怎样安装联轴器式离心水泵?

答：安装联轴器式离心水泵的
方法与要点如下：

1）清理基础。

2）水泵就位与初平。

3）电动机就位与初平。

4）调整联轴器，然后将水泵、
电动机的地脚螺栓孔灌满混凝土。

5）精平与抹面。

联轴器式离心水泵安装图例如
图1-81所示。

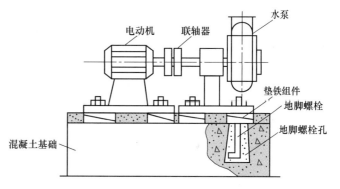

图1-81　联轴器式离心水泵安装图例

▶ 攻略382　水表有哪些种类?

答：常用的水表有旋翼式（叶轮式）水表（DN15～
DN150）、螺翼式水表（DN100～DN400）、翼轮复式水表
（主表DN50～DN400，复式DN15～DN40）。水表外形如
图1-82所示。

▶ 攻略383　怎样安装水表?

答：安装水表的要求与要点如下：

1）水表要安装在查看方便、不受日晒、不受污染、
不受损坏的场所。

图1-82　水表外形

2）水表要水平安装，并使水表外壳上的箭头方向与水流一致。

3）家庭独立用的小水表应明装，需要安装在每户进水总管上，并且水表前需要安装阀
门，水表外壳距离墙面不得大于30mm，安装高度一般为600～1200mm。

4）水表前后应安装阀门，对于不允许停水或设有消防管道的建筑还要设旁通管，此时
的水表后侧要装上止回阀。

1.12　喷水灭火系统

▶ 攻略384　自动喷水灭火系统有关术语是怎样的?

答：自动喷水灭火系统有关术语见表1-85。

表1-85　自动喷水灭火系统有关术语

名　称	说　明
准工作状态	自动喷水灭火系统性能与使用条件应符合有关要求，处于发生火灾时能够立即动作、喷水灭火的状态
系统组件	系统组件组成有自动喷水灭火系统的喷头、报警阀组、压力开关、水流指示器、消防水泵、稳压装置等
监测及报警控制装置	监测及报警控制装置是对自动喷水灭火系统的压力、水位、水流、阀门开闭状态进行监控，并且能够发出控制信号、报警信号的一种装置

(续)

名　称	说　明
稳压泵	稳压泵能够使自动喷水灭火系统准工作状态的压力保持在设计工作压力范围内的一种专用水泵
喷头防护罩	喷头防护罩是保护喷头在使用中免遭机械性损伤，但不影响喷头动作、喷水灭火性能的一种专用罩
末端试水装置	末端试水装置是安装在系统管网、分区管网的末端，用来检验系统启动、报警及联动等功能的装置
消防水泵	消防水泵是指专用消防水泵或达到国家标准的普通清水泵

自动喷水灭火系统图例如图 1-83 所示。

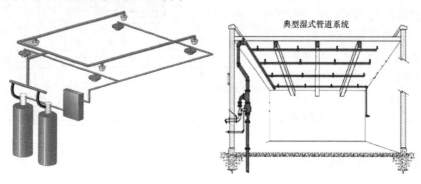

图 1-83　自动喷水灭火系统图例

➤ 攻略 385　怎样安装消火栓？

答：室内消火栓系统由消火箱（包括水枪、水龙带）、消火栓、消防管道、水源等组成。管道、阀门安装在室内给水管道上。

水枪是灭火的重要工具，一般用铅或塑料制成，其喷口口径分为 13mm、16mm、19mm 等。13mm 口径的一般配 50mm 的接口，16mm 的口径一般配 50mm 或 65mm 的接口，19mm 口径的一般配 65mm 的接口。水龙带由帆布或萱麻制成，其口径与消火栓配套，有 50mm、65mm 等规格，长度有 10m、15m、20m、25m 等规格。

消火栓是一种带内扣接头的球形阀门，一端与水龙带连接，另一端与消防主管连接。水龙带、消火栓、水枪间均采用内螺纹式快速接扣连接。

消火栓需要安装在建筑物内明显且取用方便的场所。一般在建筑物各层的楼梯、走廊、大厅的出入口处等。厂房内的消火栓一般布置在人员经常出入的地方。

消火栓一般安装在砖墙上，有明装、暗装、半暗装等形式（见图 1-84）。室内消火栓

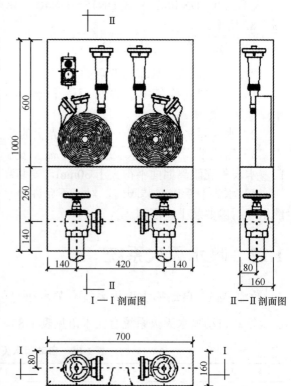

薄型双栓带消防软管卷盘消火栓箱

图 1-84　消火栓的安装

系统安装时栓口需要朝外，并且不应安装在门轴侧，栓口中心距离地面为 1.1m，阀门中心距箱侧面为 140mm，距箱后内表面为 100mm。

攻略 386　喷头有哪些种类?

答：喷头是自动喷水灭火的关键部件，喷头的作用是火灾发生后，当环境温度达到规定值时，能够自动打开控制器喷水灭火。其可以分为自动喷水消防系统喷头（闭式喷头）、水幕消防喷头（开式喷头）。闭式喷头又分为易熔合金闭式喷头、玻璃球闭式喷头（见图1-85）。开式喷头又可以分为窗口水幕喷头、檐口水幕喷头。

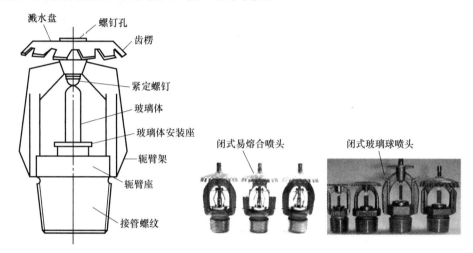

图 1-85　喷头的外形与结构

攻略 387　怎样安装喷头?

答：玻璃球闭式喷头的感温元件是玻璃球，当环境温度上升到玻璃球释放温度时，玻璃球爆炸，水流从喷口喷出，使保护区的火熄灭。喷头应在管道上安装，系统完成试压、冲洗合格，并待建筑物内装修完成后进行安装。

喷头一般采用专用的弯头、三通安装。当喷头的公称直径小于 10mm 时，需要在配水干管、配水管上安装过滤器。通风管道宽度大于 1.2m 时，喷头需要安装在其腹面以下部位。喷头安装在不到顶的隔断附近时，喷头与隔断的水平距离与最小垂直距离需要符合施工、验收规范的规定。安装自动喷水管道时，为防止管道工作时产生晃动，影响喷水效果，需要用支架固定。固定支架与喷头的距离不小于 300mm，距末端喷头的距离不大于 750mm。

攻略 388　怎样安装自动喷水灭火系统的有关组件?

答：自动喷水灭火系统的有关组件的安装方法与要求如下：

1）自动喷水灭火系统的报警阀组需要安装在便于操作的明显位置，距地高度一般为 1.2m，两侧与墙的距离不应小于 0.5m，正面与墙的距离不应小于 1.2m。

2）自动喷水灭火系统的水流指示器需要竖直安装在水平管道上侧，其动作方向应与水流方向一致。

3）自动喷水灭火系统的水力警铃需要安装在便于操作的明显位置的外墙上，一般还要安装阀门。

1.13 下水管道疏通器

▶ **攻略 389 怎样使用手摇式加长管道下水管道疏通器？**

答：手摇式加长管道下水管道疏通器（见图 1-86 所示）的使用方法如下：

图 1-86 手摇式加长管道下水管道疏通器

1）一手握住手柄，松开止旋螺钉使钢丝伸缩自如。

2）拉出钢丝伸入管道口内，如果遇钢丝伸入困难不能进入时，则钢丝在管道口（套管根部到管道口）8～10cm 处，拧紧止旋螺钉，握手柄的手向管道内施加一定压力，另一手顺时针摇转，钢丝进入，再松开止旋螺钉，用此方法直到伸到堵塞物。

3）摇动摇盘到手感稍重时，将管内倒满水，把能搅碎的物体搅碎。如果遇到搅不碎的物体，即边顺时针摇转边拉出钢丝，即可将搅不碎的物体钩出，管道即可疏通。

4）使用完后，将脏的钢丝拉出来，用清水冲洗干净，晾干，并且在钢丝上涂一层机油或食用油，再把钢丝推缩至转盘内。

遇到特殊情况的一些排除方法如下：

1）如果遇钢丝伸不进也拉不出来，则不能够强行拉，要把钢丝收短，拧紧止旋螺钉，逆时针摇转转盘，即可拉出。

2）如果遇钢丝在钩住物体中途不幸掉落，则拉出钢丝，重复操作直到把掉入管道内的物体钩出即可。

3）如果遇特殊物掉入管道，则可以用小软布或棉纱头，用钢丝插入管道内，搅住软布向上带出掉入物即可。

1.14 识图

▶ **攻略 390 什么叫高程（标高）？高程有哪几种？**

答：高程（标高）就是指与基准面间的垂直距离。高程可以分为相对高程、绝对高程。

绝对高程就是把选定某地区海平面为绝对高程的零点，其他各地区的高程都以它为基准来推算。市政工程测量所用的绝对高程是将青岛验潮站所确定的黄海平均海平面为大地水准面，把它定为"零"点。相对高程就是把绝对高程值作为本地区或构筑物的零点高程，以此来推算其他构筑物或管道的高程。

▶ **攻略 391 什么叫管道的坡度？坡度如何表示？**

答：管道两端高差与两端间的长度之比值叫作该管段的坡度。坡度用 i 表示，坡度的坡向符号用箭头来表示，坡向箭头的方向与管内介质流向是一致。

▶ **攻略 392 管道施工图常用的线型有哪些？**

答：管道施工图常用的线型见表 1-86。

表 1-86　管道施工图常用的线型

名　称	线　型	宽　度	适 用 范 围
粗实线	——	b	主要管线、图框线
粗点画线	—·—·—	b	主要管线
点画线	—·—·—	0.35b	定位轴线、中心线
粗虚线	------	b	地下管线、被设备所遮盖的管线
虚线	------	0.35b	设备内辅助管线、自控仪表连接线、不可见轮廓线
波浪线	∿∿∿	0.35b	管件、阀件断裂处边界线、局部界线
中实线	——	0.5b	辅助管线、支管线
细实线	——	0.35b	管线阀门图线、建筑物及设备轮廓线、尺寸线、尺寸界线及引出线

▶ 攻略393　管路的一般连接形式有哪些?

答：管路的一般连接形式见表1-87。

▶ 攻略394　管道类别的符号是怎样的?

答：管道类别应以汉语拼音字母表示，具体见表1-88。

▶ 攻略395　管件的符号是怎样的?

答：管件的符号见表1-89。

表 1-87　管路的一般连接形式

名　称	符　号	名　称	符　号	名　称	符　号
法兰连接	—‖—	螺纹连接	—┼—	焊接连接	—●—
承插连接	—⊃—	管道丁字上接	—⊥○—	弯折管	—○—
三通连接	—⊥—	管道丁字下接	—⊤○—		
四通连接	—┼—	管道交叉	—⌒—		

表 1-88　管道类别的符号

名　称	图　例	名　称	图　例	名　称	图　例
生活给水管	— J —	蒸汽管	— Z —	压力雨水管	— YY —
热水给水管	— RJ —	凝结水管	— N —	膨胀管	— PZ —
热水回水管	— RH —	废水管	— F —	保温管	∿∿∿
中水给水管	— ZJ —	压力废水管	— YF —		
循环给水管	— XJ —	通气管	— T —	多孔管	↑ ↑ ↑
循环回水管	— Xh —	污水管	— W —		
热媒给水管	— RM —	压力污水管	— YW —	地沟管	═══
热媒回水管	—RMH—	雨水管	— Y —	防护套管	⊏══⊐

表 1-89　管件的符号

名　称	符　号	名　称	符　号	名　称	符　号
正三通	⊥ ⊥ ⊥	盲板	—┤	内外螺纹接头	—⊢
快接接头	—□—	波形补偿器	—◇—	短管	⊢ ⊢⊢

（续）

名 称	符 号	名 称	符 号	名 称	符 号
外接头		矩形补偿器		双承插管接头	
异径管		弯头		法兰堵	
活接头		内螺纹管帽		管件盲板	
堵头		转动接头		套筒补偿器	

▶ 攻略 396　常用阀门的符号是怎样的？

答：常用阀门的符号见表 1-90。

表 1-90　常用阀门的符号

名 称	符 号	名 称	符 号	名 称	符 号
止回阀		电动阀		蝶阀	
安全阀		液动阀		隔膜阀	
减压阀		四通阀		调压阀	
疏水阀		截止阀		温度调节阀	
角阀		闸阀		底阀	
电磁阀		球阀		旋塞阀	

▶ 攻略 397　阀门与管路的一般连接形式是怎样的？

答：阀门与管路的一般连接形式见表 1-91。

表 1-91　阀门与管路的一般连接形式

名 称	符 号	名 称	符 号	名 称	符 号
法兰连接		螺纹连接		焊接连接	

▶ 攻略 398　管架的符号是怎样的？

答：管架的符号见表 1-92。

表 1-92　管架的符号

名 称	管架形式				
	一般形式	支（托）架	吊架	弹性支（托）架	弹性吊架
固定管架					
导向管架					
活动管架					

▶ 攻略 399　给水、排水制图常用的比例是多少？

答：给水、排水制图常用的比例见表 1-93。

表 1-93　给水、排水制图常用的比例

名 称	比 例	备 注
管道纵断面图	纵向：1:200、1:100、1:50 横向：1:1 000、1:500、1:300	
水处理厂（站）平面图	1:500、1:200、1:100	

（续）

名　　称	比　　例	备　　注
水处理构筑物、设备间、卫生间、泵房平、剖面图	1:100、1:50、1:40、1:30	
详图	1:50、1:30、1:20、1:10、1:5、1:2、1:1、2:1	
区域规划图	1:50 000、1:25 000、1:10 000	宜与总图专业一致
区域位置图	1:5 000、1:2 000	
总平面图	1:1 000、1:500、1:300	宜与总图专业一致
建筑给排水平面图	1:200、1:150、1:100	宜与建筑专业一致
建筑给排水轴测图	1:150、1:100、1:50	宜与相应图样一致

第 2 章

电

2.1 概述

▶攻略 1 什么是电路？电路的组成是怎样的？

答：电路是由金属导线与电气、电子部件组成的导电回路，也就是电流通过的途径。电路主要由电源、负载、导线、开关等组成（见图 2-1）。

▶攻略 2 什么是电阻？电阻的单位有哪些？

答：电阻就是自由电子在物体中移动受到其他电子的阻碍。电阻的单位为"欧姆"，用字母"Ω"表示。电阻的单位还有千欧（kΩ）、兆欧（MΩ）。它们之间的关系如下：

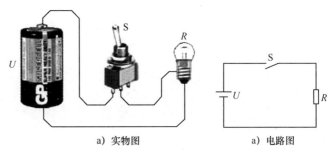

a) 实物图   a) 电路图

图 2-1 电路的组成图例

$$1k\Omega = 10^3\Omega \qquad 1M\Omega = 10^6\Omega$$

▶攻略 3 什么是电压？电压的方向与单位是怎样的？

答：物体带电后具有一定的电位，电压是两点间的电位或电位差，其单位为伏特（V）。电压的方向是高电位指向低电位。常用的单位还有千伏（kV）、毫伏（mV）、微伏（μV），它们之间的关系如下：

$$1kV = 10^3V \qquad 1V = 10^3mV \qquad 1mV = 10^3\mu V$$

世界各国的民用电压使用情况不尽相同。例如日本民用电使用的是 110V 电压，我国民用电使用的是 220V。电压的形成如同"水压"，如图 2-2 所示。

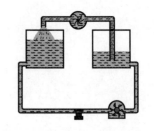

图 2-2 电压的形成如同"水压"

▶攻略 4 什么是电流？电流有哪些种类？

答：电流的形成是导体中的自由电子在电场力的作用下作有规则的定向运动形成的（见图 2-3），也就是单位时间内通过导线某一截面的电荷量，电流的大小与导线截面面积有关，截面面积越大则电流越大。具备电流的条件：电位差、电路要闭合。

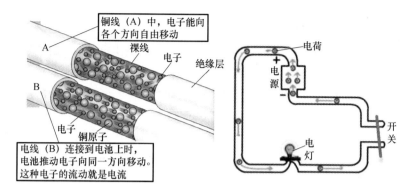

图 2-3　电流的形成图例

电流可以是直流电流也可以是交流电流。直流电流也叫做恒定电流，其大小与方向不随时间变化而变化，常用大写字母"I"表示。交流电流的大小与方向随时间变化而变化，常用小写字母"i"表示。

▶ **攻略 5　怎样衡量电流的大小?**

答：电流的大小等于单位时间内通过导体截面的电荷量。

电流的单位是"安"，用字母"A"表示。常用的单位有：千安（kA）、安（A）、毫安（mA）、微安（μA）

$$1kA = 10^3A \qquad 1A = 10^3mA \qquad 1mA = 10^3μA$$

▶ **攻略 6　什么是负载? 负载有哪些种类?**

答：负载是指具体的用电设备，即对电能有消耗的器件。负载的种类及其特点见表 2-1。

表 2-1　负载的种类及其特点

名　　称	说　　明
阻性负载	阻性负载与电源相比，当负载电流、负载电压没有相位差时负载为阻性。也就是说仅是通过电阻类的元件进行工作的负载就是阻性负载
感性负载	一般把带电感参数的负载，即符合与电源相比负载电流、负载电压存在相位差的特性负载称为感性负载。如日常用的冰箱、空调、电风扇均属于感性负载

▶ **攻略 7　电路的类型有哪些?**

答：部分电路的类型及其特点见表 2-2。

表 2-2　部分电路的类型及其特点

名　　称	说　　明
外电路	外电路包括负载、导线、开关（见图 2-4）
内电路	内电路主要是指电源内部的一段电路（见图 2-4）
纯电阻电路	电感与电容可以略去不计的电路
纯电感电路	由电感组成的电路称为纯电感电路
纯电容电路	将电容器接在电路上，并且忽略去电路中的一切电阻、电感的电路

攻略8 什么是电源、电动势、电位差?

答：电源是把其他形式的能转换成电能的装置。一个电源能够使电流持续不断沿电路流动，是因为它能使电路两端维持一定的电位差。电路两端产生与维持电位差的能力就叫电源电动势。

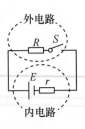

图2-4 部分电路的类型

攻略9 什么是欧姆定律? 欧姆定律的特点是怎样的?

答：欧姆定律是表示电压、电流、电阻三者关系的基本定律。欧姆定律分为部分电路欧姆定律与全电路欧姆定律，它们的特点见表2-3。欧姆定律的计算式图例如图2-5所示。

表2-3 欧姆定律的特点

名　称	说　明
部分电路欧姆定律	电路中通过电阻的电流，与电阻两端所加的电压成正比，与电阻成反比。这就是部分欧姆定律。其计算公式为：$U = IR$
全电路欧姆定律	在闭合电路中（包括电源），电路中的电流与电源的电动势成正比，与电路中负载电阻及电源内阻之和成反比，这就是全电路欧姆定律

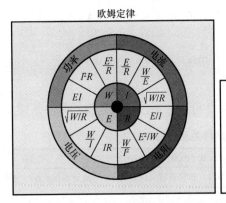

$I = \dfrac{U}{R}$

U为电压（V）；

I为电流（A）；R为电阻（Ω）

欧姆定律的变式

电压	电阻	电流
电压=$\sqrt{功率×电阻}$	电阻=$\dfrac{电压}{电流}$	电流=$\dfrac{电压}{电阻}$
电压=$\dfrac{功率}{电流}$	电阻=$\dfrac{电压^2}{功率}$	电流=$\dfrac{功率}{电压}$
电压=电流×电阻	电阻=$\dfrac{功率}{电流^2}$	电流=$\sqrt{\dfrac{功率}{电阻}}$

图2-5 欧姆定律的计算式图例

攻略10 电路连接的方式有哪些? 它们的特点是怎样的?

答：电路连接的方式有串联、并联、混联，它们的连接方式见表2-4。

表2-4 电路的连接方式

名　称	概　念	特　点
串联电路（见图2-6a）	1. 将电阻（负载）、首尾依次相连，但只有一条通路的连接方法 2.电源串联是将前一个电源的负极与后一个电源的正极依次连接起来	1. 电阻电路串联的特点如下： 1）分支电流与总电流相等，即 $I = I_1 = I_2 = I_3\cdots$ 2）总电压等于各电阻上电压之和，即 $U = U_1 + U_2 + U_3\cdots$ 3）总电阻等于负载电阻之和，即 $R = R_1 + R_2 + R_3\cdots$ 2. 电源串联的特点如下：获得较大的电压与电源，有关计算公式为 $$E = E_1 + E_2 + E_3 + \cdots + E_n$$ $$r_0 = r_{01} + r_{02} + r_{03} + \cdots + r_{0n}$$

（续）

名　称	概　念	特　点
并联电路 （见图 2-6b）	1. 将电路中若干个电阻并列连接起来的接法称为电阻并联 2. 把所有电源的正极连接起来作为电源的正极，把所有电源的负极连接起来作为电源的负极，然后接到电路中，称为电源并联	1. 电阻并联的特点如下： 1）各电阻两端的电压均相等，即 $U_1 = U_2 = U_3 = \cdots = U_n$ 2）电路的总电流等于电路中各支路电流之总和，即 $I = I_1 + I_2 + I_3 + \cdots + I_n$ 3）电路总电阻 R 的倒数等于各支路电阻倒数之和 4）并联负载越多，总电阻越小，供应电流越大，负荷越重 5）通过各支路的电流与各自电阻成反比 2. 电源并联的特点如下： 并联电源的条件：一是电源的电动势相等；二是每个电源的内电阻相同。电源并联能够获得较大的电流，即外电路的电流等于流过各电源的电流之和
混联电路	电路中既有串联又有并联时称为混联电路	混联电路的计算方法如下： 1）先求出各元件串联、并联的电阻值 2）再计算电路的点电阻值 3）由电路总电阻值与电路的端电压，根据欧姆定律计算出电路的总电流 4）根据元件串联的分压关系与元件并联的分流关系，逐步推算出各部分的电流、电压

▶ **攻略 11　什么是电功、电能？它的特点是怎样的？**

答：电功就是电流所做的功，用符号 A 表示。电功的大小与电路中的电流、电压、通电时间成正比，计算公式为 $A = UIt = I^2Rt$。

电能是指在一定的时间内电路元器件或设备吸收或发出的电能量，用符号 W 表示。

电功与电能的单位是焦耳，用符号 J 表示。电能的单位也有用千瓦·时（kW·h）表示的，它们间的关系为

$$1kW \cdot h = 3.6MJ$$

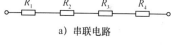

a）串联电路

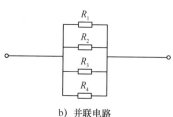

b）并联电路

图 2-6　电路的连接方式图例

▶ **攻略 12　什么是电功率？它的特点是怎样的？**

答：电功率就是电流在单位时间内所做的功，它是描述电流做功快慢的物理量，用符号 P 表示。

电功率的单位为瓦、千瓦，用符号 W、kW 表示，也有用非法定计量单位马力表示的。它们之间的关系为

$$1 \text{ 马力} = 736W；1kW = 1.36 \text{ 马力}$$

电功与电功率的公式如下：

电功和电功率：电功：$W=UIt$；电热：$Q=I^2Rt$；电功率：$P=IU$

对于纯电阻电路：$W=UIt=I^2Rt\dfrac{U^2}{R}t$；$P = IU = I^2R = \dfrac{U^2}{R}$

对于非纯电阻电路：$W=UIt > I^2Rt$；$P=IU > I^2r$

▶ **攻略 13　什么是强电？什么是弱电？**

答：强弱电一般是以人体的安全电压来区分的，36V 以上的（如 AC380V/220V 以上）

电压称为强电，36V 以下的（如仪表中的 DC24V、12V 等以下）电压称为弱电。

攻略 14 什么是带电部分？

答：带电部分就是正常使用时要带电的导体或导电部分。

攻略 15 什么是过电流？

答：过电流是超过设备额定电流的一种现象。长时间过电流会造成导线、开关、插座、排插等电源载体温度升高，从而引发事故。

攻略 16 什么是过载？

答：过载是超过设备额定功率的一种现象。过载加大，会伴随着电流的加大，长时间过载会造成导线、开关、插座、排插等电源载体温度升高，从而引发事故。

攻略 17 什么是短路？它有什么危害？

答：电力系统在运行中，相线与相线间、相线与地线（中性线）间发生非正常连接时而流过无穷大的电流，其电流值远大于额定电流，这种现象就是短路。

短路是过电流的一种极端表现。短路会使电流剧增，短路瞬间产生高温，极易引起火灾。短路的保护措施就是安装断路器、熔断器。

攻略 18 发生短路的常见原因有哪些？

答：发生短路的常见原因有错误的接线方式、负载过大、电流过大导致导线绝缘胶皮融化使得相线与零线粘在一起形成短路，以及操作不当等所致。

攻略 19 什么是断路？

答：断路是指电气回路发生断开的故障。电路的状态图例如图 2-7 所示。

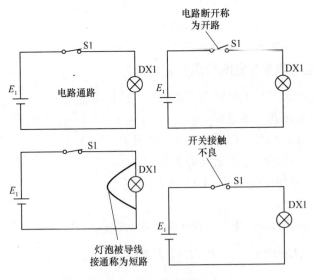

图 2-7 电路的状态图例

攻略 20 什么是电器耗电量？

答：电器耗电量是指电器在单位时间内所消耗的电功率，其等同于电器的功率乘以单位小时的数值。耗电量一般是以千瓦·时（kW·h）为单位，也就是俗称的度。

> **攻略 21　什么是开关的电气间隙？**

答：开关的电气间隙就是开关的两个接触端子间的最短垂直距离。开关产品中，正常电气间隙不小于国家标准规定的 3mm。在电气间隙小于国家标准时产品上必须有"m"的标志。

> **攻略 22　什么是电器漏电？**

答：漏电是指市电相线与电器外壳或大地之间由于绝缘损坏或其他原因，而产生的连通（或经电阻连通），所产生的电流。如果漏电电流流过人体，会造成触电，严重时会危及人的生命。

> **攻略 23　什么是电弧？**

答：电弧就是两电极接近到一定距离时，击穿空气所产生的持续的火花放电现象。

电弧一般只是在开、关的瞬间会产生，所有的机械类的开关都会产生电弧。动触头、静触头间的接触面积越小，就越容易产生电弧。可以通过材料、结构来降低出现电弧的几率和电弧大小。

> **攻略 24　什么是电器爬电距离？**

答：爬电距离就是指两导电部分间的空间距离及沿绝缘表面的距离之和。

> **攻略 25　什么是电器机械寿命？**

答：电器机械寿命是指电器在不通电流、未经修理、不更换机械零件前所能达到的操作循环次数。

> **攻略 26　什么是电气寿命？**

答：电气寿命是指电器在接通电流带负载、未经修理、更换机械零件所能达到的使用期限。

> **攻略 27　什么是电流的热效应？**

答：电流通过导体时，由于自由电子的碰撞，电能不断地转变为热能，这种电流通过导体时会发生热的现象称为电流的热效应。

> **攻略 28　什么是周期电压、电流？**

答：随时间变化的电压、电流称为时变的电压、电流。如果时变电压与电流的每一个值经过相等的时间后重复出现，这种时变的电压与电流就是周期性的，这样的电压与电流就称为周期电压与周期电流。

> **攻略 29　什么是单相交流电？它的特点是怎样的？**

答：交流电是指其电动势、电压、电流的大小与方向随时间按一定规律做周期性的变化。单相交流电是线圈在磁场中运动旋转，切割磁力线产生感应电动势而形成的。

单相交流发电机就是只有一个线圈在磁场中运动旋转，电路里只能产生一个交变电动势的发电机。由单相交流发电机发出的电就为单相交流电。

> **攻略 30　什么是正弦电？它的特点是怎样的？**

答：随时间按正弦规律变化的电压、电流称为正弦电压、正弦电流。正弦电流的数学表达式为

$$i(t) = I_m \sin(\omega t + \varphi_i)$$

式中，三个常数 I_m、ω、φ_i 称为正弦量的三要素；I_m 为正弦电流的振幅，它是正弦电流在整个变化过程中所能达到的最大值；ω 为正弦电流 i 的角频率，反映正弦量变化快慢的要素；φ_i 为正弦电流 i 的初相角（初相），它是正弦量 $t = 0$ 时刻的相位角，它的大小与计时起点的选择有关。正弦量随时间变化的核心部分是（$\omega t + \varphi_i$），它反映了正弦量的变化进程，称为正弦量的相角或相位，ω 就是相角随时间变化的速度，单位是 rad/s。

> **攻略 31　交流电基本物理量的特点是怎样的？**

答：交流电基本物理量的特点见表 2-5。

表 2-5　交流电基本物理量的特点

物理量名称	特　点
瞬时值	电动势、电流、电压瞬时的值称为瞬时值，分别用符号 e（电动势）、u（电压）、i（电流）表示
最大值	交流电的最大值也叫做振幅。分别用符号 E_m、I_m、U_m 表示
周期	交流电每交变一次（或一周）所需时间，用符号 T 表示，常见单位为秒，用字母 s 表示
频率	交流电每秒交变的次数或周期叫做频率，用符号 f 表示，单位是 Hz
角频率	单位时间内的变化角度，用 ω 表示，单位为 rad/s（弧度每秒）
相位	正弦电流数学表达式 $i(t) = I_m \sin(\omega t + \varphi_i)$ 中的 $\omega t + \varphi_i$ 为相位，它反映了正弦量变化的进程
初相位	$t = 0$ 时的相位 φ_i 是正弦量的初始值
相位差	在任一瞬时，两个同频率正弦交流电的相位之差叫相位差
有效值	正弦交流电的大小与方向随时在变，将它在一个周期内产生的平均效应换算成在量值上与之相等的直流量，该值就叫做交流电的有效值

> **攻略 32　怎样分析正弦电流电路的相位差？**

答：分析正弦电流电路需要比较同频率正弦量的相位。设任意两个同频率的正弦量：

$$i_1(t) = I_{1m} \sin(\omega t + \varphi_1); \quad i_2(t) = I_{2m} \sin(\omega t + \varphi_2)$$

它们间的相位差用 φ 表示，即

$$\varphi = (\omega t + \varphi_1) - (\omega t + \varphi_2) = \varphi_1 - \varphi_2$$

如果 $\varphi > 0$，说明 i_1 超前 i_2，称 i_1 超前 i_2 一个相位角 φ，或者说 i_2 滞后 i_1 一个相位角 φ。如果 $\varphi < 0$，说明 i_1 滞后 i_2 一个相位角 φ。如果 $\varphi = \pm 180°$，说明它们的相位相反，即反相。如果 $\varphi = 0$，说明 i_1 与 i_2 同时达到最大值，说明它们是同相位的，即同相。

> **攻略 33　什么是三相交流电路？它的特点是怎样的？**

答：三相交流电就是在磁场里有三个互成角度的线圈同时转动，电路里就产生三个交变电动势。这样的发电机叫三相交流发电机，发出的电叫三相交流电，每一单相称为一相。

三相交流电具有转速相同、电动势相同、线圈形状匝数相同、电动势最大值（有效值）相等的特点。

> **攻略 34　什么是三相四线制？什么是三相五线制？**

答：我国交流低压三相（380V/220V）电力系统，目前采用的供电方式主要有三相四线制（TN-C 型）、三相五线制（TN-S 型）和三相四线/五线混合制（TN-C-S 型）。

在五六十年前，我国工厂、住宅普遍采用三相四线制（TN-C 型），如图 2-8a 所示。此种方式的最大优点是成本低，省钱。只需要 4 根导线，就可以完成三相供电。注意：此系统的用电设备的金属外壳必须独立，单独、直接连接至 PEN 线！

目前，我国办公楼、商厦、住宅和很多工厂，大多采用三相五线制（TN-S 型），如图 2-8b 所示。此种供电方式的安全、可靠和抗干扰性能，远优于三相四线制，被广泛地采用。注意：此系统的用电设备的金属外壳都采用保护接"独立保护零线（PE 线）"的方式！

而三相四线/五线混合制（TN-C-S 型），是一种过渡型的供电方式，如图 2-8c 所示。其安全和抗干扰性能，低于三相五线制，高于三相四线制。注意：此系统的用电设备金属外壳采用保护接"独立保护零线（PE 线）"的方式！

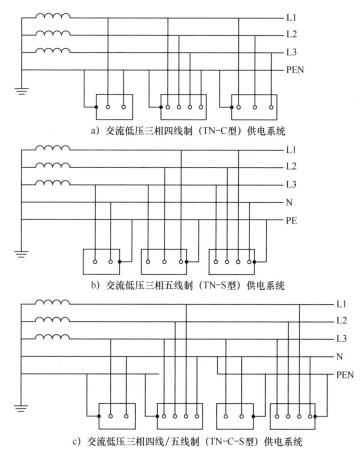

a) 交流低压三相四线制（TN-C 型）供电系统

b) 交流低压三相五线制（TN-S 型）供电系统

c) 交流低压三相四线/五线制（TN-C-S 型）供电系统

图 2-8 交流低压三相供电系统方式

▶攻略 35　电气设备的额定值有什么特点?

答：电气设备的额定值就是指电气设备在正常运行时的规定使用的值。电气设备的额定值有额定电压 U_N、额定电流 I_N、额定功率 P_N 等。

额定值反映电气设备的使用安全性，表示电气设备的使用能力，也能判断电气设备所处的运行状态：额定工作状态下，$I = I_N$、$P = P_N$（经济合理、安全可靠）；过载（超载）状态下，

$I > I_N$、$P > P_N$（设备容易损坏）；欠载（轻载）状态下，$I < I_N$、$P < P_N$（不经济）。

➤攻略36　家装有关电与电设施有哪些注意事项？

答：家装有关电与电设施的一些注意事项如下：

1）燃气灶上方一定高度处要考虑装灯。

2）灯具一般应选用玻璃、不锈钢、铜、木制（架子）的。一般不要选用铁上镀层的或铁上涂漆，这些易掉色。

3）地面如果装地板，则地面一般均要重新做水泥层抹平。因此，地面敷设的线管需要根据具体情况来开槽。

4）客厅尽量多装设一些电源插座。

5）客厅的灯具盏数不宜过多，一般以简洁为好。

6）鞋柜边可以留一个插座。

7）切菜的地方可以安一盏小灯。

8）卧室的顶灯最好是双控的，以免冬天躺在床上了再起来关灯。

9）插座的位置一定要计算好，高度、间隔均要符合要求。

10）在过道拐角处各装一盏灯，这样既明亮又有效果。

11）装灯时，如果没考虑餐桌摆放位置，则会出现灯不在餐桌正中的现象。

12）安装剩余电流断路器、其分线盒不能够省去，而且不要放在室外，要放在室内。

13）在线槽上的水泥表面批腻子要处理好，对于不结实的表面需要用清洁球处理。

14）可以考虑采用安全的金属地插座，平时与地面齐平，脚一踩就可以把插座弹出来。金属地插座适合大客厅或者安在饭厅餐桌的下面，为火锅用的插座。

15）电视背景墙一定多设计几个插座（见图2-9），以免摆上电器发现插座不够用。

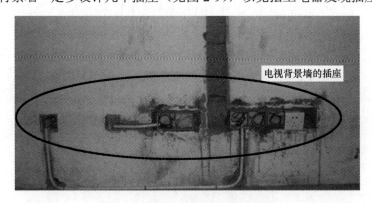

图2-9　电视背景墙插座施工图

➤攻略37　什么是水电定位？

答：水电定位是水电改造的第一步，也就是根据需要定出家居房屋开关、插座的位置与水路、电路接口的位置。

水电工要根据开关、插座、水龙头的位置在墙上画出水管、电线的走向线，以及灯具、线盒的安装位置。水电定位之后就是打槽。

➤攻略38　水电改造有哪些注意事项？

答：水电改造的一些注意事项如下：

1）水电改造需要明确电路改造所用的电线、开关、插座、灯具的品牌与具体规格。因为，不同的品牌、规格，成本有差异。

2）注意新埋线与换线的价格是不一样的。

3）烟道的阀门装回去之前，一定要擦干净，以保证阀片能够开关自如，并且能够开到最大，否则会影响油烟机的排烟效果。

4）房间里的开关、插座的高度基本要处于同一水平位置，特殊的插座例外，例如空调、冰箱及其他特殊要求的。

5）走线前，一定要想好空调器的位置，并且将电源尽量移近空调，以免装完空调器后，还看到一段电源线外露。

6）电路改造需要事先确定全屋的灯具装的地方，以便确定开关、插座的位置。

7）主要家具如沙发、衣柜、餐桌椅、橱柜等最好也要提前确定，以免影响线路的布局。

8）电路改造中的相线、零线的颜色应尽量一致。

9）插座线可以用 $4.0mm^2$ 的多股铜线，照明线用 $2.5mm^2$ 的多股铜线。

10）室内照明线路每一单相分支回路的电流一般严禁超过 10A。

11）室内照明线路每一单相所接灯头数不宜超过 25 个，但花灯、彩灯、多管荧光灯除外。

12）照明吊灯内布线需要用三通、四通接线盒。

13）由接线盒引入灯具的绝缘导线，需要采用黄蜡套管或金属软管等保护导线，且不应裸露在外面。

▶攻略 39　家装水电施工程序是怎样的？

答：家装水电施工程序：原房（毛坯房）水电设施的检测→定位→开槽→配线、布管→检测、整理→封槽→灯、洁具安装→开关、插座面板及五金挂件安装。其中的一些程序特点见表 2-6。

表 2-6　家装水电施工程序

名　称	解　说
定位	需要根据对水电的用途进行水、电路定位
开槽	定位完成后，水电工根据定位、管路电路走向，开布线（管）槽。线（管）路槽需要横平竖直，一般不允许开横槽，以免影响墙的承受力
布线	布线（管）一般采用线管暗埋的方式。电线管有冷弯管与 PVC 管
弯管	电线冷弯管需要用弯管器，弧度应该是线管直径的 10 倍，这样穿线或拆线，才顺利

▶攻略 40　家装水电检测（检查）的内容包括哪些？

答：家装水电检测（检查）的内容如下：

1）强电检测（检查）包括电路总负荷的检查、对配电箱进行检测、检查各回路开关情况、摇测各线间绝缘阻值、插座检查、灯具的检查等。

2）弱电检测包括电话线路检查、电视线路检查、计算机网络检查等。

3）水路检测包括给水水压及水流量检查、排水系统是否通畅、检验厨房和卫生间地面防水情况、检查水设施等。

▶攻略 41　家装水电施工有哪些图样?

答:家装水电施工常见的部分图样说明见表 2-7。

表 2-7　家装水电施工常见的部分图样说明

名　称	说　明
平面布置图	平面布置图是对功能的定位,它包括开关、插座、电视、电话线及网络、线路、水管、水设施等
天花布置图	天花布置图主要确定灯的位置,具体包括安装在什么地方、什么样的灯、安装的高度
家具、背景立面图	一般来说,家具中酒柜、装饰柜、书柜安装灯具可能性较大,且大多数为射灯
水电示意图	水电示意图的作用是对灯具、开关、电器插座进行定位。一般这种图仅作参考,具体定位以实际为准
橱柜图样	橱柜图样主要是立面图,它的作用是对厨房电器进行定位,如消毒柜、微波炉、抽油烟机等

▶攻略 42　家居装饰电工省钱有哪些窍门?

答:家居装饰电工省钱窍门如下:

1)一般毛坯房开发商安装了一些开关插座,原来的开关插座可以充分利用。

2)只换毛坯房的开关,不换原来的插座。

3)多装些白板,以便以后再装开关插座用。

4)开关使用频繁高,一定要选择好的。使用频繁少的插座,可以选择一般的即可。

5)有些电器本身带了开关,就不要再考虑开关了。

6)远离水的地方,就不必加装防水盒。

7)灯具和家具应考虑是必需的和常用的,并应以够用为度。

▶攻略 43　电气安装常见符号与含义的对照是怎样的?

答:电气安装常见符号与含义的对照见表 2-8～表 2-11。

表 2-8　电气安装常见符号与含义的对照(电线穿线管)

符　号	对应含义	符　号	对应含义	符　号	对应含义
JDG	定式镀锌薄壁电线管	PC	PVC 管	SR	镀锌钢管
KBG	扣压式镀锌薄壁电线管	SC	焊接钢管		

表 2-9　电气安装常见符号与含义的对照(导线穿管)

符　号	对应含义	符　号	对应含义	符　号	对应含义
ACC	暗敷设在不能进入的顶棚内	CE	沿天棚面或顶棚面敷设	SR	沿钢线槽敷设
ACE	在能进入的吊顶内敷设	CLC	暗敷设在柱内	WC	暗敷设在墙内
BC	暗敷设在梁内	CLE	沿柱或跨柱敷设	WE	沿墙面敷设
BE	沿屋架或跨屋架敷设	FC	暗敷设在地面内		
CC	暗敷设在顶棚内	SCE	吊顶内敷设,要穿金属管		

表 2-10　电气安装常见符号与含义的对照(导线敷设方式)

符　号	对 应 含 义	符　号	对 应 含 义	符　号	对 应 含 义
DB	直埋	CE	沿顶棚敷设	SR	沿钢索
BC	暗敷在梁内	CLC	暗敷在柱内	TC	电缆沟

（续）

符　号	对应含义	符　号	对应含义	符　号	对应含义
BE	沿屋架、梁敷设	F	地板及地坪下	WC	暗敷在墙内
CC	暗敷在顶棚内	SCE	吊顶内敷设	WE	沿墙明敷

表 2-11　电气安装常见符号与含义的对照（灯具安装方式）

符　号	对应含义	符　号	对应含义	符　号	对应含义
C	吸顶	DS	管吊	W	墙壁安装
CL	柱上	R	嵌入		
CS	链吊	S	支架		

▶ 攻略 44　怎样计算电工产品可以承受的负载数量?

答：计算电工产品可以承受的负载数量的主要公式是 P（功率）$= U$（电压）$\times I$（电流）。另外，还需要根据负载性质来考虑，具体见表 2-12。

表 2-12　计算电工产品可以承受的负载数量

类　型	说　明
阻性负载计算	家居电压为 220V，一个单级开关产品为 16A，则可以承受 220V×16A=3 520W 的纯阻性负载 如果使用一个纯阻性负载为 40W，则可以带 88 个。如果是白炽灯，考虑其冷态电阻低，开灯瞬时电流大，因此，根据测算值的 50% 使用负载安全一些。故家居电压为 220V，一个单级开关产品为 16A 的可以带 44 个 40W 白炽灯
感性负载计算	家居电压为 220V，一个单级开关产品为 16A，则可以承受 220V×16A=3 520W 的纯阻性负载 如果使用感性负载需要根据测算值的 30% 来使用负载安全一些。故家居电压为 220V，一个单级开关产品为 16A 的可以带 26 个 40W 荧光灯

▶ 攻略 45　格栅怎样使用尼龙膨胀钉?

答：使用尼龙膨胀钉的方法与要点如下：

1）踩住格栅，用冲击钻连同格栅一起钻孔，或用手枪钻在格栅上钻孔后再用冲击钻通过格栅上的孔向地坪钻孔。尼龙膨胀钉如图 2-10 所示。

2）将套筒放入孔内，轻锤到与格栅表面相平。锤击套筒时不能用力过重，避免损坏套筒。

3）然后将螺钉放入套筒内，锤击到与木格栅表面平即可。

4）有的必须采用穿透式安装法，也就是安装件不得在螺钉头与套筒段缘间。

图 2-10　尼龙膨胀钉

▶ 攻略 46　电容缩写与名称对照是怎样的?

答：电容缩写与名称对照如下：

CBB——聚丙烯电容。

CMK——金属化聚碳酸酯电容。

MKT——金属化聚酯电容。

MKS——金属化聚苯乙烯电容。

MKC——聚碳酸酯电容。

MKP——金属化聚丙烯电容。

MMC——金属化聚苯乙烯电容。

PME——金属化纸介电容。

FKP——金属薄膜聚丙烯电容。

FKC——金属薄膜聚碳酸酯电容。

▶攻略47　什么是电动机？它的种类有哪些？

答：电机是电动机与发电机的统称。电路中常用字母"M"表示。电动机主要作用是产生驱动力矩，可作为用电器或小型机械的动力源。

根据工作电源的不同，电动机可以分为直流电动机、交流电动机。根据结构、工作原理，电动机可以分为异步电动机、同步电动机。

▶攻略48　电动机技术参数有哪些？

答：电动机的主要技术参数见表2-13。

表2-13　电动机的主要技术参数

名　　称	说　　明
额定功率 P_N	指电动机在额定方式下运行时，转轴上输出的机械功率。常见的单位有 W、kW
额定电压 U_N	指电动机在额定方式下运行时，定子绕组应加的线电压。常见的单位有 V、kV
额定电流 I_N	指电动机在额定电压与额定功率状态下运行时，流入定子绕组的线电流。常见的单位有 A
额定频率 f_N	额定状态下电源的交变频率
额定转速 n_N	指在额定状态下运行时的转子转速。常见的单位有 r/min

注：除上述数据外，还有其他参数，例如电动机的功率因素、相数、接线法、防护等级、绝缘等级、温升、工作方式等。

2.2　电线

▶攻略49　相线需要采用什么颜色？

答：相线一般采用黄色、绿色、红色的电线。下面以进建筑物的用户房屋为例进行介绍：

1）三相电源引入三相电能表箱内时，相线一般采用黄色、绿色、红色三色电线。

2）如果用户采用的是三相电能表，则从三相电能表箱引入到住户配电箱的电线颜色需要与进三相电能表箱的相线颜色一致。

3）单相电源引入单相电能表箱时，相线一般可以选择黄色、绿色、红色三色电线中的任一种。

4）由单相电能表箱引入到住户配电箱的相线，其相线颜色没有必要与所接的进户线相线颜色完全一致，但是相线颜色选择要正确。

5）用户配电箱到各房间的相线如果采用的是单相，则可以选择黄、绿、红中的任意一种。如果采用的是单相分组，则不同组相线可以采用不同颜色的电线。

6）用户配电箱到各房间的相线如果采用分相的，则需要考虑三相平衡问题，三相需要采用不同颜色的电线。

7）普通住户一般采用的是单相到各房间。

▶*攻略 50*　中性线需要采用什么颜色?

答：中性线需要采用的颜色的要求如下:

1）中性线一般宜采用淡蓝色的绝缘电线。也就是说，在条件允许时首先应选择淡蓝色电线。

2）一些国家中性线也可以选择白色电线。如果建筑物采用了白色作为中性线，则该建筑物内所有的中性线都应该选择白色电线。

3）如果中性线的颜色是深蓝色，则相线颜色不宜采用绿色电线，而应采用红色或黄色电线。

▶*攻略 51*　保护地线需要采用什么颜色?

答：保护地线一般可以采用黄绿相间色的绝缘电线（见图 2-11）。

图 2-11　黄绿相间色的绝缘电线图例

▶*攻略 52*　电缆、护套线选择时需要注意颜色吗?

答：电缆、护套线选择时需要注意颜色。因为有的工程需要用的三相照明电缆三根相线是同色线，而有的工程用的单相三芯照明电缆导线是黄、绿、红三色的。

▶*攻略 53*　怎样选择护套线?

答：护套线可以分为铅护套线、塑料护套线。目前，工程中常用塑料护套线。根据材质，护套线可以分为铜芯线（BVV）、铝芯线（BLVV），它们又分为单芯、双芯、三芯、四芯、五芯等几种。目前，一般选择铜芯线。

比较潮湿、有腐蚀性气体的场所可以采用塑料护套线明敷。建筑物顶棚内，严禁采用护套线布线。进户时，护套电源线必须穿在保护管内进入计量箱内。

明敷时，一般工程可以采用双芯或者三芯护套线。如果为五根线，选用双芯与三芯的各一根即可。

▶*攻略 54*　家装电线怎样选择?

答：家装电线的选择见表 2-14。

表 2-14　家装电线的选择

电 线 用 途	电线截面积/mm²	电 线 用 途	电线截面积/mm²	电 线 用 途	电线截面积/mm²
开关用线	2.5	2 000W 以内的电器	2.5	空调线路（柜机）	4
一般空调器	4	超过 2 000W 的电器	4	进户线	大于或等于 10
大功率的柜机	6	超过 7 000W 的电器	6	保护地线	2.5
热水器	6	照明线路	1.5 或者 2.5	空调挂机	2.5、4
普通插座	2.5 或 4	插座线路	2.5		

▶*攻略 55*　家居电线的大致用量是多少?

答：家居电线的用量由于房型、布线走向不同，没有完全统一的标准。以下仅供参考:

1）二室二厅：1.5mm² 的红色电线 2 卷（100m/卷）、1.5mm² 的蓝色电线 2 卷（100m/卷）、2.5mm² 的红色电线 2 卷、2.5mm² 的蓝色电线 2 卷、2.5mm² 的双色电线 2 卷。

2）三室二厅：1.5mm² 的红色电线 2 卷（100m/卷）、1.5mm² 的蓝色电线 2 卷（100m/卷）、

2.5mm^{2}的红色电线3卷、2.5mm^{2}的蓝色电线3卷、2.5mm^{2}的双色电线3卷。

► 攻略56 怎样确定电工产品所接导线的承载电流?

答：家居装饰一般采用的导线都是铜线。铜线的截面积与其承载电流是成正比的，也就是说面积越大，承载的电流越大，具体见表2-15。

表2-15 铜线承载电流

铜线的截面积/mm^2	承载电流/A	铜线的截面积/mm^2	承载电流/A	铜线的截面积/mm^2	承载电流/A
0.5~1.0	1~4	1.5~2.5	10	4.0~6.0	20
1.0~1.5	6	2.5~4.0	16		

► 攻略57 如何判断线材是铜线的还是合金材料的?

答：线材常见的合金材料有铝合金、铜合金。判断电线是铜线的还是合金材料的方法如下：

1）如果是丝线可以用打火机烧一下，铝线容易断，铜线只是色变。不过，如果丝线的铜线含铜量低的也会断掉。也可以取一点丝线，利用铜丝与硫酸反应不明显，铝丝与硫酸反应明显且剧烈的原理来判断。

2）对于非丝线可以把镀层刮掉，刮掉镀层后可以看到里面是黄色的还是白色的，如果是黄色的一般情况下是铜线，如果是白色的说明不是铜线。

► 攻略58 导线连接有什么要求?

答：导线连接的要求如下：

1）连接处的接触电阻值应使其达到最小。

2）连接处的机械强度不降低，并且要恢复其原有的绝缘强度。

3）连接时，需要正确区分相线、中性线、保护地线。

4）连接导线可以采用绝缘导线的颜色区分。

5）导线连接要正确。

► 攻略59 绝缘导线剥削绝缘的方法是怎样的?

答：绝缘导线剥削绝缘的方法见表2-16。

► 攻略60 怎样连接铜芯导线?

答：铜芯导线的连接方法见表2-17。

表2-16 绝缘导线剥削绝缘的方法

名　　称	说　　明
单层剥法	不允许采用电工刀转圈剥削绝缘层，应使用剥线钳，如下图所示： 塑料皮　线芯 使用剥线钳剥下绝缘层

（续）

名　称	说　明
分段剥法	分段剥法一般适用于多层绝缘导线剥削。先用电工刀削去外层编织层，并且留有约 15mm 的绝缘台，线芯长度随结线方法、要求的机械强度而定，如下图所示： 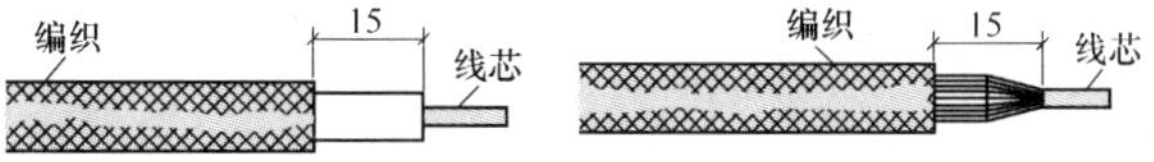
斜削法	用电工刀以 45° 角倾斜切入绝缘层，当接近线芯时应停止用力，接着使刀面的倾斜角度改为 15° 左右，沿着线芯表面向前头端部推出，再把残存的绝缘层剥离线芯，用刀口插入背部以 45° 角削断

表 2-17　铜芯导线的连接方法

名　称	说　明
单股芯线绞接法	单股芯线绞接法是先将已剥除绝缘层并去掉氧化层的两根线头呈"X"形相交，然后互相绞合 2～3 圈，再扳直两个线头的自由端，然后将每根线自由端在对边的线芯上紧密缠绕到线芯直径的 6～8 倍长，然后将多余的线头剪去，再修理好切口毛刺即可
不同线径单股导线的连接方法	不同线径单股导线的连接方法如下：首先将多股导线的芯线绞合拧紧成单股状，再将细导线的芯线在粗线的芯线上紧密缠绕 5～8 圈，然后将粗导线芯线的线头折回压紧在缠绕层上，再用细导线芯线在其上继续缠绕 3～4 圈后，剪去多余部分即可 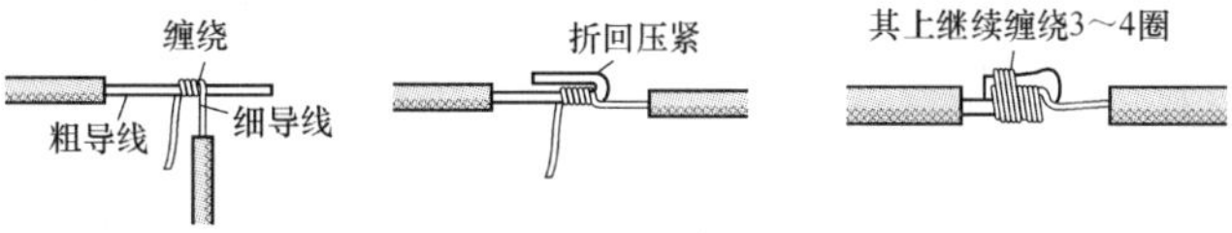 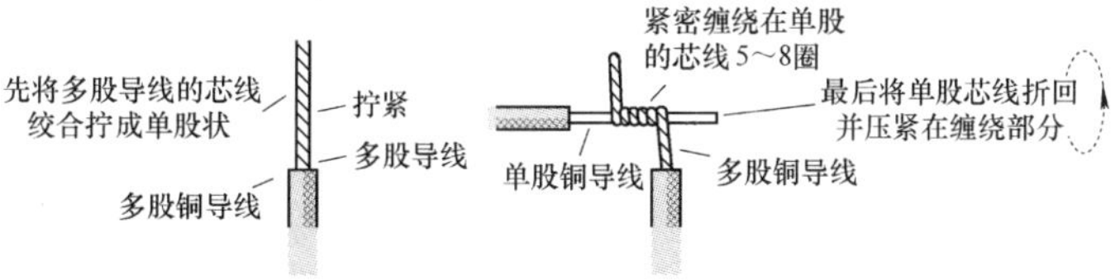

攻略 61　单芯铜导线的直线连接

答：单芯铜导线的直线连接见表 2-18。

攻略 62　单芯铜线的分支怎样连接?

答：单芯铜线的分支连接方法见表 2-19。

表 2-18　单芯铜导线的直线连接

名　称	说　明
绞接法	绞接法适用于 4mm² 及以下的单芯线连接。具体操作方法如下：将两线互相交叉，再同时把两芯互绞两圈后，将两个线芯在另一个芯线上缠绕 5 圈，然后剪掉余头，如下图所示： 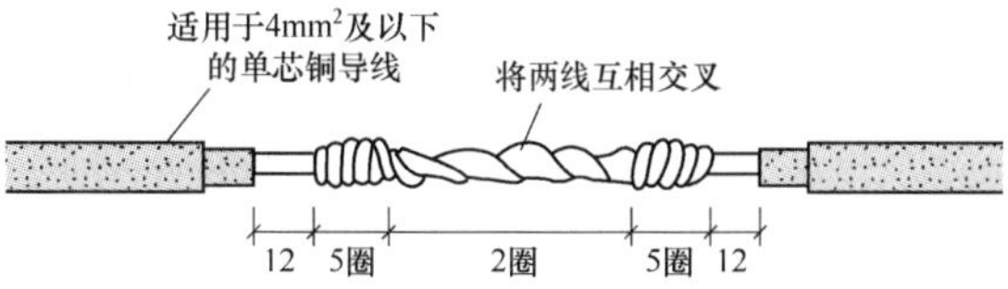

（续）

名　　称	说　　明
缠绕卷法	缠绕卷法分为加辅助线、不加辅助线两种。缠绕卷法适用于 6mm² 及以上的单芯线的直线连接。具体操作如下：将两线相互并合，加辅助线后用绑线在并合部位向两端缠绕，其长度为导线直径 10 倍，再将两线芯端头折回，在此向外单独缠绕 5 圈，并且与辅助线捻绞 2 圈，然后将余线剪掉，如下图所示： 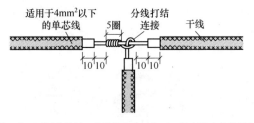

表 2-19　单芯铜线的分支连接方法

方　　法	说　　明
绞接法	绞接法适用于 4mm² 以下的单芯线。绞接法具体操作方法如下：首先用分支线路的导线往干线上交叉，再打好一个圈结以防止脱落，然后再密绕 5 圈。缠绕完后，剪去余线。分线打结连接的具体做法如下图所示： 单股铜芯线的 T 形连接，也可以用绞接法。具体操作方法如下：①先除去绝缘层与氧化层的线头与干线剖削处的芯线十字相交，支路芯线根部需要留出 3～5mm 裸线；②然后顺时针方向将支路芯线在干中芯线上紧密缠绕 6～8 圈；③剪去多余线头，再修整好毛刺 截面和较小的单股铜芯线，也可以用 T 形连接。具体操作方法如下：①先把支路芯线线头与干路芯线十字相交，支路芯线根部需要留出 3～5mm 裸线，把支路芯线在干线上缠绕成结状；②再把支路芯线拉紧扳直并紧密缠绕在干路芯线上，保证缠绕为芯线直径的 8～10 倍 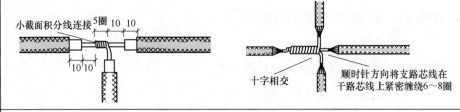
缠卷法	缠卷法适用于 6mm² 及以上的单芯线的分支连接。具体操作要点如下：①将分支线折成 90° 紧靠干线；②公卷的长度为导线直径的 10 倍，单卷缠绕 5 圈后剪断余下线头即可，如下图所示： 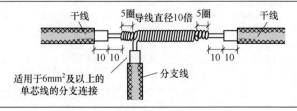

（续）

方　法	说　明
十字分支导线连接做法	十字分支导线连接做法如下图所示：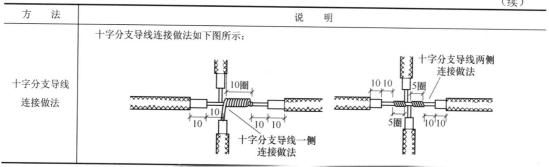

▶ 攻略 63　怎样连接同一方向的导线？

答：同一方向导线的连接：①单股导线时，可以将一根导线的芯线紧密缠绕另一根导线的芯线上，再接另外一个线头折回压紧即可；②多股导线时，可将两根导线的芯线相互交叉，然后绞合拧紧即可；③单股导线对多股导线的连接，可将多股导线的芯线紧密缠绕在单股导线的芯线上，然后将单股芯线的线头折回压紧即可。连接图例如图 2-12 所示。

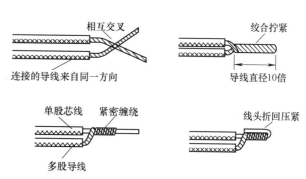

图 2-12　连接图例

▶ 攻略 64　怎样直接连接多芯铜线？

答：多芯铜导线直接连接的方法可以采用单卷法，具体操作方法：①先用细砂布将线芯表面的氧化膜除去；②将两线芯导线的接合处的中心线剪掉 2/3；③将外侧线芯做成伞状张开，相互交错叉成一体；④将已张开的线端合成一体；⑤取任意一侧的两根相邻的线芯，在接合处中央交叉，用其中的一根线芯作为绑线，在导线上缠绕 5～7 圈；⑥再用另一根线芯与绑线相绞后把原来的绑线压住上面继续按上述方法缠绕，其长度为导线直径的 10 倍；⑦最后缠卷的线端与一条线捻绞 2 圈后剪断；⑧另一侧的导线依次进行。注意应把线芯相绞处排列在一条直线上，如图 2-13 所示。

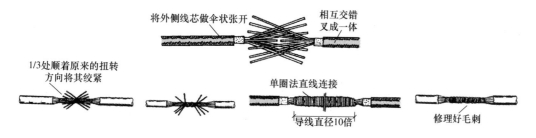

图 2-13　直接连接多芯铜线

▶ 攻略 65　多芯铜导线分支怎样连接？

答：多芯铜导线分支连接的方法与要点见表 2-20。

表 2-20　多芯铜导线分支连接的方法与要点

名　称	说　明
缠卷法	缠卷法的操作要点如下：①将分支线折成 90° 紧靠干线；②在绑线端部适当处弯成半圆形；③将绑线短端弯成与半圆形成 90° 角，并与连接线靠紧，用较长的一端缠绕，其长度应为导线结合处直径的 5 倍；④再将绑线两端捻绞 2 圈，剪掉余线，如下图所示： 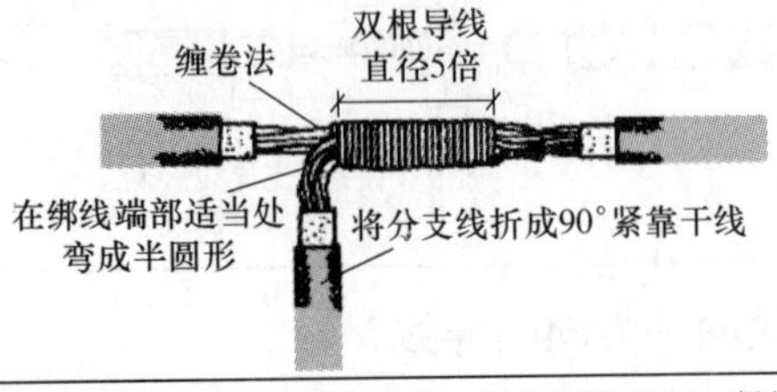
单卷法	单卷法的操作要点如下：①将分支线破开（或劈开两半）；②根部折成 90° 紧靠干线；③用分支线其中的一根在干线上缠圈，缠绕 3~5 圈后剪断；④再用另一根线芯继续缠绕 3~5 圈后剪断；⑤按此方法直至连接到双根导线直径的 5 倍时为止，应保证各剪断处在同一直线上，如下图所示： 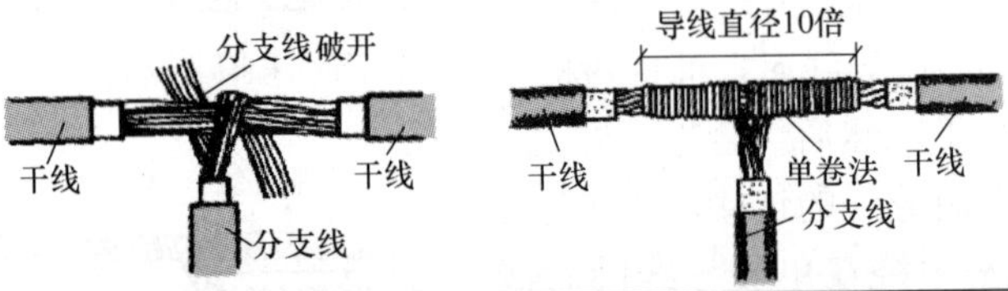
复卷法	复卷法的操作要点如下：①将分支线端破开劈成两半后与干线连接处中央相交叉；②将分支线向干线两侧分别紧密缠绕后，余线按阶梯形剪断，长度为导线直径的 10 倍，如下图所示： 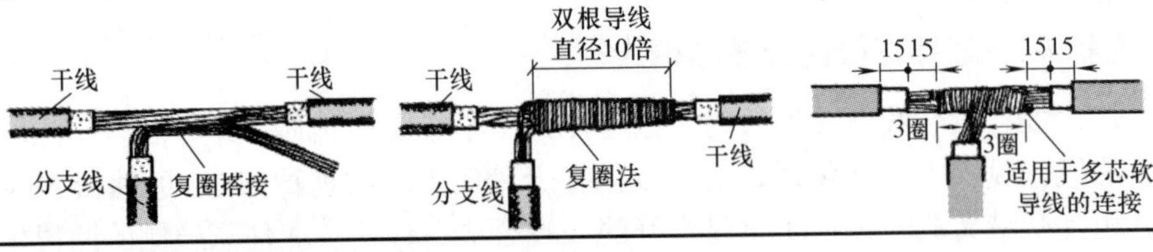

攻略 66　铜导线在接线盒内怎样连接？

答：铜导线在接线盒内的连接方法见表 2-21。

攻略 67　19 股铜芯线的直线连接与 T 形连接是怎样的？

答：19 股铜芯线的直线连接与 T 形连接的方法与要点如下：

表 2-21　铜导线在接线盒内的连接方法

类型	说　明
单芯线并接头的连接	单芯线并接头的连接方法如下：①把导线绝缘台并齐合拢；②在距绝缘台约 12mm 处用其中一根线芯在其连接端缠绕 5~7 圈后剪断；③然后把余头并齐折回压在缠绕线上，如下图所示： 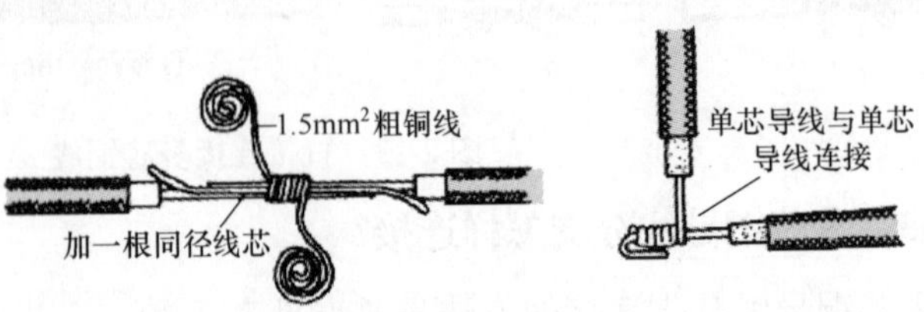

（续）

类 型	说 明
不同直径导线接头的连接	不同直径导线接头的连接：①如果是单芯的（导线截面积小于 2.5mm²）或多芯软线时，则需要先进行涮锡处理；②再将细线在粗线上距离绝缘层 15mm 处交叉，并将线端部向粗导线（单芯）端缠绕 5～7 圈；③然后将粗导线端折回压在细线上，如下图所示： 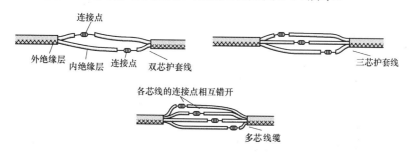 接线盒内接头粗导线端折回压在细线上　　　单芯导线与多股导线连接

1）19 股铜芯线的连接与 7 股铜芯线连接方法基本相同。

2）直线连接中，由于芯线股数较多，可剪去中间几股，按要求在根部留出一定长度绞紧，隔股对叉，分组缠绕。

3）T 形连接中，支路芯线按 9 与 10 的根数分成两组，将其中一组穿过中缝后，沿干线两边缠绕。

4）对这类多股芯线的接头，一般需要进行钎焊处理，即对连接部分加热后搪锡。

▶ **攻略 68　双芯或多芯线缆怎样连接？**

答：双芯护套线、三芯护套线、多芯电缆线连接时，需要注意尽可能将各芯线的连接点互相错开位置，以便防止线间漏电或短路。连接图例如图 2-14 所示。

图 2-14　双芯或多芯线缆连接图例

▶ **攻略 69　LC 安全型压线帽的特点与压接方法是怎样的？**

答：LC 安全型压线帽的特点与压接方法见表 2-22。

表 2-22　LC 安全型压线帽的特点与压接方法

类 型	说 明
铜导线压线帽	铜导线压线帽根据颜色可以分为黄、白、红色压线帽。铜导线压线帽适用于 1.0mm²、1.5mm²、2.5mm²、4mm² 的 2～4 条导线的连接 铜导线压线帽压接操作方法：①将导线绝缘层剥去 10～12mm（按帽的型号决定）；②清除氧化物，根据规格选用适当的压线帽；③将芯线插入压线帽的压接管内，若填不实，可将芯线折回头（剥长加倍），直到填满为止；④芯线插到底后，导线绝缘应和压接管平齐，并包在帽壳内，用专用压接钳压实即可
铝导线压线帽	铝导线压线帽根据颜色可以分为绿色、蓝色压线帽。铝导线压线帽适用于 2.5mm²、4mm² 的 2～4 条导线连接

▶攻略 70 如何使用加强型绝缘钢壳螺旋接线钮?

答:加强型绝缘钢壳螺旋接线钮简称接线钮,使用加强型绝缘钢壳螺旋接线钮的方法与要点如下:

1)加强型绝缘钢壳螺旋接线钮适应 6mm² 及以下的单芯铜、铝导线的连接。

2)用加强型绝缘钢壳螺旋接线钮连接时,首先剥去导线的绝缘后,连接时需要把外露的线芯对齐,并且顺时针方向拧花。然后在线芯的 12mm 处剪去前端,再根据选择相应的接线钮顺时针方向拧紧。

3)注意需要把导线的绝缘部分拧入接线钮的上端护套,如图 2-15 所示。

图 2-15 加强型绝缘钢壳螺旋接线钮

▶攻略 71 怎样压接接线端子?

答:多股导线(铜线或铝线)可以采用与导线同材质、规格相应的接线端子来压接,具体的操作方法与要点如下:

1)削去导线的绝缘层时,不要碰伤线芯。

2)清除套管、接线端子孔内的氧化膜。

3)将线芯紧紧地绞在一起。

4)然后将线芯插入,再用压接钳压紧。

5)导线外露部分需要小于 1~2mm,如图 2-16 所示。

▶攻略 72 单芯导线盘圈怎样压接?

答:单芯导线盘圈压接的方法与要点如下:①用一字或十字形螺钉压接时,导线需要顺着螺钉旋进方向紧绕一圈后再紧固;②不允许反圈压接;③盘圈开口不宜大于 2mm;④压接后外露线芯的长度不宜超过 1~2mm,如图 2-17 所示。

▶攻略 73 多股铜芯软线用螺钉怎样压接?

答:多股铜芯软线用螺钉压接的方法与要点:①多股铜芯软线用螺钉压接时,先将软线芯做成单眼圈状,然后涮锡,再将其压平,然后用螺钉加垫紧牢固,如图 2-18 所示;②压接后外露线芯的长度不宜超过 1~2mm。

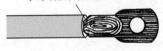

图 2-16 导线外露部分需要小于 1~2mm   图 2-17 单芯导线盘圈   图 2-18 多股铜芯软线单眼圈

▶攻略 74 导线与针孔式接线桩怎样连接(压接)?

答:导线与针孔式接线桩连接的方法与要点:①把要连接的导线的线芯插入接线桩头针孔内;②导线裸露出针孔 1~2mm;③针孔大于导线直径 1 倍时,需要折回头插入压接,如图 2-19 所示。

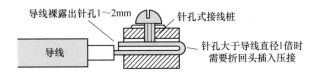

图 2-19 导线与针孔式接线桩连接

▶ **攻略 75 怎样焊接铜导线?**

答：铜导线的焊接方法见表 2-23。

表 2-23 铜导线的焊接方法

类 型	说 明
电烙铁加焊	电烙铁加焊就是导线连接处用电烙铁进行锡焊。电烙铁加焊适用于线径较小的导线的连接及用其他工具焊接困难的场所
喷灯加热（或用电炉加热）	喷灯加热（或用电炉加热）是将焊锡放在锡勺（或锡锅）内，再用喷灯（或电炉）加热，等焊锡熔化后即可进行焊接。使用喷灯加热（或用电炉加热）在加热时需要掌握好温度，并且焊接完后必须用布将焊接处的焊剂和其他污物擦净

▶ **攻略 76 导线绝缘层恢复怎样包扎?**

答：导线绝缘层恢复包扎的方法与要点如下：

1）先用橡胶（或粘塑料）绝缘带从导线接头处始端的完好绝缘层开始，缠绕 1～2 个绝缘带幅宽度，再以半幅宽度重叠进行缠绕。包扎过程中尽可能的收紧绝缘带。在绝缘层上缠绕 1～2 圈后，再进行回缠。包扎后应呈枣核形。

2）采用橡胶绝缘带包扎时，需要将其拉长两倍后再进行缠绕。再用黑胶布包扎，包扎时要衔接好，以半幅宽度边压边进行缠绕，同时在包扎过程中收紧胶布，导线接头处两端应用黑胶布封严密，如图 2-20 所示。

▶ **攻略 77 T 形分支接头怎样进行绝缘处理?**

答：T 形分支接头进行绝缘处理方法：走一个 T 形来回，使每根导线上都包缠两层绝缘胶带，每根导线都需要包缠到完好绝缘层的两倍胶带宽度处，如图 2-21 所示。

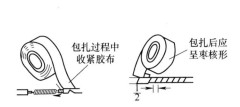

图 2-20 绝缘带包扎

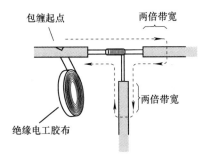

图 2-21 T 形分支接头绝缘处理

攻略 78　十字分支接头怎样进行绝缘处理?

答：十字分支接头进行绝缘处理方法：走一个十字形来回，使每根导线上都包缠两层绝缘胶带，每根导线都需要包缠到完好绝缘层的两倍胶带宽度处，如图 2-22 所示。

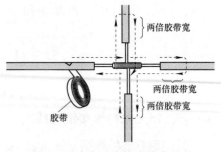

图 2-22　十字分支接头绝缘处理

攻略 79　家装电线安装的方法?

答：家装电线安装的方法见表 2-24。

表 2-24　家装电线安装的方法

名　称	说　明
功能性方法	功能性方法就是不用分很多组，只要能达到用电的目的就可以了。例如采用该方法三室两厅的房子分 4 组线即可
分组方法	分组方法就是不同的空间都要单独分组，每个空间的空调还要单独分组。例如三室两厅，三房间需要分 3 组，客厅需要分 1 组，餐厅需要分 1 组，两个卫生间需要分 2 组，厨房分 1 组，三个房间空调需要分 3 组，客厅空调器分 1 组，总共要分 12 组线，并且每组都要单独的空开控制
国标方法	完全不开横槽，只开竖槽

2.3　套管

攻略 80　电工塑料套管的种类有哪些?

答：电工塑料套管是以塑料材料制成的，用于 2 000V 或 1 000V 以下的工业及民用建筑中电线、电缆的保护套管。电工塑料套管俗称电线套管、穿线管。根据材质可以分为硬质塑料套管、半硬质塑料套管、波纹塑料套管。根据用途可以分为建筑用绝缘电工套管及配件、电气安装用导管。

攻略 81　建筑用绝缘电工套管检验的项目有哪些?

答：建筑用绝缘电工套管检验的项目：外观、外径、内径、规格尺寸、壁厚、抗压性能、冲击性能、弯曲性能、耐热性能、阻燃性能、电气性能、标识等。

攻略 82　使用硬质聚氯乙烯（UPVC）材料有哪些要求?

答：使用硬质聚氯乙烯（UPVC）材料的一般要求：

1）硬质聚氯乙烯管材所用粘结剂尽量应用同一厂家配套的产品，应与卫生洁具连接相适应。

2）硬质聚氯乙烯管材、管件、防火套管应使用合格的产品。

3）硬质聚氯乙烯管材、管件管壁厚度应符合相关标准且薄厚均匀，色泽一致。

4）硬质聚氯乙烯管材、管件内外表层应光滑、无气泡、无裂纹。

5）硬质聚氯乙烯管材直段挠度应不小于 1%，管件造型应规矩、光滑、无毛刺，承口应有度与管材外径插口配套。

6）硬质聚氯乙烯粘结剂、卡架、型钢、圆钢、镀锌螺栓需要符合相关要求，并满足使用要求。

► **攻略 83 怎样预制加工硬质聚氯乙烯（UPVC）？**

答：预制加工硬质聚氯乙烯（UPVC）的方法与要点如下：

1）根据设计要求，并且结合实际情况，绘制加工草图。

2）根据草图测量好管道尺寸，并且进行断管。断管断口要平齐，最好使用专业工具，这样省时省力。

3）粘接前需要对承插口插入试验，但是不得全部插入，一般为承口的 3/4 深度即可。

4）试验合格后，可以用棉布将承插口需要粘接的部位擦拭干净。

5）然后用毛刷涂抹粘结剂，需要先涂抹承口，后涂抹插口，涂抹后随即垂直插入。

6）插入粘接时可以将插口稍作转动，以有利于粘结剂分布均匀，30～60min 即可粘接牢固。

7）粘牢后，立即将溢出的粘结剂擦拭干净。

8）多口粘连时，需要注意预留口的方向。

► **攻略 84 常用镀锌钢管的规格以及镀锌管每米重量的公式是怎样的？**

答：常用镀锌钢管的规格见表 2-25。

表 2-25 常用镀锌钢管的规格

公称口径 /mm	外径 /mm	壁厚 /mm	镀锌管壁黑铁管增加的重量系数		公称口径 /mm	外径 /mm	壁厚 /mm	镀锌管壁黑铁管增加的重量系数	
			普通钢管	加厚钢管				普通钢管	加厚钢管
6	10	2	1.064	1.059	40	48	4	1.036	1.03
8	13.5	2.75	1.056	1.046	50	60	5	1.036	1.028
10	17	3.5	1.056	1.046	65	75.5	5.25	1.034	1.028
15	21.3	3.15	1.047	1.039	80	88.5	4.25	1.032	1.027
20	26.8	3.4	1.046	1.039	100	114	7	1.032	1.026
25	33.5	4.25	1.039	1.032	125	140	7.5	1.028	1.023
32	42.3	5.15	1.039	1.032	150	165	7.5	1.028	1.023

镀锌管每米重量的公式如下：

$$W = C\left[0.024\,66(D-S)S\right]$$

式中，W 为镀锌管每米重量（kg/m）；C 为镀锌管比黑铁管增加的重量系数；D 为黑铁管的外径；S 为黑铁管的壁厚。

2.4 电源、布线与配电箱

► **攻略 85 什么是室内配管布线？**

答：室内配电线路最常用的方式是配管布线。配管布线也就是把绝缘导线穿在管内进行暗敷设。进行施工前，需要对住宅用电量进行估算，然后选择适当的配电器材，以及采用适当的线路结构来布线安装。

▶ **攻略 86　室内配管布线的结构有哪几种?**

答:室内配管布线的结构有放射式、树干式两种。各种结构的特点见表 2-26。

表 2-26　室内配管布线的结构

名　称	说　明
放射式布线	放射式布线的特点:①相对独立,发生故障时互不影响;②需要设置的回路较多;③对于容量较大,负荷有几种或者是比较重要的设备宜采用该种布线方式
树干式布线	树干式布线的特点:①线路简化、耗材少;②干线发生故障时影响范围大;③需要考虑干线的电压质量;④适用于用电设备的布置比较均匀、容量不大又无特殊要求的场合;⑤容量较大的用电设备不宜采用树干式布线;⑥电压质量有较高要求的用电设备不宜采用树干式布线

▶ **攻略 87　室内配线施工的程序以及各程序的特点是怎样的?**

答:室内配线施工的程序为配管→穿线→固定→接头→检测→整理。各程序的特点见表 2-27。

表 2-27　程序的特点

名　称	说　明
配管	根据所设计的线路,将线管配好,转弯处用弯管器冷弯
穿线	根据要走的线路,将电线穿管
固定	布管完成后,用线卡将线管固定
接头	在底盒内,将相应电线接头连接牢固,并且用防水胶带与绝缘胶布绝缘处理
检测	用绝缘电阻表摇测敷设线路间及导线对地绝缘电阻是否大于 $0.5M\Omega$
整理	盒内的电线头需要用绝缘胶布分别缠好,并且用线管绕圈置于盒内

▶ **攻略 88　室内配线施工有哪些要求?**

答:室内配线施工的一般要求如下:

1)总的要求是安全可靠、安装牢固、便于维护、布置整齐合理。

2)电线的额定电压需要大于线路的工作电压。

3)导线的截面规格需要满足供电电流、机械强度等条件。

4)导线的绝缘需要符合安装方式、敷设环境。

5)管内的导线不允许出现接头。

6)配线时尽量减少导线接头。

7)接头需要在接线盒内。

8)导线的连接或分支处不应受到机械力的作用。

9)室内配电管线与其他管道、设备应保留足够的距离。

10)管与器件连接时,插入深度为 2cm。

11)管与底盒连接时,必须在管口套锁扣。

12)暗管在墙体内严禁交叉,严禁没有接线盒跳槽,严禁倾斜走。

13)线管转弯处需要用弯管器将线管冷弯。

14）布线布管时，同一槽内线管如果超过两根，管与管间需要留不小于 15mm 的间缝。

15）管内导线的截面积需要小于线管截面积的 40%。

16）单根 PVC 管内走线不得超过 3 根。

17）绝缘导线在空心板内敷设时，导线穿入前，需要将板孔内积水杂物清除干净。

18）导线穿入套管时，不得损伤导线的保护层。

19）混凝土上布线可以用黄蜡套管，其他地方一般不得使用黄蜡套管（除吊顶外）。

20）使用导线的额定电流必须大于线路的工作电流。

21）导线必须分色：蓝色为零线、黄绿双色线为地线、红色为相线。

22）导线在单个底盒内留线长度需要大于 150mm，小于 200mm。

23）导线在两个插座或多个插座并排的地方，不宜开断，应根据实际长度留线。

24）强电布线布管后，必须用绝缘电阻表摇测，确认其地对地阻应大于 0.5MΩ。

25）弱电导线与强电导线严禁共槽共管，线槽与线槽间距需要不小于 500mm。

26）室内弱电线路一般采用放射式接线，在弱电箱内或弱电箱旁预留电源。

27）有线电视线在分支处必须用分支器连接。

28）等离子壁挂式电视机需要在电视机屏幕后以及下边底盒间预埋一根 φ75mm 的线管，屏后及下边底盒出口处各做一个底盒。

29）电话线安装后，必须用万用表进行通路试验以保畅通。

30）所有弱电原有底盒尽量保留。

31）室内网线一般采用放射线接线，并需在总进线点设立接线盒，每个网点需放射线布线，在离网络总接头底盒处 500mm 预留电源。

▶ 攻略 89 暗线敷设有什么要求？

答：暗线敷设的一般要求如下：

1）暗线敷设需要配管。

2）管内应无毛刺，管口应平整。

3）穿入配管导线的接头需要设在暗盒内，接头搭接需要牢固，绝缘带包缠需要均匀紧密。

4）塑料电线保护管、暗盒必须采用阻燃型产品，外观不得有破损、变形等异常现象。

5）金属电线保护管、暗盒外观不应有折扁、裂缝等异常现象。

6）电源线与插座、电视线与插座的水平间距不应小于 500mm，电线交叉点必须呈 90°直角，避免斜面串扰。

7）管线长度超过 15m 或有两个直角弯时，需要增设拉线盒。

8）电源线配线时，所用导线截面积需要满足用电设备的最大输出功率。

9）同一回路电线需要穿入同一根管内，但管内总根数不需要超过 8 根，电线总截面积（包括绝缘外皮）不应超过管内截面积的 40%。

10）电源线与信号线不得穿入同一根管内。

11）电线与暖气、热水、煤气管间的平行距离不应小于 300mm，交叉距离不应小于 100mm。

12）导线间、导线对地间电阻必须大于 0.5MΩ。

13）吊顶内不允许有明露的导线。

▶攻略 90 室内电线管封槽有哪些要求?

答:室内电线管封槽的一般要求如下:

1)室内电线管封槽的工艺流程为:调制水泥砂浆→湿水→封槽。

2)补槽的水泥砂浆比例为 1:3。

3)顶面补槽可以用 801 胶与水泥砂浆,再掺入少许细砂。

4)封槽前需要用水湿墙,地面开槽处也要用水将所补槽处湿透。

5)补槽前,需要进行隐蔽工程验收、检查。

6)补槽前,需要确定线管固定牢固。

7)补槽不能凸出墙面,以低于墙面 1~2mm 为宜。

▶攻略 91 室内明配线的偏差是怎样规定的?

答:室内各种明配线需要垂直与水平敷设,并且要求横平竖直,其偏差应符合表 2-28 中的规定。一般导线水平高度距地不应小于 2.5m,垂直敷设不应低于 1.8m,否则需要加装管槽保护。

表 2-28 室内明配线的允许偏差

种　　类	水平允许偏差/mm	垂直允许偏差/mm	种　　类	水平允许偏差/mm	垂直允许偏差/mm
瓷夹配线	5	5	塑料护套线配线	5	5
瓷柱或瓷瓶配线	10	5	槽板配线	5	5

▶攻略 92 室内明配线电气线路与管道的最小距离的规定是怎样的?

答:室内配线工程施工中,电气线路与管道的最小距离应符合表 2-29 中的规定。

表 2-29 电气线路与管道间最小距离

名　　称	配线方式	穿管配线/mm	绝缘导线明配线/mm
暖气管、热水管	平行管道上	300	300
	平行管道下	200	200
	交叉	100	100
通风、给排水及压缩空气管	平行	100	200
	交叉	50	100
蒸汽管	平行管道上	1 000	1 000
	平行管道下	500	500
	交叉	300	300

注:对于蒸汽管道,当在管外包隔热层后,上下平行距离可减到 200mm。暖气管、热水管需要设隔热层。

▶攻略 93 电线暗敷的程序是怎样的?

答:电线、电缆连接、穿塑料管暗敷设管内穿绝缘导线的程序如图 2-23 所示。

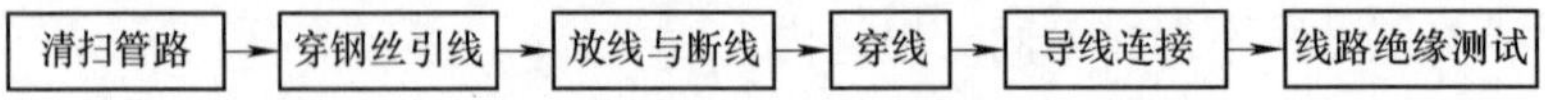

清扫管路 → 穿钢丝引线 → 放线与断线 → 穿线 → 导线连接 → 线路绝缘测试

图 2-23 电线暗敷的程序

电线暗敷程序的特点见表 2-30。

表 2-30 电线暗敷程序的特点

名　称	说　明
清扫管路	在管路中吹入压缩空气将残留的灰土、水分除去
穿钢丝引线	将头部弯成封闭的圆圈状的 $\phi 1.2 \sim \phi 2.0mm$ 的钢丝，由管的一端逐渐地送入管中，直到另一端露出头为止。如果遇到钢丝滞留在管路中间不能到达管的另一端，则可用手转动钢丝
放线及断线	1）接线盒、开关盒、插座盒、灯头盒内的导线的预留长度一般为 15cm 2）出口导线的预留长度一般为 1.5m 3）共用导线在分支处，可不剪断导线而直接穿过

攻略 94　塑料线槽配线材料有哪些要求？

答：塑料线槽配线材料的一般要求见表 2-31。

表 2-31 塑料线槽配线材料的一般要求

名　称	说　明
镀锌材料	选择金属材料时，需要选用经过镀锌处理的圆钢、角钢、扁钢、螺栓、螺钉、螺母、垫圈、弹簧垫圈等。非镀锌金属材料需进行除锈、防腐处理
辅助材料	辅助材料包括钻头、焊锡、调和漆、防锈漆、焊剂、电焊条、氧气、乙炔气、橡胶绝缘带、粘塑料绝缘带、黑胶布、石膏等
接线端子（接线鼻子）	接线端子（接线鼻子）选用时需要根据导线的根数、总截面来选用相应规格的接线端子
绝缘导线	绝缘导线的型号、规格需要符合设计要求。线槽内敷设导线的线芯最小允许截面积为：铜导线为 $1.0mm^2$、铝导线为 $2.5mm^2$
螺旋接线钮	螺旋接线钮需要根据导线截面与导线根数，选择相应型号的加强型绝缘钢壳螺旋接线钮
木砖	木砖是用木材制成梯形，使用时需要做防腐处理
塑料线槽	塑料线槽由槽底、槽盖、附件组成，它是由难燃型硬聚氯乙烯工程塑料挤压成型。选用塑料线槽时，需要根据设计要求选择相应型号、规格的产品。塑料线槽内外需要光滑无棱刺，不应有扭曲、翘边等变形现象。塑料线槽敷设场所的环境温度不得低于−15℃，其氧指数不应低于 27%
塑料胀管	选用塑料胀管时，其规格需要与被紧固的电气器具荷重相对应，并且选择相同型号的圆头机螺钉与垫圈配合使用
套管	套管可以分为铜套管、铝套管、铜过渡套管。套管选用时需要采用与导线规格相应的同材质套管

攻略 95　塑料线槽配线的工艺流程是怎样的？

答：塑料线槽配线的工艺流程如图 2-24 所示。

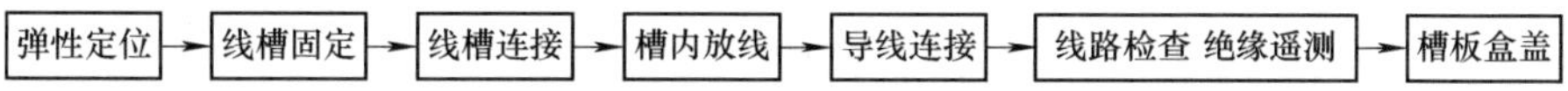

弹性定位 → 线槽固定 → 线槽连接 → 槽内放线 → 导线连接 → 线路检查 绝缘遥测 → 槽板盒盖

图 2-24　塑料线槽配线的工艺流程

攻略 96　塑料线槽配线怎样弹线定位？

答：塑料线槽配线弹线定位需要符合的一些规定如下：

1）线槽配线在穿过楼板、墙壁时，需要用保护管，并且穿楼板处必须用钢管保护，其保护高度距地面不应低于1.8m。装设开关的地方保护管可引到开关的位置。

2）过变形缝时需要做补偿处理。

3）弹线时不应弄脏建筑物表面。

4）弹线定位的方法：①确定进户线、盒、箱等电气器具固定点的位置；②从始端到终端，先干线后支线，找好水平、垂直线；③用粉线袋在线路中心弹线；④用笔画出加挡位置；⑤细查木砖是否齐全，位置是否正确；⑥在固定点位置进行钻孔，埋入塑料胀管或伞形螺栓。

▶攻略97 塑料线槽配线怎样在木砖上固定线槽?

答：塑料线槽配线在木砖上固定线槽的方法与要点如下：

1）可以配合土建结构施工时预埋的木砖进行。

2）砖墙凿洞后再埋木砖，梯形木砖较大的一面需要朝洞里，外表面与建筑物的表面需要平齐，然后用水泥砂浆抹平，凝固后，再把线槽底板用木螺钉固定在木砖上，如图2-25所示。

▶攻略98 塑料胀管怎样固定线槽?

答：塑料胀管固定线槽的方法与要点如下：

1）混凝土墙、砖墙可以采用塑料胀管固定塑料线槽。

2）根据胀管直径与长度选择钻头，在标出的固定点位置上钻孔。

3）钻孔不应歪斜、有豁口，需要垂直钻好孔后，将孔内残存的杂物清净，再用木槌把塑料胀管垂直敲入孔中，与建筑物表面平齐即可，然后用石膏将缝隙填实抹平。

4）用半圆头木螺钉加垫圈将线槽底板固定在塑料胀管上，紧贴建筑物表面。

5）固定槽底板时，需要先固定两端，再固定中间，同时找正线槽底板，做到横平竖直以及沿建筑物形状表面进行敷设。

6）线槽用塑料胀管的固定如图2-26所示。

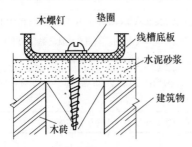

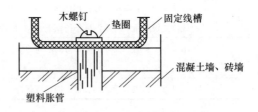

图2-25 塑料线槽配线在木砖上固定线槽　　　图2-26 线槽用塑料胀管固定的图例

▶攻略99 伞形螺栓怎样固定线槽?

答：伞形螺栓固定线槽的方法与要点如下：

1）石膏板墙或其他护板墙上可以用伞形螺栓固定塑料线槽。

2）根据弹线定位的标记，找好固定点位置，然后把线槽的底板横平竖直的紧贴建筑物的表面，再钻好孔，再将伞形螺栓的两伞叶掐紧合拢插入孔中，等合拢伞叶自行张开后，再用螺母紧固即可。

3）露出线槽内的部分需要加套塑料管。

4）固定线槽时，需要先固定两端，再固定中间。

攻略 100　怎样连接线槽？

答：连接线槽的方法与要点如下：

1）线槽分支接头，线槽附件需要采用相同材质的产品。

2）线槽及附件连接处需要严密平整，没有缝隙。

3）槽底、槽盖与各种附件相对接时需要固定牢固。

4）槽底与槽盖直线段对接的要求如下：

① 槽底固定点间距不小于 500mm。

② 槽盖长度需要不小于 300mm。

③ 底板距终点 50mm 及槽盖距终端点 30mm 处均需要固定。

④ 槽底对接缝与槽盖对接缝需要错开，并且不小于 100mm。

⑤ 三线槽的槽底需要用双钉固定。

连接线槽图例如图 2-27 所示。

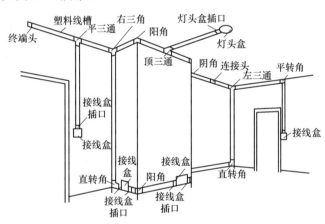

图 2-27　连接线槽图例

攻略 101　线槽各附件安装有哪些要求？

答：线槽各附件安装的一些要求如下：

1）盒子均需要两点固定。

2）接线盒、灯头盒需要采用相应的插口连接。

3）各种附件角、转角、三通等固定点不应少于两点（卡装式除外）。

4）线槽的终端需要采用终端头封堵。

5）线路分支接头处需要采用相应的接线箱。

攻略 102　塑料线槽槽内怎样放线？

答：塑料线槽槽内放线的方法与要点如下：

1）放线时，需要用布清除槽内的污物。

2）然后将导线放开，捋顺后盘成大圈，置于放线架上，从始端到终端（先干线后支线）边放边整理。

3）放线时导线需要顺直，不得有挤压、背扣、扭线、受损等异常现象。

4）绑扎导线时需要采用尼龙绑扎带，不允许采用金属丝进行绑扎。

5）接线盒处的导线预留长度不应超过150mm。

6）线槽内不允许出现接头。

7）导线接头要放在接线盒内。

8）从室外引进室内的导线在进行入墙内一段，需要用橡胶绝缘导线。

9）导线穿墙保护管的外侧需要有防水的措施。

攻略103 明敷设硬质阻燃塑料管（PVC）材料有哪些要求？

答：明敷设硬质阻燃塑料管（PVC）材料的一些要求见表2-32。

表2-32 明敷设硬质阻燃塑料管（PVC）材料的一些要求

名　称	说　明
阻燃型（PVC）塑料管	所使用的阻燃型（PVC）塑料管的材质均应具有阻燃、耐冲击性能，其氧指数不应低于27%的阻燃指标。阻燃型塑料管外壁需要有间距不大于1m的连续阻燃标记。阻燃型塑料管的管里外需要光滑，没有凸棱、凹陷、针孔、气泡等现象。阻燃型塑料管内外径尺寸符合相应要求与标准，管壁厚度应均匀一致
阻燃型塑料管附件、明配阻燃型塑料制品	所用阻燃型塑料管附件、明配阻燃型塑料制品（例如各种灯头盒、开关盒、接线盒、插座盒、管箍等）需要使用配套的阻燃型塑料制品
粘合剂	粘合剂必须使用与阻燃型塑料管配套的产品，并且粘合剂必须在使用限期内使用，不得使用失效或者过期的粘合剂

攻略104 明敷设硬质阻燃塑料管（PVC）怎样预制管弯？

答：明敷设硬质阻燃塑料管预制管弯可以采用冷煨法、热煨法，具体见表2-33。

表2-33 明敷设硬质阻燃塑料管预制管弯

名　称	说　明
手扳弯管器	使用手扳弯管器煨弯的操作方法如下：①将管子插入配套的弯管器内；②手扳一次煨出所需的弯度，如下图所示： 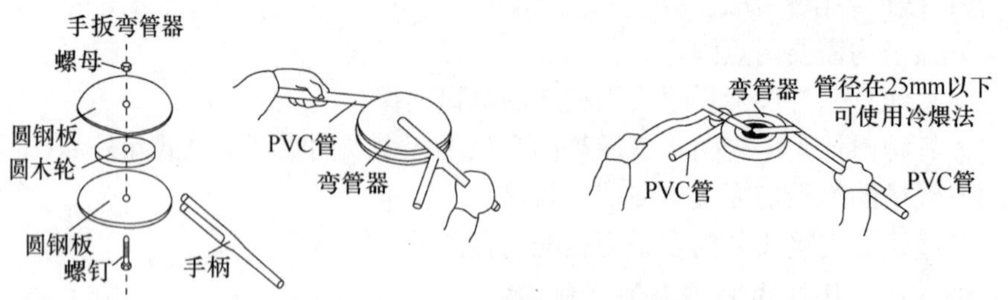
弯簧	将弯簧插入PVC管内需要煨弯处，然后两手抓住弯簧两端头，再用膝盖顶在被弯处，然后用手扳PVC管，逐步煨出所需弯度。然后抽出弯簧，当弯曲较长管时，可将弯簧用铁丝或尼龙线拴牢上一端，待煨完弯后抽出即可

（续）

名　称	说　　明
热煨法	用电炉子、热风机等加热均匀，烘烤管子的煨弯处，待管被加热到可随意弯曲时，立即将管子放在木板上，固定管子一头，逐步煨出所需管弯度，然后用湿布抹擦使弯曲部位冷却定型。注意：煨弯管时不得烤伤 PVC 管、不得使 PVC 管变色、不得使 PVC 管破裂等异常现象

➤ 攻略 105　明敷设硬质阻燃塑料管（PVC）管路怎样固定？

答：明敷设硬质阻燃塑料管（PVC）管路固定的方法见表 2-34。

表 2-34　明敷设硬质阻燃塑料管（PVC）管路固定的方法

名　称	说　　明
抱箍法	根据测定位置，遇到梁柱时，可以用抱箍将支架、吊架固定好
木砖法	用木螺钉直接固定在预埋木砖上
剔注法	根据测量位置，剔出墙洞，然后用水把洞内浇湿，再将合好的高标号砂浆填入洞内，填满后，再将支架、吊架、螺栓插入洞内，并且校正埋入深度与平直，正确后，将洞口抹平即可
稳注法	随土建砌砖墙，将支架固定好
预埋铁件焊接法	随土建施工，根据测定位置预埋铁件。拆模后，将支架、吊架焊在预埋铁件上即可
胀管法	先在墙上打孔，然后将胀管插入孔内，再用螺钉（栓）固定

注：无论采用哪种固定方法，均需要先固定两端支架、吊架，然后拉直线固定中间的支架、吊架。

➤ 攻略 106　明敷设硬质阻燃塑料管怎样断管？

答：明敷设硬质阻燃塑料（PVC）小管可以使用剪管器断管。明敷设硬质阻燃塑料大管径的 PVC 管可以使用钢锯锯断。小管、大管断口后均需要将管口锉平齐。

➤ 攻略 107　明敷设硬质阻燃塑料管加接线盒有什么规定？

答：明敷设硬质阻燃塑料管（PVC）时，如果管路较长，需要加接线盒，具体要求如下：

1）管路无弯时，每 30m 需要加装接线盒。

2）管路有一个弯时，每 20m 需要加装接线盒。

3）管路有两个弯时，每 15m 需要加装接线盒。

4）管路有三个弯时，每 8m 需要加装接线盒。

5）如果无法加装接线盒时，需要将管直径加大一号（级别）。

➤ 攻略 108　明敷设硬质阻燃塑料管管路中间距离有什么规定？

答：明敷设硬质阻燃塑料管（PVC）时，支架、吊架、敷设在墙上的管卡的固定点与盒、箱边缘的距离为 150～300mm，管路中间固定点的距离见表 2-35。

表 2-35　管路中间固定点的距离　　　　　　　　　　（单位：mm）

安装方式	支　架			允许偏差
	间　距			
	管径 20	管径 25～40	管径 50	
垂直	1 000	1 500	2 000	30
水平	800	1 200	1 500	30

▶ 攻略 109　明敷设硬质阻燃塑料管配线与管道间最小距离有什么规定?

答：明敷设硬质阻燃塑料管（PVC）配线与管道间最小距离见表 2-36。

表 2-36　明敷设硬质阻燃塑料管（PVC）配线与管道间最小距离

管道名称		穿管配线最小距离/mm	绝缘导线明配线最小距离/mm
蒸汽管	平行	100（500）	100（500）
	交叉	300	300
暖、热水管	平行	300（200）	300（200）
	交叉	100	100
通风、上下水压缩空气	平行	100	200
	交叉	50	100

注：1. 表中有括号的为在管道下边的数据。

　　2. 达不到表中距离时，需要采取下列措施：①蒸汽管：在管外包隔热层后，上下平行净距可减到 200mm，交叉距离需要考虑便于维修，但管线周围温度应经常在 35℃以下；②暖、热水管应包隔热层。

▶ 攻略 110　明敷设硬质阻燃塑料管管路连接有什么要求?

答：明敷设硬质阻燃塑料管（PVC）管路连接的一些要求如下：

1）PVC 管口需要平整、光滑。

2）PVC 管与管、管与盒（箱）等器件需要采用插入法连接，连接处结合面需要涂专用胶合剂，接口需要牢固密封。

3）PVC 管与管间采用套管连接时，套管长度宜为管外径的 1.5～3 倍；管与管的对口需要位于套管中处对平齐。

4）PVC 管与器件连接时，插入深度宜为管外径的 1.1～1.8 倍。

▶ 攻略 111　明敷设硬质阻燃塑料管管路有什么要求?

答：明敷设硬质阻燃塑料管（PVC）管路的一些要求如下：

1）配管、支架、吊架需要安装平直、牢固、排列整齐。

2）管子弯曲处，需要没有明显折皱，凹扁等异常现象。

3）弯曲半径与弯扁度符合相关规范、规定。

4）直管每隔 30m 需要加装补偿装置，补偿装置接头的大头与直管套入，并且粘牢，PVC 管另一端管套上节头，并且粘牢。然后将节头一端插入卡环中，节头可在卡环内滑动。

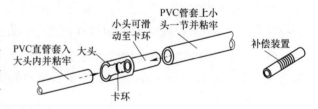

图 2-28　补偿装置安装示意图

5）补偿装置安装示意图，如图 2-28 所示。

6）PVC 管引出地面一段，可以使用一节钢管引出，但需制作合适的过渡专用接箍，并把钢管接箍埋在混凝土中，钢管外壳做接地或接零保护。

7）PVC 管与钢管连接如图 2-29 所示。

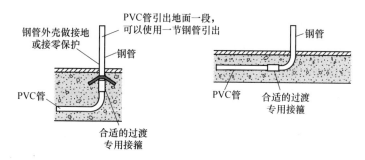

图 2-29 PVC 管与钢管连接

> **攻略 112 明敷设硬质阻燃塑料管入盒连接有哪些要求?**

答:明敷设硬质阻燃塑料管（PVC）入盒连接的一些要求如下:

1）PVC 管路入盒、入箱一般需要采用端接头与内锁母连接。

2）PVC 管路入盒、入箱连接要求平正、牢固。

3）PVC 向上立管管口可以采用端帽护口，防止异物堵塞管路，如图 2-30 所示。

> **攻略 113 明敷设导管管卡的距离是多少?**

答:明敷设的导管需要排列整齐，固定点间距均匀、安装牢固。终端弯头中点，柜台箱盘等边缘的距离 150～500mm 范围内需要安装管卡，中间直线段管卡间的最大距离的规定见表 2-37。

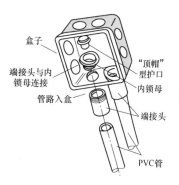

图 2-30 PVC 管入盒连接

表 2-37 中间直线段管卡间的最大距离的规定

方 式	导管种类	直径 15～20mm 的导管	直径 25～32mm 的导管	直径 32～40mm 的导管	直径 50～65mm 的导管	直径 65mm 以上的导管
沿墙明敷	刚性绝缘导管	1.0m	1.5m	1.5m	2.0m	2.0m

> **攻略 114 硬质阻燃塑料管暗敷材料有什么要求?**

答:硬质阻燃型塑料管（PVC）暗敷材料的一般要求见表 2-38。

表 2-38 硬质阻燃型塑料管（PVC）暗敷材料的一般要求

名 称	说 明
阻燃（PVC）塑料管	所使用的阻燃型（PVC）塑料管需要材质能阻燃、耐冲击，氧指数不应低于 27% 的阻燃指标，并且是合格的管材。阻燃塑料管外壁应有间距不大于 1m 的连续阻燃标记，管里外应光滑，没有凸棱、凹陷、针孔、气泡，管壁厚度需要均匀一致
附件	所用阻燃塑料管附件必须使用配套的阻燃型塑料制品。阻燃塑料灯头盒、开关盒、接线盒需要外观整齐、开孔齐全、没有劈裂损坏等异常现象
辅助材料	铁丝需要采用镀锌铁丝，粘结剂需要采用专用粘结剂

▶攻略 115　硬质阻燃塑料管暗敷怎样弹线定位?

答：硬质阻燃塑料管（PVC）暗敷弹线定位的方法与要点如下：

1）根据要求确定盒、箱位置，并进行弹线定位。

2）根据弹出的水平线用水平尺测量出盒、箱的准确位置，并且标出尺寸。

3）根据灯位要求，标注出灯头盒的准确位置、尺寸。

4）根据要求，在砖墙、石膏孔板墙、泡沫混凝土墙等，需要隐埋开关盒的位置，进行测量确定开关盒准确位置、尺寸。

▶攻略 116　硬质阻燃塑料管（PVC）暗敷怎样加工管弯?

答：硬质阻燃塑料管（PVC）暗敷加工管弯可以采用冷煨法、热煨法。具体操作要点与方法见表 2-39。

表 2-39　加工管弯

名　　称	操作要点与方法
冷煨法	冷煨法适合管径在 25mm 及以下的管子。冷煨 PVC 管前需要断管：小管径可以用剪管器断管，大管径可以用钢锯断管，并且断口需要锉平、铣光。冷煨法可以采用膝盖煨弯、使用手扳弯管器煨弯，具体操作要点如下： 1）使用手扳弯管器煨弯：将管子插入配套的弯管器，手扳煨出所需弯度即可 2）用膝盖煨弯：将弯管弹簧插入 PVC 管内需要煨弯处，两手抓牢管子两头，顶在膝盖上，用手扳，逐步煨出所需弯度，然后抽出弯簧即可
热煨法	用电炉子、热风机等加热均匀，烘烤管子的煨弯处，待管被加热到可随意弯曲时，立即将管子放在木板上，固定管子一头，逐步煨出所需管度，然后用湿布抹擦使弯曲部位冷却定型。注意：煨弯管时不得烤伤 PVC 管、不得使 PVC 管变色、不得使 PVC 管破裂等异常现象

▶攻略 117　硬质阻燃塑料管暗敷怎样隐埋盒、箱?

答：硬质阻燃塑料管（PVC）暗敷隐埋盒、箱的有关操作方法与要点如下：

1）盒、箱固定需要平正牢固、灰浆饱满、收口平整。

2）根据要求、规定确定好盒、箱的预留具体位置。一般要求土建砌体时预留进入盒、箱的管子，并且将管子甩在盒、箱预留孔外，管端头堵好，等最后一管一孔地进入盒、箱隐埋。

3）也可以凿洞隐埋盒、箱，再接短管。

4）在其他场所隐埋盒、箱的操作方法与要点见表 2-40。

表 2-40　隐埋盒、箱的操作方法与要点

类　　型	说　　明
组合钢模板、大模板混凝土墙稳埋盒、箱	1）模板上打孔，用螺钉将盒、箱固定在模板上。拆模前及时将固定盒、箱的螺钉拆除 2）利用穿筋盒，直接固定在钢筋上，并根据墙体厚度焊好支撑钢筋，使盒口或箱口与墙体平面平齐
滑模板混凝土墙稳埋盒、箱	1）预留盒、箱孔洞，采取下盒套、箱套，再等滑模板过后再拆除盒套或箱套，同时稳埋盒或箱体 2）用螺钉将盒、箱固定在扁铁上，再将扁铁焊在钢筋上，或直接用穿筋盒固定在钢筋上，并根据墙厚度焊好支撑钢筋，使盒口平面与墙体平面平齐
顶板稳埋灯头盒	1）圆孔板稳埋灯头盒。根据要求注出灯位的位置尺寸，再打孔，然后由下向上凿洞，洞口下小上大。然后将盒子配上相应的固定体放入洞中，并且固定好吊钩，等配管后用高标号水泥砂浆稳埋牢固 2）现浇混凝土楼板安装吊扇、花灯、吊装灯具超过 3kg 时，需要预埋吊钩或螺栓

▶ 攻略 118 硬质阻燃塑料管暗敷管路怎样连接？

答：硬质阻燃塑料管（PVC）暗敷管路连接的方法与要点见表 2-41。

表 2-41 PVC 暗敷管路连接的方法与要点

项　目	说　明
管路连接需要使用套箍连接（包括端接头接管）	管路连接需要使用套箍连接，具体操作要点：①首先用小刷子蘸配套的塑料管粘结剂；②然后均匀涂抹在管外壁上；③再将管子插入套箍，管口需要到位；④粘结剂粘结后 1min 内不能够移位
管路垂直或水平敷设	管路垂直或水平敷设时的操作要点：①每隔 1m 距离需要安装一个固定点；②弯曲部位主尖以圆弧中心点为始点距两端 300～500mm 处需要安装固定点
管进盒、箱	管进盒、箱的操作要点如下：①一管一孔；②先接端接头，然后用内锁母固定在盒、箱上

▶ 攻略 119 硬质阻燃塑料管暗敷管路怎样敷设？

答：硬质阻燃塑料管（PVC）暗敷管路的操作方法与要点见表 2-42。

表 2-42 PVC 暗敷管路的操作方法与要点

项　目	说　明
现浇混凝土墙板内管路暗敷	现浇混凝土墙板内管路暗敷操作方法与要点：①管路需要敷设在两层钢筋中间；②管进盒、箱时需要煨成叉弯；③管路每隔 1m 处需要用镀锌铁丝绑扎牢，弯曲部位根据要求固定；④往上引管不宜过长，以能煨弯为准。向墙外引管可使用管帽预留管口，待拆模后取出管帽再接管
滑升模板管路暗敷	滑升模板暗敷管路操作方法与要点：①灯位管可先引到相应墙内；②滑模过后支好顶板，再敷设管到灯位
现浇混凝土楼板管路暗敷	现浇混凝土楼板管路暗敷操作方法与要点：①根据建筑物内房间四周墙的厚度，弹十字线确定灯头盒的位置；②再将端接头、内锁母固定在盒子的管孔上；③使用顶帽护口堵好管口、堵好盒口，并且将盒子固定好；④管路需要敷设在弓筋的下面底筋的上面；⑤管路每隔 1m 用镀锌铁丝绑扎牢；⑥引向隔断墙的管子、可使用管帽预留管口，拆模后取出管帽再接管即可
预制薄型混凝土模板管路暗敷	预制薄型混凝土模板管路暗敷的操作方法与要点：①确定好灯头盒尺寸位置；②用电锤在板上面打孔；③再在板下面扩孔，孔大小比盒子外口略大一些；④安装、固定好高桩盒；⑤利用内锁母把管固定在盒子孔处；⑥用水泥砂浆把高桩盒埋好；⑦敷设管路；⑧注意管路保护层不得小于 80mm
预制圆孔板内管路暗敷	预制圆孔板内管路暗敷的操作方法与要点：①需要及时配合土建吊装圆孔板时，敷设管路；②吊装圆孔板时，及时找好灯位位置尺寸，打好灯位盒孔；③敷设管路，管子可以从圆孔板板孔内一端穿入到灯头盒处；④将管固定在灯头盒上；⑤将盒子放好位置，并且用水泥砂浆固定好盒子
灰土层内管路暗敷	灰土层内管路暗敷的操作方法与要点：①灰土层夯实后进行挖管路槽；②敷设管路；③管路上面用混凝土砂浆埋护，厚度不宜小于 80mm

▶ 攻略 120 硬质阻燃型塑料管暗敷怎样扫管穿带线？

答：硬质阻燃型塑料管（PVC）暗敷扫管穿带线的操作方法与要点如下：

1）现浇混凝土结构的墙、楼板暗敷的 PVC 需要及时进行扫管。

2）砖混结构墙体，在抹灰前需要进行扫管。

3）经过扫管，确认管路畅通可以及时穿好带线。

4）穿好带线后，需要将管口、盒口、箱口堵好。

5）加强配管保护，防止二次堵塞管路。

▶ 攻略 121   塑料阻燃可挠（波纹）管敷设对材料有哪些要求？

答：塑料阻燃可挠（波纹）管敷设对材料的一般要求见表 2-43。

表 2-43   塑料阻燃可挠（波纹）管敷设对材料的一般要求

名　　称	说　　明
塑料阻燃可挠 （波纹）管、附件	塑料阻燃可挠（波纹）管及其附件必须选择由阻燃处理的材料制成的，其管外壁应有间距不大于 1m 的连续阻燃标记与合格证。管壁厚度需要选择均匀、没有裂缝、没有孔洞、没有气泡、没有变形等现象
配电箱	一般选择成套的配电箱，箱壳为钢板制造的需要有防腐措施
塑料盒	开关盒、插座盒、灯头盒、接线盒等塑料盒均需要选择外观整齐、敲落孔齐全、无劈裂等异常现象
管箍、管卡头	管箍、管卡头、护口需要选择配套的阻燃塑料的制品
镀锌材料	扁钢、圆钢、木螺钉、机螺钉、铅丝等需要选择镀锌材料的

▶ 攻略 122   塑料阻燃可挠（波纹）管管路怎样连接？

答：塑料阻燃可挠（波纹）管管路连接的方法与要点见表 2-44。

表 2-44   塑料阻燃可挠（波纹）管管路连接的方法与要点

项　　目	说　　明
串接连接	将波纹管直接穿过盒子的两个管孔，不断管。待拆除模板，清理盒子后将管切断，管口处在穿线前装好护口
管卡头连接	一般波纹管有配套的管卡头，可用于管与盒、箱的连接
管与管的连接	一般波纹管有配套的管箍用于管的连接，连接管的对口需要处于管箍的中心

▶ 攻略 123   钢管敷设施工材料有哪些要求？

答：钢管敷设施工材料的一般要求见表 2-45。

表 2-45   钢管敷设施工材料的一般要求

名　　称	说　　明
镀锌钢管	镀锌钢管需要壁厚均匀、焊缝均匀、没有劈裂、没有砂眼、没有棱刺、没有凹扁等异常现象
管箍	管箍可以使用通丝管箍。镀锌层完整没有剥落、没有劈裂、两端光滑没有毛刺
护口	护口有的用于薄管，有的用于厚管。护口需要完整无损
螺钉、胀管螺栓、 螺栓、螺母、垫圈	胀管螺栓、螺帽、螺栓、螺钉、垫圈等需要采用镀锌件
面板	面板的规格与所用的盒配套，外形完整、颜色均匀一致
锁紧螺帽	锁紧螺帽外形完好、丝扣清晰
铁制灯头盒、 开关盒、接线盒	铁制灯头盒、开关盒、接线盒等的金属板厚度需要小于 1.2mm，镀锌层没有剥落、敲落孔完整无缺、没有变形开焊、面板安装孔与地线焊接脚齐全
圆钢、扁钢、角钢	圆钢、扁钢、角钢等材质需要符合有关要求，镀锌层完整无损

▶ 攻略 124   钢管暗敷有哪些基本要求？

答：钢管暗敷的基本要求如下：

1）敷设于多尘、潮湿场所的电线管路、管口、管子连接处均需要做密封处理。

2）埋入地下的电线管路不宜穿过设备基础，在穿过建筑物基础时，需要加保护管。

3）进入落地式配电箱的电线管路，排列需要整齐，管口应高出基础面不小于 50mm。

4）暗配的电线管路需要沿最近的路线敷设并应减少弯曲；埋入墙或混凝土内的箱子，离表面的净距不应小于 15mm。

攻略 125　钢管暗敷怎样预制加工？

答：钢管暗敷时，钢管煨弯可以采用冷煨法、热煨法，具体操作见表 2-46。

表 2-46　煨法

名称	说　　明
冷煨法	1）一般管径为 20mm 及其以下时，用手扳煨管器：将管子插入煨管器，逐步煨出所需弯度
	2）管径为 25mm 及其以上时，使用液压煨管器：将管子放入模具，然后扳动煨管器，煨出所需弯度
热煨法	1）堵住管子一端，将干砂子灌入管内，用手锤敲打，直至砂子灌实
	2）再将另一端管口堵住放在火上转动加热，烧红后煨成所需弯度，随煨弯随冷却
	3）弯扁程度不应大于管外径的 1/10；埋设于地下或混凝土楼板内时不应小于管外径的 10 倍；暗配管时弯曲半径不小于管外径的 6 倍

攻略 126　钢管暗敷管子怎样套丝？

答：钢管暗敷管子套丝可以采用套丝板、套管机进行，具体操作要点如下：

1）根据管外径选择相应板牙。

2）将管子用台虎钳或龙门压架钳紧牢固。

3）再把绞板套在管端，均匀用力，随套随浇冷却液，丝扣不乱不过长，消除渣屑，丝扣干净清晰。

4）管径在 20mm 及其以下时，需要分二板套成。

5）管径在 25mm 及其以上时，需要分三板套成。

攻略 127　钢管暗敷怎样固定盒、箱？

答：钢管暗敷固定盒、箱的方法与要点如下：

1）固定盒、箱的灰浆要饱满、平整牢固。

2）盒、箱安装要求见表 2-47 所示。

表 2-47　盒、箱安装要求

项　　目	要　　求	允许偏差/mm
盒、箱口与墙面	平齐	最大凹进深度 10mm
盒、箱水平、垂直位置	正确	10（砖墙）、30（大模板）
盒箱 1m 内相邻标高	一致	2
盒子固定	垂直	3

3）现制混凝土板墙固定盒、箱需要加支铁固定。盒、箱底距外墙面小于 3cm 时，需要加金属网固定，然后抹灰，以防空裂。

攻略 128　钢管暗敷时管与管连接有什么要求？

答：钢管暗敷时管与管连接的一般要求如下：

1）连接管口需要锉光滑、平整，接头需要牢固紧密。

2）管径为 25mm 及以上钢管，可以采用管箍连接或套管焊接。

3）管径为 20mm 及以下钢管与各种管径电线管连接时，需要用管箍连接。

4）管路垂直敷设时，根据导线截面积安装接线盒距离：50mm² 及以下接线盒距离为 30m；70～95mm² 时接线盒距离为 20m；120～240mm² 时接线盒距离为 18m。

5）管路超过一定长度，需要加装接线盒：无弯时每 45m 加装接线盒；有一个弯时每 30m 加装接线盒；有两个弯时每 20m 加装接线盒；有三个子弯时每 12m 加装接线盒。

6）电线管路与其他管道最小距离见表 2-48。

表 2-48　电线管路与其他管道最小距离

项　　目		穿管配线最小距离/mm	绝缘导线明配线最小距离/mm
暖、热水管	交叉	100	100
	平行	300（200）	300（200）
通风、上下水压缩空气管	交叉	50	100
	平行	100	200
蒸汽管	交叉	300	300
	平行	1 000（500）	1 000（500）

注：表内有括号者为在管道下边的数据。

攻略 129　管内穿绝缘导线怎样穿带线？

答：管内穿绝缘导线穿带线的要求与操作要点如下：

1）穿带线的目的就是检查管路是否畅通、管路走向是否符合要求、盒箱的位置是否符合要求。

2）带线一般采用 φ1.2～2.0mm 的铁丝。具体操作如下：先将铁丝的一端弯成不封口的圆圈，然后利用穿线器将带线穿入管路内，在管路的两端均应留有 10～15cm 的余量。

3）阻燃塑料波纹管的管壁呈波纹状，带线的端头需要弯成圆形。

4）管路较长或转弯较多时，可以在敷设管路的同时将带线一并穿好。

攻略 130　配电箱（盘）安装材料有哪些要求？

答：配电箱（盘）安装材料的一般要求见表 2-49。

表 2-49　配电箱（盘）安装材料的一般要求

名　　称	说　　明
角钢、扁铁、铁皮、机螺钉等	角钢、扁铁、铁皮、机螺钉、木螺钉、螺栓、垫圈、圆钉等一般需要采用镀锌材料
绝缘导线	导线的型号规格需要符合要求
木制配电箱（盘）	需要刷防腐涂料、刷防火涂料、木制板盘面厚度不应小于 20mm
塑料配电箱（盘）	箱体需要具有一定的机械强度、周边平整没有损伤、塑料二层底板厚度不应小于 8mm
铁制配电箱（盘）	箱体需要具有一定的机械强度、周边平整没有损伤、油漆没有脱落，箱内各器具安装牢固、导线排列整齐、压接牢固。另外，二层底板厚度不应小于 1.5mm，并且不得采用阻燃塑料板作为二层底板

攻略 131　柜、屏、台、盘的安装工艺流程是怎样的？

答：柜、屏、台、盘的安装工艺流程如图 2-31 所示。

图 2-31　安装工艺流程

▶攻略 132　怎样固定明装配电箱（盘）?

答：固定明装配电箱（盘）的方法与要点见表 2-50。

表 2-50　固定明装配电箱（盘）的方法与要点

名　　称	说　　明
金属膨胀螺栓固定配电箱（盘）	1）采用金属膨胀螺栓可以在混凝土墙、砖墙上固定配电箱（盘） 2）安装时，需要先弹线定位，再用电钻或冲击钻钻孔，再将金属膨胀螺栓的胀管部分埋入墙内，然后把配电箱（盘）利用螺栓固定
铁架固定配电箱（盘）	1）把角钢调直，量尺寸，画锯口线，锯断煨弯，钻孔位，焊接好 2）煨弯时需要找正，埋注端需要做成燕尾形，并且要除锈、刷防锈漆 3）用标高用水泥砂浆将铁架燕尾端埋注牢固 4）水泥砂浆凝固后，才能够进行配电箱（盘）的安装

▶攻略 133　怎样固定暗装配电箱?

答：固定暗装配电箱的方法与要点如下：

1）根据预留孔洞尺寸，找好箱体的标高、水平安装尺寸。

2）将箱体固定好。

3）用水泥砂浆填实周边，并且抹平齐。

4）水泥砂浆凝固后，再安装盘面等。

5）安装盘面要求平整、周边间隙均匀对称、贴门平正不歪斜。

6）配电箱安装螺钉要垂直，受力均匀。

▶攻略 134　怎样组装配电板、户表板闸具?

答：组装配电板、户表板闸具的主要步骤与方法见表 2-51。

表 2-51　组装配电板、户表板闸具的主要步骤与方法

主 要 步 骤	说　　明
实物排列	1）闸具放在表板上排列好 2）预留安装位置、量好间距、画好线
钻孔	1）撤去闸具钻好孔 2）钻孔前，先用尖錾子准确点冲凹窝，再钻孔 3）为了便于螺钉帽与面板表面平齐，可扩孔一次，深度以螺钉帽埋入面板表面平齐为准
固定闸具	1）检查闸具是否完整，然后固定端正 2）出线孔需要套上绝缘嘴 3）闸具的连接线与接线柱需要压牢

▶攻略 135　安装配电箱有哪些要求?

答：安装配电箱的一般要求如下：

1）配电箱（盘）需要安装在安全、干燥、易操作的场所。

2）配电箱（盘）上的电具、仪表需要牢固平正、整洁、间距均匀、铜端子无松动、启闭灵活、零部件齐全。

3）配电箱（盘）明装时底口距地应不小于1.2m。

4）明装电能表板底口距地不得小于1.8m。

5）同一建筑物内，同类盘的高度需要一致，允许偏差一般为10mm。

6）照明配电箱（板）需要安装牢固平正，垂直偏差不应大于3mm。

7）固定面板的机螺钉，需要采用镀锌圆帽机螺钉，其间距不得大于250mm。

8）配电箱（盘）面板较大时，需要有加强衬铁，当宽度超过500mm时，箱门应做双开门。

9）安装配电箱（盘）所需的木砖、铁件等均需要预埋。

10）挂式配电箱（盘）需要采用金属膨胀螺栓固定。

11）铁制配电箱（盘）均需要先刷一遍防锈漆，再刷灰油漆两道。

12）预埋的各种铁件均需要刷防锈漆，并且做好明显可靠的接地。

13）铁制配电箱（盘）金属面板需要装设绝缘保护套。

14）配电箱（盘）带有器具的铁制盘面、装有器具的门、电器的金属外壳均需要有明显可靠的PE保护地线。

15）PE保护地线不允许利用箱体、盒体串接。

16）PE保护地线如果不是供电电缆、电缆外护层的组成部分时，需要根据机械强度要求来选择截面积（不应小于的数值）：有机械性保护时为2.5mm^2、无机械性保护时为4mm^2。

17）照明配电箱（板）内，需要分别设置中性线N、保护地线（PE线）汇流排，并且中性线N、保护地线需要在汇流排上连接，不得绞接，并应有编号。

18）配电箱（盘）配线需要排列整齐、绑扎成束。盘面引出及引进的导线需要留有适当余度，以便检修。

19）配电箱（盘）上的母线的相线需要涂颜色标出。

20）导线剥削处不应损伤线芯或线芯过长，导线压头需要牢固可靠。

21）配电箱（盘）的连接多股导线不应盘圈压接，需要加装压线端子。

22）如果穿孔用顶丝压接时，多股线需要涮锡后再压接，并且不得减少导线股数。

23）配电箱（盘）的盘面上安装的各种刀开关、断路器等，当处于断路状态时，触头可动部分均不应带电（特殊情况除外）。

24）垂直装设的刀开关、熔断器等电器上端接电源，下端接负荷。横装时左侧（面对盘面）接电源，右侧接负荷。

25）照明配电箱（板）内装设的螺旋熔断器的电源线需要接在中间触头的端子上，负荷线需要接在螺纹的端子上。

26）熔断器底座中心明露螺钉孔应填充绝缘物，以防止对地放电。

27）熔断器不得裸露金属螺钉，应填满火漆。

28）配电箱（盘）上电源指示灯的电源应接到总开关的外侧，并且需要安装单独的熔断器。

29）照明配电箱（板）内的交流、直流或不同电压等级的电源应有明显标识。

30）照明配电箱（板）不应采用可燃材料制作，在干燥、无尘场所采用的木制配电箱（板）需要进行阻燃处理。

31）铁制配电箱（盘）内部的导线引出面板时，面板线孔需要光滑没有毛刺。

▶攻略 136　家居电线布设有哪些要求?

答：家居电线布设的一般要求如下：

1）暗线敷设必须配用阻燃 PVC 管。

2）排管布线，要做到横平竖直，强电走上，弱电走下，不可交叉。

3）插座可以配用 SG20 管，照明可以用 SG16 管。

4）开槽时深度应相同，一般是在 PVC 管的直径上加 10mm。

5）PVC 管接头均要用配套接头，并且用 PVC 胶水粘结牢固。

6）电源线的导线截面积要满足用电配置的最大输出功率。

7）管线长超过 15m 或者有两个直角弯路时，应配设拉线盒。

8）顶棚的灯具位也需要设拉线盒，并且固定牢固。

9）PVC 管需要用管卡固定。

10）PVC 管弯头均用弹簧弯曲。

11）暗盒、拉线盒与 PVC 管连接可靠。

12）PVC 管安装好后，同一回路电线需要穿入同一根管内，但管内总根数不超过 8 根。

13）电源线与通信线绝不能穿入同一根管内。

14）穿入配管导线的接头需要设置在接线盒内，并且预留 150mm 的余量。

15）以户为单位需要各自设置强弱电配电箱，配电箱内设动作电流 30A 的剩余电流断路器，分数回路经过控开后，分别控制电源、空调器、插座。

16）导线间与导线对地间电阻必须大于 0.5MΩ。

▶攻略 137　家装电源是怎样引入的?

答：目前，一般住宅建筑配电（电源引入户内）的特点如下：

1）一般在每单元的首层设计了一个总配电箱（电力配电箱），每户计量电能表与总闸（或者各户的控制闸）设立其中。

2）从总配电箱（电力配电箱）的总开关（或者各户的控制闸）将电源引入到单元居室内。

3）入户后一般在进门处设一小型开关箱，也称为配电箱、强配电箱。该配电箱对用户用电再一次进行分配、控制。也就是将户（室）内用电负荷分若干个支路（也就是分组）。一般，在该配电箱中每个支路（分组）均设有独立的分路（分组）保护控制开关。

▶攻略 138　家装户内电源是怎样分配的?

答：家装户内电源分配的方法见表 2-52。

表 2-52　家装户内电源分配的方法

名　称	说　明
按电器具类型分回路（组）	根据用电器具的类型可以分为照明、一般家用电器、厨房电炊具、空调器等回路。采用该种配电方式的特点：①当某个电器具发生故障，停电检修时，不影响其他回路正常供电；②方便根据用电器具的特点装设稳压保护装置、漏电保护装置；③敷设线路较长、施工工作量较大、造价较高

（续）

名　称	说　明
按室分回路（组）	室内配电线路可以分成起居室、卧室、厨房、餐厅、卫生间等回路。采用该种配电方式的特点：①可以使每个室间线路相对独立；②当某室内有地方需要检修时，该室内将全部失去电源；③敷设线路短
混合型配电	除了较大功率的空调器、电热器具等单独设置回路外，其他回路分割不是很清楚，主要是根据实际房型、导线走向等因素来决定各用电器具所接的回路。采用该种配电方式的特点：①可以满足使用要求；②有效减少导线敷设长度；③节省投资；④便于施工

➤ 攻略 139　家装配电线路设计的要求是怎样的？

答：家装配电线路设计的要求如下：

1）照明回路与插座回路需要分开设置。

2）耗电量大的用电设备需要单独引专路供电。

3）厨房、卫生间插座需要单独设置回路，并且设有漏电保护装置。

4）如果采用三相供电，支路负荷分配应尽量使三相平衡。

➤ 攻略 140　家居室内用户配电箱的安装有哪些要求？

答：室内用户配电箱安装的一般要求如下：

1）室内用户配电箱内至少接三个回路以上设计，即照明、插座、空调器。

2）配电箱内必须设有剩余电流断路器。

3）配电箱的进线口、出线口一般设在配电箱的上端口、下端口，接口应牢固。

4）电箱内线保留长度应不少于配电箱的半周长。

5）照明配电箱里需要注明用电回路的名称。

6）配电箱内导线需要绝缘良好、固定牢固、排列整齐，严禁露出铜线。

7）单相电源需要用双极隔离开关。

8）三相电源需要用四极隔离开关。

9）加接地保护，可以采用二相五线制。

10）配电箱底边距地面距离不少于 1.5m。

11）用户电能表为一户一表制，如果原电能表承载不能满足要求，必须更换新表。

➤ 攻略 141　什么是断路器？它的工作原理是怎样的？

答：断路器旧称空气开关、自动开关。断路器的原理是：当工作电流超过额定电流、短路、失压等情况下，自动切断电路。

➤ 攻略 142　断路器的类型有哪几种？

答：断路器的类型如下：

1）断路器的负载有配电线路、电动机、家用与类似家用（照明、家用电器等）三大类，对应的断路器分别有配电保护型、电动机保护型、家用及类似家用保护型的断路器。

2）配电型断路器可以分为 A 类、B 类。A 类为非选择型，B 类为选择型。

➤ 攻略 143　断路器的特点是怎样的？

答：部分断路器的特点见表 2-53。

表 2-53 部分断路器的特点

名　称	说　明
配电型断路器	配电型断路器有 A 类非选择型、B 类选择型。选择型是指断路器具有过载长延时、短路短延时、短路瞬时的三段保护特性。万能式断路器又称框架式断路器。例如 DZ5、DZ15、DZ20、TO、TG、CM1、TM30、HSM1 等系列，万能式 DW15、DW17 的某些规格因仅有过载长延时、短路瞬时的二段保护，属于非选择型 A 类断路器。DW15 系列、DW17（ME）系列、AH 系列、DW40、DW45 系列中大部分是 B 型。要达到选择性保护要求，上一级的断路器需要选用具有三段保护的 B 型断路器
电动机保护型断路器	直接保护电动机的电动机保护型断路器只要有过载长延时、短路瞬时的两段保护性即可，也就是说电动机保护型可以选择 A 类断路器
家用及类似家用保护型断路器	家用和类似场所的保护也是一种小型的 A 类断路器，典型产品有 C45N、PX200C、HSM8 等型号

▶攻略 144　断路器的极性与表示方法是怎样的？

答：断路器的极性与表示方法如下：

1）单极 220V，切断相线。

2）双极 220V，相线零线同时切断。

3）三级 380V，三相线全部切断。

4）四级 380V，三相相线一相零线全部切断。

▶攻略 145　配电保护型断路器的反时限断开特性是怎样的？

答：配电保护型断路器的反时限断开特性见表 2-54、表 2-55。

表 2-54　配电保护型断路器的反时限断开特性 1

通 过 电 流	整定电流倍数	约定时间/h	
		$I_n \leqslant 63A$	$I_n > 63A$
约定不脱扣电流	$1.05I_n$	$\geqslant 1$	$\geqslant 2$
约定脱扣电流	$1.30I_n$	< 1	< 2

表 2-55　配电保护型断路器的反时限断开特性 2

通过电流	整定电流倍数	可返回时间/s		
返回特性电流	$3.0I_n$	5	8	12

▶攻略 146　什么是断路器的可返回特性？

答：断路器的可返回特性要考虑到配电线路内有多个电动机，由于电动机仅是负载的一部分，并且多个电动机不会同时起动，故确定为 $3I_n$。其中 I_n 为断路器的额定电流，$I_n \geqslant I_L$，I_L 为线路额定电流。

对断路器进行试验，当试验电流为 $3I_n$ 时保持 5s（$I_n \leqslant 40A$），8s（$40A < I_n < 250A$），12s（$I_n > 250A$）时，然后将电流返回到 I_n，断路器应不动作，这就是返回特性。

▶攻略 147　电动机保护型断路器的反时限断开特性是怎样的？

答：电动机保护型断路器的反时限断开特性见表 2-56。

表 2-56　电动机保护型断路器的反时限断开特性

通过电流	整定电流倍数	约定时间
约定不脱扣电流	$1.0I_n$	≥2h
约定脱扣电流	$1.2I_n$	<2h
	$1.5I_n$	根据电动机负载性质可以选 2、4、8、12min 内动作，一般选择 2～4min
	$7.2I_n$	$7.2I_n$ 是一种可返回特性，它需要躲过电动机的起动电流（5～7倍 I_n），T_p 为延时时间，根据电动机的负载性质可以选择动作时间 T_p 为 $2s<T_p≤10s$、$4s<T_p≤10s$、$6s<T_p≤20s$ 和 $9s<T_p≤30s$，一般选择 $2s<T_p≤10s$ 或 $4s<T_p≤10s$

▶ **攻略 148　家用与类似场所用断路器的过载脱扣特性是怎样的？**

答：家用与类似场所用断路器的过载脱扣特性见表 2-57。

表 2-57　家用与类似场所用断路器的过载脱扣特性

脱扣器型式	断路器脱扣器额定电流 I_n/A	通过电流	规定时间（脱扣或不脱扣极限时间）	预期结果	脱扣器型式	断路器脱扣器额定电流 I_n/A	通过电流	规定时间（脱扣或不脱扣极限时间）	预期结果
B、C、D	≤63	$1.13I_n$	≥1h	不脱扣	B	所有值	$3I_n$	≥0.1s	不脱扣
B、C、D	>63	$1.13I_n$	≥2h	不脱扣	C	所有值	$5I_n$	≥0.1s	不脱扣
B、C、D	≤63	$1.45I_n$	<1h	脱扣	D	所有值	$10I_n$	≥0.1s	不脱扣
B、C、D	>63	$1.45I_n$	<2h	脱扣	B	所有值	$5I_n$	<0.1s	脱扣
B、C、D	≤32	$2.55I_n$	1～60s	脱扣	C	所有值	$10I_n$	<0.1s	脱扣
B、C、D	>32	$2.55I_n$	1～120s	脱扣	D	所有值	$50I_n$	<0.1s	脱扣

注：B、C、D 型是瞬时脱扣器的类型，其中 B 型脱扣电流大于 3～$5I_n$，C 型脱扣电流大于 5～$10I_n$，D 型脱扣电流大于 10～$50I_n$。

▶ **攻略 149　B 类断路器的短延时特性参数是怎样的？**

答：不同的 B 类断路器的短延时特性参数不同，部分 B 类断路器的短延时特性参数见表 2-58。

表 2-58　部分 B 类断路器的短延时特性参数

名　称	说　明
DW15 型断路器	3～$10I_n$（I_{nm} 为 1 600A 时）；3～$6I_n$（I_{nm} 为 2 500A、4 000A 时），短延时时间为 0.2s 或 0.5s
DW45 型断路器	0.4～$15I_n$，短延时时间 0.1s、0.2s、0.3s 和 0.4s 可调
ME 型断路器	3～$12I_n$，短延时时间 0～0.3s 可调

注：I_{nm} 为壳架等级电流。

▶ **攻略 150　其他一些断路器的特点是怎样的？**

答：其他一些断路器的特点见表 2-59。

表 2-59 其他一些断路器的特点

名　称	说　明	图　例
DZ47 单极高分断小型断路器	DZ47 单极高分断小型断路器适用于交流 50Hz 或 60Hz，额定电压单级两线、两级 230V、三级四线、四级 400V，额定电流到 63A 的线路中过载、短路保护	接线方式：压板式 额定电流：20A 安装方式：导轨安装
DZ47 二极高分断小型断路器	DZ47 二极高分断小型断路器适用于交流 50Hz 或 60Hz，额定电压单级两线、两级 230V、三级四线、四级 400V，额定电流到 63A 的线路中过载、短路保护	额定电流：63A 接线方式：压板式 安装方式：导轨安装
DZ47LE 剩余电流断路器	DZ47LE 剩余电流断路器适用于交流 50Hz 或 60Hz，额定电压单级两线、两级 230V、三级四线、四级 400V，额定电流到 63A 的线路中过载、短路保护	额定电流40A
EA9=Easy9 系列	EA9R 漏电保护断路器，为预拼装式漏电保护断路器（断路器+漏电附件），可同时提供过载、短路、漏电保护功能。当发生漏电保护装置动作时，装置的正面有红色的机械指示可区别漏电故障与其他保障。 其主要性能与参数如下： 1）分断能力：N=6 000A 2）脱扣曲线（C）：保护常规负载和配电线缆 3）额定电流：6A、10A、16A、20A、25A、32A、40A、50A、63A 4）额定剩余电流：30mA 5）可检测剩余电流类型 C：AC 类 6）额定电压：AC230/400V 7）脱扣特性：C 8）额定剩余动作电流：30mA，AC 类 9）极数：1P+N/2/3/4p 10）接线：6～32A，适用于 25mm² 及以下导线；40～63A，适用于 35mm² 及以下导线	

▶攻略 151　微型漏电保护器的漏电附件动作时间是多少？

答：微型漏电保护器的漏电附件动作时间，一般最大动作时间小于 0.3s，有的产品基本上可以做到 0.06s。

▶攻略 152　怎样选择断路器？

答：选择断路器的方法如下：

1）配电线路、电动机、家用等过电流保护断路器，因保护对象的承受过载电流的能力不同，所以，选用断路器的保护特性也不同。

2）配电保护型的断路器瞬动整定电流一般为 $10I_n$（误差为±20%）。

3）电动机保护型的断路器瞬动整定电流一般为 $12I_n$。一般设计时，I_n 可以等于电动机的额定电流。

4）在实践中，最容易混淆的是电动机负载保护用的断路器错误选为配电保护型或家用保护型。

5）小型断路器（MCB）也有电动机保护型。

6）以前家庭总开关常见的刀开关配瓷插熔断器已不再使用在现代家居中。

7）家庭使用的断路器常见的有 DZ 系列，DZ 系列常见的型号/规格有 C16、C25、C32、C40、C60、C80、C100、C120 等规格，其中 C 表示脱扣电流（即起跳电流）。

8）一般安装 6 500W 热水器要用 C32（C32 表示脱扣电流为 32A）。

9）安装 7 500W、8 500W 热水器要用 C40 的断路器。

10）家居中的断路器选择原则是总最大、照明小、插座中、空调器大的原则选择：配电箱总开关一般选择双极 32～63A 小型断路器或隔离开关；照明回路一般 10～16A 小型断路器；插座回路一般选择 16～20A 的漏电保护断路器；空调器回路一般选择 16～25A 小型断路器。

11）现代家居选择漏电保护装置，可以选择双极或 1P+N（相线+中性线）断路器，当线路出现短路或漏电故障时，立即切断电源的相线与中性线，从而确保人身与用电设备安全。

▶ 攻略 153　怎样选择断路器的短路分断能力？

答：断路器的短路分断能力的选用原则为：断路器的短路分断能力应不小于线路的预期短路电流。

▶ 攻略 154　怎样选择四极断路器？

答：四极断路器的选择方法如下：

1）有双电源切换要求的系统必须选用四极断路器，以满足整个系统的维护、测试、检修时的隔离需要。

2）住宅每户单相总开关需要选用带 N 极的二极开关，也可以用四极断路器。

3）剩余电流断路器必须保证所保护的回路中的一切带电导线断开。所以，对具有剩余电流断路要求的回路，均需要选择带 N 极（如四极）的断路器。

4）四极塑料外壳式断路器的类型见表 2-60。

表 2-60　四极塑料外壳式断路器的类型

类　型	说　明
断路器的 N 极不带过电流脱扣器，N 极与其他三个相线极一起合分电路	适用于中性线电流不超过相线电流的 25%的正常状态，变压器联结组标号为 Yyn0
断路器的 N 极不带过电流脱扣器，N 极始终接通，不与其他三个相线极一起断开	适用于中性线电流不超过相线电流的 25%的正常状态，变压器联结组标号为 Yyn0，适用于 TN_C 系统（PEN 线不允许断开）
断路器 N 极带过电流脱扣器，N 极与其他三个相线极一起合分电路	适用于三相负载不平衡，且负载中有大量电子设备（谐波成分很大），导致 N 线的电流等于或大于相线电流，N 线过载而无法借助三个相线的过电流脱扣器的动作来切断过载故障的情况
断路器的 N 极带过电流脱扣器，N 极始终接通，不与其他三个相线极一起断开	适用于三相负载不平衡，且负载中有大量电子设备（谐波成分很大），导致 N 线的电流等于或大于相线电流，N 线过载而无法借助三个相线的过电流脱扣器的动作来切断过载故障的情况，适合 TN_C 系统

（续）

类 型	说 明
断路器的 N 极装设中性线断线保护器，N 极与其他三个相线极一起合分电路	适合于在中性线断线时，切断三相及中性线以保护单相设备避免损毁与间接触电事故的发生
断路器的 N 极装设中性线断线保护器，N 极始终接通，不与其他三个相线极一起断开	适合于在中性线断线时，切断三相及中性线以保护单相设备避免损毁与间接触电事故的发生，适合于 TN_C 系统

➤ 攻略 155　1P、2P 断路器与 DPN 断路器有什么区别？

答：1P 断路器就是相线进断路器，零线不进。2P 断路器是双进双出，相线与零线都进断路器，切断时相线与零线同时切断。但是，2P 断路器的宽度比 1P 与 DPN 断路器要宽一倍。DPN 断路器是相线与零线同时进断路器，切断时相线与零线同时切断。可见，DPN 断路器比 1P 断路器安全性要高一些。

➤ 攻略 156　两室一厅的房屋怎样选择断路器？

答：两室一厅的房屋选择断路器的类型与应用见表 2-61。

表 2-61　两室一厅的房屋选择断路器的类型与应用

型 号	用 途	型 号	用 途
2P 40A 带漏电	总开关用	DPN 20A	厨房插座用
DPN 16A	照明用	DPN 20A	卫生间插座用
DPN 16A	卧室空调插座用	DPN 20A	客厅柜式空调用
DPN 20A	客厅/卧室插座用		

➤ 攻略 157　断路器与漏电保护断路器、剩余电流断路器有什么不同？

答：漏电保护断路器的机械动作、灭弧方式与断路器的类似。不过，漏电保护断路器保护的主要是人身，因此，其一般动作值是毫安级。漏电保护断路器与断路器动作检测方式不同，漏电保护断路器用的是剩余电流保护装置，所检测的是剩余电流，也就是被保护回路内相线与中性线电流瞬时值的代数和。漏电保护断路器动作电流只需躲开正常泄漏电流值即可。断路器是纯粹的过电流跳闸。

常见的带漏电保护装置的断路器当漏电电流超过 30mA 时，漏电附件自动拉闸，保护人体安全。

剩余电流断路器只有漏电保护功能，漏电保护断路器有短路保护、过载保护、漏电保护三重功能。

➤ 攻略 158　小型断路器的应用是怎样的？

答：部分小型断路器的应用见表 2-62。

表 2-62　部分小型断路器的应用

名 称	说 明
NDB2T-63 系列小型断路器	适用于 50Hz/60Hz，额定工作电压为 400V，额定工作电流到 125A 的电路中作线路、设备的过载、短路保护、隔离开关使用

（续）

名　　称	说　　明
NDB2Z-63 系列小型断路器	适用于直流电流，额定电压到 440V，额定电流到 63A 的电路中作线路、设备的过载、短路保护、隔离开关使用。

▶**攻略 159　怎样为空调器选择断路器？**

答：为空调器选择断路器的方法与要点如下：

1）首先明白空调器的功率大小，例如：

1P=735W≈750W；

1.5P=1.5×750W=1 125W；

2P=2×750W=1 500W；

2.5P=2.5×750W=1 875W 等。

2）然后根据 3 倍功率除以 220V，所得电流数值就是选择断路器的安培数。

3）举例：3P 空调器应选择多少安的断路器（220V 电源电压）？

750W×3P=2 250W；

2 250W×3 倍（冲击电流）=6 750W；

6 750W÷220V=30.68A≈32A；

所以选择 32A 的断路器。

▶**攻略 160　怎样安装小型断路器？**

答：小型断路器的安装操作方法如下：断路器需要垂直安装，断路器的上端一般为进线端，下端为出线端。推动手柄到 I 位置，一般为断路器的闭合状态；推动手柄到 O 位置，断路器为断开状态。

▶**攻略 161　家装电施工有哪些基本原则？**

答：家装电施工的基本原则如下：

1）家装电施工布线时，应遵循走顶不走地，顶不能走，考虑走墙，墙也不能走，才考虑走地。走顶的线在吊顶或石膏线里，即使出了故障，检修也方便。

2）管内导线总截面积要小于保护管截面积的 40%。

3）ϕ20 的电线管内最多穿 4 根 2.5mm^{2}的线。

4）当布线长度超过 15m 或中间有 3 个弯曲时，在中间应该加装一个接线盒。

5）线管如果需要连接，要用接头，且接头与管要用胶粘好。

6）强弱电的间距应为 30～50cm，以免强电干扰电视、电话。

7）强弱电不能够同穿一根管内。

8）一般情况下，电线线路要与暖气、煤气管道相距 40cm 以上。

9）一般情况下，空调器插座安装应离地 2m 以上。

10）没有特别要求的前提下，插座安装应该离地 30cm 高度。

11）开关、插座面对面板，需要左侧零线，右侧相线。

12）长距离的线管尽量用整根管。

13）如果有线管在地面上，需要保护起来，以防踩裂，影响检修。

14）家庭装修中，电线只能并头连接。

15）接头处采用按压方式，必须要结实牢固。

16）接好的线，要立即用绝缘胶布包好。

17）装修过程中，如果确定了相线、零线、地线的颜色，任何时候，颜色都不能用混了。

18）家里不同区域的照明、插座、空调器、热水器等电路都要分开分组布线。

19）关键电路做完后，一定要检查，并且有一份电路布置图，以免以后检修、墙面修整或在墙上打钉子将电线损坏。

▶**攻略 162　怎样设计客厅电路？**

答：客厅电路设计的方法与要点如下：

1）客厅布线需要考虑多支路线，具体包括电源线、照明线、空调器线、电视线、电话线、计算机线、对讲器或门铃线、报警线、家庭影院线等。

2）客厅各线终端预留分布包括电视柜上方预留电源插座、电视插座、计算机线终端插座、空调器线终端插座（16A 的面板）、照明线开关、音响（音箱、DVD 机、功放机）插座、电暖炉插座、落地台灯插座。

3）单头或吸顶灯，可以采用单联开关。

4）多头吊灯，可以在吊灯上安装灯光分控器，从而可以调节亮度。

5）客厅如果需要摆放电冰箱、饮水机、加湿器等设备，则需要根据摆放位置预留电源口。

6）客厅弱电插座位置确定后，相应的强电插座就确定了。

7）客厅其他墙上，需要根据情况来布置 1～2 个多用插座，作为备用。

8）客厅的插座容量的选择要求，壁挂式空调器需要用 10A 三孔插座，柜式空调器需要用 15A 三孔插座，其他一般电器可以选择 10A 的多用插座。

9）客厅需要考虑家庭影院线。

10）彩电、音响的对面如果摆放沙发、茶几，则该部位需要设一个电话插座，一般是沙发边沿处需要预留电话线口。

11）在户门内侧需要预留对讲器或门铃线口，顶部需要预留报警线口。

▶**攻略 163　怎样设计卧室电路？**

答：卧室电路设计的方法与要点如下：

1）卧室布线一般需要 8 支线路，即空调器线、电视线、电源线、照明线、电话线、报警线、背景音乐线、视频共享线。

2）卧室主要的家用电器有电话、电视、空调器、落地台灯、床头台灯、落地风扇、电热毯等。

3）考虑卧室插座布置的关键是确定床的位置。

4）卧室需要预留的各线终端：

① 梳妆台上方需要预留电源线接口。

② 梳妆镜上方需要有反射灯光，因此，在电线盒旁另加装一个开关。

③ 床头柜的上方需要预留电源线接口、电话线接口。

④ 一般双人床都是摆在房间中央，一头靠墙。双人床宽一般是 1.5m、1.8m。双床头柜需要在两个床头柜上方分别预留电源线接口、电话线接口。床头两边需要采用多用电源插座，以供床头台灯、落地风扇、电热毯等用。床头的对面需要设一个有线电视插座、1 组多用电

源插座。靠窗前的侧墙上需要设计一个空调器电源插座。其他地方需要设计一组多用电源插座，供备用。

⑤ 写字台、电脑桌上方或者底下需要安装电源线、电视线、网络线、电话线接口。

⑥ 照明灯光可以采用单头灯、吸顶灯。

⑦ 照明灯光采用多头灯，则需要加装分控器。开关一般需要采用双控开关，一个安装在卧室门外侧，另一个安装在床头柜上侧或床边易操作的部位。

⑧ 空调器线终端接口需要预留，空调器电源插座底边距地为 1.8m，一般选择 10A 三孔插座即可。

⑨ 卧室采用地板下远红外取暖，电源线与开关调节器必须选择 $6mm^2$ 铜线与所需电压相匹配的开关。

⑩ 卧室地板取暖的温控调节器不可用普通照明开关控制。

⑪ 报警线在顶部位置需要预留线口。

⑫ 卧室需要预留视频共享端口，从而实现卧室或其他房间共享客厅 DVD 影视大片。

⑬ 卧室需要预留背景音乐线口，从而实现卧室或其他房间共享客厅的 DVD 或 CD、MP3、TV 等音乐。

⑭ 普通插座选择 10A 五孔多用插座即可。

▶攻略 164　怎样设计走廊、门厅电路？

答：走廊、门厅电路设计的方法与要点如下：

1）走廊、门厅布线一般需要 2 支线路：电源线、照明线。

2）电源终端接口需要预留 1～2 个。

3）灯光需要根据走廊长度、面积来定。如果走廊狭窄，只能安装顶灯、透光玻璃顶。如果走廊较宽可以考虑安装顶灯、壁灯。

4）走廊、门厅也可以考虑人体感应灯，从而实现人来灯亮、人走灯灭。

▶攻略 165　怎样设计厨房电路？

答：厨房电路设计的方法与要点如下：

1）厨房布线一般需要 4 支线路：电源线、照明线、电话线、背景音乐线。

2）电源线一般需要选用 $4mm^2$ 线。

3）厨房的家用电器主要有电冰箱、电饭煲、排气扇、消毒柜、电热水器、电烤箱、微波炉、洗碗机、壁挂式电话机、抽油烟机、食品加工机等设备。此外，还要考虑厨房设备的更新。

4）根据厨房布置大样图，确定好污水池、炉台、切菜台的位置，才有利于厨房电路的设计。

5）根据要求在不同部位应预留好电源接口，并且要有富余的电源接口，供以后增添设备用。

6）电源接口距地不得低于 50cm，以免受潮湿发生短路。

7）照明灯光的开关，一般安装在厨房门的外侧。

8）炉台侧面布置一组多用插座，以供排气扇用。

9）切菜台上方位置一般需要均匀布置 4 组五孔插座。

10）厨房插座要选用带开关的防溅保护型插座，容量一般选择 10A/250V 即可。

11）厨房插座底边距地一般为 1.2～1.4m。

12）厨房设计一个电话机，方便使用。

13）布上背景音乐线，轻松做饭。

▶攻略 166　怎样设计餐厅电路？

答：餐厅电路设计的方法与要点如下：

1）餐厅布线一般需要 4 支线路：电源线、照明线、空调线、电视线。

2）电源线需要预留 2～3 个电源接线口。

3）灯光照明最好选用暖色光源，开关一般选在门内侧。

4）空调需要根据要求预留接口。

5）餐厅需要预留电视接口、网络接口、音响接口、电话接口。

▶攻略 167　怎样设计卫生间电路？

答：卫生间电路设计的方法与要点如下：

1）卫生间布线一般有 5 支线路，即电源线、照明线、电话线、电视线、背景音乐线。

2）电源线一般选用 $4mm^2$ 线。

3）考虑电热水器、电加热器等大电流设备，电源线接口最好安装在不易受到水浸泡的部位。可以设计在电热水器上侧，或在吊顶上侧。

4）浴霸开关一般放在室内。

5）卫生间照明灯光、镜灯开关，一般放在门外侧。

6）排气扇一般选择 10A 多用插座即可。

7）电热水器一般选择 16A 三孔插座即可。

8）插座尽量远离淋浴器，并且采用防溅型插座。

9）在相对干燥的地方预留一个电话接口，最好选在坐便器附近。

10）电话接口需要注意选择防水型的。

11）电话机插座底边距地一般为 1.4m。

12）如果条件允许则可以在墙壁装上个小液晶电视或背景音乐，以便边泡热水澡边看电视或听音乐。

▶攻略 168　怎样设计书房电路？

答：书房电路设计的方法与要点如下：

1）书房布线一般有 8 支线路：电源线、照明线、电视线、电话线、网络线、空调器线、报警线、背景音乐线。

2）书房内一般有写字台、计算机台，在台面上方一般要装电源线、网络线、电话线、电视终端接口。有的在写字台、计算机下方安装电源插口。

3）多头照明灯一般需要增加分控器，开关可以安装在书房门内侧。

4）报警线一般在顶部需要预留接线口。

5）书房是学习的地方，也可以兼作健身锻炼、享受音乐用。因此，除了一些主要家用电器计算机、电话、打印机、传真机、空调器机、台灯外，还有一些健身器具、音乐设备等，布线时应考虑。

6）书房的布局一般是把书桌摆在窗前，因此，窗前墙一边需要布置有线电视插座、网络插座、电话插座、电视电源插座以及电源多用插座（供计算机、传真机、打印机电源用）。

7）窗前的侧面墙上需要布置一个壁挂式空调器插座。

8）其他适当的位置需要布置1～2组多用插座，以供健身器具等设备使用。

▶攻略 169　怎样设计洗涤间电路？

答：家装洗涤间电路设计的方法与要点如下：

1）洗涤间是人们洗脸、刷牙、梳头、洗衣的地方，比较潮湿，因此，插座需要采用防潮湿的。

2）洗涤间主要家用电器有洗衣机、电吹风等。

3）需要根据给排水的设计确定好洗衣机、洗脸盆的位置，然后根据它们的位置各布置一个多用防溅型插座。

4）插座底边距地一般1.4m，容量一般选择10A的即可。

▶攻略 170　怎样设计阳台电路？

答：阳台电路设计的方法与要点如下：

1）阳台布线一般需要4支线路：电源线、照明线、网络线、背景音乐线。

2）电源线终端需要预留1～2个接口。

3）阳台照明灯光一般设在不影响晾衣物的墙壁上或暗装在挡板下方。

4）阳台照明灯光开关一般装在与阳台门相连的室内，不应安装在阳台内。

5）如果想坐在阳台上网、听音乐、看电视，则需要考虑网络线、背景音乐线的布设。

6）阳台一般安装10A多用插座即可。

7）开关距阳台地面1.4m处安装。

8）阳台主要设备是吸尘器，因此，需要安装供其使用的插座。

2.5　插头、插座与开关

▶攻略 171　什么是电工产品？

答：电工产品又称建筑电气附件，是指向终端用户提供电源电器控制的设备，包括开关插座、断路器、综合布线、安防系统等。狭义的电工产品一般仅指建筑电气附件中的开关、插座。

▶攻略 172　什么是 PC 材料？它的特点是怎样的？

答：PC 材料又称为防弹胶，学名为聚碳酸酯（Polycarbonate）。PC 材料具有强度高、抗冲击性好、抗紫外线照射、不易褪色、耐高温、抗老化能力强、表面光洁细腻。PC 材料又有很多等级。

▶攻略 173　什么是 ABS 材料？它的特点是怎样的？

答：ABS 材料是由丙烯腈、丁二烯、苯乙烯共同组成的一种聚合材料。三种材料的英文为 Acrylonitrile Butadiene Styrene，取它们名称前的字母组合而成即为 ABS。

ABS 材料具有染色性好、阻燃性好、加工工艺比较成熟、韧性差、抗冲击能力弱、使用寿命短、长期使用产品表面会出现裂纹等特点。

攻略 174 什么是尼龙 66？它的特点是怎样的？

答：尼龙是指聚酰胺类树脂构成的塑料，可以分为尼龙 4、尼龙 6、尼龙 7、尼龙 66 等几种。

尼龙 66 又称 PA66，它是尼龙塑料中机械强度最高的一种。但该材料本身有异味、硬度不足、阻燃性差，只有部分产品将该材料用作后座。

攻略 175 什么是锡磷青铜？它的特点是怎样的？

答：锡磷青铜产品代号是 QSn6.5-0.1，其中 6.5 表示锡含量是 6%～7%，0.1 表示磷含量是 0.1%～0.25%，Q 表示青铜，Sn 表示锡。锡磷青铜应用如图 2-32 所示。

采用锡磷青铜，导电性能好，不易发热

锡磷青铜进行抗氧化处理后，载流件表面呈紫红色。其具有耐腐蚀、耐磨损、强度高、导电性能好、不易发热、抗疲劳性能强等特点。

图 2-32 锡磷青铜应用图例

锡磷青铜俗称高精磷铜，有的产品采用了没有加磷的高精铜。高精铜的还原性相对较差、价格相对较低。一般产品的载流件采用的是含黄铜 50% 以上的材料，但黄铜抗疲劳性与强度方面较差。

攻略 176 开关、插座触头的种类与特点是怎样的？

答：开关、插座触头的种类与特点见表 2-63。

表 2-63 开关、插座触头的种类与特点

名　　称	说　　明
纯银触头	纯银触头的特点：①良好的导电性、熔点很低；②在电路中出现较大电流时，产生的电弧容易灼伤触头的表面，以及容易使触头软化；③反复使用后触头表面会出现凹凸不平，减少了触头之间的接触面积，使接触电阻加大
银铬合金触头	银铬合金触头的特点：①较优良的导电性能；②铬金属抗氧化能力不强；③属于有毒金属，长期使用，对使用者及其家人的呼吸道、肝肾有伤害
镀银触头	镀银触头的特点：①镀银触头在表面看来与纯银触头一样，但使用过程中触头的镀银层在高温下会出现软化脱落现象；②表面的凹凸不平，减少了触头间的接触面积，使接触电阻加大
银镍合金触头	银镍合金触头的特点：①银镍合金克服了纯银易氧化、质地软、熔点低、易产生电弧、触头容易因高温而形成针点状等缺陷；②银镍合金触头兼顾了纯银良好的导电性能

攻略 177 银桥的特点是怎样的？

答：银桥的特点见表 2-64。

表 2-64 银桥的特点

名　　称	说　　明
覆银铜带银桥	覆银铜带银桥是将银与加硬纯铜通过先进设备合制而成。银桥是开关通断的关键部件之一。优质的开关一般采用加厚加宽的覆银铜带银桥。加厚加宽的覆银铜带银桥可以满足现代家庭大功率灯具对开关的更高要求
电镀银桥	电镀银桥是在铜材上电镀一层银。镀银层很薄，用小刀或钥匙可以刮掉，使用时间不长会出现严重磨损、严重氧化，造成导电不良

（续）

名　称	说　明
不覆银铜带	不覆银铜带就是在开关上直接采用黄铜作为开关跷板，既不覆银，也不镀银。黄铜铜带相对覆银铜带，导电性更差，影响了银桥的导电与产品使用性能

攻略 178　什么是开关拨杆？它的特点是怎样的？

答：开关拨杆有的是用特殊加硬的尼龙材料制成，具有自润滑、坚硬耐磨、耐高温、良好韧性等特点。

开关拨杆俗称为赛钢，该材料有很多等级，各等级价格有较大差异。

攻略 179　开关插座材料的特点与性能是怎样的？

答：开关插座材料的特点与性能见表 2-65。

表 2-65　开关插座材料的特点与性能

名　称	应　用	特　性	性　能
PC 材料 （聚碳酸酯、防弹胶）	面板	电气强度高、阻燃，耐高温、耐低温、适用于温差大区域、抗冲击性能好、表面颜色均匀、抗氧化	一般开关 ABS 易氧化变色、强度差、高温下易变形
PBT （聚对苯二甲酸丁二（醇）酯）	后座	对比传统绝缘材料没有应力开裂问题	电阻率远大于 PC 材料
锡磷青铜	插座铜片	弹力强、耐疲劳性好	黄铜：软、易变形、长期使用易接触不良 玻青铜：加工成后是软的，经过热处理以后变硬，性能较好 锡青铜：较软 磷青铜：导电性能较差
银氧化镉紫铜复合触头	接插功能件	接触电阻低、允通电流大、导电性能好	银氧化镉材料不容易被烧蚀、粘结、灭电弧性能更佳

攻略 180　插头分为哪几类？

答：插头（见图 2-33）的分类如下：

1）扁插：中国、美国、加拿大、日本等国家常采用该种插头。

2）方插：英国、新加坡、澳大利亚、印度等国家和中国香港地区常采用该种插头。

3）圆插：该种插头主要在欧洲一些国家采用。

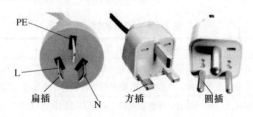

图 2-33　插头

注意：合格的三极插头，接地插脚应比另两极插脚略长。

▶ 攻略 181 电源插座（排插）的特点是怎样的？

答：电源插座（排插）的特点见表 2-66。

表 2-66 电源插座（排插）的特点

项 目	说 明
名称	电源转换器、排插、插板、插线板、电排等
功率参数	常见的功率有 10A/250V～/2 500W、16A/250V～/4 000W
分类	根据控制分为一控多（一个总开关）、一控一（多个开关，一对一单独控制）。根据功能分为带保护开关、不带保护开关、防雷、不防雷等。根据标准分为国标、英标、欧标、美标等

▶ 攻略 182 开关插座的规格型号尺寸是多少？

答：开关插座的规格型号尺寸如下：

1）86 型：外形尺寸为 86mm（长度）×86mm（宽度）；安装孔心距尺寸为 60mm。

2）118 型（横装）：外形尺寸为 118mm（宽度）×70mm（高度）；安装孔心距尺寸为 88mm。

3）120 型（竖装）：外形尺寸为 73mm（宽度）×120mm（高度）；安装孔心距尺寸为 88mm。

4）非常规规格型号的开关插座尺寸具体根据情况来定。

▶ 攻略 183 开关的类别有哪些？

答：开关的类别如下：

1）根据安装方式可以分为明装开关（见图 2-34）、暗装开关、悬吊式、附装式等。

图 2-34 明装开关

2）根据起动方式可以分为翘板开关、拉线开关、旋转开关、推移开关、按钮开关、倒扳开关、触摸开关。

3）根据保护等级可以分为普通 IPX0、防溅开关 IPX4、防喷开关 IPX5 等。

4）根据面板规格可以分为 86 系列、120 系列、118 系列等。

5）根据连接方式可以分为单极、双极、双控、双控换向开关等。

▶ 攻略 184 开关的特点是怎样的？

答：开关的类型与特点见表 2-67。

表 2-67 开关的类型与特点

名 称	说 明
插座带开关	插座带开关可以通过开关控制插座的通断电，开关也可以单独作为开关使用。其多用于微波炉、洗衣机等常用电器处，以及镜前灯处
单控开关	单控开关就是一只开关控制一只灯，两只开关控制不同的两只灯，三只开关控制不同的三只灯，四只开关控制不同的四只灯
调光开关	调光开关就是开关可以通过旋钮调节灯光的强弱。调光开关不能与节能灯、荧光灯配合使用。调光开关与调速开关不能够互换使用。调光开关用来调速容易损坏电动机，而调速开关则用来调光效果会很差
多位开关	多位开关就是几个开关并列在一个面板上，并且各自控制各自的灯。多位开关也称为双联或三联、四联，一开或二开、三开、四开或一位、二位、三位、四位等
普通开关	普通开关有单开开关、双开开关、三开开关等

（续）

名　称	说　明
双控开关	双控开关就是两个开关在不同位置可以控制同一盏灯的通断，常用于客厅、楼梯、卧房等位置。一般没有一个面板上是单控与双控同时存在的，一个面板只能全是单控或全是双控。单控不可当双控用，双控可当单控用
双路换向开关	双路换向开关相当于多控开关，可以在三个地方同时控制一只灯
特殊开关	特殊开关包括遥控开关、声光控制开关、触摸延时开关、人体智能感应开关、声光控开关、遥感开关等，一般用于特殊场合
夜光开关	夜光开关就是开关上带有荧光、微光指示灯，便于夜间寻找位置。带灯开关与荧光灯、吸顶灯配合使用时，有时会有灯光闪烁现象；荧光指示几年以后则会变暗
组装式开关插座	组装式开关插座由可拆卸、可组合的边框、面板等组件组成，可以调换款式、颜色等，拆装方便
多控开关 （中途掣开关）	中途掣开关是通过开关间的并联实现多个开关同时控制一个回路

▶攻略 185　开关的接线方式有哪些？它们的特点是怎样的？

答：开关的接线方式以及它们的特点见表 2-68。

表 2-68　开关的接线方式以及它们的特点

名　称	图　例	说　明
螺钉压线	螺钉压线直接由螺钉端头在导线上旋转挤压	螺钉压线是最早的压线方式。它是由螺钉端头直接在导线上旋转挤压达到连接作用。螺钉压线会压伤、甚至压断导线。使用一段时间后，导线会发热起火，酿成火灾等事故
快速接线	快速压线是靠极薄的弹片压紧导线	快速接线是靠一块很薄的弹片压紧导线。快速接线的弹片的弹力很小，压不紧导线。因弹片的反口，导线往外拔不动，会将导线卡住。导线处于半松动状态，长时间使用后，导线会发热起火
鞍形端子压线	鞍型端子压线粗细线可在同一个接线孔内	粗细线在同一个接线孔里，如果将粗细线缠绕，会导致细线没有压紧。细线处于松动状态，长时间使用后，导线会发热起火，酿成火灾
平行板压线		平行板压线不会自动调整压线角度，也就压不紧细线。细线处于松动状态，长时间使用后，导线会发热起火，酿成火灾
跷板压线	跷板压线自动调整压线角度	跷板压线会自动调整压线角度，不会压伤导线，也能同时压紧粗细线

▶**攻略 186　怎样选择开关?**

答:开关的选择要点如下:

1)选择合格的产品:开关的检测标准为寿命疲劳指标每分钟 30 次,共 30 000 次以上。

2)优质开关一般选用优质抗疲劳弹簧,纯银触头。劣质产品触头采用铅锌。采用银触头的开关导电性能好,很少有拉弧现象。

3)优质开关一般都通过国家认证、国际电工委员会认证、符合英国国家标准等。其中,我国国家标准为 GB,国际电工委员会为 IEC,英国标准为 BS,德国标准为 VDE。

▶**攻略 187　多控开关(中途挚开关)控制原理与接线方式是怎样的?**

答:多控开关(中途挚开关)是通过开关间的并联实现多个开关同时控制一个回路。

多控开关(中途挚开关)的接线特点:第一个中途挚是一进两出,中间的中途挚开关全部是两进两出,最后一个开关是两进一出。

▶**攻略 188　家居什么地方需要用双控或三控开关?**

答:家居采用双控或三控开关的地方如下:

1)卧室:如果在床上看电视,为了可以不起身就可以关灯,双控开关可以解决该问题。

2)厨房与客厅间、比较大的客厅两头、阳台内外两侧等一般需要双控或三控开关。

3)上下楼梯口间等一般需要双控或三控开关。

▶**攻略 189　单控与双控开关可以互相代换用吗?**

答:单控开关只能在一个地方进行开关控制,双控开关可以实现在一个地方开,在另一个地方关,反过来也可以。双控开关后座是三个接线柱为一组,单控开关是两个接线柱为一组。所有的双控开关都可以当做单控使用,但是单控开关不能够替代双控开关使用。

▶**攻略 190　钢架开关的特点是怎样的?**

答:钢架开关的特点如图 2-35 所示。

▶**攻略 191　调速墙壁开关怎样连线?**

答:调速墙壁开关连线图示如图 2-36 所示。

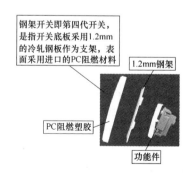

图 2-35　钢架开关的特点

图 2-36　调速墙壁开关连线图示

▶**攻略 192　五孔加双控开关连线有什么特点?**

答:五孔加双控开关的特点是同时具有开关连接的端子、插座连接的端子,如图 2-37 所示。

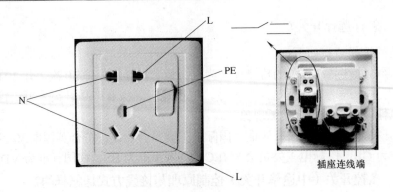

图 2-37 五孔加双控开关

> ➤ **攻略 193 红外感应开关工作原理及应用是怎样的?**

答:红外感应开关是通过高性能的光敏与红外感应探头检测信号然后输送给控制电路,实现对晶闸管或继电器的控制,从而控制负载灯的启动、延时熄灭。红外感应开关适用于楼梯走廊、阳台、车库、地下室等不需要长时间连续照明的场所。

> ➤ **攻略 194 红外感应开关的参数以及怎样选择?**

答:红外感应开关常见的参数有光起控范围,例如有 8~15lx。感应范围有 5~7m(正面)、3~4m(侧面 50°);延时时间如有 25~45s。红外感应开关有的参数是根据需求定做的。

选择红外感应开关需要根据控制的负载来选择,例如可控白炽灯红外感应开关、可控各类负载红外感应开关、可控各类负载带消防应急的红外感应开关等。

> ➤ **攻略 195 声光开关工作原理及应用是怎样的?**

答:声光开关是通过高性能的光敏与声敏器件提供信号给控制电路,实现对晶闸管的控制,从而控制负载灯启动、延时熄灭的一种开关。

声光开关适用于车库、地下室、阳台、楼梯走廊等不需要长时间连续照明的场所。声光延时开关一般只能接白炽灯、卤钨灯、节能灯等灯具。

> ➤ **攻略 196 声光开关的参数以及怎样选择?**

答:声光开关的参数有光起控范围,例如有 8~15lx。声起控范围如有 50~70dB;延时时间如有 25~45s。有的声光开关的参数是根据需求定做的。声光开关有可控白炽灯、可控白炽灯带消防应急、可控各类负载等类型。

> ➤ **攻略 197 轻触延时开关工作原理及应用是怎样的?**

答:轻触延时开关就是通过轻触按键,使负载电路接通,也就是通过集成芯片控制而实现延时功能。负载电路接通时轻触延时开关上指示灯熄灭,负载电路断开时轻触延时开关上的指示灯发光,以方便晚上指示按键位置。轻触延时开关适用于消防通道、车库、走廊、仓库、地下室等不需要长时间照明的室内场所。

> ➤ **攻略 198 轻触延时开关的参数与特点是怎样的?**

答:轻触延时开关的参数与特点:有的轻触延时开关出厂设定延时时间为 25~45s。轻触延时开关的一般特点如下:

1)许多轻触延时开关采用两线制接线。

2）触摸开关安装完全与普通的开关一样，不需要接零线，并且可以方便地进行更换和安装。

3）触摸开关可以适用于市场上所有灯具，包括白炽灯、荧光灯、射灯、节能灯和 LED 灯等。

▶攻略 199　安装触摸开关有哪些注意事项？

答：安装触摸开关的注意事项：①安装、卸装时需要断电；②安装前应确认线路正常；③注意触摸开关控制的灯具是否有特殊要求；④安装、使用时需要防止振动、敲击等；⑤负载不能超过触摸开关的最大的限度；⑥安装与连接图例如图 2-38 所示。

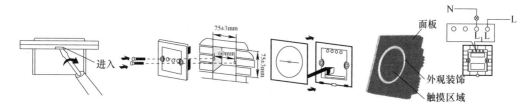

图 2-38　安装与连接图例

▶攻略 200　调光开关与调速开关能否互换使用？

答：调光开关与调速开关不能够互换使用。因为，调光开关用来调速容易损坏电动机，而调速开关用来调光效果很差。

▶攻略 201　什么是插卡取电？它的工作方式是怎样的？

答：插卡取电主要使用在酒店的各类客房中，对房间电源的强制性总控作用，也就是通过插入卡，电源才能够连通的一种控制方式，具体的工作方式见表 2-69。

表 2-69　插卡取电工作方式

方　式	说　明
光电耦合式插卡取电开关	光电耦合式插卡取电开关是通过光耦检测电路、控制电路控制大功率继电器的工作、指示灯的显示状态。其对于卡的类型没有要求
射频式插卡取电开关（磁感应插卡取电开关）	射频式插卡取电开关是由专用 IC 检测电路控制继电器的工作、指示灯的显示状态。常见为与智能门锁为同一张卡
机械式取电开关	机械式取电开关是利用普通拇指型按钮通过插卡来触动拇指型按钮控制线路的通断的一种开关

▶攻略 202　开关接线有什么规定？

答：开关接线的有关规定：电器、灯具的相线需要经开关控制。开关接线时，需要将盒内导线理顺后才能接线，接好线后将盒内导线盘成圆圈，放置于开关盒内。

▶攻略 203　多联开关的连接有什么规定？

答：多联开关的连接的一般规定如下：

1）多联开关是一个开关上有好几个按键，可控制多处灯的一种开关。

2）连接多联开关需要有逻辑标准，或者是根据控制灯的方位前后顺序，一个一个渐远有规律地控制。

3）厨房的排风开关如果要接在多联开关上，可以放在最后一个，中间的控制灯的开关不要跳开。

▶攻略204 开关安装有什么规定?

答：开关安装的有关规定如下：

1）安装在同一建筑物、构筑物内的开关一般需要采用同一系列的产品。

2）开关的位置需要与灯位相对应。

3）同一单位的工程所用跷板开关的开、关方向需要一致。

4）相线需要经开关控制。

5）开关安装的位置需要便于操作，开关边缘距门框的距离一般为 0.15～0.2m；如果没有特殊要求，扳把开关下底距地面高度一般为 1.3m。

6）民用住宅严禁装设床头开关。

7）多尘潮湿场所与户外需要选用防水瓷质拉线开关或加装保护箱。

8）易燃易爆场所，需要采用防爆型开关。

9）潮湿的场所，需要采用密闭型开关。

10）任何场所的窗、镜箱、吊柜上方、管道背后，单扇门后均不应装有控制灯具的开关。

11）家居开关安装高度一般离地 1.4m，并且处于同一高度，相差不能超过 5mm。

12）家居门旁边的开关一般安装在门右边，不能在门背后。

13）家居几个开关并排安装或多位开关，需要将控制电器位置与各开关功能件位置相对应，例如最左边的开关应设计控制相对最左边的电器。

14）家居靠墙、书桌、床头柜上方 0.5m 高度可以安装必要的开关，便于用户不用起身也可控制室内电器。

15）家居厨房、卫生间、露台，开关尽可能不靠近用水区域安装。如果靠近用水区域，则需要增设开关防溅盒。

16）家居厨房灶台上方一定位置，不能安装开关。

17）安装卫生间浴霸开关，需要多留几厘米的位置，因为该开关一般比灯的开关大一圈。

18）暗装开关时，需要将开关盒根据要求埋在墙内。埋设时，可以用水泥砂浆填充，并且注意埋设平正、盒口面应与墙的粉刷层平面一致。

19）先接线再安装开关面板。

20）安装开关面板时需要注意方向与指示。面板上有指示灯的，指示灯一般在上面。

21）开关面板上有产品标记、跷板上有英文字母的不能装反。

22）开关跷板上部顶端有压制条纹或红色标志的应朝上安装。

23）开关跷板或面板上无任何标志的，需要装成跷板下部按下时，开关应处在合闸位置。跷板上部按下时应处在断开位置。

24）开关明装，首先需要采用塑料膨胀螺栓或缠有铁丝的弹簧螺钉将木台固定在墙上，固定木台用螺钉的长度约为木台厚度的 2～2.5 倍，然后在木台上安装开关。木台厚度一般不小于 10mm。

25）开关明装，也可以采用塑料膨胀螺栓直接在墙壁上打孔安装，不需要木台（见图 2-39）。

26）相邻的开关柄，其接通与断开电源的位置需要一致。一般安装成功后，开关往上扳是电路接通，往下扳是电路切断。

图 2-39 开关明装图例

> **攻略 205 开关、插座安装前怎样清理？**

答：开关、插座安装前清理的方法：用钳子将盒内残存的灰块剔掉，用毛刷将其他杂物一并清出盒外。然后用湿布将盒内灰尘擦净。如果导线上有污物也需要一起清理干净。

> **攻略 206 开关插座面板有哪些类型？它们的特点是怎样的？**

答：开关插座面板的类型以及它们的特点见表 2-70。

表 2-70 开关插座面板的类型以及它们的特点

名　　　称	说　　　明
86 型	86 型面板的尺寸为 86mm×86mm 或类似尺寸，安装孔中心距为 60.3mm。其可以配套一个单元、二个单元或三个单元的功能件
120 型	120 型常见的模块以 1/3 为基础标准，也就是在一个竖装的标准 120mm×74mm 面板上，能够安装 3 个 1/3 标准的模块。模块根据大小分为 1/3、2/3、1 位三种 120 型开关的外形尺寸有两种，一种为单连 74mm×120mm，可配置一个单元、二个单元或三个单元的功能件；一种为双连 120mm×120mm，可配置四个单元、五个单元或六个单元的功能件
118 型	118 型常见的模块以 1/2 为基础标准，也就是在一个横装的标准 118mm×74mm 面板上，能够安装两个 1/2 标准模块。模块根据大小分为 1/2、1 位两种。目前，120 型、118 型模块有逐渐通用的趋势
146 型	146 型面板的尺寸一般为 86mm×146mm 或类似尺寸，其安装孔中心距为 120.6mm
空白面板	空白面板是用来封闭墙上预留的查线盒、弃用的墙孔或者暂时没有开关插座面板的临时保护面板

> **攻略 207 一般开关插座的实物是怎样的？**

答：一般开关插座的实物见表 2-71。

表 2-71 一般开关插座的实物

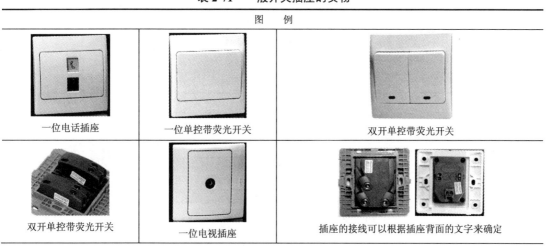

图　　　例		
一位电话插座	一位单控带荧光开关	双开单控带荧光开关
双开单控带荧光开关	一位电视插座	插座的接线可以根据插座背面的文字来确定

（续）

图 例

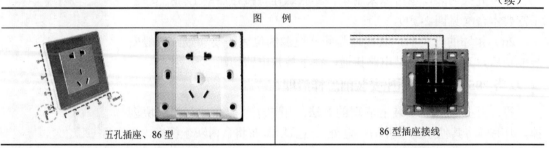

五孔插座、86 型　　　　　　　　　　　　86 型插座接线

▶攻略 208　插座的类别有哪些?

答：插座的类别如下：

1）根据保护外壳可以分为有外壳式插座、无外壳式插座。

2）根据安装方式可以分为明装式插座、暗装式插座、移动式插座、台式插座、地板暗装式插座。

3）根据保护门可以分为有保护门插座、无保护门插座。

▶攻略 209　插座有哪些种类?

答：插座的种类见表 2-72。

表 2-72　插座的种类

名　称	说　明
固定式插座	用于与固定布线连接的插座
移动式插座	连接到软缆上或与软缆构成整体的、并且在与电源连接时易于从一个地方移到另一个地方的插座
多位插座	两个或多个插座的组合体
器具插座	装在电器中的或固定到电器上的插座
可拆线插头、可拆线移动式插座	结构上能更换软缆的电器附件
不可拆线插头、不可拆线移动式插座	在结构上与软缆形成一个整体的电器附件

注：家居墙面插座属于固定式插座。排插不带电源线和插头叫移动式插座，带插头形成整体就叫做转换器。

▶攻略 210　一般插座的特点是怎样的?

答：一般插座的特点见表 2-73。

表 2-73　一般插座的特点

名　称	说　明
10A 插座	10A 插座可以满足家庭内普通电器用电限额
146 型开关插座	146 型开关插座宽比普通 86 开关插座多 60mm。146 型开关插座面板需要配 146 暗盒才能安装
16A 插座	16A 插座可以满足家庭内空调器或其他大功率电器的需要。10A 的三孔插座与 16A 的三孔插座的插孔距离与大小不一样，使用普通的插头不能插入 16A 的插座，使用 16A 的插头不能插入 10A 的普通插座
串接式电视插座	串接式插座相当于一分二，一根总线出来，面板本身是一路，可以再串接一路到其他房间。如一根总线到客厅，还可再串一路到房间

（续）

名　称	说　明
带开关插座	控制插座通断电，方便使用，不要拔来拔去，也可以单独作为开关使用。多用于常用电器处，如微波炉、洗衣机，单独控制镜前灯等
地插	地插根据外形可以分为圆形地插、方形地插。根据开启方式可以分为弹起式地插、平推式地插、螺旋式地插。根据面板材质可分为铜质地插、不锈钢地插 1）有的方形面地脚插尺寸为 120mm×120mm，高 50mm 2）有的圆形面地脚插尺寸直径为 150mm，高 50mm 3）有的地插底盒为铁质品，尺寸为 100mm×100mm，深度 50mm 地插底盒也有方形面、圆形面等
计算机节能插座	计算机节能插座能够实现一键开机、一键关机、定时关机、鼠标关机、键盘关机等功能
电视节能插座	每个插座可实现电视的一键开机、一键关机。电视机关机的同时能够关闭机顶盒、DVD、音箱、功放、室外天线放大器、卫星电视接收机等设备
多功能三孔插座	多功能三孔插座是一种既可以插 3 个插头，又可以插 2 个插头的插座
防雷保护插座	通过内置防雷器件，当电路遭遇雷击时，瞬间切断电源，并且能够将其电流导入大地，从而达到保护用户安全、用电器的安全
防水插座	防水插座是一个插座上面装一个防水盒
过载保护插座	为了保障用户的人身安全、财产安全，通过内置一个电流过载保护器，当插座上的电流超过额定电流时，会自动切断电源，从而达到保护用电器的安全的目的，同时防止了电源火灾的产生
宽频电视插座	宽频电视插座（5~1 000MHz）适应一些小区高频有线电视信号，其外形与普通电视插座相近，但对抗干扰能力要求更高、频带覆盖范围也更宽。串接式电视插座（即电视分支）是电视插座面板后带一路或多路电视信号分配器
普通电源插座	普通电源插座是连接电源到电器，使电器能导通电源的一种设备。普通电源插座只具备导通电源的功能，没有其他辅助性功能
三孔插座	三孔插座有 10A 插座、16A 插座、带开关插座、不带开关插座。家居最常用的插座是五孔插座。带开关的三孔插座上的开关可以控制三孔的电源，也可以用作照明开关使用
信息插座	信息插座也叫做弱电插座，常见的有电话插座、网络插座、电视插座等信号源接入插座。信息插座后端的接插模块不同质量也有差异
专用插座	专用插座有英式方孔、欧式圆脚、美式电话插座、带接地插座等

➤ 攻略 211　插座保护门的应用、规定是怎样的？

答：插座保护门主要用于预防外部金属意外插入插座孔内造成的漏电事故。

国家电气标准规定，安装高度在 1.8m 以下的插座，需要采用有保护门的安全插座。也就是说，家居使用的插座一般都应该具有保护门的插座。

➤ 攻略 212　怎样判断插座保护门的好坏？

答：插座保护门是设在插座插口内，一般可以通过目测来判断质量好坏。优质插座保护门一般采用黑色尼龙 66 材料制作，质量较差的保护门可能采用 ABS 等材料。另外，劣质材料的插座保护门可能因插脚反复刮擦造成保护门上出现划痕，增加了插头插入的难度。

有的插座有保护门，但是用螺钉旋具或钥匙仍可以插入，也就是说，存在保护门设计不合理的插座。较好的插座保护门具有防单极插入设计。

防单极插入设计就是两极插头，只有两个插脚同时插入才能将保护门顶开。三极插头的防单极插入一般有两种情况：

1）接地极无保护门，相、零两极也要同时插入才能顶开保护门。

2）三极都有保护门，接地插脚顶开保护门时，相、零两极保护门才会打开。

▶攻略 213　怎样选择插座？

答：插座的选择要点如下：

1）选择合格的产品。插座的检测标准：寿命疲劳指标，每分钟 30 次，共 5 000 次。

2）优质插座后部为塑料阻燃，绝缘性能好，机械性能好。

3）优质插座的弹片一般采用锡磷青铜片经先进工艺加工而成，弹力持久、受力平稳插拔力均匀、插拔顺畅。

4）优质 16A 插座铜片一般用厚度为 0.6mm 以上铜片制作，不会因电阻的变化导致铜片过热，烧坏插座表面。

5）插座与插头应相互配合良好，松紧度适宜，插入与拔出轻松自然。

6）三极插座插头的拔出力约在 3.5kg 左右（用检测规测试），二极插座的插头拔出力在 3kg 左右。

7）带保护门的插座不允许插头插入时有过紧、卡死等现象。

▶攻略 214　插座接线的规则是怎样的？

答：插座接线的规则为左零右相上接地，即面对三孔插座正面，左面一个插孔接零线，右边插孔接相线，上边的插孔接地线。如果是两孔插座，通常为左边接零线，右边接相线。

有的插座在接线孔旁边有标记指示，即 N 为零线、L 为相线、E 或者 PE 为地线。

▶攻略 215　住宅电气插座总的设计思路是怎样的？

答：住宅电气插座总的设计思路如下：

1）现代住宅中插座的选型、布置位置、数量、安装高度都直接关系到住户今后的使用效果。

2）现代住宅是由客厅、卧室、书房、洗涤间、卫生间、厨房、餐厅、阳台等组成。需要明确住宅中各个房间主要功能、使用哪些家用电器，然后根据建筑平面图，考虑住户的需求以及以后的扩充去设计布置。

▶攻略 216　家居装修需要在哪些地方预留插座？

答：家居装修需要留插座的地方如下：

1）厨房需要留插座的有抽油烟机的插座、饮水机的插座、电冰箱的插座、橱柜台面上方留插座、方便小家电使用的插座（例如电饭锅、烤箱等）。

2）卫生间需要留插座的有洗衣机插座、热器插座、电热水器插座、镜子旁边的插座（方便男士刮胡刀的充电）。

3）卧室里床头两侧应设置电源插座，此外还应设置电话插座、网线插座、空调器插座、有线电视插座等。

▶ 攻略 217　家装插座选型要求是怎样的？

答：插座的选型要求：保证安全、可靠。选择的耐压值、载流量、插座铜片的张拔力、绝缘等级等均要达到要求的，并且还要选择带安全门的。

▶ 攻略 218　插座接线有什么规定？

答：插座接线的有关规定如下：

1）单相两孔插座有横装、竖装两种。

2）横装时，面对插座的右极接相线，左极接零线。

3）竖装时，面对插座的上极接相线，下极接零线。

4）单相三孔及三相四孔的接地或接零线均在上方。

5）交、直流或不同电压的插座安装在同一场所时，需要有明显的区别，并且其插头与插座要配套，均不能互相代用。

6）接线时，先将盒内甩出的导线留出 15～20cm 的维修长度，然后削去绝缘层，再将线芯接到插座的接线柱上。

7）配电回路中的各种导线连接，均不得在插座的端子处以套接压线方式连接其他支路。

▶ 攻略 219　怎样选择空调器插座？

答：空调器插座的选择方法如下：

1）空调器插座一般只有三孔或者三孔带开关的插座。

2）1P 的空调器可以选择 10A 的插座。

3）1～1.5P 单冷空调器可以选用 10A、16A 三扁插座。

4）1.5P 冷暖型空调器必须选用 16A 三扁插座。

5）1.5～2.5P 的空调器可以选择 16A 的三扁插座。

6）16A 的三孔插座可以满足家庭用的一般空调器。

7）2.5～3P 的柜式空调器需要选择 20A 的插座。

8）大于 3P 的空调器，则需要选择 25A 三相四线插座或者使用断路器直接控制。

9）空调器配置多大电流的插座可以根据空调器的插头标示来配置。

10）空调器插座最好采用带开关的插座，条件允许还应选择带指示灯、带开关的插座产品。2.5P 及以上空调器还应在插座前串接大电流双极开关或 MCB（微型断路器）单独进行控制。空调器不工作情况下把开关处于断开状态。长时间外出不使用空调器时应将插座拔掉。

▶ 攻略 220　怎样配置家庭开关插座？

答：家庭开关插座的配置见表 2-74（供参考）。

表 2-74　家庭开关插座的配置

名　称	说　明
餐厅	应用场所： 1）餐边柜：三孔插座若干个（饮水机等）、电视插座、6 孔电源插座（电视+DVD+机顶盒） 2）地面插座：火锅 开关插座种类： 1）双联开关：1 个（餐厅顶灯、厨房顶灯） 2）一开 3 孔插座：1 个（电冰箱） 3）16A 三孔电源插座：空调器专用 4）5 孔插座：1 个（备用插座）
厨房	应用场所： 1）灯开关 2）电冰箱、燃气热水器（电热水器）、抽烟机、排风扇等，均为 3 孔插座 3）电饭煲、消毒柜、微波炉、电烤箱（16A）、备用若干，均为带开关 3 孔插座 开关插座种类： 1）3 孔插座：3 个（油烟机 1 个、备用插座 2 个） 2）一开 3 孔 10A 插座：2 个（小厨宝、微波炉） 3）一开 3 孔 16A 插座：2 个（电磁炉、烤箱） 4）5 孔插座：3 个（电饭锅 1 个、备用插座 2 个） 5）一开 5 孔插座：1 个
次卫生间	1）单联开关：1 个（卫生间顶灯） 2）防水盒：1 个（吹风机） 3）一开 5 孔插座：1 个（吹风机）
次卧室	1）双控开关：2 个（次卧室顶灯） 2）5 孔插座：3 个（2 个床头灯、备用插座） 3）3 孔 16A 插座：1 个（空调器） 4）电话网线插座：1 个
儿童房	1）门口：灯开关（双控） 2）写字台旁：三孔插座若干（台灯、计算机）、电话+网线 3）16A 空调器：专用三孔电源插座 4）床旁边：五孔插座（台灯+备用电源）、卧室灯开关（双控）
客厅	应用场所： 1）电视机旁：闭路电视、6 孔电源（电视+DVD+机顶盒）+备用若干个 2）茶几旁：电话+网线插座、五孔插座（台灯+备用电源） 3）门口：三连开关（客厅、餐厅、玄关灯光） 开关插座种类： 1）双控开关：2 个（客厅顶灯，有的客厅距入户门较远，每天关灯要跑到门口，所以选择双控开关） 2）单联开关：1 个（玄关灯） 3）16A 的 3 孔插座：1 个（空调器） 4）20A 四孔电源插座：1 个（柜式空调器） 5）5 孔插座：7 个（电视、饮水机、DVD、备用插座等） 6）电话网线插座：1 个 7）电视有线插座：1 个

（续）

名　称	说　明
书房	应用场所： 1）门口：灯开关 2）写字台旁：三孔插座若干（台灯、计算机）、电话+网线 开关插座种类： 1）单联开关：1个（书房顶灯） 2）16A 的 3 孔插座：1个（空调） 3）5 孔插座：3个（台灯、计算机、备用插座） 4）电话网线插座：1个
卫生间	应用场所： 1）座便旁：带防水盒三孔插座 2）脸盆旁：带防水盒 3 孔+5 孔（洗衣机、剃须专用插座、备用小家电插座） 开关插座种类： 3）孔插座：2个（浴霸、电热水器）
卧室	1）门口：卧室灯开关（双控） 2）床旁边：五孔插座（台灯+备用电源）、电话（+网线）、卧室灯开关（双控） 3）梳妆台旁：五孔插座（吹风机） 4）电视机旁：闭路电视、6 孔电源（电视+DVD+机顶盒） 5）16A 空调专用三孔电源插座
阳台	1）单联开关：1个（阳台顶灯） 2）5 孔插座：1个（备用插座）
主卫生间	1）单联开关：1个（卫生间顶灯） 2）16A 的一开三孔：1个（热水器） 3）一开 5 孔插座：1个（洗衣机、吹风机） 4）防水盒：2个（洗衣机、热水器）
主卧室	1）双控开关：2个（主卧室顶灯） 2）3 孔 16A 插座：1个（空调） 3）5 孔插座：4个（两个床头灯、电视预留、备用插座） 4）有线电视插座：1个 5）电话网线插座：1个
走廊	1）双控开关：2个（走廊顶灯，如果走廊不长，可以改为单开的） 2）白板：10个

注：墙上所有的开关插座，如果用不到可以不装，但是需要装白板，不得堵上，为日后检修用

▶攻略 221　插座安装有什么规定？

答：插座安装的有关规定如下：

1）插座安装的高度需要符合相关的规定，当没有规定时，需要符合常规的要求。

2）暗装用插座距地面一般不应低于 0.3m。

3）特殊场所暗装插座一般不应小于 0.15m。

4）儿童活动场所需要采用安全插座。如果采用普通插座时，其安装高度不应低于 1.8m。

5）插座上方有暖气管时，其间距应需要大于 0.2m。下方有暖气管时，其间距应需要大

于 0.3m。

6）为避免交流电源对电视信号的干扰，电视馈线线管、插座与交流电源线管、插座间需要有 0.5m 以上的距离。

7）落地插座需要有牢固可靠的保护盖板。

8）潮湿场所，需要采用密封良好的防水防潮插座。

9）易燃、易爆气体及粉尘的场所需要装设专用插座。

10）电源插座的布置需要根据室内家用电器与家具的规划位置进行，并且与建筑装修风格配合。

11）家居电源插座需要安装在不少于两个对称墙面上，每个墙面两个电源插座间水平距离不宜超过 2.5～3m，距端墙的距离不宜超过 0.6m。

12）洗衣机专用插座距地面 1.6m 处安装，最好带指示灯与开关的。

13）空调器需要采用专用带开关电源插座。

14）分体式空调器电源插座需要根据出线管预留洞位置在距地面 1.8m 处设置。

15）窗式空调器电源插座需要在窗口旁距地面 1.4m 处设置。

16）柜式空调器电源插座需要在相应位置距地面 0.3m 处设置。柜式空调器需要预留 16A 电源插座。

17）设有有线电视终端盒、电脑插座的房间，在有线电视终端盒、电脑插座旁至少需要设置两个五孔组合电源插座，并且电源插座距离有线电视终端盒、网络插座的水平距离应不小于 0.3m。

18）客厅插座需要根据装修布置图布置插座，并且保证每个主要墙面都有电源插座。如果墙面长度超过 3.6m 需要增加插座数量，墙面长度小于 3m，电源插座可在墙面中间位置设置。

19）客厅有线电视终端盒、网络插座旁需要有电源插座，并且也需要空调器电源插座。

20）客厅可以采用带开关的电源插座。

21）厨房需要根据装修的布置，在不同的位置、高度设置多个电源插座以满足不同电炊具设备的需要。

22）厨房抽油烟机插座，一般距地面 1.8～2m。

23）厨房电热水器需要选用 16A 带开关三线插座，并且在热水器右侧距地 1.4～1.5m 安装，注意不要将插座设在电热器上方。

24）厨房其他电炊具的电源插座在吊柜下方或操作台上方间，插座需要采用带电源指示灯与开关的。

25）厨房内设置电冰箱时需要设专用的插座，一般距地 0.3～1.5m。

26）阳台需要设置单相组合电源的插座，一般需要距地面 0.3m。

27）卫生间内严禁在潮湿处（如淋浴区、澡盆附近）设置电源插座，其他区域设置的电源插座需要采用防溅式。

28）卫生间有外窗时，需要在外窗旁预留排气扇接线盒或插座，由于排气风道一般在淋浴区或澡盆附近，所以接线盒或插座应距地面 2.2m 以上。

29）在盥洗台镜旁设置美容用的剃须用电源插座，距地面 1.5～1.6m 安装。

30）距淋浴区、澡盆外沿 0.6m 外预留电热水器插座、洁身器用电源插座。

31）在盥洗台镜旁设置美容用的剃须用电源插座应选择带开关与指示灯的插座。

32）卧室需要保证两个主要对称墙面均有组合的电源插座。

33）卧室床端靠墙时床的两侧需要设置组合的电源插座，并且有空调器电源插座。

34）卧室有线电视终端盒、电脑插座旁需要设有两组组合的电源插座。

35）单人卧室可以只设计算机用电源插座。

36）书房除放置书柜的墙面外，需要保证两个主要墙面均设有组合的电源插座，并且设有空调器电源插座、计算机电源插座。

37）家居露台插座距地一般在 1.4m 以上，并且尽可能避开阳光、雨水所及范围。

38）暗装插座时，需要将插座盒根据要求埋在墙内。

39）先接线再安装插座面板。

40）插座明装，首先需要采用塑料膨胀螺栓或缠有铁丝的弹簧螺钉将木台固定在墙上，固定木台用螺钉的长度约为木台厚度的 2～2.5 倍，然后在木台上安装开关。木台厚度一般不小于 10mm。

41）插座明装，也可以采用塑料膨胀螺栓直接在墙壁上打孔安装，不需要木台（见图 2-40）。

图 2-40　插座明装图例

42）不同电源或电压的插座应有明显区别。

▶ **攻略 222　家居开关插座常见高度（高差）是多少?**

答：家居开关插座常见高度（高差）见表 2-75。

表 2-75　家居开关插座常见高度（高差）

项　目	高　度	项　目	高　度
扳把开关距地面的高度	1.4m	拉线开关距顶板距离（层高小于 3m 时）	不小于 100mm
扳把开关距门口	150～200mm	拉线开关相邻间距	不小于 20mm
厨房功能插座离地高	110cm	明装插座离地面安装高度	1.3～1.5m
电冰箱的插座距地面	150～180cm	欧式脱排位置	一般适宜于纵坐标定在离地 220cm，横坐标可根据吸烟机本身左右长度的中间来考虑
电源开关离地面	一般为 120～135cm	视听设备、台灯、接线板等的墙上插座	一般距地面 30cm
接线开关距门口	150～200mm	同一室内的电源、电话、电视等插座面板应在同一水平标高上，高差要求	应小于 5mm
开关、插座距门口	15～20cm	洗衣机的插座距地面	120～150cm
开关边缘距门框边缘的距离	0.15～0.2m	一般暗装插座离地面	0.3m
空调、排气扇等的插座距地面	190～200cm	一般开关距地	1.4m
拉线开关距地面高度	2～3m	电视墙插座	1.1m

▶ **攻略 223　插座的保护措施有哪些?**

答：插座的保护措施如下：

1）设计专门的 PE 线，并且 PE 线不与 N 线相混。

2）PE 线与建筑物共用接地装置相连，接地电阻 $R \leqslant 4\Omega$。

3）每户的厨房插座、卫生间插座、空调器插座均需要设计专用回路，并且用剩余电流断路器保护。

4）漏电保护装置安装在电源的总进线处以及各回路的进线处。

➤攻略 224　带开关插座位置怎样选择？

答：带开关插座位置的选择需要考虑家用电器的待机耗电与方便使用。其中，家居中带开关插座最常见的有洗衣机插座、电热水器插座、书房计算机连插线板插座、厨柜台面两个备用插座。

➤攻略 225　什么情况下开关插座需要用加长螺钉？

答：开关插座的底盒如果安装在墙壁里过深，用开关插座自带的螺钉安装不上，则需要采用加长螺钉。加长螺钉如图 2-41 所示。加长 5cm 的螺钉可以用于在厨房、卫生间贴过瓷砖的地方安装开关插座。

图 2-41　加长螺钉

➤攻略 226　怎样更换家居开关插座？

答：更换开关插座的方法如下：

1）根据原开关插座的类型，选择好同类型的或者可以代换的类型。

2）用试电笔找出相线，或者根据插座相线、零线有关规定判断。

3）关掉插座电源，也可以不关掉，但一定要注意安全。

4）将相线接入开关两个孔中的一个，再从另一个孔中接出一根。

5）相线接入插座的 L 孔、零线接入插座的 N 孔、地线接入插座的 E 孔。

6）固定面板后测试。

➤攻略 227　为什么彩色开关插座在刷墙面时会出现掉色的现象？

答：彩色开关插座在刷墙面时会出现掉色的可能原因：刷墙时，不小心把墙面漆刷到或者掉到开关上插座上，发生了化学反应，造成彩色产品褪色。另外，就是开关插座质量差引起的。

因此，刷墙面时，需要把开关插座保护好，或者是刷完墙面漆后再安装开关插座面板。另外，选择质量好的开关插座。

➤攻略 228　刮须插座有什么特点？

答：刮须插座主要使用在酒店的卫生间、外籍客户的别墅等场所。常见的刮须插额定电压为交流 230V、输出电压为交流 115～230V。

另外，国标要求刮须插座必须自身带有过载保护，因此，刮须插座只能接刮须器一类的负载，不能够接其他的电器。如果不是国标的或者国标未规范前的刮须插可能可以带各类负载。

2.6　空白面板与线盒

➤ 攻略 229　空白面板有什么作用？

答：空白面板可以用来封闭墙上预留的线盒或弃用的墙孔。

➤ 攻略 230　线盒有什么特点？

答：线盒的一般特点见表 2-76。

表 2-76　线盒的一般特点

名　称	说　明
暗线盒	暗线盒是安装于墙体内，走线前需要预埋，目前有 86、120、118、146 等规格的暗线盒
明线盒	明线盒是直接固定在墙面上，而不是安装在墙体内的电工器材
60 底盒	60 底盒连起来安装，只能安装 60 系列的连体开关插座。如果要安装其他系列的开关，就一定要分开底盒安装，留有一定的距离。或者加连接块使用，这样就不需要自由空距离。如果家居已经安装了普通底盒，想换 60 开关，则只能装 60 单个开关插座，也就是只能一个一个的装，不能够使用 60 连体框
58 底盒	58 边框比较大，58 单边框一般卖家没有配售

➤ 攻略 231　接线盒的有关参数是多少？

答：接线盒的有关参数见表 2-77。

表 2-77　接线盒的有关参数

规　格	尺寸/mm	安装孔距/mm	材质、颜色
118 型三位接线盒	144×67.5×47	123.5	PVC 材料、乳白色
86 型暗装接线盒	80×80×50	60	PVC 材料、乳白色
118 型二位接线盒	104×67.5×47	83.5	PVC 材料、乳白色
118 型四位接线盒	184×67.5×47	163.5	PVC 材料、乳白色

➤ 攻略 232　暗盒有什么特点？

答：暗盒的一般特点如下：

1）暗盒安装于墙体内，走线前需要预埋。

2）暗盒分为 86 型、118 型，通常 86 型用得比较多。

3）暗盒如果配合连接块使用，这样安装好的开关面板间没有空隙、美观整齐。

4）60 系列连体的开关面板，暗盒必须扣在一起安装。

5）暗盒可以自由组合成多位。

➤ 攻略 233　开关防水盒与插座防水盒有什么差异？

答：开关防水盒与插座防水盒的差异如下：

1）开关防水盒是安装在开关上面的。

2）插座防水盒是安装在插座或者插座带开关上的。

3）插座需要出线孔，一般插座防水盒盒子也比较深一些。

4）插座防水盒比开关一般要贵一些。

2.7 灯具与电器

▶ 攻略 234 住宅照度的要求是怎样的?

答：住宅照度的要求见表 2-78。

表 2-78 住宅照度的要求

功 能 间	照度的要求
客厅	一般活动时分为 20、30、50lx 三档，实际应提高为 100、150、200lx 三档装灯，平均为 75lx 为宜
卧室	标准要求为 20、30、50lx 三档，实际应提高为 50、100、150lx 三档，平均照度 75lx 宜。床头台灯供阅读需要用 300lx 为宜
厨房、卫生间	标准为 20、30、50lx，实际应增加为 75、100、150lx 为宜
庭院照明	夜晚能辨别出花草色调，平均照度一般为 20～50lx 为宜，景点、重点花木需要增加效果照明

▶ 攻略 235 室内灯具安装有哪些要求?

答：室内灯具安装的一些要求如下：

1）灯具安装的工艺流程：定位→打孔或开孔→接线→固定件稳固→装灯罩。

2）直接装在顶棚、墙面的灯具，可以确定打孔的具体点，再用铅笔做记号，然后用电锤打孔。电锤打好孔后，可以将胶塞敲进或将膨胀螺钉固定，然后将固定灯架的固定件稳固装上。

3）嵌入式灯具，根据其定位，在相应的位置开孔，再接线、固定。

4）灯具安装前，需要检查验收灯具。

5）采用钢管作灯具吊杆时，钢管直径不应小于 10mm，管壁厚度不应小于 1.5mm。

6）吊链式灯具的灯线不受拉力，灯线的长度必须超过吊链的长度，灯线与吊链可以编结在一起。

7）同一室内、同一场所成排安装的灯具，需要先定位，后安装，中心偏差需要不大于 2mm。

8）灯具组装需要合理、牢固。

9）导线接头需要牢固、平整。

10）玻璃的灯具，固定其玻璃时，接触玻璃处需要用橡皮垫子，并且螺钉不能拧得过紧。

11）镜前灯一般要安装在距地 1.8m 左右，镜子旁边需要预留插座。

12）当灯具重量大于 2kg 时，需要采用膨胀螺栓固。

13）灯带的剪断只能以整米断口。

14）射灯应配备相应的变压器，当安装空间狭窄或用 ϕ 40mm 的灯架时，需要选用迷你型变压器。

15）安装射灯时需要检查灯杯、灯珠的电压是否符合要求。

16）嵌入式灯具固定需要在专设的框架上，导线在灯盒内应预留余地。

17）嵌入式灯的边框需要紧贴顶棚面且完全遮盖灯孔，不得有露光现象。

18）圆形嵌入式灯具开孔宜用锯齿型开孔器。

19）矩形嵌入式灯具的边框需要与顶棚的装饰直线平行，其偏差需要不大于 2mm。

20）荧光灯管组合的开启式灯具灯管排列要整齐，其金属或塑料的间距片不应有扭曲与缺陷。

▶攻略 236　照明开关为什么要通过控制相线来控制灯？

答：如果采用控制零线控制开关，则会遇到荧光灯负载，在其开关关闭灯熄灭后，荧光灯会出现不时闪亮的情况。

另外，采用通过控制零线控制开关会出现当开关切断后，在用电设备上依然存在带电的情况，顾会威胁人身安全。因此，照明开关需要装于相线上，通过控制相线来控制灯，严禁通过控制零线来控制灯。

▶攻略 237　常用照明灯具的特点是怎样的？

答：常用照明灯具的特点见表 2-79。

表 2-79　常用照明灯具的特点

名　　称	特　　点
白炽灯	白炽灯由灯丝、玻璃壳等组成。6～36V 为安全照明灯泡，可以做局部照明用 220～330V 的为普通白炽灯，做一般照明用（目前有用 LED 灯取代白炽灯的趋势）
荧光灯（日光灯）	荧光灯由灯管、镇流器、辉光启动器等组成。荧光灯发光效率较高，约为白炽灯的四倍。荧光灯具有光色好、寿命长、发光柔和等优点。荧光灯可分为分体式荧光灯、自镇流荧光灯两大类。分体式荧光灯的灯管与电子镇流器是分开的。自镇流荧光灯自带镇流器、启动器等全套控制电路，并装在有爱迪生螺旋灯头或插口式灯头。自镇流荧光灯管损坏时，镇流器也同时报废
高压汞灯	高压汞灯使用寿命是白炽灯的 2.5～5 倍，发光效率是白炽灯的 3 倍。高压汞灯具有耐震、耐热性能好、线路简单、安装方便、造价高、启辉时间长、对电压波动适应能力差等特点
碘钨灯	碘钨灯构造简单、使用可靠、光色好、体积小、发光效率比白炽灯高 30%左右、功率大、灯管温度高达 500～700℃、安装必须水平倾角不得大于 4° 等特点

▶攻略 238　照明灯具的分类是怎样的？

答：照明灯具可以分为室内灯具、户外灯具两大类。其中室内灯具又可以分为商业照明、办公照明、家居照明。户外灯又可以分为投光灯、路灯、高天棚灯、隧道灯、庭院灯、草坪灯、埋地灯、壁炉、水下灯等。商业照明可以分为格珊射灯、筒灯、天花灯、壁灯、电器箱等。办公照明可以分为格栅灯盘、支架、应急照明。家居照明可以分为欧式、吸顶灯、水晶灯、花灯、台灯及落地灯、羊皮灯及布罩灯、镜前灯、工作灯、厨卫灯、低压灯、客房灯、蜡烛灯、黄沙玻璃灯等。

▶攻略 239　节能灯的特点是怎样的？

答：部分节能灯的特点见表 2-80。

表 2-80　部分节能灯的特点

类　　型	整灯长度/cm	灯头类型	色温/K	使用面积/m²
15W 大 2U	17.7	E27	6 400	3～6
3W/5W	9.5	E27	6 400	1～2
20W 小半螺旋	14.1	E27	6 400	4～6
30W 中半螺旋	19.8	E27	6 400	6～10

▶ **攻略 240　怎样区分 E14 与 E27?**

答：区分 E14 与 E27 的方法如图 2-42 所示。

▶ **攻略 241　节能灯有差异吗?**

答：不同的节能灯是有差异的，一般节能灯的比较如图 2-43 所示。

 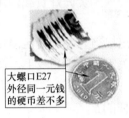

图 2-42　区分 E14 与 E27 的方法

图 2-43　节能灯

▶ **攻略 242　灯具多配灯泡吗?**

答：灯具一般不含光源，也就是说灯具一般不配灯泡。因此，选择灯泡时，一定要根据灯具的需求来选配。

▶ **攻略 243　灯具常用的人体工学尺寸是多少?**

答：灯具常用的人体工学尺寸如下：

1）大吊灯最小高度一般为 2 400mm（见图 2-44）。

2）壁灯高一般为 1 500～1 800mm。

3）反光灯槽最小直径等于或大于灯管直径两倍。

4）壁式床头灯高一般为 1 200～1 400mm。

图 2-44　吊灯安装图例

▶ **攻略 244　怎样选择灯具导线最小线芯截面积?**

答：选择灯具导线，就是要选择灯具导线的最小线芯截面积。照明灯具使用的导线其电压等级不应低于交流 500V，其最小线芯截面积的要求见表 2-81。

表 2-81　最小线芯截面积的要求

安装场所的用途		线芯最小截面积/mm²		
		铜 芯 软 线	铜　　　线	铝　　　线
照明用灯头线	民用建筑室内	0.4	0.5	2.5
	工业建筑室内	0.5	0.8	2.5
	室外	1.0	1.0	2.5
移动式用电设备	生活用	0.4		
	生产用	1.0		

▶ **攻略 245　应用灯具有哪些注意事项?**

答：应用灯具的注意事项如下：

1）在易燃、易爆场所需要采用防爆式灯具。

2）有腐蚀性气体、潮湿的场所需要采用封闭式灯具，灯具的各部件需要做好防腐处理。

3）潮湿的厂房内、户外的灯具需要采用有汇水孔的封闭式灯具。

4）多尘的场所需要根据粉尘的浓度、性质，采用封闭式或密闭式灯具。

5）灼热多尘场所需要采用投光灯。

6）可能受机械损伤的厂房内，需要采用有保护网的灯具。

7）振动场所的灯具需要有防振措施。

8）除开敞式外，其他各类灯具的灯泡容量在 100W 及以上者均应采用瓷灯口。

9）各种标志灯的指示方向正确无误。

10）应急灯必须灵敏可靠。

11）事故照明灯具应有特殊标志。

12）灯内配线需要符合要求、规定。

13）使用螺灯口时，相线必须压在灯芯柱上。

14）携带式局部照明灯具用的导线，需要采用橡套导线，接地或接零线应在同一护套内。

15）穿入灯箱的导线需要在分支连接处不得承受额外应力、磨损。

16）穿入灯箱的多股软线的端头需要盘圈、涮锡。

17）灯箱内的导线不应过于靠近热光源，并且需要采取隔热措施。

► **攻略 246　灯具固定有哪些要求？**

答：灯具固定需要符合下列要求见表 2-82。

表 2-82　灯具固定需要符合下列要求

项　　目	说　　明
带电部件的绝缘材料	固定灯具带电部件的绝缘材料需要耐燃烧、防明火的
灯具重量	灯具重量大于 3kg 时，需要固定在螺栓、预埋吊钩
钢管灯杆	钢管做灯杆时，钢管内径不应小于 10mm，钢管厚度不应小于 1.5mm
固定的螺钉、螺栓	灯具固定需要牢固可靠，不能够使用木楔。每个灯具固定用螺钉或螺栓不少于 2 个；绝缘台直径在 75mm 及以下时，可以采用 1 个螺钉或螺栓固定
花灯吊钩	1）花灯吊钩圆钢直径不应小于灯具挂销直径，并且要大于或等于 6mm 2）大型花灯的固定、悬吊装置需要根据灯具重量的 2 倍做过载试验
接地或接零措施	灯具距地面高度小于 2.4m 时，灯具的可接近裸露导体必须可靠接地或接零，并且安装专用的接地螺栓，以及有明显的标识
软线吊灯	1）软线吊灯重量在 0.5kg 及以下时，采用软电线自身吊装 2）软线吊灯重量大于 0.5kg 需要采用吊链，并且软电线编叉在吊链内，电线不受力
危险性较大及特殊危险场所	危险性较大及特殊场所，当灯具距地面高度小于 2.4m 时，需要使用额定电压为 36V 及以下的照明灯具，或有专用保护措施
一般敞开式灯具	1）灯头对地面距离不小于下列数值：室外——2.5m（室外墙上安装）；厂房——2.5m；室内——2m 2）软吊线带升降器的灯具在吊线展开后对地面距离不小于 0.8m

► **攻略 247　怎样安装普通灯具？**

答：普通灯具的安装方法、主要步骤与要点如下：

1）首先安装塑料（木）台，然后将接灯线从塑料（木）台的出线孔中穿出，再将塑料

（木）台紧贴住建筑物表面，并且塑料（木）台的安装孔对准灯头盒螺孔，然后用机螺钉将塑料（木）台固定牢固。

2）把从塑料（木）台甩出的导线留出适当维修长度，然后削出线芯，再推入灯头盒内，线芯需要高出塑料（木）台的台面。

3）再用软线在接灯线芯上缠绕5～7圈后，将灯线芯折回压紧。

4）再用粘塑料带、黑胶布分层包扎紧密。

5）将包扎好的接头调顺，扣于法兰盘内，法兰盘（吊盒、平灯口）需要与塑料（木）台的中心找正，用长度小于20mm的木螺钉固定即可。

► **攻略248 怎样安装荧光灯？**

答：安装荧光灯的方法、步骤与要点见表2-83。

表2-83　安装荧光灯的方法、步骤与要点

种　类	说　明
吸顶荧光灯的安装	吸顶荧光灯安装主要步骤如下： 1）根据要求确定出荧光灯的位置 2）将荧光灯贴紧建筑物表面，荧光灯的灯箱需要完全遮盖住灯头盒 3）对着灯头盒的位置打好进线孔 4）然后将电源线甩入灯箱，在进线孔处应套上塑料管以保护导线 5）找好灯头盒螺孔的位置，在灯箱的底板上用电钻打好孔，用机螺钉固定牢固，在灯箱的另一端应使用胀管螺栓加以固定 6）如果荧光灯是安装在吊顶上的，应该用自攻螺钉将灯箱固定在龙骨上。灯箱固定好后，再将电源线压入灯箱内的端子板上 7）把灯具的反光板固定在灯箱上，以及将灯箱调整顺直 8）把荧光灯管装好即可
吊链荧光灯的安装	吊链荧光灯的安装主要步骤如下： 1）根据灯具的安装高度，将全部吊链编好 2）把吊链挂在灯箱挂钩上，并且在建筑物顶棚上安装好塑料（木）台 3）将导线依顺序偏叉在吊链内，并引入灯箱 4）在灯箱的进线孔处应套上软塑料管以保护导线，压入灯箱内的端子板（瓷接头）内 5）将灯具导线、灯头盒中甩出的电源线连接，并用粘塑料带、黑胶布分层包扎紧密 6）理顺接头扣于法兰盘内，法兰盘的中心应与塑料（木）台的中心对正，用木螺钉拧牢固 7）将灯具的反光板用机螺钉固定在灯箱上，并且调整好灯脚 8）将灯管装好即可

► **攻略249 怎样安装电子镇流器？**

答：电子镇流器的接线方法见表2-84。安装电子镇流器的注意事项如下：

1）需要确认电子镇流器与灯具是否配套。

2）确认所用电子镇流器输入电源电压范围是否正确。

3）确认所用电子镇流器是交流的，还是直流的。

4）电子镇流器到灯间的连接需要使用耐压大于600V且符合安规要求的电源线，且长度

不要超过 5m。引线长度大于 3m 时，不要使用并绕的电源线（并绕线电容过大可能影响灯的正常点燃）。

表 2-84　电子镇流器的接线方法

种　类	说　明
交流供电系列电子镇流器的接线	可以不分极性，输入端两根线接电源，输出端两根线接灯管，并且将地线可靠接地。一般的电子镇流器可使用 0.5～0.75mm² 塑料绞线
直流供电系列电子镇流器的接线	需要注意正、负极性，一般输入端红线接正极，黑线接负极，输出端两根接灯管，并且将地线可靠接地

攻略 250　LED 荧光灯有什么特点?

答：LED 荧光灯的一般特点如下：

1）LED 灯的亮度与显色指数高，光线柔和。

2）使用 LED 灯时，需要避免灯管受到剧烈振动。

3）室内使用的 LED 灯一般无防水措施。户外使用的 LED 灯需要选择防水灯架。

4）暂时不使用的 LED 灯管不要放置在潮湿的环境中。

5）安装前，确保电源处于断开状态，以确保安全。

6）LED 荧光灯不需要辉光启动器及镇流器。

7）LED 荧光灯使用普通荧光灯管支架时，需要取下普通荧光灯管的辉光启动器与镇流器，然后正确连接好线路，如图 2-45 所示。

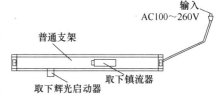

图 2-45　LED 荧光灯的连接

攻略 251　怎样检修荧光灯照明电路常见故障?

答：荧光灯照明电路常见故障的维修见表 2-85。

表 2-85　荧光灯照明电路常见故障的维修

故　障	产 生 原 因	检 修 方 法
灯管光度减低或色彩转差	1）灯管损坏 2）灯管上积垢太多 3）电源电压太低、线路电压降太大 4）气温过低、冷风直吹灯管	1）更换灯管 2）清除灯管积垢 3）调整电压、加粗导线 4）加防护罩、避开冷风
灯管两端发黑或生黑斑	1）灯管陈旧 2）如果是新灯管，则可能是辉光启动器损坏使灯丝发射物质加速挥发 3）灯管内水银凝结 4）电源电压太高、镇流器配用不当	1）更换灯管 2）更换辉光启动器 3）灯管工作后即能蒸发、将灯管旋转 180° 4）调整电源电压、更换适当的镇流器
灯管寿命短或发光后立即熄灭	1）镇流器配用规格不合、质量较差、镇流器内部线圈短路 2）受到剧烈振动 3）接线错误将灯管烧坏	1）更换镇流器 2）更换安装位置、更换灯管 3）检修线路

（续）

故　障	产 生 原 因	检 修 方 法
灯光闪烁或光在管内滚动	1）新灯管暂时现象 2）灯管质量不好 3）镇流器配用规格不符或接线松动 4）辉光启动器损坏或接触不好	1）开用几次可能会好转或对调灯管两端 2）更换灯管 3）更换合适的镇流器或加固接线 4）更换辉光启动器或使辉光启动器接触良好
荧光灯灯光抖动或两头发光	1）接线错误、灯座灯脚松动 2）辉光启动器氖泡内动触片、静触片不能够分开，电容器击穿 3）镇流器配用规格不合适、接头松动 4）灯管陈旧，灯丝上电子发射物质将放尽，放电作用降低 5）电源电压过低、线路电压降过大 6）气温过低	1）检查线路、修理灯座 2）把辉光启动器取下，用两把螺钉旋具的金属头分别触及辉光启动器底座两块铜片，然后相碰立即分开，如果灯管能跳亮，则判断辉光启动器已损坏，则需要更换辉光启动器 3）更换适当的镇流器、加固接头 4）更换灯管 5）升高电压、加粗导线等 6）用热毛巾对灯管加热
荧光灯管不能发光	1）灯座、辉光启动器底座接触不良 2）灯管漏气、灯丝断 3）镇流器线圈断路 4）电源电压过低 5）荧光灯接线错误	1）转动灯管，使灯管四极与灯座四夹座接触良好，使辉光启动器两极与底座两铜片接触良好 2）用万用表检查或观察荧光粉是否变色，如果系灯管损坏，则更换新灯管即可 3）修理或更换镇流器 4）等电源电压恢复即可 5）检查线路，并且正确接线
镇流器过热或冒烟	1）电源电压过高、容量过低 2）镇流器内线圈短路 3）灯管闪烁时间长、使用时间长	1）调低电压、更换用容量大的镇流器 2）更换镇流器 3）减少连续使用的时间
镇流器有杂音或电磁声	1）镇流器质量较差、镇流器铁心的硅钢片没有夹紧 2）镇流器过载、镇流器内部短路 3）镇流器受热过度 4）电源电压过高引起镇流器发出杂音 5）辉光启动器不好，引起开启时辉光杂音 6）镇流器有微弱声音	1）更换镇流器 2）更换镇流器 3）检查受热原因并排除异常处 4）降压 5）更换辉光启动器 6）用橡皮垫以减少振动

➤ 攻略 252　荧光灯为什么不能作为调光灯使用？

答：普通线路的节能灯工作电压有一定的范围，例如 220V 节能灯的工作电压一般为190～240V，如果超过该范围，灯不能可靠地工作。调光灯具中的调光器一般是将工作电压从 0～220V 间调整，对电阻性负载的工作是没有影响的，但是对节能灯处于调整 0～190V 的电压阶段会导致荧光灯启动困难，甚至烧毁荧光灯。因此，荧光灯不能作为调光灯使用。

➤ 攻略 253　为什么荧光灯不能够用于有水或潮湿的环境？

答：当节能灯用于有水或潮湿的环境时，荧光灯的周围、内部就会有水、水蒸气，会引起下列现象：

1）会引起灯头生锈，造成接触不良。

2）会引起元器件、线路板生锈，造成线路损坏。

3）会引起元器件、线路板绝缘能力降低，发生击穿现象。

4）会引起电路短路。

▶攻略 254 怎样接橱柜灯？

答：橱柜灯安装的要求、特点：橱柜灯可以放在准备装灯的柜子后面，距地面 1 700mm 左右，甩出电线，然后把灯接到吊柜下面。注意橱柜灯接头部分要绝缘处理。

▶攻略 255 怎样安装筒灯？

答：筒灯（见图 2-46）的安装方法与要点如图 2-47 所示。

图 2-46 筒灯

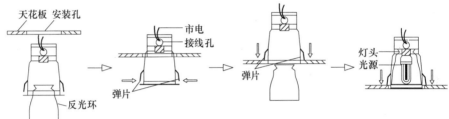

图 2-47 筒灯的安装方法与要点

▶攻略 256 壁灯适用哪些场所？

答：壁灯适用各类中高档平层公寓、酒店式公寓、复式公寓、经济型别墅、会所、酒吧、餐厅、住宅等（见图 2-48）。

图 2-48 壁灯的外形图

▶攻略 257 怎样选配壁灯？

答：壁灯一般多配用乳白色的玻璃灯罩，壁灯灯泡功率一般为 15～40W，光线淡雅和谐，可以把环境点缀得优雅、富丽。

▶攻略 258 安装壁灯距离的要求是怎样的？

答：安装壁灯距离的要求如下：

1）一般壁灯的高度，距离工作面（指距离地面 80～85cm 的水平面）为 1 440～1 850mm，也就是距离地面为 2 240～2 650mm。

2）卧室的壁灯距离地面为 1 400～1 700mm。

3）壁灯挑出墙面的距离为 95～400mm。

▶攻略 259 怎样安装壁灯？

答：安装壁灯的方法与要点如下：

1）根据灯具的外形选择合适的木台（板）或者把灯具底托摆放在上面，四周留出的余量要合适。

2）然后用电钻在木板上开好出线孔、安装孔。

3）在灯具的底板上也开好安装孔。

4）将灯具的灯头线从木台（板）的出线孔中甩出。

5）在墙壁上的灯头盒内接头，并包扎严密。

6）将接头塞入盒内。

7）把木台或木板对正灯头盒，贴紧墙面，用机螺钉将木台直接固定在盒子耳朵上。如果是木板的，则可以用胀管固定。

8）调整木台（板）或灯具底托使其平正不歪斜，再用机螺钉将灯具拧在木台（板）或灯具底托上。

9）配好灯泡（也可采用 LED 球泡灯）、灯伞、灯罩。

10）安装在室外的壁灯，其台板或灯具底托与墙面间需要加防水胶垫，并应打好泄水孔。

壁灯的安装图例如图 2-49 所示。

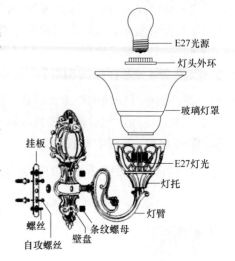

图 2-49　壁灯的安装图例

▶攻略 260　欧式灯有什么特点?

答：欧式灯的一些特点如下：

1）欧式灯以华丽的装饰、浓烈的色彩、优美的曲线造型达到雍容华贵的装饰效果。

2）有的欧式灯以铁锈、黑漆等故意造出斑驳的效果，追求仿旧的感觉。

▶攻略 261　吸顶灯可以应用哪些场所?

答：吸顶灯可以应用的场所有门厅、走廊、客厅、卧室、书房、餐厅、商场等。

▶攻略 262　怎样安装吸顶灯?

答：下面以一款古典欧式吸顶灯为例，介绍安装吸顶灯的主要步骤与要点：

1）吸顶灯安装前需要检查引向每个灯具的导线线芯的截面积是否正确，导线与灯头的连接、灯头间并联导线的连接是否牢固，电气接触是否良好。

2）砖石结构中安装吸顶灯时，需要采用预埋螺栓或膨胀螺栓、尼龙塞或塑料塞固定，不能够使用木楔。

3）吸顶灯的固定件承载能力需要与吸顶灯的重量相匹配。

4）采用膨胀螺栓固定时，需要根据具体的吸顶灯的要求选择螺栓规格，且钻孔直径、埋设深度要与螺栓规格需要符合。

5）固定灯座螺栓的数量不应少于灯具底座上的固定孔数，并且螺栓直径需要与孔径相配。

6）底座上没有固定安装孔的灯具，安装时需要自行打孔，则每个灯具用于固定的螺栓或螺钉不应少于 2 个，并且灯具的重心要与螺栓或螺钉的重心相吻合。当绝缘台的直径在 75mm 及以下时，才可以用 1 个螺栓或螺钉固定。

7）吸顶灯不能够直接安装在可燃的物件上，如果要靠近可燃物安装，需要采取隔热或散热措施。

8）建筑装饰吊顶上安装吸顶灯时，轻型吸顶灯可以用自攻螺钉将灯具固定在中龙骨上。当灯具重量超过 3 kg 时，需要使用吊杆螺栓与设置在吊顶龙骨上的固定灯具的专用龙骨连接。专用龙骨吊杆可以与建筑物结构连接。

► **攻略 263　安装嵌入式灯具有什么要求？**

答：安装嵌入式灯具的一般要求如下：

1）小型嵌入式灯具（见图 2-50）一般安装在吊顶的顶板上。

2）筒灯外的其他一些小型嵌入式灯具可以安装在龙骨上。

3）大型嵌入式灯具安装时，需要在混凝土梁、板中伸出支撑铁架、铁件的连接方法进行安装。

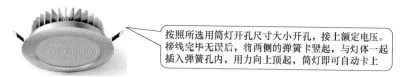

按照所选用筒灯开孔尺寸大小开孔，接上额定电压。接线完毕无误后，将两侧的弹簧卡竖起，与灯体一起插入弹簧孔内，用力向上顶起，筒灯即可自动卡上

图 2-50　筒灯

► **攻略 264　怎样摆放落地灯？**

答：家居落地灯一般摆放在客厅的休息区里，与茶几、沙发配合，一方面满足该区域照明需求，另一方面形成特定的环境氛围。此外，在卧室里，落地灯也可派上用场。需要注意的是，落地灯不宜放在高大家具旁或妨碍活动的区域内。

► **攻略 265　台灯适用哪些场所？**

答：台灯适用各类中高档平层公寓、复式公寓、酒店式公寓、经济型别墅、会所、酒吧、餐厅、住宅等。

► **攻略 266　水晶吊灯适用哪些场所？**

答：水晶吊灯适用的一些场所有卧室、吧台、书房、餐厅、咖啡厅、玄关、楼梯、过道等。

► **攻略 267　吊灯有主、副吊灯之分吗？**

答：有的吊灯没有主吊灯、副吊灯之分，有的吊灯有主吊灯、副吊灯之分。

► **攻略 268　怎样安装吊灯？**

答：安装吊灯的主要步骤与要点如下：

1）多个吊灯安装时，需要注意它们的位置、长短关系。

2）可在安装顶棚的同时安装吊灯。可以以吊顶搁栅为依据，调整吊灯的位置高低。

3）吊杆出顶棚面可用直接伸出法、加套管法。

4）直接伸出顶棚的吊杯，安装时板面钻孔不易找正。

5）加装套管不仅有利于安装，而且可保证顶棚面板的完整，只是在需要出管的位置钻孔即可。

6）也可以先安装吊杆，再截断面板挖孔，只是对装饰效果有影响。

7）吊杆需要有一定长度的螺纹，以备调节高低用。

8）吊索、吊杆下面悬吊灯箱时，需要连接可靠。

9）小型吊灯一般可安装在龙骨或附加龙骨上，利用螺栓穿通吊顶板材，直接固定在龙骨上。当吊灯重量超过 0.5kg 时，需要增加附加龙骨，并且与附加龙骨进行固定。

攻略 269 射灯有哪些特点?

答:射灯的一些特点见表2-86。

表2-86 射灯的一些特点

特　点	说　明
变化多	可以利用小灯泡做出不同的投射效果
聚光	光线集中,可以突出重点、强调某物件或空间,装饰效果明显
省电	射灯的反光罩有强力折射功能
舒服	射灯的颜色接近自然光,将光线反射到墙面上,不会刺眼

攻略 270 射灯适用哪些场所?

答:射灯适用的部分场所见表2-87。

表2-87 射灯适用的部分场所

名　称	说　明
CDM-R(PAR30)导轨射灯	CDM-R(PAR30)导轨射灯适用于商业场所、酒店服务业、展览展示场所、室内公共休闲场所等照明应用
MR16照明天花射灯	MR16照明天花射灯光源功率为35W/50W、电压12V适用于服装店、精品店、家居展示场所、交易馆、连锁店等商业空间
大功率天花灯	大功率天花灯适用于商店展示、橱窗、饭店、餐厅等室内装饰照明;适用于展示厅、博物馆、办公室、艺术厅、阅览室等室内照明;适用于的士高、卡拉OK、酒吧等氛围照明;适用于珠宝、金银首饰和时装照明
路轨射灯	路轨射灯一般是用金属喷涂或陶瓷材料制作,有纯白、浅灰、金色、银色、米色、黑色等色调;外形有长形、圆形,规格尺寸大小不一。射灯所投射的光束,可集中于一幅画、一座雕塑等
天化射灯	天花射灯可用于商场、展览厅、广告灯饰、酒楼宾馆、会议室、酒柜照明,居家别墅装饰等场所的照明。天花射灯是目前取代传统卤素灯的理想选择
下照射灯	下照射灯的特点是光源自上而下做局部照射、自由散射,光源被合拢在灯罩内。下照射灯造型有管式下照灯、花盆式下照灯、凹形槽下照灯、套筒式下照灯、下照壁灯等。下照射灯可以分为全藏式、半藏式两种类型
下照射灯	下照射灯可用于商场、展览室、酒楼、会议室、广告灯饰等场所的顶棚、床头上方、橱柜内,还可以吊挂、落地或悬空装设。例如电视机近旁装一盏绿色瓷罩下照壁灯,既可观物清楚又不影响看电视。雕塑造型上方设一套筒式下照灯,可将人的视线引向艺术品上,便于观赏 选择下照灯,功率不宜过大,只为照亮,不能用强光

攻略 271 水晶过道天花灯适用哪些场所?

答:水晶过道天花灯适用的部分场所有酒店大堂、卧室、书房、客厅、餐厅、玄关、走廊、楼梯、过道等。

攻略 272 怎样安装花灯?

答:安装花灯的主要步骤与要点见表2-88。

表 2-88　安装花灯的主要步骤与要点

类　型	说　明
组合式吸顶花灯	组合式吸顶花灯安装要点如下： 1）根据预埋的螺栓、灯头盒的位置，在灯具的托板上用电钻开好安装孔、出线孔 2）安装时将托板托起，然后将电源线、从灯具甩出的导线连接并包扎严密 3）尽可能地把导线塞入灯头盒内，然后把托板的安装孔对准预埋螺栓，使托板四周与顶棚贴紧 4）用螺帽拧紧，并且调整好各个灯口 5）悬挂好灯具的各种装饰物，并且上好灯管、灯泡
吊式花灯	吊式花灯安装要点如下： 1）将灯具托起，并且把预埋好的吊杆插入灯具内 2）把吊挂销钉插入后将其尾部掰开成燕尾状，并且将其压平 3）导线接好，并且绝缘包扎好 4）理顺好，向上推起灯具上部的扣碗 5）然后将接头扣于扣碗内，并且将扣碗紧贴顶棚，再拧紧固定螺钉 6）调整好各个灯口 7）上好灯泡 8）配上灯罩

▶ 攻略 273　什么是光带、光梁？

答：灯具嵌入顶棚内，外面罩以半透明反射材料与顶棚相平，连续组成的一条带状式照明的装置称为光带。如果带状照明装置突出顶棚下成梁状时，则就叫做光梁。

▶ 攻略 274　光带、光梁有哪些特点？

答：光带、光梁的一般特点如下：
1）光梁、光带的光源主要是组合荧光灯。
2）光梁、光带的灯具安装施工方法基本上与嵌入式灯具安装一样。
3）光带、光梁可以做成在天棚下维护或在天棚上维护的形式。
4）天棚上维护时，反射罩需要做成可揭开的，灯座与透光面则是可以固定安装的。
5）天棚下维护时，需要将透光面做成可拆卸的，以便维修。

▶ 攻略 275　发光顶棚有哪些特点？

答：发光顶棚的一般特点如下：
1）发光顶棚是利用有扩散特征的介质制作。
2）发光顶棚常用的介质有磨砂玻璃、半透明有机玻璃、棱镜、格栅等。
3）光源装设在大片安装介质上，介质将光源的光通量重新分配而照亮房间。
4）发光顶棚的照明装置有两种形式：一是将照明灯具悬挂在房间的顶棚内，房间的顶棚装有散光玻璃或遮光格栅的透光面；二是将光源装在带有散光玻璃或遮光格栅内。
5）发光顶棚内照明灯具的安装可以借鉴吸顶灯、吊杆灯的安装方法。

▶ 攻略 276　怎样安装光带？

答：安装光带的主要步骤与要点如下：

1）根据灯具的外形尺寸来确定光带支架的支撑点。

2）根据灯具的重量，选用适合支架的型材制作支架。

3）支架做好后，根据灯具的安装位置，用预埋件或胀管螺栓把支架固定好。

4）轻型光带的支架可以直接固定在主龙骨上。

5）大型光带需要先下好预埋件，然后将光带的支架用螺钉固定在预埋件上，光带的灯箱用机螺钉固定在支架上，再将电源线引入灯箱与灯具的导线连接，并且包扎好。

6）调整灯口、灯脚。

7）装上灯泡、灯管，上好灯罩。

8）调整灯具的边框与顶棚面的装修直线平行。

9）如果灯具对称安装，其纵向中心轴线应在同一直线上，偏斜不应大于 5mm。

▶ 攻略 277 室内外电气照明材料的要求是怎样的?

答：室内外电气照明材料的要求见表 2-89。

表 2-89 室内外电气照明材料的要求

名　称	说　明
灯具	灯的型号、规格必须符合设计要求、标准规定，并有合格证。灯具灯内配线严禁外露，灯具配件要齐全，没有机械损伤、没有机械变形、油漆没有剥落、灯罩没有破裂、灯箱没有歪翘等现象
吊扇	型号、规格必须符合设计要求，扇叶不得有变形，吊杆需要考虑吊杆长短与吊杆平直度
塑料（木）台	塑料台需要有足够的强度，受力后无弯曲、变形等现象。木台需要完整、无劈裂，油漆完好无脱落等现象
吊管	钢管内径一般不小于 10mm
吊钩	花灯的吊钩其圆钢直径不小于吊挂销钉的直径，且不得小于 6mm。吊扇的挂钩不应小于悬挂销钉的直径，且不得小于 10mm
瓷接头	需要完好无损，需要配件齐全
灯卡具	塑料灯卡具不得有裂纹、缺损等现象
支架	根据灯具的重量选用相应规格的镀锌等材料做成的支架

▶ 攻略 278 气体放电灯配套的电子镇流器故障怎样排除?

答：排除与气体放电灯（包括金卤灯、高压钠灯、低压钠灯等）配套使用电子镇流器故障的方法见表 2-90。

表 2-90 排除电子镇流器故障的方法

故　障	处 理 方 法
安装后，灯泡不能点亮或点亮后马上熄灭或灯光闪烁	①断开所有连接，检查熔断器；②更换同功率灯管；③断开所有连接，检查整个输入线路；④检查镇流器输出端是否与灯座、灯头接触不良；⑤更换镇流器
灯泡在长时间工作后熄灭	①检测环境温度；②更换灯泡；③更换镇流器

注：以上过程中任何一次通电连接后均需要间隔 3～5min 后才能再次通电，或通电后保持 3～5min 以让电子镇流器自动重启

▶ 攻略 279 怎样排除白炽灯照明电路常见故障?

答：排除白炽灯照明电路常见故障的方法见表 2-91。

表 2-91　排除白炽灯照明电路常见故障的方法

故障	可能原因	处理方法
灯泡不发光	熔丝烧断	修复熔丝
	电路开路	修复线路
	灯丝断裂	更换灯泡
	灯座或开关触头接触不良	把接触不良的触头修复，无法修复的应更换
	停电	检查电源
灯光忽亮忽暗	电源电压波动	更换配电变压器
	灯座或开关触头（或接线）松动	修复松动的触头或接线
	导线连接处松散	重新连接导线
	熔丝接触不良	重新安装或加固压接螺钉
不断烧断熔丝	线路导线太长太细、电压降太大	缩短线路长度、更换导线
	灯座、开关接触不良	修复接触不良的触头
	灯座、开关、导线对地严重漏电	更换灯座、开关、导线
灯泡发光强烈	灯丝局部短路	更换灯泡

▶攻略 280　怎样安装吊扇？

答：安装吊扇的方法：①将吊扇托起；②用预埋的吊钩将吊扇耳环挂牢；③接好电源接头（注意多股软铜导线盘圈应在涮锡后进行包扎）；④向上推起吊杆上的扣碗，将接头扣于其内；⑤紧贴建筑物表面，拧紧固定螺钉。

安装吊扇的一般规定如下：

1）吊扇挂钩需要安装牢固，吊扇挂钩的直径应不小于吊扇挂销直径。

2）吊扇组装不应改变扇叶角度，扇叶固定螺栓应有防松零件。

3）吊扇接线要正确，当运转时扇叶应无明显颤动与异常声响。

4）吊杆间、吊杆与电动机间用螺纹连接，啮合长度不小于 20mm，并且应紧固。

5）吊扇扇叶距地高度不应小于 2.5m。

▶攻略 281　安装壁扇有哪些要求？

答：安装壁扇的一般要求如下：

1）壁扇底座需要采用尼龙塞或膨胀螺栓固定。

2）尼龙塞或膨胀螺栓的数量不少于两个，并且直径不小于 8mm。

3）壁扇底座需要固定牢固。

4）为避免妨碍人的活动，壁扇安装好后，下侧边缘距地面高度不宜小于 1.8m，并且底座平面的垂直偏差不宜大于 2mm。

5）壁扇防护罩需要扣紧，固定可靠。

6）壁扇运转时，扇叶与防护罩应没有明显颤动与异常声响。

▶攻略 282　家居电器有关电气设计与安装有什么要求与特点？

答：家居电器有关电气设计与安装的要求、特点见表 2-92。

表 2-92　家居电器有关电气设计与安装的要求、特点

电　器	说　明
空调器	空调器有关电气设计与安装的要求、特点如下： 1）分体式、挂壁空调器的插座需要考虑出线管预留洞的位置。 2）卧室的空调器一般设计的是挂式的空调器，安装高度一般为 1.8m 3）窗式空调器插座可以在窗口旁距地面 1.4m 处设置 4）柜式空调器的电源插座需要在相应位置距地面 0.3m 处设置
电冰箱	电冰箱有关电气设计与安装的要求、特点如下： 1）电冰箱插座距地面 0.3m 或 1.5m（需要根据冰箱的位置而确定） 2）一般需要选择单三极插座 3）电冰箱线路最好单独走一组 4）电冰箱插座可以设计在电冰箱侧后方
抽油烟机	抽油烟机有关电气设计与安装的要求、特点如下： 1）欧式抽油烟机一般距地面 2 100mm 左右 2）中式抽油烟机一般距地面 2 100mm 左右，排烟道在左面时，插座一般设计在右边。排烟道在右面时，插座一般设计在左边。烟管不要挡住插座 3）近灶台上方一定距离处不得安装插座 4）油烟机插座最好能为脱排管道所遮蔽
微波炉	微波炉有关电气设计与安装的要求、特点如下： 1）微波炉插座一般距地面 2 000mm 左右 2）微波炉插座可以放到微波炉上面的柜子里（上面柜子的底板需要开一个 50mm 的孔穿过插头），这样，插头插上看不到，美观一些
热水器	热水器有关电气设计与安装的要求、特点如下： 1）不要将插座设在电热器上方 2）热水器插座距地面一般为 1 200mm 左右，在热水器的下方偏左或偏右，不影响冷热水、煤气管为准 3）大功率的电热水器需要使用 16A 或者 20A 的插座 4）10A 的三孔插座与 16A 的三孔插座的插孔距离、大小都不一样。使用普通的插头不能插入 16A 的插座，使用 16A 的插头也不能插入 10A 的普通插座
消毒柜	消毒柜有关电气设计与安装的要求、特点如下： 1）消毒柜吊在墙上的一般距地面 2 000mm 左右 2）消毒柜插座可以放到消毒柜上面的柜子里（上面柜子的底板需要开一个 50mm 的孔穿过插头），这样美观一些 3）消毒柜立式放在地柜里面的插座，距地面 500mm 左右 4）消毒柜需要在其插座正上方 1 200mm 左右的位置设计一个控制开关
小厨宝	小厨宝有关电气设计与安装的要求、特点如下： 1）小厨宝距地面一般为 500mm 左右 2）小厨宝插座可以设计在水槽柜相邻的柜子里 3）需要在水溅不到插座上的位置来安装小厨宝插座
垃圾处理器	垃圾处理器有关电气设计与安装的要求、特点如下：垃圾处理器插座可以设计在水槽相邻的柜子里，距地面一般为 500mm 左右，并且需要在插座正上方 1 200mm 左右位置安装一个控制开关

（续）

电 器	说 明
烤箱	烤箱有关电气设计与安装的要求、特点如下： 1）烤箱一般放在煤气灶下面，距地面一般为 500mm 左右，在烤箱后面 2）如果烤箱插头插上就不拔下来，则需要在插座正上方 1 200mm 左右的位置接一个控制开关
煤气灶带电磁炉	煤气灶带电磁炉有关电气设计与安装的要求、特点如下：可以在煤气灶柜里设计一个插座，距地面为 500mm 左右
洗衣机	洗衣机有关电气设计与安装的要求、特点如下： 1）洗衣机插座一般距地面 1.2～1.5m 2）洗衣机插座最好选择带开关的三极插座
电吹风	可以在卧室、书房、卫生间留一个插座
剃须刀	剃须刀的插座可以在台盆镜旁可设置一个电源插座，离地一般为 1.5～1.6m 为宜
音乐电器	需要音乐的地方需要接入相应音乐电器（设备）与线材，建议厨房、卫生间也考虑接入
其他	电饭锅、榨果汁机、电水壶、电饼锅等插座，一般选用五孔的，带地线的，距地面一般为 1 200mm 左右，不能在水槽与灶台的上方

攻略 283 阿里斯顿燃气容积式热水器故障代码含义是怎样的？

答：阿里斯顿燃气容积式热水器故障代码含义见表 2-93。

表 2-93 阿里斯顿燃气容积式热水器故障代码含义

故障代码	主板指示灯显示	故障原因	处理方法
E1	闪一次停一次	水温超温	检查温控器
E2	闪两次停一次	假火焰故障	检查感应针、更换控制板
E3	闪三次停一次	火焰异常熄灭	检查气源与控制板、重新启动
E4	闪四次停一次	点火失效	检查气源、重新启动
E5	闪五次停一次	通信异常	断电后检查接线是否正常
E6	闪六次停一次	风压开关故障	检查风压开关

注：其中阿里斯顿燃气容积式热水器 RST（Y，R）P120/150/200-WD 型为自然烟道式无故障代码 E6。RST（R，Y）PQ300-WD 型有 E6。

攻略 284 怎样排除燃气容积式热水器常见故障？

答：燃气容积式热水器常见故障的排除方法见表 2-94。

表 2-94 燃气容积式热水器常见故障的排除方法

故障现象	可能原因	处理方法
按下开关后指示灯不亮	插座无电	更换熔断器、检查线路
	未插上电源插头	插上电源插头
点火不着	没有燃气、燃气压力过低	打开燃气阀、调大燃气压力
离焰、回火、爆燃	燃气种类与规定不符	停止使用
	燃烧器被杂质堵塞	清理杂质
热水量不足	进水压力过低	调大进水压力
	水箱结垢	清理水箱
	冷水口被部分堵塞	调高温度设定

（续）

故障现象	可能原因	处理方法
热水温度低	燃气压力低	检查
	温控器设置温度低	调高温度设定
无反应	主控板坏	维修或更换主控板

▶攻略 285 怎样排除抽油烟机常见故障？

答：抽油烟机常见故障与排除方法见表 2-95。

表 2-95 抽油烟机常见故障与排除方法

故障现象	原因分析	处理方法
按下开关，照明灯不亮，电动机不转动	电动机定子绕组引线开路、绕组烧毁	将引线焊牢、修理或更换绕组
	电源线断路	更换电源线
	熔断器（熔丝管）熔断	更换熔断器（熔丝管）
	电源插头与插座的接触不良	检修插头插座、更换插头插座
	开关损坏或触头接触不良	检修或更换开关
灯不亮，电动机转动	LED 冷光灯的变压器损坏	修理或更换变压器
	照明灯已损坏	更换照明灯
灯不亮，电动机不转	电动机温度超过 130℃自动停机保护	自然冷却后可正常使用
	检查插座是否有电	用试电笔检查插座是否有电
电动机时转时不转	电容器引线脱焊	重新焊接
	机内连接导线焊接不良	重新焊接
	开关接触不良	检修、更换开关
	电源线折断、电源插头与插座接触不良	检修、更换
工作时机体振动剧烈，噪声增大	叶轮受损变形、丢失平衡块	正确安装叶轮
	轴套紧固螺钉松动、叶轮脱出与机壳相碰	调整叶轮位置、拧紧螺钉
	电动机或蜗壳固定螺钉松脱	将紧固螺钉拧紧
	抽油烟机安装悬挂不牢固	重新悬挂抽油烟机
漏油	油杯安装不正确	重新装好油杯
	导油管破损、脱离	更换、脱离端重新插牢
	止回阀与壳体密封垫破损	更换密封垫
	蜗壳焊缝处漏油	用液态密封胶修补
手摸外壳感到微麻	室内较潮湿、外壳没有良好接地	确保外壳与插座接地良好
吸力不够	机体周围门窗过多、空气对流过大	使用时关小门窗以减少对流风
	机体与炉面的距离太远	调低高度、重新安装
吸力弱、排烟效果差	排气管道接口严重漏气	密封好
	厨房空气对流太大、密封过严	减少空气对流、适度开门窗
	排烟管太长、拐弯过多	正确安装排烟管
	吸油烟机与灶具距离过高	重新调整高度
	出烟口方向选择不当、有障碍物阻挡	改变位置、清除障碍物

▶攻略 286 怎样排除消毒柜常见故障？

答：消毒柜常见故障与检修方法见表 2-96。

表 2-96 消毒柜常见故障与检修方法

故 障 现 象	原 因 分 析	处 理 方 法
餐具发黄、柜内有异味	臭氧消毒时未等臭氧分解即打开柜门	臭氧消毒断电 10min 后方能开门
	消毒温控器限温偏高、工作时间长	更换温控器，减少加热的时间
	餐具不净、柜内不洁	保持餐具洁净、柜内干净
插上电源，按下启动按键，灯不亮，不加热	线路板内铜线锈蚀断裂	检查、更换、焊接电路板
	继电器失灵、接触不良	更换继电器、更换/维修接插件
	电路板烧坏	检查是否有短路，更换电路板
	变压器烧坏，引线焊接松脱	检查线路
	电源线与机体接触不良、断路	检查线路
	熔断器烧坏	更换熔断器
	电源插座无电、接触不良	更换插座
臭氧管与紫外线灯不工作	电路故障	检查电路故障
	门开关接触不良	调整门开关的接触状况、更换门开关
	柜门没有关好	关好柜门
高温消毒时间短	上、下发热管装错	调整上下发热管
	上层温控器与下层温控器装错	调整温控器位置
	食具堆积放置在靠门边位置	食具放置在层架上留有空隙
卧柜烘干效果不好	气温太低	减少食具数量、延长烘干时间
	食具放置过密过多	不超过食具的额定重量
	风机损坏	更换风机
	热熔断器烧断	更换热熔断器
	温控器限温温度过低	更换温控器
	PTC 加热元件坏	更换 PTC 加热元件
消毒时间长	柜门关闭不严，门封变形	调整门铰座固定螺钉、更换门封
	柜内堆放餐具太多太密	调整食具数量密度
	石英发热管烧坏	更换石英发热管
	温控器失灵	更换温控器
	发热管装错	重新装发热管
	电压低	增加稳压器

第 3 章

暖

3.1 热水器

▶ **攻略 1 什么是家用燃气热水器？它的种类有哪些？**

答：家用燃气热水器就是以燃烧气体进行水加热的一种热水器。家用燃气热水器的种类如下：

1）根据燃用的气体可以分为管道煤气热水器、天然气热水器、液化气热水器。

2）根据品种可以分为直排式热水器、烟道式热水器、对流平衡式热水器。

3）根据规格可以分为 5L、8L、10L、16L、20L 等。

家用燃气热水器原理图例如图 3-1 所示。

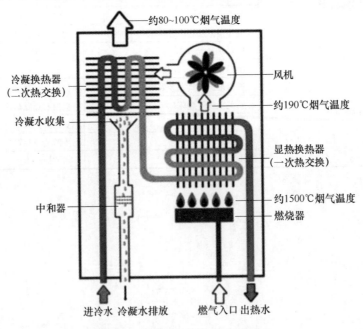

图 3-1 家用燃气热水器原理图例

▶ **攻略 2 什么是热水器热水产率（流量）？**

答：热水器热水产率（流量）是衡量燃气热水器提供热水能力的一个指标。根据规定：在室温 25℃的条件下，1min 内使水温升高 25℃，如果这时热水器的热水流量为 10L，则热水器的规格为 10L。其他以此类推即可。通过热水器加热后的水，正常情况下，水的温度一般可以升高 50～55℃。

▶ **攻略 3　热水器对水压有要求吗?**

答：水压是燃气热水器的外部技术条件，一般要求冷水压力为 0.035～0.5MPa。如果水压低于 0.035MPa 时，水气连动阀不能够正常开启。

▶ **攻略 4　热水器对燃气气源压力有要求吗?**

答：为使热水器中的燃气阀正常开启，则对燃气气源的压力也有要求：正常气源压力应为 100mm 水柱⊖，否则燃气热水器也难达到好的效果。

▶ **攻略 5　燃气热水器的特点是怎样的?**

答：部分燃气热水器的特点见表 3-1。

表 3-1　部分燃气热水器的特点

名　　称	说　　明
直排式燃气热水器	直排式燃气热水器燃烧时的氧气取之室内，产生的一氧化碳排放在室内，不安全（目前基本不生产了）
烟道式燃气热水器	烟道式燃气热水器燃烧氧气取于室内，产生的一氧化碳通过烟道排到室外，长时间使用会造成室内缺氧，严禁在浴室内安装
对流平衡式燃气热水器	对流平衡式燃气热水器氧气来自室外，废气排放在室外，安装比较麻烦，可以用于浴室内，是一种安全型热水器

▶ **攻略 6　安装燃气热水器有哪些要求?**

答：安装燃气热水器的一些要求如下：

1）燃气热水器需要安装在空气流通的地方。

2）燃气热水器上方不能有电力导线、电器设备或其他易燃物品。

3）热水器与电器设备的水平距离需要大于 0.5m。

4）烟道式燃气热水器可以不需要防止不完全燃烧装置，但一定要安装排烟管将废气排出室外，以防一氧化碳中毒。烟管总高度需要大于 2m，水平段长度需要小于 3m，烟管一定要有风帽，以防止废气倒流。

5）直排式热水器严禁安装在浴室里或兼作浴室的卫生间里，只允许安装在厨房或阳台。

6）安装热水器的房间需要满足以下要求：①房间体积需要大于 7.5m³，房间净高需要大于 2.4m；②房门的下部需要设有效截面积不小于 0.02m² 的格栅；③热水器安装高度一般以距地面 1.5m 为宜；④热水器应安装在耐火的墙壁上，与墙的净距需要大于 20mm；⑤热水器与燃气表、燃气灶、电气设备等的水平净距不得小于 300mm；⑥壁挂式热水器安装需要保持垂直，不得倾斜（见图 3-2）；⑦房间需要有良好的通风条件，外墙、窗上需要装排风扇。

⊖ 1mm H₂O=9.80665Pa，后同。

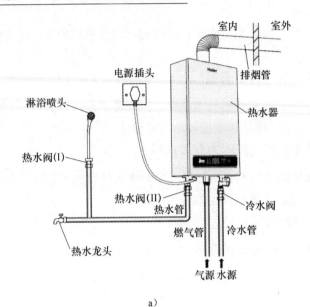

a）

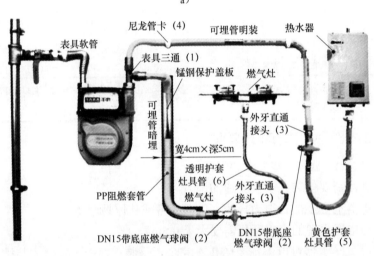

b）

图 3-2　燃气热水器安装图例

➤攻略 7　电热水器的种类有哪些?

答：电热水器的种类见表 3-2。

表 3-2　电热水器的种类

名　　称	说　　明
储水式电热水器	储水式电热水器大而笨重，比较占用空间，预热时间长，工作时间内不能保持稳定的温度
即热式电热水器	即热式热水器方便、省时、不占空间、安全、热损耗少、额定功率较大

储水式电热水器图例如图 3-3 所示；即热式电热水器图例如图 3-4 所示。

图 3-3　储水式电热水器图例

图 3-4　即热式电热水器图例

➤ 攻略 8　电热水器容水量有什么特点?

答：电热水器的标注的升数就是指电热水器的容水量。一个 8L 的燃气热水器与一个 40L 的储水式电热水器比较，8L 的燃气热水器可连续不断地产生每分钟 8L 的热水，电热水器需要间隔一定时间加热一罐水。如果该罐水用完，还要等一定时间。

➤ 攻略 9　安装电热水器有哪些要求?

答：安装电热水器的一般要求见表 3-3。

表 3-3　安装电热水器的一般要求

项　　目	说　　明
安装电环境	1）安装挂机墙体的厚度应是大于 10cm 的实心墙，容量为 80L 以上的需要加装较牢固的托架安装 2）安装环境应是干燥通风、无其他腐蚀性气体存在，并且水、阳光不能直接接触的地方 3）室内需有可靠的地漏，方便排水 4）电源必须有可靠的接地、防漏电保护装置 5）家中电表的容量、布置的开关、导线均要满足所采用的电热水器 6）电热水器的水压正常，一般不超过 0.7MPa。如果水压过高，则需要在前面加装减压阀
注意事项	1）排空前必须先将电源切断 2）上水时必须将出水口打开，等内胆里的空气完全排出后才能检查水是否注满 3）刚打开阀门时，不要把出水方向对着人体 4）作封闭式安装时，加热期间进水阀必须处于开启状态

➤ 攻略 10　电热水器能效等级是怎样的?

答：电热水器能效等级如下：一级热水器热水输出率≥70%，能效最高；二级是国家节能评价标准，可列为节能产品；五级热水器热水输出率≥50%，是市场准入最低能效限定值，低于该值的电热水器不能上市。能效等级对比如图 3-5 所示。

➤ 攻略 11　燃气热水器能效等级是怎样的?

答：燃气热水器能效等级：一级能效最高，热效率值不低于 96%；二级热效率值不低于 88%；三级热效率值不低于 84%。

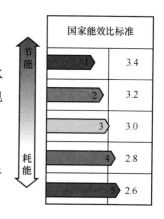

国家能效比标准	
1	3.4
2	3.2
3	3.0
4	2.8
5	2.6

节能　耗能

图 3-5　能效等级对比图例

➤ **攻略 12　强制给排气式燃气快速热水器是怎样安装的?**

答：强制给排气式燃气快速热水器的安装图例如图 3-6 所示。

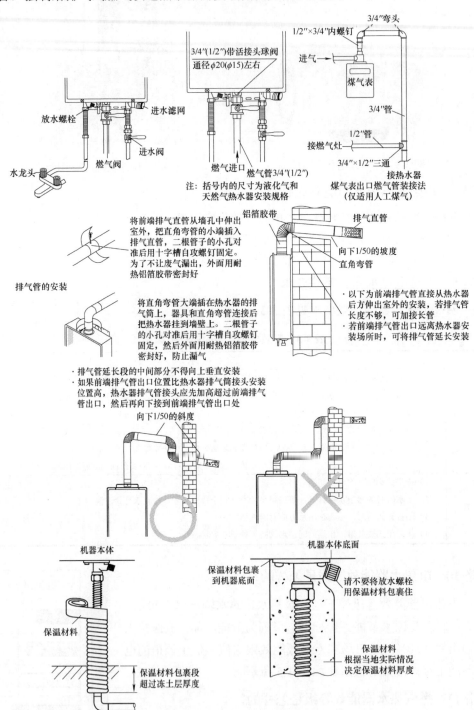

图 3-6　强制给排气式燃气快速热水器的安装图例

► **攻略 13 怎样保养燃气热水器?**

答:保养燃气热水器的方法与要点如下:

1)保养燃气热水器时必须关闭供水开关、燃气开关。然后拔掉电源插头,等燃气热水器冷却后再进行保养。

2)燃气热水器表面脏、有污渍,则可以用布或海绵沾上中性清洁剂擦拭。

3)定期对燃气管进行检漏:可以用毛笔蘸肥皂水涂于燃气管路各连接处,如果发现有气泡产生,则说明是漏气部位,应立即停止使用更换燃气管。

4)气温低于 0℃(含 0℃)燃气热水器必须关闭进水阀门并将水排空,以防冻坏热水器。

5)长期不使用燃气热水器时,需要切断电源,并且关闭水源与气源,并将机体内积水排尽。

► **攻略 14 怎样保养电热水器?**

答:电热水器的保养方法与要点如下:

1)保养前,需要先拔下电源插头。

2)电热水器表面的日常清洁,可以用湿布或干布擦拭,不能使用强力清洁剂、汽油等擦拭,并且严禁用水喷淋。

3)长期不使用电热水器,则需要关闭电源,并且排空内胆中水。

► **攻略 15 怎样解决电热水器常见故障?**

答:电热水器常见故障及解决方法见表 3-4。

表 3-4 电热水器常见故障及解决方法

故 障	原 因	处 理 方 法
热水口不出热水	插头上复位按钮没有按下	按下复位按钮
	电源没有电	待供电源供电
	温控器处于最低温状态	温控器调到最高温度
	加热时间不够长	等待加热
	自来水停水	待自来水供水
	水压太低	待水压升高时再使用
	自来水进水阀没有打开	打开进水阀
加热期间安全阀滴水	加热时水会膨胀	可另加一导流管引水
热水呈现白色浑浊	空气溶解在热水中	等其自然消失
拍打机体显示漏电并报警	漏电保护装置灵敏	通电时不要拍打机体,误报后切断电源重新激活
机体显示"缺水"	内胆缺水干烧	内胆注满水,重新启动
使用中,漏电保护插头自行断电,按下复位键,能复位恢复供电	1)由于插座接触不良,异常温升过高所致	1)更换插座
	2)闪电、雷击、相邻电器对地漏电等	2)检查漏电保护插头
出水不热	1)冷热水调节不当	1)适当调节冷热水混水阀的开度
	2)电源没有接通	2)调整电源插头或开关,使接触良好
	3)电加热器损坏	3)更换电加热器
	4)温控器损坏	4)修理或更换温控器

（续）

故　　障	原　　因	处 理 方 法
出水温度太高	1）冷热水调节不当 2）温控器旋钮调节不当或触头粘堁	1）适当调节冷热水混水阀的开度 2）先对温控器进行调整，然后修理触头，也可直接更换温控器
进水或出水困难	1）脏堵 2）汽堵 3）供水压力不正常 4）混水阀故障	1）确定水压正常后，清理管路、清洗滤网 2）将调温器调到最小位置或切断电源，排出蒸汽 3）待水压正常后，故障自行消失 4）维修或更换混水阀

➤ 攻略 16　为什么打开热水器还是冷水?

答：打开热水器还是冷水的原因之一就是由于热水管路较长，打开终端水龙头要想用热水，需要放出管道中所存的冷水，热水才会出现。

➤ 攻略 17　使用热水器有哪些注意事项?

答：使用热水器的一些注意事项如下：

1）热水器烟道上禁止缠绕其他物品，以免高温烤坏。

2）每次启用热水器先用手试水温，以免高温烫伤身体。

3）每次用完热水器必须关闭燃气阀门，并切断电源。

4）长时间不使用热水器时，需要将热水器前的燃气管道的阀门关闭。

5）冬季长时间不使用热水器时，需要打开放水阀将燃气具与管道内的水放干净，避免冻裂管道造成漏水。

6）燃气热水器每年需要进行一次保养清洗。

7）使用橡胶管连接热水器时，需要注意检查橡胶管是否有裂纹，一般需要两年左右更换一次。

8）一般燃气热水器的使用周期为 8 年，年满后应及时更换。

3.2　浴霸

➤ 攻略 18　什么是浴霸? 浴霸有什么作用?

答：浴霸又称为室内加热器，它是卫生间洗澡的取暖设施。浴霸的作用如下：室内升温、换气、照明，并有一定的理疗作用。

➤ 攻略 19　浴霸有哪些分类?

答：根据功能，浴霸可以分为二合一浴霸（照明、取暖）、三合一浴霸（照明、取暖、换气）等。根据安装方式可以分为吊顶安装式浴霸、明装安装式浴霸、壁挂安装式浴霸、地板安装式浴霸等。根据加热方式可以分为灯暖浴霸、风暖浴霸、灯风暖浴霸等。其中，部分浴霸的特点见表 3-5。部分浴霸的外形如图 3-7 所示。

表 3-5　部分浴霸的特点

名　　称	说　　明
灯暖浴霸	灯暖浴霸就是浴室内利用红外线灯泡辐射热能作为加热源用来取暖，同时产品还兼有照明、换气等其他功能的一种家用电器。灯暖式浴霸根据安装方式可以分为挂墙式、吸顶嵌入式；根据灯头数目可以分为 1 灯、2 灯、3 灯、4 灯、5 灯

（续）

名　称	说　明
风暖浴霸	风暖浴霸就是利用 PTC 发热体作为热源，用风轮或风叶将其热量吹出，主要用于浴室内取暖，同时产品还兼有照明、换气、吹风等其他功能的一种家用电器。风暖式浴霸根据安装方式可以分为挂墙式、吸顶嵌入式。根据暖风模式可以分为 PTC 取暖、碳纤维取暖
灯风暖浴霸	灯风暖浴霸就是同时具备灯暖浴霸、风暖浴霸功能的浴霸

攻略 20　浴霸交流电动机电容有什么作用?

答：单相异步电机中的电容主要的作用是用来分相的，目的是使两个绕组中的电流产生近于 90°的相位差，以产生旋转磁场。

有些单相电动机上装有两个电容，一个起动用，一个工作用。起动时，起动电容与工作电容同时进行起动工作，达到额定转速后，离心开关将起动电容从起动绕组里切除，工作电容继续串联在起动绕组里。如果转速下降，离心开关关闭与起动电容又进行起动。

a）风暖浴霸

a）灯暖浴霸

图 3-7　部分浴霸外形

攻略 21　浴霸交流电动机电容性能指标有哪些?

答：交流电动机电容性能的指标如下：

1）运行等级：A 级 30 000h，B 级 10 000h，C 级 3 000h，D 级 1 000h。

2）电容偏差：±5%、±10%、±15%。

攻略 22　怎样选择风暖式浴霸?

答：选择风暖式浴霸的方法与技巧见表 3-6。

表 3-6　选择风暖式浴霸的方法与技巧

项　目	说　明
安全性	潮湿的环境中使用电器，一定要选择安全性能好、质量好的浴霸
浴室环境	选购浴霸需要根据浴室面积来选择： 1）一般小浴室，水雾比较大，最好选择排风效果好的 2）老房屋可以根据是否有吊顶、吊顶厚度是否足够、是否有足够插头等来选择 3）新装修房间，可以考虑安装吸顶式浴霸，因为吸顶式浴霸不占空间
需求	浴霸主要作用是保暖，如果是租房需要注重实用
安装细节	1）如果家中有淋浴房，建议将浴霸装在卫生间吊顶上，不应在淋浴房里装浴霸 2）安装浴霸的电源配线必须是防水线，最好是不低于 1mm 的多丝铜芯电线，所有电源配线都要走塑料暗管镶在墙内，不许有明线设置 3）浴霸电源控制开关必须是带防水 10A 以上容量的合格产品 4）浴霸的厚度不宜太大 5）浴霸一般安装在浴室顶部的中心位置或略靠近浴缸的位置 6）浴霸工作时禁止用水喷淋 7）浴霸不能频繁开关，且周围不要有振动

（续）

项　目	说　明
搭配要求	无论新房屋老房屋、正装修或者已经装修完的房屋都可以安装壁挂式浴霸；而吸顶式浴霸适宜新房装修或者二次装修时安装，它对吊顶有一定的厚度要求，有的还要达到18cm甚至20cm厚，且浴室内要有多用插头

▶ **攻略 23　怎样安装吊顶式浴霸？**

答：三合一的浴霸就是指取暖、换气、照明为一体的浴霸。有的浴霸取暖灯为四灯取暖，一灯常见的功率为275W，则最大功率为275W×4。照明灯泡常见的是40W/220V。

吊顶式浴霸对于开孔尺寸、吊顶夹层高均有要求。常见的开孔尺寸为290mm×290mm，吊顶夹层高要求大于180mm。吊顶浴霸的安装图例如图3-8所示。

有的沐浴取暖壁挂浴霸只需要用膨胀螺钉固定即可（挂墙式安装）。安装距离一般约为27.5cm（额定功率825W）。膨胀螺钉实物如图3-9所示。

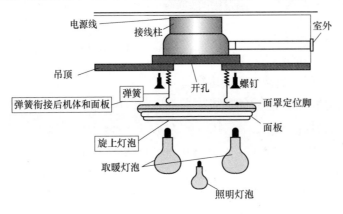

图 3-8　吊顶浴霸的安装图例

图 3-9　膨胀螺钉实物

3.3　室内采暖

▶ **攻略 24　什么是地暖？**

答：以温度不高于60℃的热水为热媒，在加热管内循环流动，加热地板，通过地面以辐射、对流的传热方式向室内供热的一种供暖方式叫做地暖（见图3-10）、地热。

▶ **攻略 25　地暖有什么好处？**

答：采用地暖的好处：①舒适到家；②节约室内占地；③集取暖、保健、治疗三者为一体；④使用寿命长，维修简便；⑤施工进度快，质量可靠；⑥节约能源；⑦实现分户热计量，分室控温；⑧卫生条件明显改善。

图 3-10　地暖图例

▶ **攻略 26　地暖工艺是怎样的？**

答：传统地暖工艺：楼地面上抹20mm厚水泥砂浆找平层，铺苯板，安装地暖管，浇筑细石混凝土。发泡水泥地暖工艺为：楼地面上浇筑发泡水泥，安装地暖管，浇筑砂浆。

▶ 攻略 27　最佳住宅室内温度是多少度?

答：根据有关规范要求是 18℃，实际上 22~25℃ 最适合人们生活的住宅室内温度。

▶ 攻略 28　低温地板辐射采暖表面适合的平均温度是多少?

答：低温地板辐射采暖表面适合的平均温度见表 3-7。

表 3-7　低温地板辐射采暖表面适合的平均温度

环　境	适宜范围/℃	最高限值/℃	环　境	适宜范围/℃	最高限值/℃
人员长期停留区域	24~26	28	无人员停留区域	35~40	42
人员短期停留区域	28~30	32	浴室、游泳池	30~35	33

▶ 攻略 29　室内采暖系统有哪些类型?

答：根据介质不同，室内采暖系统（见图 3-11）可以分为热水采暖系统、蒸汽采暖系统两大类。它们的种类见表 3-8。

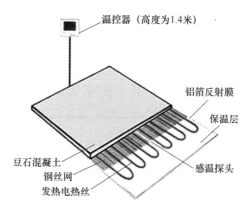

图 3-11　室内采暖系统图例

表 3-8　室内采暖系统的种类

名　称	说　明
热水采暖系统	热水采暖系统根据供水温度不同可以分为一般热水采暖系统（供水温度 95℃、回水温度 70℃）、高温热水采暖系统（供水温度为 96~130℃、回水温度为 70℃）两种
蒸汽采暖系统	1）蒸汽采暖系统根据水在系统内循环的动力不同，可以分为重力（自然）循环系统、机械循环系统 2）根据供、回水方式的不同，可以分为单管系统、双管系统 3）根据压力不同，可以分为低压蒸汽采暖系统（蒸汽工作压力≤0.07MPa）、高压蒸汽采暖系统（蒸汽工作压力>0.07MPa） 4）根据蒸汽干管布置的不同，可以分为上供式、中供式、下供式等

▶ 攻略 30　采暖工程系统是由哪些部件组成?

答：室内供暖系统（以热水供暖系统为例）一般由主立管、水平干管、支立管、散热器横支管、散热器、自动排气阀、阀门等组成，各组成部分的特点见表 3-9。

表 3-9   采暖工程系统组成部分的特点

名　称	说　明
主立管	从引入口到水平干管的竖直管段
水平干管	连接主立管、各支管立管的水平管段。一般有供水水平干管、回水水平干管
支立管	连接各楼层散热器横支管，一般位于供回水水平干管间的竖直管段
散热器横支管	连接支立管与散热器的水平管段
系统附件	系统管路上的自动排气阀、调节阀、关断阀等

➤ 攻略 31　常见的地暖管有哪些?

答：常见的地暖管有 PE-RT 管、PE-X 管、PB 管、PPR 管、PPB 管。常见的管材为 4 分管，内径为 16mm，外径为 20mm。常见的地暖管的特点见表 3-10。

表 3-10   常见的地暖管的特点

名　称	说　明
PE-RT 管	PE-RT 管是耐热增强聚乙烯管，具有良好的柔韧性、弯曲半径小、弯曲后不反弹、抗冲击性好、热稳定性能好、可热熔连接。一般地暖管采用 PE-X 管、PE-RT 管
PE-X 管	PE-X 管是交联聚乙烯管，适用于低温地板辐射采暖中，禁止在蒸汽管道中使用
PB 管	PB 管是聚丁烯-1 树脂添加适量助剂，经挤出成型的热塑性加热管，具有很高的耐温性（最高使用温度可达 110℃）、可塑性、无味、无毒、耐腐蚀抗微生物侵害、不结垢、柔韧性好、最小弯曲半径为 5D（D 管外径）
PPB 管	PP-B 管是嵌段共聚聚丙烯管材。具有耐高温（可达 120℃）、耐低温性能差、无毒、无味、无有害，可用于地暖和上水管道中

➤ 攻略 32　地暖管每个回路长度有什么要求?

答：地暖管每个回路长度一般为 60～80m，最长不超过 120m 为宜。

➤ 攻略 33　怎样设置家居地暖回路?

答：一般在住宅楼中根据房间数确定回路数，即

1）一般面积较小的卫生间、小卧室、厨房等房间可合并成一个回路。

2）大面积房间，可单独设计一回路。

➤ 攻略 34　地暖管铺设时有哪些注意事项?

答：地暖管铺设时的一般注意事项如下：

1）管材存放时要避免阳光直射。

2）装卸运输管子时要小心，不要碰到金属棱角。

3）管路倾斜度需要保持在 1/200 以下。

4）切割管子时切断面需要与管子垂直。

5）铺管时一头连接在分水器上，一头可临时堵上防止进杂物。

6）弯曲管子时用两手抓长一些，以便煨出所需要的弯度，弯度直径要大于两管平行距离。

7）固定管卡子，用手轻轻扎到发泡水泥中即可，不要用力过猛。

8）弯曲处用管卡子固定 3～5 处。

9）存放管子时需要放在平坦的地面，其堆放高度应在 2m 以下。

10）立干管系统没有清洗时，暂不与其连接分配器。

11）地暖管在铺设过程中不准有接头。

12）安装过程中应防止油漆、沥青或其他化学溶剂污染管材。

13）铺设完后先试压合格后，才能够做水泥砂浆保护层。

▶ **攻略 35　什么是分配器？它的种类有哪些？**

答：分配器就是在地暖系统中用于连接采暖主干供水管、回水管的控制装置。分配器分为分水器、集水器两部分。分水器是在水系统中，用于连接各路加热管供水管的配水装置。集水器是在水系统中，用于连接各路加热管回水管的汇水装置。

地暖结构系统为暗埋式供暖末端，其大部分结构都埋在水泥砂浆保护层里，只有分水器、集水器露出在外面。

分配器有铜制的分配器、不锈钢制的分配器、塑料制分配器。

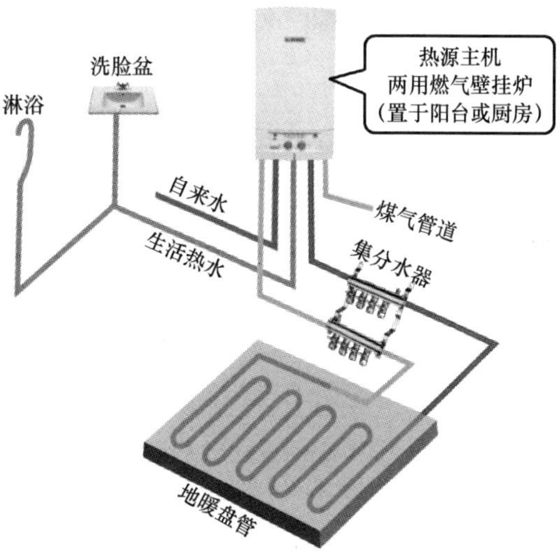

图 3-12　分（集）水器的应用图例

▶ **攻略 36　什么是分、集水器？**

答：分、集水器是有一个总进口（出口）与多个分出口（进口）的筒形承压装置，并配置放气阀、各通路阀门，以控制系统流量和流速的装置（见图 3-12）。

▶ **攻略 37　分配器中有哪些常见的配件？**

答：分配器中常见的配件有分水器、集水器、过滤器、阀门、放气阀、锁闭阀、活节头、内节头、热能表等。

▶ **攻略 38　安装分配器有哪些要求？**

答：安装分配器的一些要求如下：

1）分配器需要安装在墙壁、专用箱内，家居一般安装在厨房内。

2）集水器下面阀门距离地板一般为 30cm，并且水平安装。

3）过滤器一般安装在分水器的前面。

4）供水阀门一般安装在分水器前面，回水阀门一般安装在集水器后面。

5）分配器连接顺序一般为：连在供水干管→锁闭阀→过滤器→球阀→三通（温度、压力表、接口）→分水器（上杠）→地热管→集水器（下杠）→球阀→连在回水干管。

▶ **攻略 39　怎样防止地暖地面裂缝？**

答：防止地暖地面裂缝的方法与措施如下：

1）地暖管上砂浆保护层厚度需要保持 20mm，并且厚薄均匀。

2）砂浆保护层浇注后，在水泥砂浆终凝前抹面要做完做好。

3）水泥砂浆保护层中加入阻裂剂防止裂缝。

4）超过 12m² 以上房间，四周地面要留 5mm 宽，10mm 深的伸缩缝，缝中灌入软防水油膏。

5）根据水泥收缩性能，大房间要预留收缩量。

6）地暖面积在 30m² 以上时，需要在水泥砂浆保护层中设伸缩缝。

7）与墙、柱的交接处，应填充厚度不小于 10mm 的软质闭孔泡沫塑料。

➤攻略 40　合格的发泡水泥制品有什么特点?

答：合格的发泡水泥制品的特点：耐高温、隔音、导热系数合适、保温性能好、气孔分布均匀、有一定的抗渗能力、有一定的抗压强度、有一定的隔热能力等。

➤攻略 41　不合格的发泡水泥制品有什么特点?

答：不合格的发泡水泥制品的特点：气泡浑浊、水泥使用量偏高、抗渗能力差等。

➤攻略 42　什么是混凝土外加剂?

答：混凝土外加剂就是在搅拌混凝土过程中掺入用以改善混凝土性能的一种物质。

➤攻略 43　水泥发泡剂环保指标是多少?

答：水泥发泡剂是表面活性剂，是混凝土外加剂。有关规定为混凝土外加剂环保指标是释放氨的限量应不大于 0.10%（质量分数）。

➤攻略 44　使用不合格的发泡剂会发生什么问题?

答：使用不合格的发泡剂会发生的问题如下：

1）与水泥混合时出现丧失气泡、发生沉陷现象。

2）长时间强度上不去。

3）对金属、橡胶制品会有腐蚀。

4）对发泡机与连接的配件磨损大。

5）对操作人员会产生皮肤过敏。

➤攻略 45　低温热水地面辐射采暖系统供水、回水温度有什么要求?

答：低温热水地面辐射采暖系统供水温度不应大于 60℃，民用建筑供水温度应为 35～50℃。供水、回水温度差不宜大于 10℃。

➤攻略 46　低温热水地面辐射采暖系统的工作压力的要求是多少?

答：低温热水地面辐射采暖系统的工作压力不应大于 0.8MPa。

➤攻略 47　地暖管设计有哪些要求?

答：地暖管设计的一些要求如下：

1）热水流速不应小于 0.25m/s。

2）地暖供水温度不宜超过 60℃。

3）一个分配器装置的回路不宜多于 8 个。

4）组合式配接管件接口可以采用交错式设计。

5）配接阀门与主体管间需要增设锁紧螺母。

6）总供回水管路上需要配置截止阀、球阀。阀的内侧需要设置过滤器。

7）地暖管上水泥砂浆保护层厚度不应小于 20mm。

8）各回路管的长度尽量接近，不宜超过 90m，管间距不宜大于 300mm。

▶ 攻略 48　对于地暖施工有温度限制吗?

答：施工现场的温度在–5℃以下时不能施工，以免水泥不能进行水化作用、增加强度。

▶ 攻略 49　怎样确定保护层水泥砂浆厚度?

答：保护层水泥砂浆主要起到固定地暖管与保证地暖管不露在保护层外等作用。因此，保护层水泥砂浆厚度一般在地暖管上埋 20mm 以上即可。

▶ 攻略 50　保护层水泥砂浆配合比、水灰比是多少?

答：保护层水泥砂浆配合比有 1:2、1:2.5、1:3、1:3.5、1:4 等。地暖保护层水泥砂浆 1:3 比较合适。保护层水泥砂浆水灰比一般为 0.6。

▶ 攻略 51　什么是填充层?

答：填充层就是在绝热层、楼板基面上设置地暖管用的构造层，用以保护加热设备并使地面温度均匀的地暖层。

▶ 攻略 52　地暖施工（发泡水泥）前，现场还需做哪些工作?

答：地暖施工（发泡水泥）前，现场还需做的工作：①清扫楼地面；②堵孔洞，以防止发泡水泥流淌；③弹出发泡水泥浇注厚度水平线。

▶ 攻略 53　地面辐射采暖的地面结构是怎样的?

答：地板辐射采暖地面的结构依次为地面层、找平层、防水层、填充层、加热管、绝热层、楼板等组成，具体见表 3-11。

表 3-11　地面辐射采暖的地面结构

名　　称	英 文 名 称	说　　明
地面层	Floor surface course	建筑地面直接承受各种物理、化学作用的表面层
找平层	Troweling layer	在填充层、结构层上进行抹平的构造层
防水层	Waterproofing layer	防止地面上水、气渗透的构造层
填充层	Filled layer	设置在楼板基面上埋置加热管用的构造层，用以保护设备并使地面温度均匀
绝热层	Insulating layer	用以阻挡热量传递，减少无效热耗的构造层
防潮层	Wet proofing layer	防止建筑地基或楼层地面下湿气透过地面的构造层

▶ 攻略 54　地暖结构图是怎样的?

答：地暖结构图如图 3-13 所示。

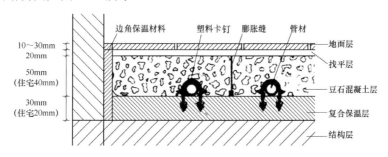

图 3-13　地暖结构图

▶ **攻略 55   怎样选择绝热层厚度?**

答: 绝热层厚度的选择见表 3-12。

表 3-12   绝热层厚度的选择

项　目	厚度/mm	项　目	厚度/mm	项　目	厚度/mm
楼层间楼板上的绝热层	20	与土壤或室外空气相邻的地板上的绝热层	40	沿外墙内侧周边的绝热层	20

▶ **攻略 56   加热管的布置有哪些形式?**

答: 加热管的布置需要保证地面温度均匀的原则来布置,具体的形式有平行型(直列型)和回折型(旋转型)。另外,热损失明显不均匀的房间,一般靠近外窗、外墙布管较密,以补偿房间热损失。

▶ **攻略 57   加热管敷设的间距是多少?**

答: 加热管敷设的间距,需要根据地面散热量、平均水温、室内设计温度、传热热阻通过计算来确定。一般而言,管线的最大间距不应超过 300mm。

▶ **攻略 58   分、集水器间设置旁通管有什么作用?**

答: 分、集水器间设置旁通管能够在水流不进入加热管的条件下,对供热管路系统进行整体冲洗。

▶ **攻略 59   哪些地方需要设置防水层?**

答: 辐射采暖地板设在潮湿房间的楼板上时,填充层以上需要做防水层。

▶ **攻略 60   加热管的固定方法有哪些?**

答: 加热管的固定方法如下:
1)用固定专用塑料卡直接把加热管固定在隔热板上。
2)将加热管直接卡在铺设于绝热层表面的专用管架或管卡上。
3)用尼龙扎带将加热管绑扎在铺设于绝热层表面的钢丝网上。

▶ **攻略 61   为什么木地板会出现翘裂现象?**

答: 木地板出现翘裂的原因有木地板质量不好、填充层尚未完全干燥的情况下过早的铺贴木地板、铺贴木地板时在相关交接处没有留下伸缩缝等。

▶ **攻略 62   热水地面辐射供暖系统埋地管道施工标准及允许偏差是怎样的?**

答: 热水地面辐射供暖系统绝热层铺设在土壤上时,绝热层下应做防潮层。埋地管道施工标准及允许偏差见表 3-13。

表 3-13   埋地管道施工标准及允许偏差

项　目	条　件	标　准	允许偏差/mm
绝热层	搭接	无缝隙	+2
	厚度		+5
管道半径	间距	90~300mm	±10

（续）

项 目	条 件	标 准	允许偏差/mm
管道弯曲半径	塑料及铜塑管	不小于 6 倍管外径	-5
	铜管	管件焊接	
管道固定点间距	直管	不大于 1 000mm	±10
	弯管	不大于 350mm	
分、集水器安装	水平间距	不小于 300mm	
	垂直间距	不小于 150mm	±10
	两中心距	200mm	

▶ **攻略 63 热水地面辐射供暖系统原地面等施工允许偏差是怎样的？**

答：热水地面辐射供暖系统原地面等施工标准及允许偏差见表 3-14。

表 3-14 热水地面辐射供暖系统原地面等施工标准及允许偏差

项 目	条 件	标 准	允许偏差/mm
原地面	铺绝热层前	平整	±5-10
填充层	骨料	不大于 ϕ12mm	-2
	厚度	40～50mm	±4
	当面积>30m² 或长度>6m 时	每格≤6m 时，留≥5mm 伸缩缝	+4
地面层	与墙、柱	留 5～8mm 伸缩缝	+2

▶ **攻略 64 填充层的主要作用有哪些？**

答：填充层的主要作用是保护加热管，使热量能比较均衡地传到地面上。

▶ **攻略 65 填充层的厚度是多少？**

答：填充层的厚度不宜太厚，一般在 50mm（加热管上部有 30mm 保护层）基本满足，最小不应小于 40mm。

▶ **攻略 66 水压试验需要符合哪些规定？**

答：水压试验需要符合的一般规定如下：

1）水压试验需要在系统冲洗后进行。

2）不宜以气压试验代替水压试验。

3）水压试验需要以每组分水器、集水器为单位，逐组或逐回路进行。

4）水压试验需要进行两次，分别为浇捣混凝土前与填充层养护期满后。

5）试验压力应为工作压力的 1.5 倍，且不应小于 0.6MPa。

6）试验压力下，需要稳压 1h，并且观察其压力降，如果压力降不大于 0.05MPa，则认为合格。

7）水压试验宜采用手动泵缓慢升压，升压过程中要随时观察与检查有无渗漏。

8）在有冻结可能的情况下试压时，试压完成后需要及时将管内的水吹干。

▶ **攻略 67 热水地面辐射供暖系统的怎样试运行？**

答：热水地面辐射供暖系统试运行的要求与注意事项如下：

1）热水地面辐射供暖系统试运行必须在地面层完全干燥后进行。

2) 初次供暖时,热水升温需要平缓,供水温度应控制在比当时环境温度高 10℃左右,并且不应高于 32℃。

3) 在正常的控制水温下(不高于 32℃),需要连续运行 48h,以后每隔 24h 水温升高 3℃,直到达到 60℃。在此温度下,需要对每组分水器、集水器连接的加热管逐路进行调节,使各个房间的温度接近室内设计空气温度。

➤ 攻略 68 供水管上设置球阀、过滤器有什么作用?

答:供水管上设置过滤器是为了防止杂质堵塞流量计与加热管。供水管上设置两个球阀主要是供清洗过滤器、更换或维修热计量装置时关闭用。

➤ 攻略 69 钢丝网是否有密度的要求?

答:钢丝网的密度要求:钢丝网线直径一般为 ϕ2mm,网格为 150mm^2。

➤ 攻略 70 家里装了空调器,还有必要装地暖吗?

答:空调器作为一种制冷工具具有高效率。但是,空调器在制热方面,能耗大,热量一般聚集在房间的上部空间,强制空气对流的运行方式易导致空气混浊、干燥等。因此,家里装了空调器,也可以装地暖。

➤ 攻略 71 控制地暖温度有哪些方法?

答:控制地暖温度的方法如下:

1) 基本控温方法。通过地暖分水分器上的阀门调节水流量,从而控制各个房间室内的温度。

2) 自动控温方法。用温控器控制室内温度。

3) 编程控温方法。用温控器预先设定温度达到不同时间段不同的温度。

4) 远程控制方法。通过电话或计算机在各个地区提前控制地暖温度。

➤ 攻略 72 安装了地板辐射采暖,地面可以选择什么装饰材料?

答:安装了地板辐射采暖(见图 3-14),地面可以选择的装饰材料如下:强化木地板、石材、实木复合地板、瓷砖、亚麻地毯、毛地毯、水泥砖、橡胶地板、地板革、实木地板等。但是,需要了解不同地板材料的导热系数是不同的。地面材料导热系数由大到小的顺序排列为:天然石材>瓷砖>实木复合地板>强化木地板>实木地板>化纤地毯>纯毛地毯。导热系数越小,要达到同等采暖效果,运行费用也就越高。

➤ 攻略 73 地暖系统需要勤更换水吗?

答:地暖系统的水不需要勤更换。如果勤更换新水,则更易产生水垢。而结过垢的水,不易再结垢。

➤ 攻略 74 室内采暖常用的钢管及管件有哪些?

答:室内采暖常用的钢管及管件有低压流体输送用的焊接钢管、无缝钢管、螺旋缝焊接钢管、直缝卷制焊接钢管等。

➤ 攻略 75 室内采暖材料的表示是怎样的?

答:一些室内采暖材料的表示如下:

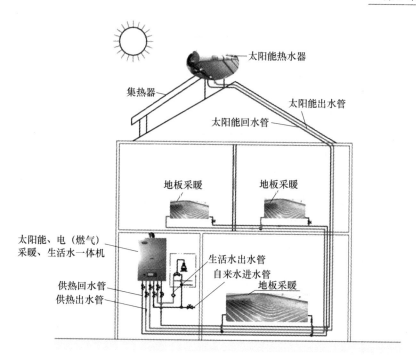

图 3-14 地板采暖图例

1）室内采暖无缝钢管。无缝钢管在同一外径下往往有几种壁厚。因此，其规格一般用实际的外径乘以实际的壁厚来表示。符号 D 表示外径，外径数值写于其后，再乘上壁厚。例如无缝钢管的外径是 57mm，壁厚是 4mm，表示为 D57×4。

2）螺旋缝焊接钢管。与无缝钢管的规格表示相同。

3）铝塑复合管。铝塑复合管采用内径外径表示，例如 R1620 表示内径为 16mm、外径为 20mm 的热水管。L1014 表示内径为 10mm、外径为 14mm 的冷水管。

4）圆钢。通常以#表示其直径，直径数值写于其后，例如#45 表示圆钢的直径为 45mm。

5）扁钢。规格常以宽度×厚度表示。例如 30×3 表示扁钢宽为 30mm，厚为 3mm。

6）角钢。规格常以边宽×边宽×边厚表示。例如 50×50×6 表示等边角钢两边的宽均为 50mm，边厚为 6mm。

7）槽钢。规格常以"号"表示。例如 20 号表示其高度为 200mm。

▶ 攻略 76　管道避让原则是怎样的？

答：管道避让原则见表 3-15。

表 3-15　管道避让原则

避 让 管	不 让 管	说　　明
低压管	高压管	高压管造价高、强度要求高
阀件少的管	阀件多的管	考虑安装、操作、维护等因素
给水管	排水管	排水管管径大、水中杂质多
金属管	非金属管	金属管易弯曲、切割、连接
冷水管	热水管	热水管绕弯要考虑排气、放水等

（续）

避 让 管	不 让 管	说 明
气体管	水管	水流动的动力消耗大
小管	大管	小管绕弯容易、造价低
压力流管	重力流管	重力流管改变坡度和流向，对流动影响较大
一般管道	通风管	通风管道体积大、绕弯困难

▶ 攻略 77　采暖钢管怎样套螺纹？

答：套螺纹是将断好的管材，按管径尺寸分次套制螺纹。一般管径为 15～32mm 的需要套 2 次，40～50mm 的需要套螺纹 3 次，70mm 以上的需要套 3～4 次。套螺纹可以用套丝机套螺纹，也可以用手工套丝板套螺纹。套丝管子螺纹长度的要求见表 3-16。

表 3-16　套丝管子螺纹长度的要求

公称直径		普通丝头		长丝（连设备用）		短丝（连接代用类）	
mm	英寸	长度/mm	螺纹数	长度/mm	螺纹数	长度/mm	螺纹数
15	1/2	14	9	50	28	12.0	6.5
20	3/4	16	8	55	30	13.5	7.5

注：螺纹长度均包括螺尾在内。

▶ 攻略 78　管件怎样选择管钳？

答：根据配装管件的公径大小选择适当的管钳，具体见表 3-17。

表 3-17　选择管钳

规　格	适 用 范 围		规　格	适 用 范 围	
	公称直径/mm	英制对照/in		公称直径/mm	英制对照/in
12"	15～20	1/2～3/4	24"	50～80	2～3
14"	20～25	3/4～1	0"	80～100	3～4
18"	32～50	1/4～2	—	—	—

▶ 攻略 79　管道法兰连接有哪些要求？

答：管道法兰连接的一般要求如下：

1）管段与管段采用法兰盘连接或管道与法兰阀门连接者，必须根据设计要求、工作压力选用标准法兰盘。

2）法兰盘连接衬垫，一般给水管（冷水）采用厚度为 3mm 的橡胶垫。

3）法兰盘的连接螺栓直径、长度需要符合规范要求。

4）紧固法兰盘螺栓时需要对称拧紧，紧固好的螺栓外露丝扣应为 2～3 扣，不宜大于螺栓直径的 1/2。安装图例如图 3-15 所示。

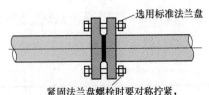

选用标准法兰盘

紧固法兰盘螺栓时要对称拧紧，紧固好的螺栓外露丝扣应为2～3扣

图 3-15　安装图例

▶ 攻略 80　怎样连接管道承插口其他捻口？

答：管道承插口其他捻口连接方法见表 3-18。

表 3-18　管道承插口其他捻口连接方法

捻　口	连　接
石棉水泥接口	一般室内、外铸铁给水管道敷设均采用石棉水泥捻口，即在水泥内掺适量的石棉绒拌和
铅接口	一般用于工业厂房室内铸铁给水管敷设，设计有特殊要求、室外铸铁给水管紧急抢修，管道碰头急于通水的情况可采用铅接口
橡胶圈接口	一般用于室外铸铁给水管铺设、安装的管与管接口。管与管件仍需采用石棉水泥捻口

▶ 攻略 81　预留洞孔尺寸是多大？

答：预留孔洞尺寸的大小见表 3-19。

表 3-19　预留孔洞尺寸的大小　　　　　　（单位：mm）

管　道		明管（孔尺寸长×宽）	暗管（墙槽尺寸宽×深）
采暖或给水立管	管径小于或等于 25	100×200	130×130
	管径 32～50	150×150	150×150
	管径 70～100	200×200	200×200
一般排水管	管径小于或等于 50	150×150	200×130
	管径 70～100	200×200	250×200
两根采暖或给水立管（管径小于或等于 32）		150×100	200×130
一根给水立管（管径小于或等于 50）		200×150	200×130
一根给水立管和一根排水立管在一起（管径 70～100）		250×200	250×200
两根给水立管（管径小于或等于 50）		200×150	250×130
两根给水立管和一根排水立管在一起（管径 70～100）		250×130	380×200
给水支管（管径小于或等于 25）		250×130	60×60
散热器支管（管径 32～40）		150×130	150×100
排水支管	管径小于或等于 80	250×200	
	管径 100	300×250	
采暖或排水主干管	管径小于或等于 80	300×250	
	管径 100～125	350×300	
给水引入管（管径小于或等于 100）		300×200	

注：给水引入管、管顶上部净空一般不小 100mm，排水排出管管顶上部净空一般不小于 150mm。

▶ 攻略 82　室内采暖管道安装允许的偏差是多少？

答：室内采暖管道安装允许的偏差见表 3-20。

表 3-20　室内采暖管道安装允许的偏差

项　目		允许偏差	检验方法
水平管道纵横方向弯曲	每 1m、管径小于或等于 100mm	0.5	用水平尺、直尺拉线、尺量检查
	每 1m、管径大于 100mm	1	用水平尺、直尺拉线、尺量检查
	全长（25m 以上）、管径小于或等于 100mm	不大于 3	用水平尺、直尺拉线、尺量检查
	全长（25m 以上）、管径大于 100mm	不大于 25	用水平尺、直尺拉线、尺量检查

（续）

项　　目		允 许 偏 差	检 验 方 法
弯管椭圆率 Dmax-Dmin（管径小于或等于100mm）		10/100	用外上钳、尺量检查
弯管 Dmax（管径大于100mm）		8/100	用外上钳、尺量检查
弯管折皱不平度	管径小于或等于100mm	4	用外上钳、尺量检查
	管径大于100mm	5	用外上钳、尺量检查

第 4 章

4.1 概述

▶ 攻略 1　什么是燃气？燃气的种类有哪些？

答：燃气是可燃气体为主要组分的混合气体燃料，燃气可以分为人工燃气与天然气。人工燃气是指从固体燃料（主要为煤）或液体燃料（油）加工中获取的可燃气体。人工燃气可以分为裂化燃气、气化燃气、干馏燃气、液化燃气等。部分燃气的特点见表 4-1。

表 4-1　部分燃气的特点

名　称	种　类	性　质
天然气	矿井气	原煤开采中从井下煤层中抽出的可燃气体
	凝析气田气	从天然气凝析的石油轻质馏分
	油田伴生气	随石油开采而分离获得的
	气田气	气井开采出来的纯天然气
液化石油气	管道混空气	液化气与空气混合而成
	液化石油气	石油开采和炼制过程中的副产品
人工煤气	干馏煤气	通过对煤加热产生煤气
	水煤气	以水蒸气为汽化剂
	发生炉煤气	以空气为汽化剂

▶ 攻略 2　燃气系统的特点是怎样的？

答：燃气系统（见图 4-1），其特点见表 4-2。

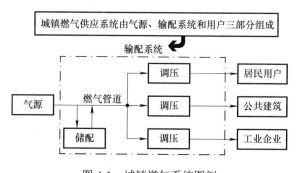

图 4-1　城镇燃气系统图例

表 4-2　燃气系统的特点

项　目	说　明
系统的组成	城镇燃气管道系统由输气干管、中压输配干管、低压输配干管、配气支管、用气管道组成
系统的形式	城镇燃气管道系统由各种压力的燃气管道组成，其组合形式有一级系统、两级系统、三级系统、多级系统。三级系统由高压、中压、低压三级管网组成
系统压力分级	1）城镇燃气管道根据输送燃气的压力来分级 2）液态液化石油气管道根据设计压力分级 3）目前我国大多数城市采用中、低压两级管道系统
燃气长距离输送系统	燃气长距离输送系统通常由集输管网、气体净化设备、起点站、输气干线、输气支线、中间调压计量站、压气站、分配站、电保护装置等组成
燃气压送储存系统	燃气压送储存系统主要由压送设备、储存装置组成 压送设备是用来提高燃气压力或输送燃气的，目前在中、低压两级系统中使用的压送设备有罗茨式鼓风机与往复式压送机。储存装置的作用是保证不间断地供应燃气，平衡、调度燃气供变量。其设备主要有低压干式储气柜、低压湿式储气柜、高压储气罐 燃气压送储存系统的工艺有低压储存、中低压分路输送；低压储存、中压输送等方式

➤ 攻略 3　燃气系统附属设备有哪些？

答：燃气系统部分附属设备见表 4-3。

表 4-3　燃气系统部分附属设备

名　称	说　明
凝水器	常用的凝水器有铸铁凝水器、钢板凝水器等
补偿器	补偿器的形式有套筒式补偿器、波形管补偿器。埋地铺设的聚乙烯管道，在长管段上通常设置套筒式补偿器
调压器	根据构造调压器可以分为直接式调压器、间接式调压器。根据压力应用范围可以分为高压调节器、中压调节器、低压调节器。根据燃气供应对象可以分为区域调压器、专用调压器、用户调压器。直接式调压器是靠主调压器自动调节，间接式调压器一般设有指挥系统
过滤器	过滤器的过滤层用不锈钢丝绒或尼龙网组成

➤ 攻略 4　城市燃气输配系统的构成是怎样的？

答：城市燃气输配系统的构成有门站、管网（高压、中压、低压）、储配站、调压室、遥测遥信、遥调遥控、微机调度中心等。城市燃气输配系统的分类见表 4-4。

表 4-4　城市燃气输配系统的分类

依　据	分　类
输配系统压力级别	1）一级系统：仅用低压管网来分配、供应燃气 2）二级系统：由低压、中压两级管网组成 3）三级系统：由低压、中压、次高压的晶体管网组成 4）多级系统：由低压、中压、次高压、高压管网组成
输气压力等级分类	低压：$P<0.01MPa$ 中压 A：$0.2MPa<P\leq0.4MPa$ 中压 B：$0.01MPa\leq P\leq0.2MPa$ 次高压 A：$0.8MPa<P\leq1.6MPa$ 次高压 B：$0.4MPa<P\leq0.8MPa$ 高压 A：$2.5MPa<P\leq4.0MPa$ 高压 B：$1.6MPa<P\leq2.5MPa$

（续）

依　　据	分　　类
燃气管网用途	1）长距离输气管线 2）城市燃气管道：①分配管-居民户、工业户、福利户；②引入管-位置（分配管-入户总阀门）；③室内燃气管道 3）工业企业燃气管道

▶ 攻略 5　室内民用燃气系统的组成是怎样的?

答：室内民用燃气系统由引入管、总立管、水平干管、立管、水平支管、下垂管、阀门、燃气表、燃气用具等组成（见图 4-2），具体见表 4-5。

图 4-2　燃气立管

表 4-5　室内民用燃气系统的组成

项　　目	说　　明
用户表前管部分	用户表前管部分包括引入管、主干管道、立管、用户支管、用户单元总阀等。其中，引入管是来自室外燃气管道，是穿入建筑的燃气管段。主干管道是与引入管连接的立管，立管是穿越各楼层垂直方向的管段。用户支管是每个用户连接立管的水平方向的管段
用户表后管部分	用户表后管部分包括表后管、切断阀门、用气点等。其中，表后管是连接燃气表或燃气用具竖直方向的管段。用气点连接燃气灶具、热水炉、热水器等

▶ 攻略 6　燃气的性质有哪些?

答：燃气具有易燃、易爆、有毒等特性。

▶ 攻略 7　燃气的成分有哪些?

答：燃气的成分如下：

1）可燃成分有 CO、H_2S、CH_4 等。

2）不可燃成分有 CO_2、H_2O、N_2 等。

3）助燃成分有 O_2。

4）燃气的有害成分有焦油、石蜡、奈、水蒸气、硫。

其中部分成分的特点见表 4-6。

表 4-6　部分成分的特点

名　　称	特　　点
CO_2	轻度毒性、比空气重、不燃烧、不助燃、含量高时会使人窒息
SO_2	有毒、比空气重、对眼膜和呼吸道有刺激性
CO	有剧毒、比空气轻、可燃，如空气中含量大于 10% 时，1~2min 内即可致人死亡
H_2S	有毒、比空气重、有浓烈的臭鸡蛋味、人经长期接触会失去知觉，空气中含量 0.1%~0.3% 时可致人死亡

▶ 攻略 8　氧气很重要吗?

答：氧气的重要性：氧气浓度低于 15% 时，对人稍有影响；氧气浓度低于 10%，呼吸就会困难；氧气浓度低于 7% 可导致死亡。人体的神经细胞不能缺氧，停止供氧 5min，神经细胞就会失去功能。

▶ **攻略9　怎样选用燃气管道材料?**

答：一般情况下，煤气、天然气的中压、低压管道系统可以采用铸铁管、聚乙烯管或钢管，高压系统必须采用钢管。液态、气态液化石油气管道均可以采用钢管。

▶ **攻略10　螺纹有哪几种?**

答：螺纹有三种，即标准螺纹、非标准螺纹、特殊螺纹。螺纹根据用途还可以分为连接螺纹、传动螺纹两类。一般螺纹的特点：非标准螺纹，这种螺纹有锯形螺纹、平面螺纹等；特殊螺纹，这种螺纹的牙形符合标准螺纹规定，而外径与螺距布符合标准。英制螺纹，管螺纹大部分属于英制螺纹以英寸表示。

▶ **攻略11　公称直径与英制钢管规格对照是怎样的?**

答：公称直径与英制钢管规格对照见表4-7。

表4-7　公称直径与英制钢管规格对照

mm	in	mm	in	mm	in	mm	in	mm	in
8	$\frac{1}{4}$	20	$\frac{3}{4}$	40	$1\frac{1}{2}$	80	3	150	6
10	$\frac{3}{8}$	25	1	50	2	100	4	200	8
15	$\frac{1}{2}$	32	$1\frac{1}{4}$	65	$2\frac{1}{2}$	125	5	250	10

▶ **攻略12　室内燃气管道安装的要求有哪些?**

答：室内燃气管道安装的一般要求如下：

1）室内燃气管道一般选用镀锌钢管（见图4-2）。如果采用黑铁管时，施工前需要除锈，安装后需要防腐。

2）室内燃气管道所用的管材、管件、设备需要是符合标准的合格的产品。

3）燃气管道使用的管道、管件、管道附件如果设计没有明确规定，管径小于或等于50mm的，宜采用镀锌钢管、铜管。铜管宜采用牌号为TP2的管材。

4）引入管穿越基础墙、承重墙或伸出地面，其穿越段必须全部设在套管内，套管内不准有接头。

5）立管穿越楼板，其穿越段必须全部设在套管内，套管内不准有接头。

6）水平管穿越卫生间、低温烟道时，其穿越段必须全部设在套管内，套管内不准有接头。

7）引入管及户内燃气管道不得敷设在卧室、卫生间、密闭地下室、浴室、易燃易爆品仓库、有腐蚀性介质的房间、变电室、电缆沟、配电室、暖气沟、烟道、风道等地方。

8）室内应尽量少用管件。

9）室内燃气管道一般采用丝扣连接。

10）室内燃气管道的适当位置需要设置活接头。

11）设置活接头的场所需要具备良好的通风条件。

12）一般情况下，所有阀门后均需要设置活接头。

13）DN≤50mm的用户立管上，每隔一层楼应安装活接头一个，安装高度应便于安装拆卸。

14）水平干管过长时，也应在适当位置安装活接头。

15）室内燃气管道需要明设。

16）室内管道安装需要横平竖直，水平管应有 0.003 的坡度，并且坡向立管或灶具，不准发生倒坡和凹陷。

17）室内燃气工程验收合格后，接通燃气应由燃气供应单位负责。

18）检验合格的燃气管道、设备超过 6 个月没有通气使用时，应由当地燃气供应单位进行复验，复验合格后方可通气使用。

19）室内燃气管道安装前应对管道、管件、管道附件、阀门等内部进行清扫，以保证清洁。

20）室内燃气管道与墙面的净距要符合要求。

21）燃具与燃气管道采用软管连接时，家用燃气灶其连接软管长度不应超过 2m，并不应有接口，燃气用软管应采用耐油橡胶管，两端加装轧头及专用接头，软管不得穿墙、窗和门。燃气管道应涂以黄色的防腐识别漆。

22）燃具与燃气管道一般采用硬管连接，镀锌活接头内用密封圈加工业脂密封。

▶ **攻略 13 室内燃气管道的切割有哪些规定？**

答：室内燃气管道切割的一般规定见表 4-8。

表 4-8 室内燃气管道切割的一般规定

名 称	说 明
碳素钢管	镀锌钢管需要用钢锯、机械方法切割
不锈钢管	不锈钢管需要采用机械、等离子方法切割，也可以采用砂轮切割

管道切口的要求如下：

1）切口表面需要平整、无毛刺、无凸凹、无缩口、无裂纹、无重皮、无熔渣、无氧化物、无铁屑等。

2）切口端面倾斜偏差不应大于管道外径的 1%，并且不得超过 3mm。

3）切口端面凹凸误差不得超过 1mm。

▶ **攻略 14 室内燃气管道的弯管制作要求是怎样的？**

答：室内燃气管道的弯管制作要求如下：

1）弯管截面最大外径与最小外径之差不得大于管道外径的 8%。

2）燃气管道的弯曲半径需要大于管道外径的 3.5 倍。

3）铜制弯管及不锈钢弯管制作时需要采用专用弯管设备。

▶ **攻略 15 燃气管道、设备螺纹连接的要求是怎样的？**

答：燃气管道、设备螺纹连接的要求如下：

1）管道与设备、阀门螺纹连接应同心，不得强力对接。

2）管道螺纹接头需要采用聚四氟乙烯带作为密封材料。

3）拧紧螺纹时，不得将密封材料挤入管内。

4）钢管的螺纹需要光滑端正，无斜丝、无乱丝、无断丝、无破丝，缺口长度不得超过螺纹的 10%。

5）铜管与球阀、燃气计量表、螺纹连接附件连接时，需要采用承插式螺纹管件连接。

弯头、三通可以采用承插式铜配件或承插式螺纹连接件。

➤ 攻略 16　室内明设燃气管道与墙面的净距有什么规定？

答：室内燃气管道与墙面的净距规定：管径小于 25mm 时，净距离应不少于 30mm；管径 25～50mm 时，净距离应不小于 50mm；管径等于 50mm 时，净距离不宜小于 60mm；管径大于 50mm 时，净距离应不小于 70mm。立管安装时距墙角的垂直投影距离不应小于 300mm，距水池不应小于 200mm。

➤ 攻略 17　室内燃气管道的防腐剂涂漆需要符合哪些规定？

答：室内燃气管道的防腐剂涂漆需要符合的一般规定如下：

1）引入管采用钢管时，需要在除锈后进行防腐。

2）室内明设燃气管道及其管道附件的涂漆，应在检验试压合格后进行。

3）明设采用镀锌钢管螺纹连接时，管件连接处安装完后，需要先刷一道防锈底漆，然后全面涂刷两道面漆。

4）明设采用钢管焊接时，需要在除锈后进行涂漆：先将全部焊缝处刷两道防锈底漆，然后全面涂刷两道防锈底漆与两道面漆。

5）暗埋的铜管或不锈钢波纹管的色标，需要采用在覆盖层的砂浆内掺入带色染料的形式或在覆盖层外涂色标。如果设计无明确规定，色标一般采用黄色。

➤ 攻略 18　燃气计量表安装的一般规定是怎样的？

答：燃气计量表安装的一般规定如下：

1）燃气计量表需要具有相关的标牌、标志、出厂日期、表编号、合格证。

2）倒放的燃气计量表需要复检。

3）超过有效期的燃气计量表应全部进行复检。

4）燃气计量表的外表面应无明显的损伤。

5）用户室外安装的燃气计量表需要装在防护箱内。

6）燃气计量表的安装位置需要满足抄表、检修、安全使用的要求（见图 4-3）。

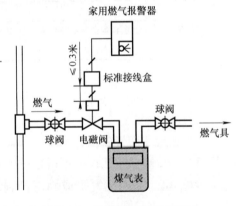

图 4-3　燃气计量表安装图例

4.2　天然气

➤ 攻略 19　什么是天然气？

答：天然气是由动物、植物通过生物化学作用、地质变化作用，在不同地质条件下生成、转移，在一定压力下储集、埋藏在深度不同的地层中的优质可燃气体。天然气就是指直接从自然界开采、收集的可燃气体，既是重要的化工原料，又是理想的城镇燃气气源。

➤ 攻略 20　天然气的燃烧特性有关术语是怎样的？

答：天然气的燃烧特性有关术语见表 4-9。

表 4-9 天然气的燃烧特性有关术语

名　称	说　明
着火温度	指天然气与空气的混合物开始进行燃烧反应的最低温度。甲烷着火温度为 540℃。有燃气设施的地方，不能有明火，也不能有产生高温的设施
燃烧速度	燃烧速度是指垂直于燃烧焰面，火焰向燃烧气体方向传播的速度
热值	热值是指单位质量液体、固体或单位体积气体的可燃物完全燃烧时所放出的热量，单位为 MJ/N·m³。热值分高热值、低热值，两者的区别在于是否计入燃烧产物水蒸气被凝结成燃烧前环境温度所放出的全部热量。燃气的热值通常指低热值。低热值就是测得 1 标准体积的燃气燃烧后（包括烟气吸收部分）所放出的热量。高热值，就是测得 1 标准体积的燃气燃烧后（包括烟气、水蒸气吸收部分）所放出的热量
汽化潜热	汽化潜热是指在常压下液体沸腾时，1kg 饱和液体变为同温度的饱和蒸汽所吸收的热量。天然气的热值大约是 40MJ/N·m³
华白数	华白数是一项控制然具热负荷恒定状况的指标。在燃气工程中对不同类型燃气间互换时，要考虑衡量热流量大小的特性指数
燃烧势	燃烧势是反映燃气燃烧火焰所产生离焰、回火、黄焰、不完全燃烧倾向性与一项反映燃具燃气燃烧稳定状态的综合指标
回火	回火是火焰缩回燃烧器内部而熄灭的现象
脱火	脱火是火焰飞离燃烧器头部而熄灭的现象
大气式燃烧	天然气在进入燃烧器燃烧前，已预先混入部分空气（称一次空气），其余所需的空气靠扩散供给（称二次空气）的燃烧称为大气式燃烧
扩散式燃烧	在天然气进入燃烧器前不预先混入空气的情况下，空气过剩系数为=0。此时，燃烧所需的空气靠空气扩散这种燃烧称为扩散式燃烧，是一种很原始的燃烧方式
泄漏	泄漏是可燃气体造成事故的首要原因。当可燃气体充斥某个空间，遇到明火会产生爆炸
点火失误	家庭灶具点火时如果不能一次点火成功，第二次、第三次点着时就会有轻微爆炸。因为轻微，所以大家都没在意。但是在工业设备中点火失误造成的爆炸是具有破坏力的
误混	储藏可燃气体的容器或管道内不允许混入空气，一旦混入空气遇到明火就会爆燃
非爆燃危害	除了爆炸、燃烧外可燃气体还有其他危害，如使人中毒、窒息
燃烧	燃烧是指可燃物与氧气在一定条件下，发生的剧烈的发光、发热的氧化反应的过程。燃烧有三个必须具备的条件：可燃物、氧气、点火源
燃点	可燃物已经达到了它本身最低的着火温度，这个最低的着火温度也叫燃点
着火	环境温度高于可燃物的燃点时，碰到火源即发生燃烧，也叫着火

攻略 21　天然气的特点是怎样的?

答：天然气的组分以甲烷为主，含有少量的二氧化碳、硫化氢、氮、微量的惰性气体等，平均密度为 0.75～0.8kg/N·m³ 左右。天然气是无色、无毒、无腐蚀性气体。

甲烷的理论燃烧温度为 1 970℃，最大燃烧速度为 0.38m/s，爆炸浓度极限为 5%～15%，在 0.1MPa、−162℃的情况下可由气态天然气转换成液态天然气（LNG），气液比为 625:1，即 1m³ 液体天然气（LNG）汽化后可以形成 625m³ 气体天然气。

天然气的热值为 8 500～9 500cal[⊖]/m³，密度为 0.75～0.8kg/N·m³，比空气轻，易逸散。

天然气燃烧后生成二氧化碳和水，烟气清洁，不污染大气。天然气易燃、易爆。天然气

⊖ 1cal=4.1868J，后同。

与一定的空气混合后，遇到明火或达到 645℃，即刻就会燃烧。在密闭的空间中天然气的浓度只要达到 5%～15%，遇到 645℃的温度，就会发生爆炸。发生事故后果十分严重，因此，需要安全使用。

▶攻略 22　为什么天然气管道不能包裹？

答：天然气管道不能包裹是因为天然气管道上有很多接口（见图 4-4），如果包裹在里面一旦发生泄漏，天然气就会越积越多，超过一定浓度遇到明火就可能发生危险，并且包裹在里面也不便于维修、察看。

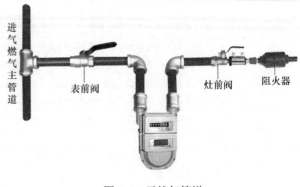

图 4-4　天然气管道

▶攻略 23　怎么知道天然气是否泄漏？

答：如果闻到了一种臭鸡蛋的味道，可能就是天然气泄漏了。检测是否泄漏的方法：用小毛刷在管道接口刷一些肥皂水或洗洁净水，如果有气泡出现，就证明此处漏气，需要立刻联系相关单位。

▶攻略 24　天然气燃烧不好怎么办？

答：天然气燃烧不好的判断方法如下：

1）天然气完全燃烧时，火焰呈清晰的蓝紫色。

2）如果燃烧时呈黄火焰，可能是进风量小，应将风门调大。

3）如果燃烧时出现脱火，可能是进风量太大，应将风门调小。

4）如果出现回火，需要关闭灶具，再重新点火。

5）如果上述方法调节仍达不到理想状态，可能是灶具有问题。

▶攻略 25　从理论计算 1m³纯甲烷燃烧时需要多少 m³空气？

答：从理论计算 1m³纯甲烷燃烧时需要 9.52m³ 空气，实际需要的还要多一些。

▶攻略 26　什么是燃气爆炸浓度极限以及天然气爆炸浓度极限是多少？

答：不是任何比例的燃气与空气混合都会发生爆炸，只有当空气中含有天然气浓度范围达到一定限度范围时混合气体才能发生爆炸。该浓度范围就是该燃气的爆炸浓度极限。天然气的爆炸浓度极限为 5%～15%。

▶攻略 27　天然气灶具与液化石油气灶可以互换使用吗？

答：天然气灶具与液化石油气灶不可以互换使用：

1）两种燃气的热值不同。天然气的热值为 40MJ/N·m³，液化石油气的热值为 104.65MJ/N·m³。并且两者灶前压力不同。

2）两种燃气的燃烧速度、理论空气量、压力、密度均不同，设计灶具时是根据各自的特性来决定灶具的各部分尺寸。因此不同气源的灶具不能互换使用。

▶攻略 28　液化石油气与天然气有区别吗？

答：液化石油气简称液化气。它是石油在提炼汽油、煤油、柴油、重油等油品过程中剩下的一种石油尾气，然后通过一定程序，对石油尾气加以回收利用，采取加压的措施，使其变成液体，装在受压容器内。而天然气广义指埋藏于地层中自然形成的气体的总称。但通常所称的天然气只指贮存于地层较深部的一种富含碳氢化合物的可燃气体。

▶ 攻略 29　天然气的供应方式有哪几种？

答：天然气的供应方式的种类见表 4-10。

表 4-10　天然气的供应方式的种类

名　称	特　点
管道天然气	指通过长远输管道把天然气引入到各个城市、各楼盘、各住户
液化天然气	液化天然气（Liquefied Natural Gas，LNG）是指在一个大气压下，天然气被冷却到约-162℃时，天然气由气态转变成液态。其体积约小于同量气态天然气体积的 1/600，重量仅为同体积水的 45% 左右。天然气从气田开采出来，要经过处理、液化、航运、接收、再汽化等几个环节，最终送到终端用户。液化过程能净化天然气，除去其中的氧气、二氧化碳、硫化物、水。这个处理过程能够使天然气中甲烷的纯度接近 100%
压缩天然气	压缩天然气（Compressed Natural Gas，CNG）是指把天然气加压到 20~25MPa 的压力后以气态储存在容器中的方式。它与管道天然气的组分相同。CNG 可作为车辆燃料利用

4.3　煤气

▶ 攻略 30　家居安装煤气管道时有哪些注意点？

答：家居安装煤气管道时的一些注意点如下：

1）必须采用直径为 20mm 的优质镀锌钢管。

2）煤气管道与电源导线、电气开关间需要有足够的距离，与导线的距离同一平面的需要大于 100mm、不同平面中的需要大于 50mm，与电气开关的距离需要大于 150mm。

3）管道接头填充物必须是厚白漆，严禁用生料带、白漆加麻丝作填充物。

4）各接头最好用环氧树脂或塑钢土封固。

5）接头连接时应拼紧，安装时不能有回松现象，并要将管道固定在墙体上。

6）管道套丝、丝牙长度必须超过 25mm，丝纹需要整齐、无烂丝。

7）安装后必须进行致密性实验，如果 300mm 水柱的压力持续 3~5min 水柱不回降即为合格。

▶ 攻略 31　煤气管与其他相邻管道的安全距离是怎样规定的？

答：煤气管与其他相邻管道、电线、电表箱、电气开关间的安全距离的规定见表 4-11。

表 4-11　安全距离

走　向	煤气与给排水管采暖、热水供应管道的间距/m	煤气管与电气线路间距/m	煤气管与配电盘距离/m	煤气管与电气开关、接头距离/m
同一平面	≥0.05	≥0.05	≥0.3	≥0.15
不同平面	≥0.01	≥0.02	≥0.3	≥0.15

▶ 攻略 32　煤气管道固定间距的要求是怎样的？

答：煤气管道固定间距的要求的间距见表 4-12。

表 4-12　煤气管道固定间距的要求的间距

煤气管管径/mm	水平管道/m	垂直管道/m
DN25	2.0	3.0
DN32~DN50	3.0	4.0

➤ 攻略 33　怎样安装室内燃气管道引入管?

答:引入管是庭院燃气管道与室内燃气管道的连接管,根据建筑物所在的不同地区,引入管可采用地上引入、地下引入等方式(见图 4-5),具体见表 4-13。

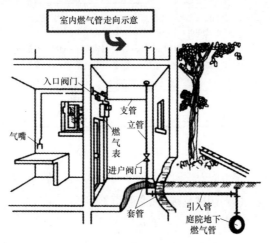

图 4-5　室内燃气管道引入管的图例

表 4-13　安装室内燃气管道引入管引入的方式

名　称	说　明
地上引入方式	地上引入方式适合温暖地区。引入管在建筑物墙外伸出地面,在墙上打洞穿入室内。穿墙部分需要加套管,并且凿有防止建筑沉降的余量。室外引入管的上端需要加带丝堵的二通。低层为非住宅的建筑物,引入管可以从二楼以上引入,成为高架引入。此时,在距地面 1m 左右,上下立管轴线应错开,加一段水平管
地下引入方式	地下引入方式适用于寒冷地区。引入管在地下穿过建筑物基础,从厨房地下进入室内。引入管穿基础部分需要有套管。引入管与套管的环形空间用细砂填充,套管两端应做防水处理
注意事项	1)引入管一般从室外直接进入厨房 2)引入管不得穿过卧室、浴室、地下室、易燃易爆物的仓库、配电室、烟道、进风道等地方 3)输送人工煤气的引入管的最小公称直径应不小于 25mm 4)输送天然气、液化石油气的引入管的最小公称直径应不小于 15mm 5)埋设深度应在土壤冰冻线以下,并需要有不低于 0.01 坡向庭院的坡度
图示	（图示：地下引入管的引入方式——室外地坪、墙内无暖气沟、最大沉降量、木框、钢丝网、隔墙、墙内有暖气沟；穿越楼板的燃气管和套管——立管、沥青、钢套管、浸油麻丝、50、钢筋混凝土楼板）

➤ **攻略 34 怎样安装室内燃气管道水平支管、下垂管和总阀门?**

答: 安装室内燃气管道水平支管、下垂管和总阀门的方法(见图 4-6),其要点见表 4-14。

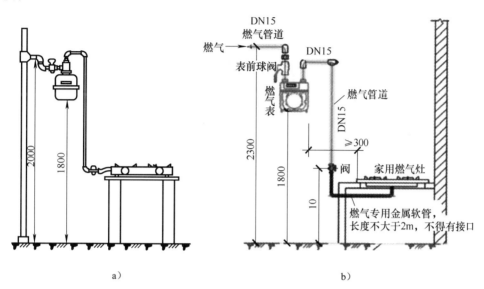

a) b)

图 4-6 室内燃气管道水平支管、下垂管、总阀门安装图例

表 4-14 安装室内燃气管道水平支管、下垂管和总阀门的方法与要点

名 称	说 明
水平支管安装	立管中的燃气分流到各厨房。立管管径一般为 15～20mm,用三通与立管相连。水平支管距厨房地面一般不低于 1.8m,上面装有燃气表、表前阀门。每根水平支管两端需要设托钩
下垂管安装	水平支管与灶具间的一段垂直管线叫下垂管。其管径一般为 15mm,灶前下垂管上至少设一个管卡。如果下垂管上装有燃气嘴时,需要设两个卡子 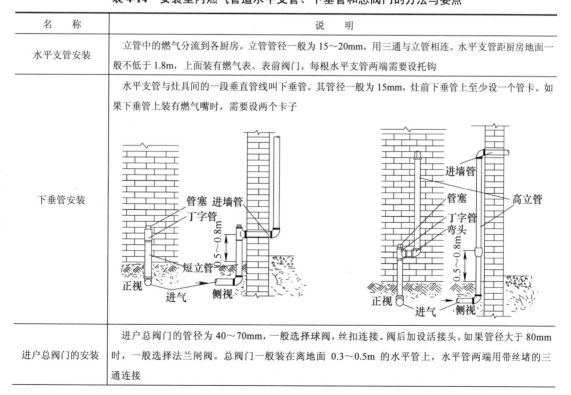
进户总阀门的安装	进户总阀门的管径为 40～70mm,一般选择球阀,丝扣连接。阀后加设活接头。如果管径大于 80mm 时,一般选择法兰闸阀。总阀门一般装在离地面 0.3～0.5m 的水平管上,水平管两端用带丝堵的三通连接

（续）

名　称	说　明
燃气表安装	燃气表需要设在便于安装、清洁、无湿汽、无振动，维修、观察方便，且远离电气设备、远离明火的地方。为了节省钢管，燃气表尽量靠近用户开闭阀门位置安装 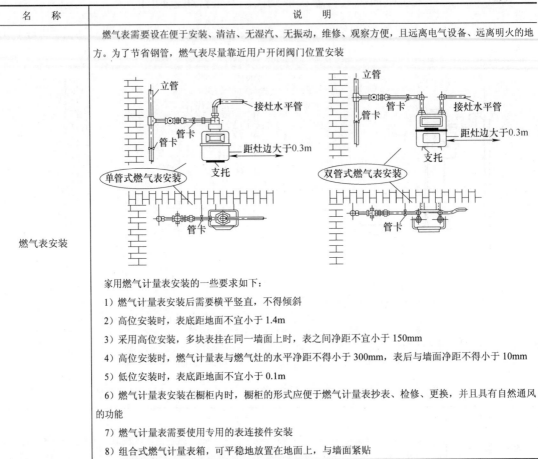 家用燃气计量表安装的一些要求如下： 1）燃气计量表安装后需要横平竖直，不得倾斜 2）高位安装时，表底距地面不宜小于 1.4m 3）采用高位安装，多块表挂在同一墙面上时，表之间净距不宜小于 150mm 4）高位安装时，燃气计量表与燃气灶的水平净距不得小于 300mm，表后与墙面净距不得小于 10mm 5）低位安装时，表底距地面不宜小于 0.1m 6）燃气计量表安装在橱柜内时，橱柜的形式应便于燃气计量表抄表、检修、更换，并且具有自然通风的功能 7）燃气计量表需要使用专用的表连接件安装 8）组合式燃气计量表箱，可平稳地放置在地面上，与墙面紧贴

▶ 攻略 35　气表与周围设施的水平净距有规定吗？

答：气表与周围设施水平净距的规定见表 4-15。

表 4-15　气表与周围设施水平净距的规定

设　施	低压电器	家庭灶	食堂灶	开水灶	金属烟囱	砖烟囱
水平距离/m	1.0	0.3	0.7	1.5	0.6	0.3

4.4　液化气

▶ 攻略 36　液化气灶的哪些部位容易漏气？

答：液化气灶容易发生漏气的部位有液化石油气表外壳、管线上的各个连接点、气嘴旋塞、胶管等处。

▶ 攻略 37　液化石油气钢瓶充装后的总重量是多少？

答：根据有关规定，对于 16kg 的钢瓶充装后总重量为 29kg±0.5kg。

▶ 攻略 38 液化石油气小钢瓶气压与温度的关系是怎样的?

答:小钢瓶与温度的关系为温度高压力就高,温度低压力就低。

▶ 攻略 39 液化石油气钢瓶为什么不能够卧放?

钢瓶与灶具最外侧距离不少于1.5米

1.5米

答:液化石油气钢瓶竖立放置时(见图4-7),瓶内的下部是液体,上部是气体。如果将钢瓶卧放,靠近瓶口处多是液体,当打开角阀时,冲出的是液体迅速气化,体积迅速扩大,如此多的气体,大大超过灶具的负荷,一种可能是气体来不及安全燃烧,就有发生爆炸的危险。另一种可能是窜起很大很高的火焰,会引燃附近可燃物。

图 4-7 液化石油气钢瓶应竖立放置

▶ 攻略 40 什么是液化石油气? 它的特点是怎样的?

答:液化石油气又称液化气,简称石油气、液化气,英文为 Liquefied petroleum gas,缩写为 LPG。液化石油气主要是由丙烷、丁烷组成。有些还含有丙烯、丁烯。

LPG 本身无色无味,从安全考虑,为了便于察觉,才在液化石油气中加入一些其他物质,使得有一种特殊的臭味。液化气加臭有助于液化气气体泄漏的检测。

▶ 攻略 41 LPG 的生产主要方法有哪些?

答:LPG 的生产主要方法:①从炼油厂中生产;②从油、气田开采中生产;③从乙烯工厂中生产。

▶ 攻略 42 LPG 的物理性质有哪些?

答:LPG 的物理性质见表 4-16。

表 4-16 LPG 的物理性质

名 称	说 明
饱和蒸气压	在一定温度下,LPG 液体的蒸发速度和气体凝聚速度相等时的压力叫 LPG 饱和蒸气压
密度	物质密度与标准物质密度的比值。液态 LPG 是比水轻,气态比空气重
沸点	在 1atm⊖ 下液体沸腾开始迅速转化为气体时的温度
腐蚀性	没有腐蚀性,但是能够使橡胶软化
密度	单位体积物质的质量,估算 LPG 一般取其密度为 $0.58g/cm^3$。气体液化气的密度是空气的 2 倍
气化潜热	单位质量物质在某一温度下,由液态转变为气态时所吸收的热量
体积膨胀系数	体积膨胀系数是物质的热胀冷缩的性质表现,温度升高 1℃ 时体积增加的百分比
显热	温度升高 LPG 吸收的热量叫做显热

▶ 攻略 43 LPG 连接的设备有哪些?

答:LPG 连接的设备见表 4-17。

⊖ 1atm=101.325kPa,后同。

表 4-17　LPG 连接的设备

名　称	说　明
调压器	调压器又称为减压器，它是液化石油气安全燃烧的一个重要部件，调压器不仅能够把瓶内的高压石油气变为低压石油气，还能够把低压气稳定在适合炉具安全燃烧的压力范围内。其连通在钢瓶与炉具间
压力表	压力表是用于计量流体压力的一种仪表
安全阀	安全阀类的作用是防止管路或装置中的介质压力超过规定数值，从而达到安全保护的目的
燃气胶管	燃气胶管是连接燃气管道与燃气用具的专用耐油胶管。燃气胶管有关的要求如下： 1）国家有关规定，一般普通燃气胶管的安全使用期为 18 个月，过期会老化、漏气 2）燃气胶管长度不得超过 2m 3）胶管要完全充分套入接头，并用卡箍紧固，不能用其他金属丝代替卡箍 4）不要压、折胶管，以免造成堵塞影响供气 5）胶管中间不能有接头 6）燃气用胶管要用专用的 7）不要把胶管接口处密闭在橱柜内

➤ 攻略 44　1m³ 天然气相当于多少千克液化石油气?

答：1m³ 天然气大约相当于 0.85kg 液化石油气。

➤ 攻略 45　液化石油气燃气具出现红色或黄色火焰怎么办?

答：解决液化石油气燃气具在使用时出现红色或黄色火焰的方法与要点如下：

1）燃气与室内空气的混合比不正常，空气混合少了火焰发红，混合多了会出现脱焰并且发出"呼呼"的声响。解决的方法是调整灶具风门，直至火焰正常。

2）室内缺氧燃气不能够充分燃烧。解决的方法是开窗通风、补充氧气。

➤ 攻略 46　怎样检查液化石油气燃气泄漏?

答：检查液化石油气燃气泄漏的方法如下：

1）用肥皂水刷试管道接口处，观察有没有气泡产生，如果出现大量的气泡，则说明燃气出现了泄漏现象（见图 4-8）。

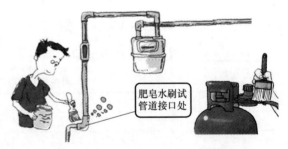

肥皂水刷试管道接口处

图 4-8　用肥皂水刷试管道接口处的图例

2）关闭燃气截门、阀门，如果燃气表还在走动，说明有漏气的地方。

3）闻味或者用仪器检查。

➤ 攻略 47　液化石油气发生燃气泄漏怎么办?

答：液化石油气发生燃气泄漏时需要注意的一些事项如下：

1）立即关闭燃气表前截门切断气源。

2）迅速打开门窗通风换气。

3）不要开启或关闭任何电器设备。

4）不可在充满燃气的房间内拨打电话或手机。

5）不能开油烟机。

6）室内不要留人，立即通知相关人员与部门。

攻略 48　液化石油气瓶着火怎样紧急处理？

答：液化石油气瓶着火的紧急处理方法：用湿毛巾裹住手部，按顺时针方向将气瓶角阀关闭。切断气源，火会自行熄灭。绝对不能够用水泼洒，也不能够用棉被捂盖，更不能弄倒气瓶，以免液体流出。同时尽快把气瓶挪出失火现场。如火势较大，难以控制，应尽快报警，并且迅速搬开周围易着火的物件。

液化石油气瓶错误使用图例如图 4-9 所示。

图 4-9　液化石油气瓶错误使用图例

4.5　燃器具

攻略 49　家用燃烧器具的种类有哪些？

答：家用燃烧器具的种类如下：

1）洗涤干燥用具类：燃气热水洗衣机、干燥机、熨烫设备。

2）冷藏用具类：燃气冰箱、燃气冷柜。

3）采暖供冷用具类：燃气采暖器、燃气空调机。

4）热水器用具类：燃气热水器、燃气锅炉、浴槽水加热器。

5）炊事用具类：燃气灶、燃气烤箱灶、燃气饭锅、燃气烤箱、燃气烤炉、燃气保温器。

攻略 50　家用燃气灶的种类有哪些？

答：家用燃气灶的种类如下：

1）根据燃气灶使用气源：可分为液化石油气灶、天然气灶、人工煤气灶等。

2）根据灶面材质：可分为不锈钢灶、搪瓷灶、烤漆灶、钢化玻璃灶等。

3）根据燃烧器数目（灶眼数）：可分为单眼灶、双眼灶、三眼灶、多眼灶等。

4）根据燃烧器引入一次空气位置：可分为上进风灶、下进风灶。

5）根据燃烧方式：可分为大气式燃气灶、完全预混式燃气灶；

6）根据安装方式：可分为嵌入式灶、台式灶、落地式灶、组合式灶。

7）根据功能：可分为灶、烤箱灶、烘烤灶、烤箱、烘烤器、饭锅、气电两用灶具。

8）根据加热方式：可分为直接式、半直接式、间接式。

攻略 51　家用燃气燃烧器具点火装置的种类有哪些？

答：家用燃气燃烧器具点火装置的种类如下：

1）根据点火装置点火方式分为电火花点火、电热丝点火、人工点火等。电火花点火是家用燃气具最常用的点火方式，是通过电荷放电所产生的电火花来点火。

2）根据点火方式自动化程度分为手动点火、半自动点火、自动点火。

3）根据电火花产生的次数分为连续脉冲式、单脉冲式。

4）根据点火形式分为间接点火、直接点火。

5）根据电荷来源可分为电池式、市电式、压电陶瓷式、永久磁铁式、压电晶体式（见图 4-10）。

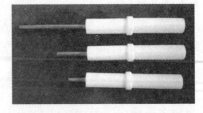

图 4-10　家用燃气燃烧器具点火装置（点火针）图例

➤ 攻略 52　家用燃气灶具报废期是多久？

答：燃气灶具从销售当日起，家用燃气灶具报废期为 8 年。

➤ 攻略 53　家用燃气灶具热效率规定是怎样的？

答：家用燃气灶具热效率国家规定：台式燃气灶具的热效率应≥55%；嵌入式燃气灶具的热效率应≥50%。

➤ 攻略 54　天然气灶具工作原理是怎样的？

答：天然气灶具工作原理（见图 4-11）：燃气通过输气管到燃气阀，燃气阀开启后，燃气从喷嘴喷出，进入引射器。依靠本身压力能从周围大气吸入一部分燃烧所需的空气进入混合管。在引射器的混合管内燃气与空气进行混合，经扩压管进入燃烧器头部，从火孔流出，遇火源后进行燃烧。为了燃烧完全，在燃烧器的火孔出处及上部，应补充燃烧所需的全部空气量。

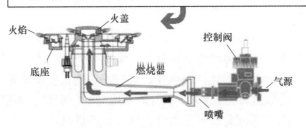

图 4-11　天然气灶具工作原理图例

➤ 攻略 55　家用燃气灶的结构是怎样的？

答：家用燃气燃烧器具由供气系统、燃烧器、点火装置、控制装置和自动保护安全装置及壳体、支架等部件组成。家用燃气灶的结构如图 4-12 所示。

➤ 攻略 56　购买家用燃气灶主要要看哪些参数？

答：购买家用燃气灶主要要看的参数有效率、功率、熄火保护装置、锅架、面板、气源等。

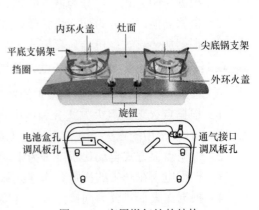

图 4-12　家用燃气灶的结构

➤ **攻略 57　连接家用台式燃气灶具的管子应选择哪一种?**

答：家居做菜时会产生很多油烟并有油溅出的现象，燃气灶、天然气连接管道也容易被油腐蚀，因此选择燃气专用胶管、金属软管比较好。

➤ **攻略 58　家用燃气灶具正确的点火方法是怎样的?**

答：人工点火的家用燃气灶具正确的点火方法：应先点燃火源，将火源放到燃烧器，然后缓缓开启燃气灶具的开关。如果一次没有点着，应立即关闭灶具阀门，重新点火。操作时记住"火等气"，而不要"气等火"。熄火时，先关闭灶前阀，等火熄灭后，再关闭燃气灶具开关。

➤ **攻略 59　家用煤气灶的型号编制是怎样的?**

答：家用煤气灶的型号编制包括了下列内容：家用煤气灶用汉语拼音字母代号表示，其中 R 表示人工煤气；T 表示天然煤气；Y 表示液化石油气。灶的眼数用阿拉伯数字表示，其中 1 表示单眼灶；2 表示双眼灶；3 表示三眼灶。

➤ **攻略 60　家用煤气灶前的供煤气压力有规定吗?**

答：家用煤气灶前的供煤气压力是有规定的，即人工煤气为 0.8～1.0kPa；天然煤气为 2.0～2.5kPa；液化石油气为 2.8～3.0kPa。

➤ **攻略 61　怎样连接燃气灶?**

答：燃气灶的连接的方法如图 4-13 所示。

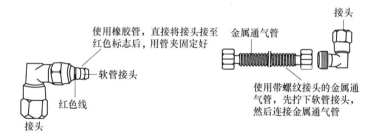

图 4-13　燃气灶的连接的方法

➤ **攻略 62　怎样维护家用灶具胶管?**

答：维护家用灶具胶管的方法与要点如下：

1) 要经常注意胶管，看是否破裂、老化，两端喉箍是否脱落。

2) 及时更换破裂、老化的胶管。

3) 胶管不能穿墙、穿窗、穿门使用。

4) 不使用破旧、超期的灶具胶管。

图 4-14　灶具胶管管卡图例

5) 软管与燃气设备管道接头处、与燃烧设备的连接处需要采用压紧螺母（锁母）或管卡固定（见图 4-14）。

6) 一般要求是 1～2 年更换一次胶管。

7) 胶管一般不宜过长，最长不超过 2mm。

➤ 攻略 63　发现有人燃气中毒怎么办？

答：发现有人燃气中毒应注意以下事项：

1）一旦发现有人燃气中毒时，记住绝对不能惊慌失措。

2）进入燃气浓度较高的事故现场时，抢救人员需要采取个人防护措施，可用湿布、湿毛巾等捂住口鼻，减少吸入。

3）进入燃气浓度较高的事故现场时，抢救人员不要穿鞋底带钉的鞋子，以防走动时产生火星而引起爆炸。

4）立即打开房间门窗，使新鲜空气进入室内。

5）迅速把中毒人员从有燃气的房间里移到空气新鲜或空气流通的地方。

6）迅速解开中毒人员的衣裤、胸衣、腰带等，保持中毒人员呼吸畅通。

7）应立即将中毒人员送往附近有高压氧舱的医院，并且向医疗急救中心求救。

8）如果中毒人员已处于无知觉状态，应将其平放，并擦拭口腔，进行人工呼吸。

➤ 攻略 64　家用燃气安全五不准是什么？

答：家用燃气安全五不准的内容：不准在闻到有燃气气味时点火或开灯；不准开火睡觉；不准小孩玩火；不准先开气后点火；不准私自安装改装炉灶、热水器、加大火嘴或增加火头。

➤ 攻略 65　家用灶具为什么发生回火？如何排除？

答：家用灶具发生回火的原因如下：

1）火孔孔径越大越容易出现回火。

2）火孔出口速度分布不均匀、出现旋涡时，会造成流速小于燃烧速度而回火。

3）燃气与空气混合气体的预热温度越高越易回火，因为燃烧速度随温度升高而增加。

4）因为燃气与空气的混合气体离开火孔的速度小于燃烧速度所产生。

排除家用灶具发生回火的措施如下：

1）调整压力到额定值。

2）燃烧时间过长，关闭冷却后再点燃。

3）调整门窗开度。

4）清理喷嘴内孔，保持通畅。疏通火盖，清除引射器污物。

5）调整锅底与燃烧器间的距离。

➤ 攻略 66　做饭时家用灶具为什么会经常出现红火现象？

答：做饭时家用灶具出现红火现象的原因与解决方法如下：

1）用气高峰期时，用气量加大使管道内的气体流速加快，致使管道内壁腐蚀的铁锈、灰尘杂质等，随燃气进入户内从而造成红火现象。

2）可通过调节风门增大进风面积。

3）灶具分火器上有积炭、铁锈、油垢等。此时需要及时清理炉头上的杂质，保持灶具的清洁即可。

4）做饭时产生的油烟、水蒸气弥漫在室内，使得内空气质量下降，从而产生红火。此时注意室内的空气流通、开启排烟设施即可。

5）改装的灶具也易发生红火。

➤ 攻略 67 怎样排除燃气灶具常见故障?

答:排除燃气灶具常见故障的方法见表 4-18。

表 4-18 排除燃气灶具常见故障的方法

故 障 现 象	原 因 分 析	处 理 方 法
打着火后,松开旋钮炉火即熄灭	推压不到位,磁铁没有进入吸合状态(热电式)	加大顶杆行程
	磁铁没磁,不能正常吸合(热电式)	更换安全阀组件
	离子感应式燃气灶感应针离火焰远	将感应针靠近火焰
	感应针导线没接好、接触不好	接好感应针导线、接触好
	电磁阀吸力不够、振动后掉阀	点火控制器输出的维持电流不足、更换电磁阀
	电池电压不足,维持不住吸阀电流	更换电池
	感应针上脏物多	清除脏物
点不着火	新装管道内空气未排出	延长点火时间排出管内空气
	点火电极脏污	清洁点火电极
	燃气压力过大或过小	更换减压阀、检查燃气管道是否有折弯
	无电池或电池松脱	正确安装电池或插紧
	电池没电	更换电池
点火时有声音	齿盖没盖好	正确安放
	点火电极脏污	清洁点火电极
回火烧面板	火孔被污物、溢液堵塞	清除污物、溢液,防止回火烧面板
火焰不正常	配风板位置不合适、燃烧器上灶头烧坏变形	清理灶头上被堵塞的气孔、调解配风板、更换灶头
火焰高低跳跃不定,有"咕噜"响声,混合气管进风口处有火焰	喷嘴孔内有异物	用钢丝捅或拆喷嘴清除污物
	胶管内有空气	先用燃气排除空气,然后点火
	开关开得太慢	迅速开启开关,使可燃气体出口流速提高,防止回火
	胶管受挤压	消除挤压现象
	气源输出压力太低或不稳定	有条件者调整气源为规定压力
	燃气质量不好	有条件者更换气源
	火孔面积太大	更换炉盖、重新装好炉盖
喷嘴侧空气孔处有火	喷嘴内通道处有堵塞物(回火)	清除堵塞物
燃气灶双灶的,只能用一个,两个同时开就会都熄灭	控制器故障	更换控制器
燃烧时飞火	燃气压力高	适当调整减压阀压力、更换减压阀
燃烧时锅底发黑	底瓶气(液化气源)	更换新钢瓶气
	炉头座安放不正确	正确安放
燃烧有异味	炉头上有油、杂物	清洗、清除
不打火	电池电量不足、气阀未开、灶具内部气路堵塞或胶管弯折	更换电池、打开气阀、检查胶管
灶具火小	喷嘴堵塞或喷嘴不配套	清理或更换喷嘴

（续）

故 障 现 象	原 因 分 析	处 理 方 法
灶具开启后引火嘴处漏气	阀针自封失灵	排除阀针脏物、更换胶圈或弹簧
灶具漏火	点火总成推杆生锈不回位，燃烧器内有积炭或锈渣	用润滑油对推杆进行润滑、清理燃烧器
灶具输气铁管与开关接合处漏气	灶具输气管与气阀开关接触不严密	固紧两螺钉，检查密封圈有否反装或损坏，改正或更换
灶具旋钮拧不动	点火总成推杆锈死	取下旋钮，用润滑油推杆进行润滑
灶前开关接头或灶具接头处漏气	软管与灶前开关及灶具接头吻接处不严密	检查其紧密度，用管夹扣紧
中途灭火	电池电量不足或配风调节不当	更换电池或下进风型灶具应保持灶具下方空气流通
着火率低、完全打不着火	放电端点与支架极板位置不恰当	调整到合适位置（距离 5mm 左右）、支架上下对好使之火光蓝而强壮
	引火通道偏，引火角度不恰当	调整引火支架通道、引火角度，使之易着火
	支架内通道堵塞	清除通道堵塞物
	点火导线与陶瓷体接触不良	调整到接触良好
	压电陶瓷耗尽或撞烂	更换压电陶瓷
	引火支架及陶瓷体有油污	抹净污物，提高放电效果

第 5 章

安防与智能化

5.1 基础与概述

5.1.1 物业与建筑

> **攻略 1 什么是建筑设备自动化系统?**

答:建筑设备自动化系统(Building Automation System,BAS)是将建筑物或建筑群内的空调器与通风、变配电、照明、给排水、热源与热交换、冷冻和冷却及电梯和自动扶梯等系统,以集中监视、控制、管理为目的构成的综合系统(见图 5-1)。

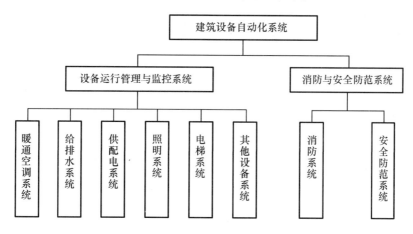

图 5-1 建筑设备自动化系统图例

> **攻略 2 什么是通信网络系统?**

答:通信网络系统(Communication Network System,CNS)是建筑物内语音、数据、图像传输的基础设施。通过通信网络系统,可实现与外部通信网络相连,从而确保信息畅通与实现信息共享。

> **攻略 3 什么是信息网络系统?**

答:信息网络系统(Information Network System,INS)是应用计算机技术、通信技术、多媒体技术、信息安全技术、行为科学等先进技术与设备构成的信息网络平台。借助于该平台可以实现信息共享、资源共享、信息的传递与处理,并且在该基础上开展各种应用业务。

攻略 4　什么是智能化系统集成?

答：智能化系统集成（Intelligent System Integrated，ISI）应在建筑设备监控系统、安全防范系统、火灾自动报警、消防联动系统等各子部分工程的基础上，实现建筑物管理系统集成。

建筑物管理系统集成可以与信息网络系统、通信网络系统进行系统集成，实现智能建筑管理集成系统（见图 5-2），从而满足建筑物的监控功能、管理功能、信息共享的需求。

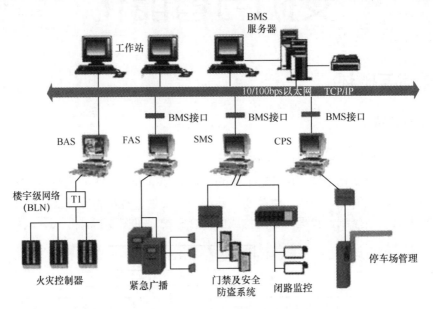

图 5-2　智能化系统集成图例

攻略 5　什么是火灾报警系统?

答：火灾报警系统（Fire Alarm System，FAS）是由火灾探测系统、火灾自动报警、消防联动系统、自动灭火系统等部分组成（见图 5-3）。FAS 能够实现建筑物的火灾自动报警与消防联动功能。

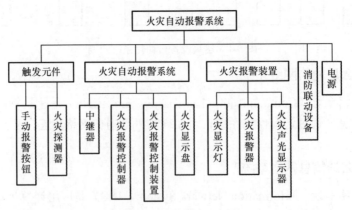

图 5-3　火灾报警系统图例

➤ **攻略 6　什么是安全防范系统?**

答：安全防范系统（Security Protection & Alarm System，SAS）是通过综合运用电子信息技术、计算机网络技术、视频安防监控技术、各种现代安全防范技术构成的用于维护公共安全、预防灾害事故、预防刑事犯罪为目的的，具有报警、视频安防监控、安全检查、停车场（库）管理、出入口控制的一种安全技术防范体系。

➤ **攻略 7　智能建筑工程常见术语、名称符号与中文名称对照是怎样的?**

答：智能建筑工程常见术语、名称符号与中文名称对照见表 5-1。

表 5-1　智能建筑工程常见术语、名称符号与中文名称对照

符　　号	中 文 名 称	符　　号	中 文 名 称
AES/EBU	实时立体声数字音频信号格式	HTTP	超文本传输协议
ATM	异步传输模式	I/O	输入/输出
Automated Mixing	自动混音	INS	信息网络系统
Backup	备份	ISDN	综合业务数字网
BAS	建筑设备自动化系统	ISI	智能化系统集成
B-ISDN	宽带综合业务数字网	KNX	对所有住宅、楼宇控制方面的应用开放的世界性标准
CI	住宅（小区）智能化	MTC	时间码
CNS	通信网络系统	N-ISDN	窄带综合业务数字网
Crossfade	淡入/淡出技术	Normalization	充分化
DDC	直接数字控制器	Playlist	播放清单
DMZ	非军事化区或停火区	SAS	安全防范系统
DSP	数字信号处理	SDH	同步数字系列
E-MAIL	电子邮件	Snap	自动定位
FAS	火灾报警系统	UPS	不间断电源系统
FTP	文件传输协议	Varispeed	速度变化
FTTx	光纤到 x（x 表示路边、楼户、桌面）	Virtual Tracks	虚拟轨
HC	家庭控制器	VSAT	甚小口径卫星地面站
HFC	混合光纤同轴网	xDSL	数字用户环路（x：表示高速、非对称、单环路、甚高速）

➤ **攻略 8　什么是住宅（小区）智能化?**

答：住宅（小区）智能化就是以住宅小区为平台，兼备安全防范系统、消防联动系统、信息网络系统、火灾自动报警、物业管理系统等功能系统，并且集成智能化、服务、管理于一体，向用户提供节能、舒适、便利、高效、安全的人居环境等特点的一种智能化系统。

5.1.2　家居

➤ **攻略 9　智能家居的特点是怎样的?**

答：智能家居是集合了计算机技术、通信技术、网络技术、控制技术、信息技术，对灯、家电等所有家居设备进行控制，并且可以实现无线控制。智能家居包括房间的智能灯光控制、活动区域背景音乐功能、电动窗帘控制、烟感及燃气泄泄感应功能、全家净水、中央除尘等功能。

▶ 攻略 10　什么是家庭控制器（HC）？

答：家庭控制器简称为 HC。它是完成家庭内各种数据采集、控制、管理、通信的一种控制器或网络系统。家庭控制器一般需要具备家庭安全防范、家庭消防、家用电器监控、信息服务等功能。

▶ 攻略 11　什么是控制网络系统？

答：控制网络系统简称为 CNS。它是用控制总线将控制设备、传感器及执行机构等装置连接在一起进行实时的信息交互，并且可以完成管理、设备监控的一种网络系统。

▶ 攻略 12　什么是数字家庭？

答：数字家庭，又叫智能家居、智能住宅，在英文中常用 Digital Technology House、Smart Home、Intelligent Home，与此含义相近的还有家庭自动化（Home Automation）、电子家庭（Electronic Home、E-home）、数字家园（Digital Family）、网络家居（Network Home），智能建筑（Intelligent Building）。

数字家庭是指以计算机技术、网络技术为基础，各种家用数字化设备有机结合在一起的智能化网络家庭。其包括四大功能信息、通信、娱乐、生活。

网络电视（IPTV）、计算机娱乐中心、网络电话、网络家电、有线数字电视、机顶盒、信息家电、智能家居等，都是数字家庭的体现。

▶ 攻略 13　数字家庭的一般系统特点是怎样的？

答：数字家庭的一般系统特点见表 5-2。

表 5-2　数字家庭的一般系统特点

名　称	说　明
Internet 远程监控	通过 Internet 可随时了解家里灯、电器的开关状态，并可根据需求更改系统配置、定时管理事件、修改报警电话号码、远程售后服务等
电动窗帘控制系统	对家里的窗帘进行智能控制、管理，可以用遥控、定时等多种智能控制方式实现对全宅窗帘的开关、停止等控制
电话远程控制系统	无论在哪里，只要一个电话就可以随时实现对住宅内所有灯及各种电器的远程控制，离家时，忘记关灯或电器，打个电话就可实现全关等功能
计算机全宅管理系统	通过功能强大的计算机软件可以实现对整个数字住宅系统的本地、Internet 远程配置、监控、操作、维护、系统备份、系统还原等功能，从而实现用计算机对灯光系统、安防系统、电器系统、音视频共享系统等各大系统的智能管理、监控
防盗报警门禁系统	对家庭人身、财产等安全进行实时监控。发生入室盗窃、火灾、煤气泄漏、紧急求助时，自动拨打用户设定的电话
家电智能控制系统	传统电器以个体形式存在，智能电器控制系统是把所有能控制的电器组成一个管理系统，用户可用遥控、场景、定时、电话、互联网远程、计算机等多种控制方式实现电器的智能管理与控制
家庭局域网系统	掌控网络，管理数字住宅，实现客厅、卧室、餐厅、小孩房、阳台同时上网与计算机资源共享
全宅背景音乐系统	每个房间都可以独立听音乐、切换音源、调节音量大小而互不干扰，有的音视频数字交换机内置 MP3、FM 调频立体声收音机功能
全宅视频共享系统	音视频信号源可以实现多房间共享，实现全宅音视频电源开关、音视频播放源切换、音量调节，并且配置了网络监控及可视门铃，可实现每个房间的电视监控到相应的视频图像

（续）

名　称	说　明
事件定时管理系统	一个事件管理模块总共可以设置多个事件，可以将每天、每月、一年的各种事件设置进去，充分满足用户的实际需求
卫星电视共享系统	全宅卫星电视信号共享，可以在视听室、吧台、卧室、客厅等处实现卫星电视信号的共享
一键情景控制系统	一键实现各种情景灯光、电器组合效果。可以用遥控器、智能开关、电脑等实现"回/离家、会客/影院、就餐、起夜"等多种一键式自定义不同数量灯光及电器开关状态以及不同灯光亮度的组合场景效果
有线电视共享系统	实现全宅有线电视信号的共享
智能无线遥控系统	一个遥控器可以实现对所有灯光、电器、安防的各种智能遥控以及一键式场景控制
智能照明控制系统	智能照明控制系统可以实现对灯光遥控开关、调光、一键式场景、灯光全开全关等控制，并且可以用遥控、场景、定时、电话、互联网远程、计算机等多种控制方式实现控制功能，从而达到智能照明的节能、环保、舒适、方便的功能

▶ 攻略 14　弱电的名词与术语是怎样的？

答：弱电的部分名词与术语见表 5-3。

表 5-3　弱电的部分名词与术语

名　称	说　明
备份	考虑硬盘上的数据很可能会在不经意间破坏或者丢失。因此，需要把音频数据备份到两个立体声轨上。需要时，可将所备份的声音数据从带上恢复回来
比特率	比特率是另一种数字音乐压缩效率的参考性指标，其表示记录音频数据每秒钟所需要的平均比特值。通常用 Kbps（即每秒钟 1 000 比特）作为单位
播放清单	播放清单是把将要播放的声音片段进行排序，并且规定它们的播放时间、播放顺序、播放特点等
采样率	音频采样率是通过波形采样的方法记录 1s 长度的声音，需要多少个数据。原则上采样率越高，声音的质量越好
充分化	充分化是数字信号处理 DSP 的一种类型，其就是在不失真的前提下将声音信号波形的振幅尽可能的放大，以在计算机音频系统中充分体现声音的动态范围
淡入/淡出技术	淡入/淡出技术可以使一个声音片段平缓地过渡到另一个声音片段
量化级	量化级是描述声音波形的数据是多少位的二进制数据，常用 bit 为单位。量化级也是数字声音质量的重要指标
实时立体声数字音频信号格式	实时立体声数字音频信号格式在相应设备间进行传送的一种格式
数字信号处理	数字信号处理就是一个对音频信号进行处理，并且使音频信号产生变化的过程
数字音频	数字音频就是先将音频文件转化为电平信号，再转化成二进制数据保存。播放时把这些数据转换为模拟电平信号送到扬声器播出。数字音频具有存储方便、失真小、编辑处理方便等特点
速度变化	速度变化是在音频信号播放过程中，对其速度进行改变的功能
同步	同步是将两个信号输出系统进行锁定，并且进行等位播放的过程
虚拟轨	多轨数字录音机中最终能够占用其内部硬件电路通道进行播放的轨数是有限的，其中轨数就是真实轨、物理轨。只用于存放声音，并且不能进行播放的轨称为虚拟轨
压缩率	压缩率常指音乐文件压缩前与压缩后大小的比值。压缩率是用来简单描述数字声音的压缩效率
自动定位	当插入或移动某一个声音段时，控制程序能够将该声音片段的开始自动安排到一定时间点上的一种功能
自动混音	自动混音是将各轨的音量、立体声声像位置、各轨的其他参数（如均衡 EQ 值）等同乐曲信息放置在一起。播放时，这些信息将控制各轨完成自动混音过程

► **攻略 15　弱电常见的线材有哪些?**

答：弱电常见的线材见表 5-4。

表 5-4　弱电常见的线材

名　　称	说　　明
MIDI 线材	MIDI 是 Musical Instrument Digital Interface（乐器数字接口）的缩写。它规定了电子乐器与计算机间进行连接的硬件、数据通信协议，已成为计算机音乐的代名词。MIDI 线材是使用在 MIDI 应用上的线材，常用五芯线来传送有关 MIDI 上的信息
背景音乐线	背景音乐线可以选择标准 2×0.3mm^2 的线
电话线	电话线就是用于打电话的线，有 2 芯电话线、4 芯电话线两种。家庭里一般用 2 芯电话线。网络线也可以用做电话线。电话线连接时，一般需要用专用的 RJ11 电话水晶头，插在标准的电话连接模块里 四芯电话线
电力载波	电力线将电能传到家中的各个房间，同时将家中所有的电灯、电器连成网络。电力载波技术是将低压控制信号加载到电力线上传送到各个位置，合理利用了电力线的网络资源
电器、电料的包装	电器、电料的包装需要完好，材料外观没有破损，附件、备件需要齐全
电源线	单个电器支线、开关线一般需要用标准的 1.5mm^2 的电源线，主线用标准 2.5mm^2 电源线，空调器插座用 4mm^2 线
光纤	许多 CD、MD 等录放音器材常使用的数位信号传输线材
环绕音响线	环绕音响线可以选择标准 100～300 芯无氧铜线
全开、全关	全开：按一个按键打开所有电灯，家中所要控制的灯光，用于进门时或是夜里有异常声响时 全关：按一个按键关闭所有电灯和电器，用于晚上出门时以及睡觉前
软启功能	灯光由暗渐亮，由亮渐暗；环保功能，保护眼睛，避免灯丝骤凉骤热，延长灯泡使用寿命
视频线	视频线可以选择标准 AV 影音共享线
塑料电线保护管、接线盒、各类信息面板	1）塑料电线保护管、接线盒、各类信息面板必须是阻燃型产品，外观没有破损、没有变形 2）金属电线保护管、接线盒外观没有折扁、没有裂缝，管内没有毛刺，管口需要平整 3）通信系统使用的终端盒、接线盒、配电系统的开关、插座，需要与各设备相匹配
网络开关	网络开关与普通开关有差异。网络开关具有网络功能。网络开关分为 R 型网络开关、T 型网络开关
网络线	网络线用于家庭宽带网络的连接应用，内部一般有 8 根线。家居常用的网络线有 5 类、超 5 类两种
音频线	音频线主要在家庭影院、背景音乐系统中应用。音频线用于把客厅里家庭影院中激光 CD 机、DVD 等的输出信号，送到功率放大器的信号输入端子的连接
音视频线	音视频线主要用于家庭视听系统的应用。音视频线一般是三根线并在一起，一根细的为左声道屏蔽线，另一根细的为右声道屏蔽线，一根粗的为视频图像屏蔽线
音响线	音响线也就是扬声器线。音响线主要用于客厅里家庭影院中功率放大器、音箱间的连接。部分传声器线如下： 传声器线有两芯、三芯、四芯、五芯不等，较专业的话筒多半使用三芯以上的线材，分别接到 XLR 接头的 Ground、+、−三个接点 2 芯 12 信道传声器线　　2 芯 16 信道传声器线
有线电视线、数字电视线等	有线电视同轴电缆主要用于有线电视信号的传输，如果用于传输数字电视信号时会有一定的损耗。数字电视同轴电缆主要用于数字电视信号的传输应用，也能够传输有线电视信号 同轴电缆线是一般 RCA 接头最常使用的线材，75Ω 的同轴电缆线也是 S/PDIF 数位式信号使用的线材 数字音频电缆　　摄像机三同轴电缆

► **攻略 16　接头外形是怎样的?**

答：部分接头外形见表 5-5。

表 5-5　部分接头外形

卡侬母头	RCA 母头	专业莲花头	75Ω 终结电阻
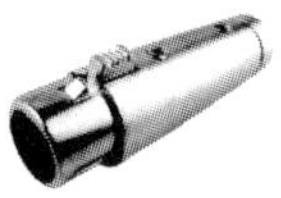	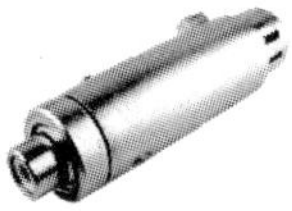	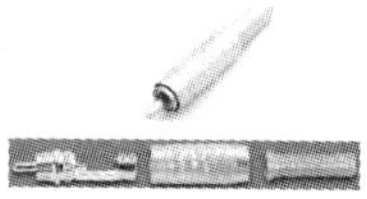 一般用于吉他/键盘、混音器、公共广播系统、测试探头、HI-FI 内接线	

► **攻略 17　不平衡/平衡 6.3mm 单声插头结构是怎样的?**

答：不平衡/平衡 6.3mm 单声插头结构如图 5-4、图 5-5 所示。

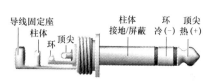

从平衡运行到不平衡运行时立体声接驳插头的环和柱体必须接通

图 5-5　平衡 6.3mm 单声插头结构

图 5-4　不平衡 6.3mm 单声插头结构

► **攻略 18　卡侬接头结构是怎样的?**

答：卡侬接头结构如图 5-6 所示。

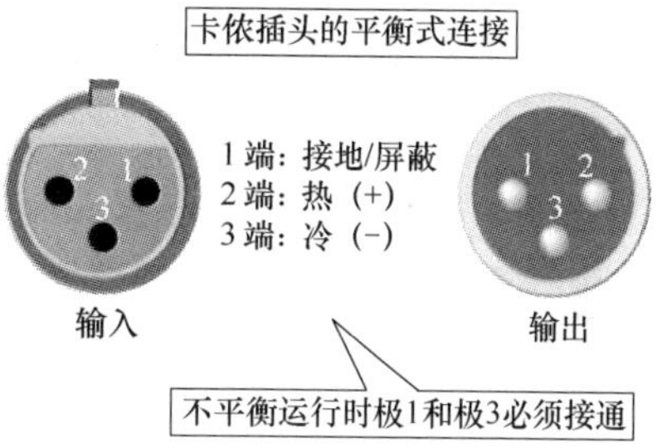

► **攻略 19　工具外形是怎样的?**

答：部分工具的外形见表 5-6。

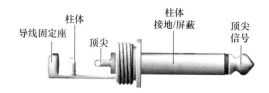

卡侬插头的平衡式连接
1 端：接地/屏蔽
2 端：热 (+)
3 端：冷 (−)

输入　　输出

不平衡运行时极1和极3必须接通

图 5-6　卡侬接头结构

表 5-6　部分工具的外形

BNC 接头插拔工具	BNC 接头压线钳	BNC 接头压接模块	视频同轴电缆剥线钳

► **攻略 20　什么是智能影音控制?**

答：智能影音控制就是用液晶触摸屏遥控器遥控所有的影音设备，包括投影机、功放、幕布、DVD、高清播放机等。

► **攻略 21　什么是远程控制?**

答：远程控制就是利用手机或座机电话，通过打电话，在语音提示下，可远程控制家里的空调器、灯光、窗帘、电视、热水器等。另外，还可以利用手机远程监控家里的摄像情况，并且可以用手机存储图像。

▶ **攻略 22　什么是智能监控、安防报警？**

答：智能监控、安防报警就是能够自动监控场所内财产、人身的安全，从而提高对灾害、突发事件的防御能力。智能监控、安防报警还能够实现硬盘实时录像，并且可以通过共享系统可将各摄像头的图像传到居室内的各电视机、电子相册上。

智能监控、安防报警主要设备有硬盘录像机、遥控视频转发器、彩色防爆式摄像机、烟感式摄像机、高速球摄像机、手机远程监控服务器、安防主机、红外对射遥测器、红外一体枪机等。

▶ **攻略 23　智能家居布线的安装有哪些要求？**

答：智能家居布线的安装一般要求如下：

1）线路布线一般采用暗埋方式。

2）通信总线布线要求与强电分离。

3）布线前，需要绘制布线图。安装时，需要结合实际以及布线图来进行，如图 5-7 所示。

图 5-7　智能家居布线图

4）智能家居布线通信总线一般选择标准宽带通信双绞线。

智能家居布线信息插座安装、缆线终端、光缆芯线终端要求见表5-7。

表 5-7　终端要求

项　目	说　明
信息插座安装	1）安装在活动地板、地面上时，需要固定在接线盒内 2）插座面板有直立和水平等形式，根据实际情况来选择 3）接线盒盖可以开启，并且需要防水、防尘 4）接线盒盖面需要与地面平齐 5）安装在墙体上，需要高出地面300mm。如果地面采用活动地板时，应加上活动地板内净高尺寸 6）信息插座底座的固定方法应根据施工现场条件而决定，可以采用扩张螺钉、射钉等方式 7）固定螺钉需要拧紧，不应产生松动等异常现象 8）信息插座需要有标签，并以颜色、图形、文字表示所接终端设备的类型 9）预埋盒一般是标准86底盒，预埋盒有的要求底深为45mm 10）预埋盒安装要求横平竖直，盒口与墙面齐平，盒口安装高度要求不得突出墙面 11）预埋盒线路敷设完成后，需要进行线路校验，避免线路出现中间断路或短路现象
缆线终端	1）缆线在终端前，必须检查标签颜色、数字含义 2）剥除护套均不得刮伤绝缘层，需要使用专用工具剥除 3）缆线中间不得产生接头现象 4）对绞电缆与插接件连接需要认准线号、线位色标，不得颠倒、错接 5）缆线终端处必须卡接牢固、接触良好 6）终端每对对绞线需要尽量保持扭绞状态，非扭绞长度对于5类线不应大于13mm；4类线不大于25mm 7）绞电缆的屏蔽层与接插件终端处屏蔽罩应可靠接触，缆线屏蔽层应与接插件屏蔽罩接触长度不宜小于100mm 8）对绞线在信息插座（RJ45）相连时，必须按色标、线对顺序进行卡接 9）对绞电缆与RJ45信息插座的卡接端子连接时，需要根据先近后远，先下后上的顺序进行卡接 10）智能产品有的选择水晶头插接的方式与通信总线连接，总线水晶头可以根据相同的标准宽带网线（568B方式）排列线序制作
光缆芯线终端	1）采用光纤连接盒对光缆芯线接续、保护 2）光纤连接盒可以分为固定、抽屉两种方式 3）连接盒中光纤需要能够得到足够的弯曲半径 4）连接盒面板需要有标志 5）光纤接续损耗值需要符合有关规定、要求 6）光纤融接、机械连接处需要加以保护、固定。可以使用连接器以便于光纤的跳接 7）跳线软纤的活动连接器在插入适配器前需要清洁，所插位置需要符合要求

攻略 24　光纤接续损耗值的规定是怎样的？

答：光纤接续损耗值的规定见表5-8。

表 5-8　光纤接续损耗值的规定

光 纤 类 别	多模平均值/dB	多模最大值/dB	单模平均值/dB	单模最大值/dB
融接	0.15	0.30	0.15	0.30
机械接续	0.15	0.30	0.20	0.30

➤ 攻略 25　图像及其主要技术参数的特点是怎样的?

答：图像及其主要技术参数的特点见表 5-9。

表 5-9　图像及其主要技术参数的特点

名　　称	说　　明
图像	图像就是能为人类视觉系统所感知的信息形式或人们心目中的有形想象
点阵图	点阵图是指在空间、亮度上已经离散化了的图像
像素	可以把点阵图考虑为一个矩阵，矩阵中的每一个元素对应于图像中的一个点。元素的值对应于该点经量化后得到的灰度（或颜色）等级。矩阵中的元素就是像素
二值图像、灰度（彩色）图像	点阵图像中的灰度（颜色）值只为两个等级时，就叫做二值图像。否则叫做灰度（彩色）图像
屏幕分辨率	显示器屏幕上的最大显示区域，也就是水平和垂直方向的像素个数
图像分辨率	数字化图像的大小，也就是图像的水平和垂直方向的像素个数
像素分辨率	一个像素的长和宽之比
颜色深度	图像中每个像素的颜色（或灰度）信息被量化后，用若干位二进制数来表示，该二进制数的位数就是图像的颜色深度
动态图像	动态图像也叫做活动图像、动态视频。它是利用人眼的视觉暂留现象，将足够多的画面连续播放，只要能够达到每秒 20 帧以上，人的眼睛就觉察不出来画面之间的不连续性。动态图像也就是由多帧连续的静态图像序列在时间轴上不断变化所形成的动态视觉感受

➤ 攻略 26　什么是视觉与视觉媒体?

答：视觉是人类最丰富的信息来源，文字、可观察到的现象、形体动作、图形、图像等都是通过视觉传递的。视觉媒体就是指通过视觉传递信息的一种媒体。

➤ 攻略 27　什么是并口?

答：并口又称为并行接口。目前，并行接口主要采用的是 25 针 D 形接头。并行是指 8 位数据同时通过并行线进行传送，这样数据传送速度快，传送线路长度受到限制，干扰增加，数据容易出错。目前，计算机上基本上都配有并口。

➤ 攻略 28　什么是串口?

答：串口又称为串行接口，现在的 PC 上一般有两个串行口 COM1、COM2。串行口不同于并行口，在于串口的数据、控制信息是一位接一位地传送的。串口具有速度慢、传送距离较长等特点。计算机上的 COM1 一般是 9 针 D 形连接器，也称为 RS232 接口。COM2 有的使用的是 DB25 针连接器，也称为 RS422 接口。PC 接口图例如图 5-8 所示。

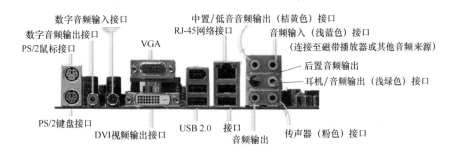

图 5-8　PC 接口图例

攻略 29　什么是 USB?

答：USB 是英文 Universal Serial Bus 的简称，中文名称是通用串行总线。USB 接口也称为 USB 总线。它是一种共享式的总线，即所有接在 USB 上的设备共用其带宽。USB 可以把各种各样的 I/O 设备连接到系统中，最大数量可达 127 台。常用的 USB 接口版本有两个，即 USB1.1、USB2.0（见图 5-9）。

通常，USB 系统由三部分组成：USB 互连（USB interconnection）、USB 主机（USB host）、USB 设备（USB device）。USB 总线包含 4 根信号线，其中 D+ 和 D- 为信号线，Vbus 和 GND 为电源线。USB 主机是对设备提供的对地电源电压为 4.75～5.25V，设备能够吸入的最大电流为 500mA。

USB 设备的电源供给有两种方式，即设备自带电源、总线供给方式。

图 5-9　USB 接口图例

攻略 30　什么是 RS232 接口?

答：RS232 接口又称为 RS232 口、串口、异步口、COM（通信）口。严格地说，RS232 接口是 DTE（数据终端设备）与 DCE（数据通信设备）间的一个接口。DTE 包括计算机、终端、串口打印机等设备。DCE 包括调制解调器（MODEM）、某些交换机 COM 口是 DCE。DTE、DCE 引脚定义相同，具体见表 5-10。

表 5-10　RS232 接口引脚定义

25 芯	9 芯	信号方向来自	缩　写	描　述　名
2	3	PC	TXD	发送数据
3	2	调制解调器	RXD	接收数据
4	7	PC	RTS	请求发送
5	8	调制解调器	CTS	允许发送
6	6	调制解调器	DSR	通信设备准备好
7	5		GND	信号地
8	1	调制解调器	CD	载波检测
20	4	PC	DTR	数据终端准备好
22	9	调制解调器	RI	响铃指示器

▶ **攻略 31　VGA 引脚定义是怎样的?**

答:VGA 引脚定义见表 5-11。

表 5-11　VGA 引脚定义

引 脚 号	对 应 信 号	对 应 焊 接	引 脚 号	对 应 信 号	对 应 焊 接
1	红基色	红线的芯线	9	保留	
2	绿基色	绿线的芯线	10	数字地	黑线
3	蓝基色	蓝线的芯线	11	地址码	棕线
4	地址码	ID Bit	12	地址码	
5	自测试		13	行同步	黄线
6	红地	红线的屏蔽线	14	场同步	白线
7	绿地	绿线的屏蔽线	15	地址码	
8	蓝地	蓝线的屏蔽线	—	—	—

▶ **攻略 32　VGA 常见的线规是怎样的?**

答:VGA 线分为 3+2、3+4、3+6、3+8 等多种规格,3+6 规格中 3 表示三根同轴线(粗):红色、绿色、蓝色,6 指的是六根绝缘导线(细):棕色、橙色、黑色、白色、黄色、灰色(或红色、绿色、黑色、白色、黄色、灰色)等。

"3+2 接法"适用纯平显示器,不适用大屏液晶、电视和投影。"3+4 接法"适用多数液晶,但不适定位屏幕数据的类型液晶等显示设备,不适合投影。"3+6 接法"适用绝大多数显示设备,也适用投影。

▶ **攻略 33　什么是 HDMI?**

答:HDMI 是英文 High Definition Multimedia 的简称,其中文的意思是高清晰度多媒体接口。HDMI 的特点如下:

1)HDMI1.3V 接口可以提供高达 10Gbit/s 的数据传输带宽,可以传送无压缩的音频信号与高分辨率视频信号。

2)HDMI 同时无需在信号传送前进行数–模或者模–数转换,保证最高质量的影音信号传送。

3)只需要一条 HDMI 线,便可以同时传送影音信号。同时,由于无需进行数–模或者模–数转换,能取得更高的音频、视频传输质量。

4)HDMI 接口是即插即用(见图 5-10)。

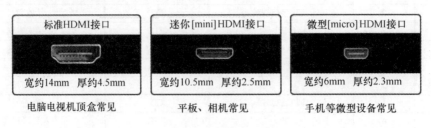

图 5-10　HDMI 接口图例

5）使用 HDMI 大大简化了家庭影院系统的安装。

6）所有带 HDMI 接口的设备，均可以使用 HDMI 线连接。例如带 HDMI 接口的计算机连接高清电视、投影机，PS3 游戏机连接高清电视，DVD 播放机连接高清电视，投影机高清播放机等。

▶ 攻略 34　电力载波有什么特点？

答：电力线将电能传到家中的各个房间，同时将家中所有的电灯、电器连成网络。电力载波技术是将低压控制信号加载到电力线上传送到各个位置，合理利用了电力线的网络资源。

▶ 攻略 35　网络开关有什么特点？

答：网络开关与普通开关有差异。网络开关具有网络功能。网络开关分为 R 型网络开关、T 型网络开关。

1）R 型网络开关：接电灯时，与普通开关一样可以控制电灯的开关。不过，R 型网络开关是电子开关，可以接收控制命令并执行。R 型网络开关能够让电灯实现遥控等网络功能，不用非走到开关处才能开关灯。

2）T 型网络开关：不接灯，只接 220V 电源，可以发出控制命令，让 R 型网络开关执行，达到控制目的。

▶ 攻略 36　全开功能、全关功能有什么特点？

答：全开功能、全关功能的特点如下：

1）全开功能：按一个按键就可以打开所有的电灯，用于进门时或是夜里有异常声响时使用。

2）全关功能：按一个按键就可以关闭所有电灯、电器，用于晚上出门时以及睡觉前使用。

▶ 攻略 37　什么是信息配线箱（弱电箱）？

答：信息配线箱又称为家居弱电箱，其主要是把住宅进户的电话线、电视线、宽带线集中在一起，统一分配，统一管理，提供高效的信息交换与分配的设备。

▶ 攻略 38　怎样安装家居弱电？

答：安装家居弱电的方法与要点见表 5-12。

表 5-12　安装家居弱电的方法与要点

项　　目	说　　明
定点	定点的要点与要求如下： 1）弱电箱箱体安放位置：箱体可以考虑放于房子中央部位，并且需要考虑好进线的预留。一般预留长度是弱电箱体周长的一半。另外，也可以考虑把箱体放于接近弱电井的位置，便于进线到户 2）各房间信息点位置：根据装修方案、实际需求来确定各房间信息点的具体位置。一般考虑位置时，需要考虑开槽布线的方便性、强电布线关系 3）点位确定可以用铅笔、直尺、墨斗将各点位处的暗盒位置在需要安装的位置、大小标注出来 4）除特殊要求外，弱电暗盒的高度与原强电插座一致 5）背景音乐调音开关的高度需要与原强电开关的高度一致 6）多个暗盒在一起，暗盒间的距离至少为 10mm

（续）

项　目	说　明
开槽	开槽的要点与要求如下： 1）考虑与强电布线间的关系，尽量避开强电与其他管槽 2）根据地面铺设的材料，确定开槽是走地面，还是走墙体 3）进线的位置、合理的安排走线对开槽也有影响 4）开槽的原则是：路线最短、走线合理、不破坏原有强电、不破坏防水 5）根据信号线的多少，确定弱电 PVC 管的多少，进而确定槽的宽度 6）确定开槽深度，如果选用 16mm 弱电 PVC 管，则开槽深度为 20mm；如果选用 20mm 的弱电 PVC 管，则开槽深度为 25mm 7）线槽宽度如果放两根以上的管，需要根据两倍以上来计算长度 8）线槽外观要求横平竖直、大小均匀 9）暗盒、槽一般需要独立计算，所有线槽按开槽起点到线终点测量
布线	布线的要点与要求如下： 1）根据方案，先从各房间向箱体方向布线，保证弱电箱箱体一端的整齐 2）进弱电箱箱体前，需要将各功能线（有线电视、视音频、网络线）进行分类 3）各信息点预留线要足够长，一般应不小于 50cm 4）考虑各种进线（例如有线电视、网络、电话）的走线，并且各进线接续点需要留有底盒，方便以后查线、维修 5）弱电箱每一线端均需要做好标识，弱电箱的每一根进出线都做好标注，贴上标签，以便安装、维护、检修 6）网线、电话线分别做水晶头，然后用网络测试仪测试通断 7）有线电视线、音视频线、音响线分别用万用表测试通断。其他线缆用相应专业仪表测试通断 8）各点位出口处线的长度为 200～300mm 9）管内线的横截面积不得超过管横截面积的 80%
端接	端接的要点与要求如下： 1）弱电箱箱体内的线理清，各功能线分类捆扎 2）弱电箱箱体内各功能线接头需要根据规定接好 3）各信息点面板需要确认好，并且接好 4）接好后，需要测试各线路是否畅通，才能够进行下道工序
固定	固定暗盒：除厨房、卫生间暗盒一般要凸出墙面 20mm 外，其他暗盒与墙面要求齐平。几个暗盒在一起时要求在同一水平线上 固定 PVC 管：①地面 PVC 管要求每间隔 1m 需要固定；②槽 PVC 管要求每间隔 2m 需要固定；③墙槽 PVC 管要求每间隔 1m 需要固定
封槽	封槽后的墙面、地面不得高于所在平面

5.2　电视、电话、计算机、电铃

▶ 攻略 39　电视、电话插座外形是怎样的？

答：电视、电话插座外形见表 5-13。

表 5-13　电视、电话插座外形

名　称	图　例	名　称	图　例
电视插座		电话插座	

▶ **攻略 40　怎样安装电视插座?**

答:安装电视插座的方法与要点如下:

1)在电缆端部起剥开 10mm 长的塑料外皮。

2)将屏蔽网包括铝箔层向后翻,露出铜芯绝缘套。

3)剥除大约 6mm 长的铜芯绝缘套,露出铜芯。

4)逆时针方向转动,松开产品上的电缆接头,取下套箍。

5)叉开套箍,把套箍套进电缆,然后把电缆接头小端旋进电缆,直到露出的铜芯端部与电缆接头大端平齐。

6)在电缆接头尾部,将已旋进的电缆用钳子把套箍压扁夹紧电缆,将多余的屏蔽网线剪去。

7)接好的电缆的电缆接头与网络电视插背面的接口对准,小心旋进连接好即可。

▶ **攻略 41　宽频电视插座与普通电视插座有什么差异?**

答:宽频电视插座与普通电视插座均是电视插座,都是一样的使用。它们之间的差异如下:

1)普通电视插座是插线接口的,宽频电视插座螺旋式接口的。

2)普通电视插与宽频电视插的区别是能够稳定传输的频率范围不同,普通插座一般是 450MHz 以下,宽频插座则要求到 860MHz。宽频电视插座比普通电视插座的信号接收广(5~5 000Hz)。

3)宽频插座传输频率要求高的原因是为了适应双向传输、数字电视传输。宽频电视插座适合高清的数字电视使用,也可以连接计算机使用。

4)宽频电视接口与普通电视接口的转换可以利用转换接头进行。

5)宽频插座要求接触紧密、可靠、屏蔽层更厚实。

6)普通电视插座正面是直插式连接方式,背面是有连接接头跟输入信号线连接。

7)宽频电视插座正、背面都是连接接头接线方式。

8)宽频电视插座比普通电视插座的价格高。

▶ **攻略 42　电话线插头怎样接线?**

答:电话线插头接线的方法与要点如下:

1)四线电话线插头:接线座上的接线端子 1、2、3、4 分别与电话线插头正面插口的 4 根连线一一对应(从右到左),也就是接线端子 1 与插口左边的第 1 根连接线连通,接线端子 2 与插口左边的第 2 根连接线连通,依此类推即可。

2)两线电话线插头:两根电话线只需与接线端子 2、接线端子 3 接好即可。

▶ **攻略 43　网络线插头怎样接线?**

答:网络线插头接线的方法与要点如下:

1)剥开双绞线外套使裸线长度约为 50.8mm。

2)根据接线方式,将双绞线色标与插座线色标一一对应。

3)打入线的每根解绞长度必须小于 12.7mm,按规定打入线缆后,多余的线头应切得与卡脚相平。

4）采用专门工具将线缆打到底部。

5）盖上两个防尘罩即可。

注意：①线序排列需要正确；②插入水晶头时，线序不能乱；③压水晶头时，力道要合适；④四、五、七、八这4条芯线尤其要做好；⑤做好后，需要用仪器测试每根网络线。

▶ 攻略 44　怎样选择网络线？

答：选择网络线可以采用网络分析仪来检查，从而根据检测的结果来选择。另外，也可以采用以下方法来选择：

1）选择网络线，一般选择超5类。

2）看网络线的外皮，如果一撕就破，则肯定是质量差的。

3）如果网络线手感太软，说明里面芯线太细，则需要谨慎选择。

4）看网络线4对线的绕接是否正确，一般的4对电缆的绕接程度是不一样的。

▶ 攻略 45　安装电话机有哪些注意事项？

答：安装电话机的一些注意事项如下：

1）为便于维护、检修、更换电话机，电话机不能够直接与线路接在一起，需要通过接线盒与电话线路连接。

2）室内线路明敷时，需要采用明装接线盒。

3）明装接线盒有4个接头，也就是2根进线、2根出线。

4）电话机两条引线是无极性区别的，可以任意连接。

5）室内线路暗敷时，电话机接到墙壁式出线盒上。

6）墙壁出线盒的安装高度一般距地 30cm，也可以根据需要装于距地 1.3m 处。

▶ 攻略 46　怎样安装电铃？

答：电铃在一些院校、厂矿等建筑物业中应用，其主要起到警示作用。安装电铃的要点与方法、要求如下：

1）电铃经过试验合格后，才能够安装。

2）电铃安装需要端正牢固。安装高度距地面不应小于1.8m。

3）暗装时，可以装设在专用的盒箱内。

4）明装时，电铃既可安装在绝缘台上，也可用 4×50 的木螺钉与垫圈配用 6×50 尼龙塞或膨胀管直接固定在墙上。也可以安装在厚度不小于10mm 的安装板上，再用木螺钉与墙内的预埋木砖固定或者用木螺钉与墙内的尼龙塞或膨胀管直接固定。

▶ 攻略 47　怎样安装共用电视天线系统中的分配器与分支器？

答：安装共用电视天线系统中的分配器与分支器的方法与要点见表5-14。

表 5-14　安装分配器与分支器的方法与要点

方　　法	说　　明
明装	明装的要点如下： 1）根据部件的安装孔位，用相应的合金钻头打孔后，塞进塑料膨胀管，再用木螺钉对准安装孔加以紧固 2）塑料型分支器、塑料型分配器以及安装孔在盒盖内的金属型分配、金属型分支器需要揭开盒盖，对准安装盒钻孔；压铸型分配器、压铸型分支器需要对准安装孔钻孔 3）对于非防水型分配器、分支器明装时，一般是在分配共用箱内或走廊、阳台下面安装，并且注意防止雨淋受潮，连接电缆水平部分留 250~300mm 余量，再把导线向下弯曲，以防雨水顺着电缆流入部件内部

（续）

方　　法	说　　明
暗装	暗装的要点如下： 1）暗装分为木箱暗装、铁箱暗装 2）暗装箱需要安装单扇或双扇箱门 3）木箱上安装分配器或分支器时，可以根据安装孔位置，直接用木螺钉固定 4）暗装的铁箱，可以利用两层板将分配器或分支器固定在板上，再将两层板固定在铁箱上

▶ 攻略 48　怎样安装共用电视天线系统的用户终端?

答：安装共用电视天线系统的用户终端的要点见表 5-15。

表 5-15　安装共用电视大线系统的用户终端

项　　目	说　　明
检查修理盒子口	检查修理盒子口有关事项如下： 1）检查盒子口是否平整 2）盒子标高需要符合有关要求 3）明装盒需要固定牢固 4）暗盒的外口需要与墙面平齐
结线压接	结线压接的方法、步骤如下：①先把盒内电缆接头剪成长度为 100～150mm；②然后剥去 25mm 的电缆外绝缘层；③再把外导线铜网套翻卷 10mm，留出 3mm 的绝缘台与 12mm 芯线；④最后将线芯压在端子上，用 Ω 形卡片压牢铜网套处即可
固定盒盖	固定盒盖的有关事项如下： 1）一般用户盒插孔的阻抗为 75Ω（部分为 300Ω） 2）彩色电视机的天线输入插孔阻抗为 75Ω，同时可配 CT-75 型插头与 SYKV-75-5L 型白色同轴电缆 3）固定盒盖要点：把固定导线的面板固定在暗装盒的两个固定点处，并且调整好面板的端正、平行后，再固定螺钉即可

5.3　监控系统

▶ 攻略 49　视频监控系统发展经历了哪些阶段?

答：视频监控系统发展经历了的一些阶段如下：

第 1 代为模拟视频监控系统（CCTV）；第 2 代为基于"PC+多媒体卡"数字视频监控系统（DVR）；介于第 2 代和第 3 代间为 DVS 阶段；第 3 代为完全基于 IP 网络视频监控系统（IPVS）。

▶ 攻略 50　入侵探测器的种类有哪些?

答：入侵探测器的种类如下：

1）根据用途、使用场所可以分为户内型入侵探测器、户外型入侵探测器、周界入侵探测器、重点物体防盗探测器等。

2）根据探测器的探测原理、应用传感器不同可以分为雷达式微波探测器、超声波探测器、声控探测器、振动探测器、玻璃破碎探测器、电场感应式探测器、微波墙式探测器、主动式红外探测器、被动式红外探测器、开关式探测器、电容变化探测器、视频探测器、微波-被动红外双技术探测器、超声波-被动红外双技术探测器等。

3）根据探测器的警戒范围可以分为线控制型探测器、面控制型探测器、点控制型探测器、空间控制型探测器。

▶ **攻略 51 什么是闭路电视监控系统?**

答:闭路电视监控系统就是电视技术在安全防范领域中的应用。闭路电视监控系统能够使管理人员在控制室可以看到建筑、物业内外相应点的情况,从而为消防、安保、人员活动提供了实时监视与事后查询等功能。

电视监控系统是采用同轴电缆或光缆作为电视信号的传输介质,不向空间发射频率,因此,电视监控系统也叫做闭路电视(Closed Circuit TeleVision,CCTV)、闭路电视监控系统。

▶ **攻略 52 闭路电视监控系统的组成是怎样的?**

答:闭路电视监控系统与广播电视的不同在于其信息来源于多台摄像机,多路信号要求同时传输、同时显示,并且向接收端传输视频信号外,还要向摄像机传送控制信号、电源。也就是说,闭路电视监控系统是双向多路传输系统。因此,闭路电视监控系统主要组成有摄像、传输、控制、显示、记录。其主要组成如图 5-11 所示,各组成的特点见表 5-16。

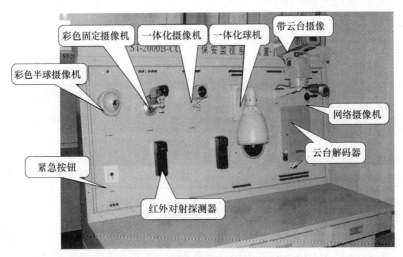

图 5-11 闭路电视监控系统的组成

表 5-16 闭路电视监控系统各组成的特点

名 称	说 明
摄像部分、镜头	摄像部分一般安装在现场,主要作用是对监视区域进行摄像,以及把系统所监视目标的光、声信号变成电信号,再送入系统的传输分配部分
	摄像部分的核心设备是摄像机。摄像机使用时需要根据现场的实际情况来选择合适的镜头。闭路监控系统中,摄像机又称摄像头、CCD 等
	摄像机镜头是视频监视系统的最关键设备,镜头相当于人眼的晶状体。它的质量优劣直接影响摄像机的整机指标
传输部分	传输部分有同轴电缆传输、光纤传输、射频传输、电话线传输等
	1)同轴电缆的传输:同轴电缆截面的圆心为导体,外用聚乙烯同心圆状绝缘体覆盖,再外面是金属编织物的屏蔽层,最外层为聚乙烯封皮。同轴电缆的传输距离有限,如果要传得更远,可以改用截面积大的同轴电缆或者加入视频放大器

（续）

名　　称	说　　明
传输部分	2）光纤视频传输：光纤能够使光以最小的衰减从一端传到另一端的透明玻璃或塑料纤维。光纤的最大特性是抗电子噪声干扰，通信距离远 光纤波长有 850nm、1 310nm、1 550nm 等。850nm 波长区为多模光纤通信方式。1 550nm 波长区为单模光纤通信方式。1 310nm 波长区有多模和单模两种。光纤有多模光纤、单模光纤之分。单模光纤只有单一的传播路径，一般用于长距离传输。多模光纤有多种传播路径，多模光纤的带宽为 50～500MHz/km，单模光纤的带宽为 2 000MHz/km 3）射频传输：布线受阻时，近距离以无线传输为最方便。无线视频传输由发射机、接收机组成。无线传输具有一定的穿透性，不需要布线缆等。常用的无线传输设备频率为 2 400MHz，传输范围有限，一般只能传输 200～300m。大功率设备又有可能干扰正常的无线电通信
控制部分	系统通过控制部分可以在中心机房通过有关设备对系统的摄像、传输分配部分的设备进行远距离遥控。控制部分主要设备有电动云台、云台控制器、多功能控制器等
显示、记录部分	系统传输的图像信号可依靠相关设备进行切换、记录、重放、加工、复制等图像处理功能，主要设备有视频切换器、画面分割器、录像机、监视器等

▶ 攻略 53　闭路电视监控系统主要设备有哪些？

答：闭路电视监控系统主要设备有摄像机、防护罩、云台镜头控制器、镜头、云台、画面处理器、视频放大器、视频运动检测器、监视器、录像机等，具体见表 5-17。

表 5-17　闭路电视监控系统主要设备

名　　称	说　　明
云台	摄像机云台是一种用来安装摄像机的工作台。摄像机云台可以分为手动云台、电动云台。电动云台是在微型电动机的带动下做水平、垂直转动，不同的电动云台转动的角度不同。摄像机云台与照相器材中的云台有差别，照相器材的云台一般只是一个三脚架，只能通过手动调节方位。监控系统中的云台是通过控制系统在远端可以控制其转动方向。云台的类型如下： 1）根据使用环境可以分为室内云台、室外云台。室外云台密封性能好，可以防水、防尘，负载大 2）根据安装方式可以分为侧装云台、吊装云台。吊装云台安装在天花板上，侧装云台安装在墙壁上 3）根据外形可以分为普通云台、球型云台。球型云台是把云台安置在一个半球形、球形防护罩中 选择云台时，需要考虑安装环境、安装方式、工作电压、负载大小、性价比、外形等
防护罩	为了使摄像机在各种环境下都能正常工作，需要采用防护罩来保护。防护罩可以分为室内防护罩、室外防护罩、特殊防护罩等 1）室内防护罩主要以装饰性、隐蔽性、防尘为主要目标。室内防护罩又可以分为简易防尘防护罩、防水防护罩、通风冷却防护罩 2）室外防护罩密封性能一定要好，保证雨水不能进入防护罩内部侵蚀摄像机。有的室外防护罩还带有排风扇、加热板、雨刮器 选择防护罩时，需要看整体结构、内部线路，考虑外观重量、安装座、安装孔（安装孔越少越利于防水）等
云台镜头控制器、多功能键盘	配置电动镜头与电动云台的闭路电视监控系统中，需要对摄像机进行遥控。因此，需要应用云台镜头控制器。云台镜头控制器简称云镜控制器。根据路数，云台镜头控制器可以分为单路、多路。根据控制功能可以分为水平云镜控制器、全方位云镜控制器。云镜控制器输出的是电压信号（一般为 12V 或 24V），每路云台需要 4～8 芯线才能够完成控制任务。对于数量多且远的云台系统，控制线路敷设麻烦。因此，可以利用多功能键盘控制达到目的。多功能键盘输出的是数据信号，一般只需两芯线即可

（续）

名　称	说　明
画面处理器	录制一个信号最好的方式就是用一个录影机录取单一摄影机摄取的画面，每秒录 30 个画面，不经任何压缩，解析度越高越好。如果需要同时监控很多场所，采用该种一对一方式有很多不足。画面处理器就是解决这些不足而被应用的。画面处理器可以最大限度地简化系统，可以实现用一台监视器显示多路摄像机图像或一台录像机记录多台摄像机信号 　　画面处理器可以分为画面分割器、多工处理器。画面分割器有四分割、九分割、十六分割等几种，也就是可以在一台监视器上同时显示 4、9、16 个摄像机的图像，也可以送到录像机上记录。大部分分割器除了可以同时显示图像外，也可以显示单幅画面，设置自动切换，连接报警，可以叠加时间和字符等
视频放大器	信号传输距离过长时，势必造成信号衰减，会使视频信号的清晰度受到影响。因此，长距离传输时，应使用视频放大器将信号进行提升，以恢复到正常的幅值。视频放大器放大了视频信号，也放大了噪声信号，因此，一路视频中的放大器不宜过多。另外，加粗线径也可以减缓信号衰减的作用。因此，两种方法可以配合使用
监视器	监视器是用于显示摄像机传送来的图像信息的终端显示设备。监视器与电视机不是同种显示设备。监视器是接收视频基带信号，电视机接收的是经过调制的高频信号。为减少电磁干扰，监视器大都做成金属外壳 　　监视器可以分为彩色监视器、黑白监视器，尺寸有 9in、10in、12in、14in、15in、17in、21in 等。监视器也有分辨率，一般要求监视器线数要与摄像机匹配
录像机	录像机是记录、重放的一种装置。应用它可对摄像机传送来的视频信号进行实时记录，以便备用 　　监控系统中最常用的记录设备有民用录像机、长延时录像机。与家用录像机不同，延时录像机可以长时间工作，可以录制 24h（用普通 VHS 录像带）甚至上百小时的图像，并且可以连接报警器材，可以叠加时间日期，可以编制录像机自动录像程序，选择录像速度，等功能。另外，专业录像机使用一盒普通家用录像带可以方便地录制 24h 甚至 960h 的系统所有摄像机图像、音频信号等，并且还具有许多功能
支架	如果摄像机只是固定监控某个位置不需要转动，那么使用摄像机支架即可满足要求。普通支架有短的、长的、直的、弯的等不同类型。室外支架主要考虑负载能力、安装位置
红外光投射器	红外光投射器是提供摄像机夜间工作所需的照明
监听头	监听头在监视现场图像的同时，可以高灵敏度监听现场的声音
顺序式视频音频切换器	可以对来自多路的摄像机图像、相应的音频信号按照顺序进行切换

➤ 攻略 54　画面处理器的种类有哪些?

　　答：画面处理器的种类见表 5-18。

表 5-18　画面处理器的种类

名　称	说　明
画面分割器	画面分割器分割越多，那么每路图像的分辨率、连续性都会下降，录像效果不好 　　画面分割器多为四分割器，也就是将四个视频信号同时进行数字化处理，经像素压缩法将每个单一画面压缩成 1/4 画面大小，分别放于信号中 1/4 的位置，在监视器上组合成四分割画面显示。屏幕被分成四个画面，录影机同时实时地录取四个画面
矩阵式视频切换器	切换器可以把摄像机输出信号接到切换器的输入端，切换器的输出端接监视器。切换器的输入端有 2、4、6、8、12、16 路，输出端有单路、双路之分 　　矩阵式视频切换器一般有两个以上的输出端口，并且输出的信号是彼此独立的。使用视频切换器在一个时间段内只能看输入中的一个图像。要在一台监视器上同时观看多个摄像机图像，就需要用画面分割器

➤ 攻略 55 CCD 摄像机有关术语与功能是怎样的?

答：CCD 摄像机有关术语与功能见表 5-19。

表 5-19 CCD 摄像机有关术语与功能

名　　称	说　　明
白平衡、黑平衡	通常把拍摄白色物体是摄像机输出的红、绿、蓝三基色信号电压 $U_r=U_g=U_b$ 的现象称为白平衡。白平衡直接影响重现图像的彩色效果。如果摄像机的白平衡设置不当，重现图像就会出现偏色现象
	黑平衡是指摄像机在拍摄黑色景物或者盖上镜头盖时，输出的三个基色以电平应相等，使在监视器屏幕上重现出纯黑色
	ATW ON/OFF 为自动白平衡控制，当开关拨到 ON 时，能够自动连续设定白电平
报警联动	报警事件发生时，能够引发报警事件以外的其他设备进行动作
报警图像复核	报警事件发生时，视频监控系统能够自动实时调用与报警区域相关的图像，以便对现场状态进行观察复核
背光补偿、逆光补偿	BLC（Black Light Compensation）意为不可见光补偿、逆光补偿。一般摄像机的 AGC 工作点是通过对整个视场的内容作平均来确定的。如果视场中包含一个很亮的背景区域和一个很暗的前景目标，则此时确定 AGC 工作点有可能对于前景目标是不够合适的，为此，需要背景光补偿
	BLC ON/OFF 为背光补偿开关。当强大而无用的背景照明影响到中部重要物体的清晰度时，需要把开关拨到 ON 位置
最低照度	最低照度是测量摄像机感光度的一种方法，也就是说摄像机能够在多黑的条件下看到可用的影像
分辨率	分辨率一般是指水平解析度。如果指垂直分辨率一般要加垂直两字。摄像机分辨率的评估指标是水平分辨率。分辨率的单位为线对，也就是成像后可以分辨的黑白线对的数目。常用的黑白摄像机的分辨率一般为 380～600，彩色摄像机的分辨率一般为 380～480，数值越大成像越清晰。一般的监视场合，选择 400 线左右的黑白摄像机即可以满足要求。对于图像处理等特殊场合，需要选择 600 线的摄像机
镜头控制信号选择开关	VIDEO/DC 为镜头控制信号选择开关。需要将直流控制信号的自动光圈镜头安装在摄像头上时，需要选择 DC 位置；需要安装视频控制信号的自动光圈镜头时，需要选择 VIDEO 位置
视频传输	利用有线或无线传输介质，直接或通过调制解调等手段，将视频图像信号从一处传到另一处，从一台设备传送到另一台设备
视频监控	利用视频探测手段对目标进行监视、控制、信息记录
视频信号丢失报警	视频主机对前端来的视频信号进行监控时，一旦视频信号的峰值小于设定值，系统会给出报警信息
视频音频同步	对同一现场传来的视频、音频信号的同步切换
视频主机	视频控制主机是视频系统操作控制的核心设备，其可以完成对图像的切换、云台镜头的控制等
同步选择开关	LL/INT 为同步选择开关。该开关用以选择摄像头同步方式，INT 为内同步 2.1 隔行同步。LL 为电源同步。有些摄像头还有 LL PHASE 电源同步相位控制器。当摄像头使用于电源同步状态时，该装置可调整视频输出信号的相位
无闪动方式	FLICKERLESS 为无闪动方式。在电子快门设置了无闪动方式挡，对 NISC 制式摄像机提供 1/100s，对 PAL 制式摄像机提供 1/120s 的固定快门速度，可以防止监视器上图像出现闪烁
细节电平选择开关	SOFT/SHARP 为细节电平选择开关。细节电平选择开关可以用于调节输出图像是清晰还是平滑，一般出厂设定在清晰位置

（续）

名　　称	说　　明
信噪比	信噪比是信号对于噪声的比值乘以 20log，一般摄像机给出的信噪比值均是在 AGC 关闭时的值。CCD 摄像机的信噪比典型值一般为 45～55dB
星光模式	星光模式能够让 CCD 摄像机在非常弱的光线情况下，看到清晰的彩色影像
自动亮度控制/电子亮度控制	ALC/ELC 为自动亮度控制/电子亮度控制。选择 ELC 时，电子快门根据射入的光线亮度而连续自动改变 CCD 图像传感器的曝光时间。在室外或明亮的环境下，由于 ELC 控制范围有限，还是应该选择 ALC 式镜头
自动增益控制	摄像机输出的视频信号需要达到电视传输规定的标准电平 0.7Vp-p。为了能够在不同的景物照度条件下都能够输出 0.7Vp-p 的标准视频信号，必须使放大器的增益能够在较大的范围内进行调节。能够实现增益的自动调节的功能电路就是自动增益控制电路，简称 AGC 电路 AGC ON/OFF 为自动增益控制。当开关在 ON 时，在低亮度条件下完全打开镜头光圈，自动增加增益以获得清晰的图像。开关在 OFF 时，在低亮度下可获得自然而低噪声的图像

➤ 攻略 56　什么是 CCD?

答：CCD 是电荷耦合器件 Charge Coupled Device 的缩写。CCD 是一种半导体成像器件，能把光线转变成电荷。其具有灵敏度高、抗强光、体积小、寿命长、畸变小、抗振动等优点。其上的感光元件则称之为"像素"。CCD 像素数目越多、单一像素尺寸越大，收集到的图像就会越清晰。

➤ 攻略 57　CCD 摄像机的工作原理是怎样的?

答：CCD 摄像机的工作原理如下：被摄物体的图像经过镜头聚焦到 CCD 芯片上，CCD 根据光的强弱积累相应比例的电荷，各个像素积累的电荷在视频时序的控制下，逐点外移，然后经滤波、放大处理形成视频信号输出。视频信号通过连接的显示器显示出与原始图像相同的视频图像。CCD 摄像机的外形如图 5-12 所示。

图 5-12　CCD 摄像机的外形

➤ 攻略 58　怎样选择摄像机的成像灵敏度?

答：摄像机成像灵敏度通常用最低环境照度要求来表明。黑白摄像机的灵敏度大约是 0.02～0.5lx。彩色摄像机一般在 1lx 以上。选择摄像机的成像灵敏度的方法如下：

1) 与近红外灯配合使用时，需要使用低照度的摄像机。

2) 0.1lx 的摄像机用于普通的监视场合。

3) 夜间使用或环境光线较弱时，推荐使用 0.02lx 的摄像机。

另外，摄像的灵敏度还与镜头有关。一般环境参考照度见表 5-20。

表 5-20　一般环境参考照度

环　　境	参考照度/lx	环　　境	参考照度/lx
电视台演播室	1 000	室内荧光灯	100
黄昏室内	10	夏日阳光下	100 000
距 60W 台灯 60cm 桌面	300	阴天室外	10 000

▶ 攻略 59　摄像机电子快门有什么特点？

答：摄像机电子快门的时间一般为 1/100 000～1/50s，并且摄像机的电子快门一般设置为自动电子快门，以便根据环境的亮暗自动调节快门时间，达到摄像清晰。有的摄像机允许用户自行手动调节快门时间，以适应特殊场合的需要。

▶ 攻略 60　CCD 光谱响应特性是怎样的？

答：CCD 光谱响应特性如下：

1）CCD 器件对近红外光比较敏感，光谱响应可延伸到 $1.0\mu m$ 左右。

2）CCD 器件响应峰值为绿光（550nm）。

3）彩色摄像机的成像单元上有红、绿、蓝三色滤光条，因此，彩色摄像机对红外光、紫外光不敏感。

4）夜间隐蔽监视时，可以用近红外灯照明，人眼看不清环境情况，在监视器上却可以清晰成像。

▶ 攻略 61　CCD 成像尺寸是怎样的？

答：相同的光学镜头下，成像尺寸越大，视场角越大。CCD 的成像尺寸常用的有 1/2in、1/3in 等，成像尺寸越小的摄像机体积可以做得小些。

▶ 攻略 62　CCD 摄像机的分类是怎样的？

答：CCD 摄像机的分类见表 5-21。

表 5-21　CCD 摄像机的分类

依　据	分　类	说　明
根据成像色彩	彩色摄像机	适用于景物细部辨别，信息量一般认为是黑白摄像机的 10 倍
	黑白摄像机	适用于光线不充足、夜间无法安装照明设备的场所。仅监视景物位置、移动时，可选择黑白摄像机
根据分辨率灵敏度	低档型	影像像素在 38 万以下的为一般型，影像像素在 25 万像素（pixel）左右、彩色分辨率为 330 线、黑白分辨率 400 线左右属于低档型
	中档型	影像像素在 25 万～38 万间、彩色分辨率为 420 线、黑白分辨率在 500 线上下属于中档型
	高分辨率型	影像在 38 万点以上、彩色分辨率大于或等于 480 线、黑白分辨率，600 线以上的属于高分辨率
根据 CCD 靶面大小	1in	靶面尺寸为宽 12.7mm×高 9.6mm，对角线为 16mm
	2/3in	靶面尺寸为宽 8.8mm×高 6.6mm，对角线为 11mm
	1/2in	靶面尺寸为宽 6.4mm×高 4.8mm，对角线为 8mm
	1/3in	靶面尺寸为宽 4.8mm×高 3.6mm，对角线为 6mm
	1/4in	靶面尺寸为宽 3.2mm×高 2.4mm，对角线为 4mm
根据扫描制式	PAL 制	中国采用 PAL 制式，标准为 625 行，50 场
	NTSC 制	医疗或其他专业领域使用一些非标准制式。另外，日本为 NTSC 制式，525 行，60 场
根据供电电源	AC110V	NTSC 制式多属 AC110V
	DC12V 或 DC9V	DC12V 或 DC9V 常用在微型摄像机中
	其他	例如有 AC220V、AC24V 等

（续）

依　据	分　类	说　明
根据同步方式	内同步	用摄像机内同步信号发生电路产生的同步信号来完成操作的摄像机
	外同步	使用一个外同步信号发生器，将同步信号送入摄像机的外同步输入端的摄像机
	功率同步	用摄像机 AC 电源完成垂直推动同步的摄像机
	外 VD 同步	摄像机信号电缆上的 VD 同步脉冲输入完成外 VD 同步的摄像机
	多台摄像机外同步	对多台摄像机固定外同步，使每一台摄像机可以在同样的条件下作业，因各摄像机同步，这样即使其中一台摄像机转换到其他景物，同步摄像机的画面也不会失真
根据照度	普通型	正常工作所需照度 1～3lx 的摄像机
	月光型	正常工作所需照度 0.1lx 左右的摄像机
	星光型	正常工作所需照度 0.01lx 以下的摄像机
	红外型	采用红外灯照明，在没有光线的情况下也可以成像的摄像机
根据外观	分为机板型摄像机、针孔型摄像机、半球形摄像机等	

攻略 63　CCD 摄像机镜头有哪些安装方式?

答：CCD 摄像机镜头有 C 式、CS 式两种安装方式。它们的差异见表 5-22。

表 5-22　C 式、CS 式两种安装方式的差异

项　目	说　明
相同	两者螺纹均为 1in 32 牙，直径为 1in
差异	差异与注意事项如下： 1）C 式安装座从基准面到焦点的距离为 17.562mm，比 CS 式距离 CCD 靶面多一个专用接圈的长度，CS 式距焦点距离为 12.5mm 2）CS 式如果没有接圈，则镜头与摄像头就不能正常聚焦，图像会模糊 3）有的摄像头不用接圈，而采用后像调节环，调节时，用螺钉刀拧松调节环上的螺钉，转动调节环，起到接圈的作用 4）有的采用类似后像调节环的方式，即调节顶端的一个齿轮，也可以使图像清晰而不用加减接圈

攻略 64　镜头的种类有哪些?

答：镜头的种类：按外形功能分有球面镜头、非球面镜头、针孔镜头、鱼眼镜头；按光圈分有自动光圈、手动光圈、固定光圈；按变焦类型分有电动变焦、手动变焦、固定焦距；按焦距长短分有长焦距镜头、标准镜头、广角镜头。

攻略 65　怎样检测 CCD 的好坏?

答：检测 CCD 的好坏可以采取以下方法来检测：接通电源，连接视频电缆到监视器，关闭镜头光圈，看图像全黑时是否有亮点，屏幕上雪花大不大，如果有亮点或者屏幕上雪花大，则说明 CCD 质量差。然后打开光圈，看一静物，彩色摄像头可以摄取一个色彩鲜艳的物体，然后查看监视器上的图像是否偏色、是否扭曲，色彩或灰度是否平滑。好的 CCD 能够还原景物的色彩，物体看起来清晰。

攻略 66　怎样计算镜头焦距的理论值?

答：摄取景物的镜头视场角随镜头焦距、摄像机规格大小而变化，覆盖景物镜头的焦距

可用下述公式计算

$$f=uD/U \quad f=hD/H$$

式中，f 为镜头焦距；U 为景物实际高度；H 为景物实际宽度；D 为镜头到景物实测距离；u 为图像高度；h 为图像宽度。

▶ 攻略 67　怎样正确选择摄像机镜头?

答：选择摄像机镜头的方法见表 5-23。

表 5-23　选择摄像机镜头的方法

项　　目	说　　明
手动、自动光圈镜头的选择	手动、自动光圈镜头的选择取决于使用环境的照度是否恒定 1）环境照度恒定，如封闭走廊、电梯轿厢内、没有阳光直射的房间内，均可选择手动光圈镜头 2）环境照度处于经常变化的情况，如随日照时间而照度变化较大的门厅、窗口、大堂内等，均需选用自动光圈镜头
定焦、变焦镜头的选用	定焦、变焦镜头的选择取决于被监视场景范围的大小、所要求被监视场景画面的清晰程度 1）镜头焦距越长，其镜头的视场角就越小 2）镜头物距一定的情况下，随着镜头焦距的变大，系统末端监视器上所看到的被监视场景的画面范围就越小，画面细节越清晰 3）镜头视场角可以分为图像水平视场角、图像垂直视场角，并且图像水平视场角大于图像垂直视场角 4）狭小的被监视环境中（如电梯轿厢内、狭小房间）需要采用短焦距广角或超广角定焦镜头 5）开阔的被监视环境中，需要根据被监视环境的开阔程度、用户要求、在系统末端监视器上所看到的被监视场景画面的清晰程度、被监视场景的中心点到摄像机镜头间的直线距离，并在直线距离一定，满足覆盖整个被监视场景画面的前提下，尽量选择长焦距镜头

▶ 攻略 68　云台常见技术指标有哪些?

答：云台的外形如图 5-13 所示，常见技术指标见表 5-24。

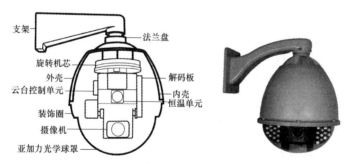

图 5-13　云台

表 5-24　云台常见技术指标

名　　称	说　　明
安装方式	云台的安装方式有侧装安装、吊装安装
承载能力	一般轻载云台最大负重约为 9kg，重载云台最大负重约为 45kg
回转范围	云台的回转范围可以分为水平旋转角度、垂直旋转角度。选择时，根据所用摄像机的设想范围要求来选择： 水平旋转：有 0°～355° 云台，两端设有限位开关；有 360° 自由旋转云台，可任意 360° 旋转 垂直俯仰：大多为 90°，也有垂直 360° 的

（续）

名　称	说　明
云台的旋转速度	1）普通云台的转速是恒定的
	2）有些场合需要快速跟踪目标，则需要选择高速云台
云台使用电压	云台的使用电压有 220V 交流、24V 交流、直流供电等
云台外形	云台外形有普通云台、球形云台

▶ 攻略 69　监视器有哪些分类？它们的特点是怎样的？

答：监视器的分类以及它们的特点见表 5-25。

表 5-25　监视器的分类以及它们的特点

名　称	特　点
黑白监视器	黑白监视器可以分为通用型应用级、广播级。闭路电视监控系统一般使用通用型应用级。黑白监视器的主要性能指标是视频通道频响、水平分辨率、屏幕大小
彩色监视器	彩色监视器可以分为精密型监视器、高质量监视器、图像监视器、收监两用监视器等 　　1）收监两用监视器：收监两用监视器在普通电视机的基础上增加了音频和视频输入/输出接口，分辨率不超过 300 线，性能与普通电视接收机相当，主要用于录像显示、有线电视系统的显示等 　　2）高质量监视器：高质量监视器分辨率在 370～500 线间，常用于要求较高的场合用做图像监视和检测等 　　3）图像监视器：图像监视器一般具有音频输入功能，分辨率在 300～370 线之间，清晰度稍高于普通彩色电视机，适用于非技术图像监视及视听教学系统等 　　4）精密型监视器：精密型监视器分辨率可达 600～800 线，适用于电视台作为主监视器用或测量用

▶ 攻略 70　黑白监视器的主要性能有哪些？

答：黑白监视器的主要性能见表 5-26。

表 5-26　黑白监视器的主要性能

名　称	说　明
屏幕大小	屏幕大小是根据显像管银光屏对角线的尺寸来确定的。常用的有 9in、14in、17in、18in、20in、21in 等。9in 为小型监视器，12～18in 为中型监视器，20in 以上为大型监视器
视频通道频响	频带宽度越宽，图像细节越清楚。通常业务级规定频响为 8MHz，高清晰度监视器频响在 10MHz 以上
水平分辨率	应用级规定中心不小于 600 线，高清晰度监视器不小于 800 线。视频通道带宽越宽，则水平分辨率越高

▶ 攻略 71　闭路电视监控系统所用的录像机有哪些特点？

答：与普通的家用录像机相比，闭路电视监控系统所用的录像机还有以下特殊的功能：

1）家用录像机的录像时间一般为 3h，最多不超过 6h。闭路电视、监控系统中使用的专用录像机录像时间最多可达 960h。

2）闭路电视监控系统所用的录像机具有报警输入、报警自动录像。

3）闭路电视监控系统所用的录像机具有自动循环录像。

4）闭路电视监控系统所用的录像机具有时间字符叠加。

5）闭路电视监控系统所用的录像机具有电源中断后仍可自动重新记录。

▶ 攻略 72　什么是硬盘录像？

答：硬盘录像就是指将视频图像、音频信号以数字的方式记录在硬盘里，并且能够将选定的图像重放出来（见图 5-14）。

▶ **攻略 73 DVR 的分类有哪些?**

答：DVR（数字硬盘录像机，见图 5-15）的分类如下：

1）根据功能可以分为单路数字硬盘录像机、多画面数字硬盘录像机、数字硬盘录像监控主机。

2）根据解压缩方式可以分为硬解压 DVR、软解压 DVR。

图 5-14 硬盘录像

图 5-15 DVR（数字硬盘录像机）图例

▶ **攻略 74 空间探测器安装要求有哪些?**

答：空间探测器安装要求如下：

1）探测器的安装需要保证 24h 有防拆功能，以防止人为破坏。

2）探测器的安装位置需要避免耗子之类的小动物爬行靠近。

3）探测器需要安装在坚固，并且不易振动的墙面上。

4）探测器的安装需要使其前面探测范围内没有障碍物。

▶ **攻略 75 怎样排除监控系统常见的故障?**

答：监控系统常见的故障排除方法见表 5-27。

表 5-27 监控系统常见的故障排除方法

故 障	原因与排除方法
操作键盘失灵	1）连线有问题 2）键盘本身损坏
监视器的画面上出现一条黑杠或白杠，并且或向上或向下慢慢滚动	1）电源问题引起 2）环路问题引起的
监视器上出现木纹状干扰	1）视频传输线质量不好，更换电缆 2）供电系统电源不"洁净"，对整个系统采用净化电源或在线 UPS 供电 3）系统附近有很强的干扰源，摄像机屏蔽、对视频电缆线管道进行接地处理
监视器图像对比度太小、图像淡	1）控制主机与监视器本身问题，维修或者更换主机与监视器 2）传输距离过远或视频传输线衰减太大，加入线路放大、补偿装置
色调失真	传输线引起的信号高频段相移过大，加相位补偿器
图像发白的原因	1）自动光圈亮度辅助调整电位器调得过大，需要调小 2）监视器故障，维修或者更换监视器
图像扭曲的原因	1）干扰引起 2）监视器异常

（续）

故　障	原因与排除方法
图像清晰度不高、细节部分丢失、严重时会出现彩色信号丢失或色饱和度讨小	1）传输距离过远，加放大补偿装置 2）视频传输电缆分布电容过大或因传输环节中在传输线的芯线与屏蔽线间出现了集中分布的等效电容造成的
图像质量不好	1）检查镜头是否有指纹或太脏 2）检查光圈有否调好 3）检查视频电缆接触是否不良 4）检查电子快门或白平衡设置是否有问题 5）检查 CS 接口有否接对 6）检查附近是否存在干扰源 7）电梯里安装时，需要与电梯保证绝缘 8）检查传输距离是否太远 9）检查电压是否正常
无信号输出	1）电源是否符合摄像机工作电压 2）信号输出到监视器线路是否开路、短路 3）摄像机熔断器是否烧断
主机对图像的切换不干净	1）主机或矩阵切换开关质量不良，达不到图像之间隔离度的要求所造成的 2）系统的交扰调制和相互调制过大而造成的

5.4　门禁系统

▶ 攻略 76　什么是出入口控制?

答：出入口控制常被称为门禁系统，其就是对出入口的管理，可以控制各类人员的出入以及他们在相关区域的行动。

出入口控制的原理：根据人的活动范围，预先制作出各种层次的卡或预定密码。然后在相关的出入口安装磁卡识别器或密码键盘，持有效卡或输入密码的人员经过刷卡或者输入正确密码，经解码后送控制器判断，如果身份符合，门锁被开启才能够通过进入。

出入口控制系统一般要与防盗报警系统、闭路电视监视系统、消防系统联动，才能够更有效地实现安全防范。

▶ 攻略 77　门禁系统的组成是怎样的?

答：门禁控制系统一般由出入口目标识别子系统、出入口信息管理子系统、出入口控制执行机构三部分组成，如图 5-16 所示。

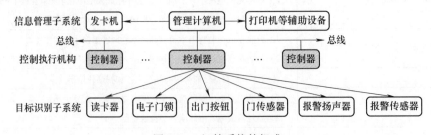

图 5-16　门禁系统的组成

门禁系统的组成见表 5-28。

表 5-28　门禁系统的组成

项　目	说　明
出入口目标识别子系统	出入口目标识别子系统可以分为对人的识别、对物的识别。对人的识别又可以分为生物特征识别系统、编码识别系统
传输方式	系统的传输方式一般采用专线或网络传输
管理软件	管理计算机上装有门禁系统的管理软件。管理软件管理着系统中所有的控制器以及发送命令
控制器接收底层设备	控制器接收底层设备发来的相关信息，同自己存储的信息相比较以作出判断，再发出处理的信息。控制器接收底层设备也接收控制主机发来的命令
系统前端设备	系统前端设备为各种出入口目标的识别装置、门锁启闭装置，具体包括识别卡、读卡器、控制器、电磁锁、出门按钮、钥匙、指示灯、警号等

门禁系统具体的组成部件的特点见表 5-29。

表 5-29　门禁系统具体的组成部件的特点

名　称	特　点
读卡器	读卡器可以分为接触卡读卡器、感应卡读卡器等几类，它们间又有带密码键盘的与不带密码键盘之分。读卡器一般设置在出入口处
写入器	写入器是对各类识别卡写入各种标志、代码、数据等
控制器	控制器是门禁系统的核心，它是由一台微处理机与相应的外围电路组成。控制器是整个系统的核心，控制器与读卡机间的通信方式一般均采用 RS485、RS232 等
电锁	门禁系统所用电锁一般有三种类型，即电阴锁、电磁锁、电插锁。电阴锁与电磁锁一般可用于木门、铁门。电插锁一般用于玻璃门。电阴锁一般为通电开门，电磁锁与电插锁为通电锁门
管理计算机	门禁系统的微机通过专用的管理软件对系统所有的设备、数据进行管理
智能卡	智能卡在智能门禁系统当中的作用是充当写入读取资料的介质。卡片可以分为只读卡、读写卡、薄卡、厚卡、异形卡等种类
读卡器	读卡器负责读取卡的数据信息，并且将数据传送到控制器
电源	门禁系统一般需要选择稳定的线性电源

➤ 攻略 78　门禁系统的类别有哪些？

答：门禁系统的类别见表 5-30。

表 5-30　门禁系统的类别

名　称	说　明
不连网门禁	不连网门禁就是一台机子管理一个门，不能用计算机软件进行控制，也不能看到记录，直接通过控制器进行设置控制。该类型不适合人数量多于 50 或者人员经常流动的地方，也不适合门数量多于 5 的工程
485 连网门禁	485 连网门禁就是可以与计算机进行通信的门禁类型，可以直接使用软件进行管理

（续）

名　　称	说　　明
TCP/IP 门禁	TCP/IP 门禁也叫以太网连网门禁，也是可以连网的门禁系统，但是需要通过网络线把计算机与控制器进行连网。TCP/IP 门禁具有连网数量大，可以跨地域或者跨城连网等特点。其适合安装人数量多、对速度有要求、跨地域的工程中
指纹门禁系统	指纹门禁系统就是通过指纹代替卡进行管理的门禁设备，具有和 485 连网门禁相同的特性，但具有更好的安全性
其他	其他类别的门禁系统如下： 1）条码机：通过红外感应识别调码 2）密码键盘：最简单的门禁系统，只需要输入密码即可开门 3）单门磁卡机：通过键盘设置允许某些磁卡开门，为刷卡接触式 4）生物识别系统：通过人体的固有活体生物特征来控制人员的出入 5）接触式 IC 卡读卡机：为外漏式接触芯片，必须使芯片与某些点碰触

▶ 攻略 79　识别卡的种类与特点是怎样的？

答：识别卡的种类与特点见表 5-31。

表 5-31　识别卡的种类与特点

名　　称	说　　明
接触式识别卡	接触式是指必须将识别卡插入读卡器内或在槽中划一下，才能读到卡号
非接触式识别卡	非接触式识别卡是指识别卡无需与读卡器接触，相隔一定的距离也可以读出识别卡内的数据
磁卡	磁卡是一种磁记录介质卡片，它由塑料或纸质涂覆塑料制成。通常磁卡的一面印刷有说明提示性的信息，另一面则有磁层或磁条
智能卡	智能卡又叫做集成电路卡、IC 卡。它是将一个集成电路芯片镶嵌于塑料基片中，封装成卡的形式

▶ 攻略 80　门禁系统布线有什么要求与注意事项？

答：门禁系统布线的一般要求与注意事项如下：

1）所有走线必须用套管，PVC 管、镀锌管都可以。

2）读卡器到控制器的线可以用 8 芯屏蔽多股双绞网线。需要选择截面积在 $0.3mm^2$ 以上的数据线，最长不超过 100m。屏蔽线接控制器的 GND。

3）按钮到控制器的线可以选择两芯线，线径在 $0.3mm^2$ 以上。

4）电锁到控制器的线可以选择两芯电源线，线径在 $1mm^2$ 以上。如果超过 50m 要考虑用更粗的线或多股并联。

5）控制器到控制器间以及控制器到转换器的线，可以使用 8 芯屏蔽双绞网线。线径在 $0.3mm^2$ 以上，485+和 485-一定要互为双绞，其中 6 芯备用，屏蔽线可不接。如果通信不畅通，可以用屏蔽线将所有控制器的 GND 进行连接。

6）门磁到控制器的线可以选择两芯线，线径在 $0.3mm^2$ 以上，如果无需在线了解门的开关状态或者无需门长时间未关闭报警和非法闯入报警功能，门磁线可不接。

7）不要经常带电拔插接线端子。

8）接线端子注意规范接线，裸露金属部分不要过长，以免引起短路与通信故障。

9）不要将控制器与其他大电流设备接在同一供电插座上。

10）读卡器、按钮的安装高度需要距地面 1.45m，也可以根据客户的使用习惯，适当增加或者降低高度。

11）控制器一般安装在弱电井、天花板口等便于维护的地点。

► **攻略 81　怎样选择锁具？**

答：选择锁具的一般要点见表 5-32。

表 5-32　选择锁具的一般要点

项　　目	说　　明
安全性因素	锁具的安全性，也就是锁的通开性。目前一些厂家采用 6 珠锁芯，1 000 把以内有 1 把的互开率。5 珠为 100 把内有 1 把的互开率
电镀工艺	电镀工艺有普通电镀、复合电镀镍等
门锁材质	门锁材质有钢铁、不锈钢、铝、铝合金、锌合金等。钢铁材质的门锁易生锈；氧化铝材质的门锁时间长了易变黑、手感粗糙；铝或铝合金材质的门锁强度不够，易成型，但不生锈；锌合金材质的门锁强度和防生锈能力较差；铜材质的门锁价格太高，目前门锁几乎不采用
门锁种类	门锁种类有简约型、欧式仿古、中式仿古、田园风格等类型，应根据实际需要选择
门需求性因素	门种类多，需要的门锁也不同。一般门的厚度为 35～50mm，如果大于或小于该数值，则就需要定制或更换合适的穿心杆等

► **攻略 82　家居更换门锁需要测量哪些尺寸？**

答：家居更换门锁需要测量的尺寸见表 5-33。

表 5-33　家居更换门锁需要测量的尺寸

项　　目	说　　明
门锁装在门上需要测量的数据	①门锁中心到门边的距离；②门侧面锁体的长；③门侧面锁体的宽；④把手中心到锁芯把手中心距离；⑤面板连接的螺钉孔中心的距离
门锁拆下换同大小的锁	①面板螺钉中心的距离；②锁体侧面宽；③锁体把手中心到锁体边的距离；④锁体深入的宽度；⑤把手中心到锁芯中心的距离；⑥锁体侧面长
门锁已经拆掉，只有孔，需要配锁	①门锁孔中心到墙的距离；②门侧面开槽的宽度；③开孔的最大距离；④把手与锁芯的孔距离的尺寸与距离；⑤门侧面的最大开槽距离

► **攻略 83　铰链的安装方式有哪几种？**

答：铰链的安装方式如下：

1）全盖=全遮（直弯）：门板全部覆盖住柜侧板，两者间有一个间隙。

2）半盖=半遮（中弯）：两扇门共用一个侧板。

3）无盖=内藏（大弯）：门位于柜内，在柜侧板旁，也需要一个间隙，以方便门可以顺畅地打开。

5.5　报警系统

► **攻略 84　什么是防盗报警系统？**

答：防盗报警系统就是利用探测器对建筑物业的相关区域、地点进行布防，在探测到非法入侵者时，信号能够立即传输到报警主机上，产生声光报警，并显示地址。有关人员接到报警后，能够根据情况采取相应措施，以控制事态的发展。防盗报警系统除了上述报警功能外，还有联动功能。

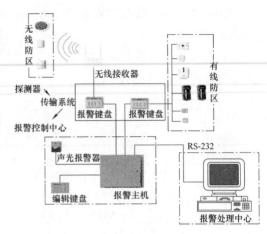

图 5-17 防盗报警系统的基本结构

攻略 85 防盗报警系统的基本结构是怎样的？

答：防盗报警系统的基本结构如图5-17所示。

防盗报警系统的主要组成有报警控制中心、传输系统、探测器等。

攻略 86 探测器分为哪些类型？

答：探测器的类型见表5-34。

表5-34 探测器的类型

依 据	说 明
探测的物理量分类	根据传感器探测的物理量可以分为开关报警器、振动报警器、红外报警器、超声/次声波报警器、微波/激光报警器等
工作方式来分类	根据工作方式可以分为被动探测报警器、主动探测报警器
警戒范围分类	根据警戒范围可以分为点探测报警器、线探测报警器、面探测报警器、空间探测报警器
报警器材用途分类	根据报警器材用途不同可以分为防盗防破坏报警器、防火报警器、防爆炸报警器等
探测电信号传输信道分类	根据探测电信号传输信道的不同可以分为有线报警器、无线报警器等

攻略 87 防盗报警系统设备的特点是怎样的？

答：防盗报警系统的部分设备的特点见表5-35。

表5-35 防盗报警系统的部分设备的特点

名 称	说 明
门磁开关	门磁开关是一种不需要调整、维修的探测器。门磁开关可以分为可移动部件与输出部件。可移动部件安装在活动的门、窗上，输出部件安装在相应的门、窗上，两者安装距离不超过10mm。输出部件上有两条线，正常状态为常闭输出，门、窗开启超过10mm，输出转换成为常开。如果有人破坏单元的大门、窗户时，门磁开关会立即将这些动作信号传输给报警控制器进行报警
紧急呼救按钮	紧急呼救按钮主要安装在人员流动比较多的位置，以便在遇到意外情况时，用手或脚按下紧急呼救按钮，从而向保安部门或其他人员进行紧急呼救报警
报警扬声器（警号）、警铃	报警扬声器、警铃一般安装在易于被听到的位置。在探测器探测到意外情况并发出报警时，报警探测器能通过报警扬声器、警铃来发出高分贝的报警声
警报接收与处理主机	警报接收与处理主机也称为防盗主机。防盗主机是报警探头的中枢，负责接收报警信号、控制延迟时间、驱动报警输出等工作。报警主机有分线制、总线制、分线总线制之分。分线制就是各报警点到报警中心回路都有单独的报警信号线，报警探头一般可直接接在回路终端。总线制则是所有报警探头都分别通过总线编址器"挂"在系统总线上再传到报警主机。分线制一般只在小型近距离系统中使用，而总线制在中大型系统中经常使用

➤ **攻略 88　电子巡更系统数据采集方式的类型有哪些?**

答：电子巡更系统数据采集方式的类型见表 5-36。

表 5-36　电子巡更系统数据采集方式的类型

名　称	说　明
离线式	离线式电子巡更系统由带信息传输接口的手持式巡更器、金属存储芯片组成。该系统的使用可提高巡更的管理效率及有效性，能更加合理充分地分配保安力量
在线式	各巡更点安装控制器，然后通过有线或无线方式与中央控制主机连网，再通过有相应的读入设备，人员用接触式或非接触式卡把自己的信息输入控制器送到控制主机。相对离线式巡更，在线式巡更需要布线或其他相关设备支持。另外，离线式巡更也常嵌入到门禁、楼宇对讲等系统中，利用已有的布线体系进行布控

5.6　火灾自动报警系统

➤ **攻略 89　消防系统常见的设备有哪些?**

答：消防系统常见的设备见表 5-37。

表 5-37　消防系统常见的设备

名　称	说　明
报警设备	报警设备包括各类火灾探测器、报警控制器、手动报警按钮、紧急报警设备等
自动灭火设备	包括洒水喷水、泡沫/粉末/气体灭火设备等
手动灭火设备	包括消火器、消火栓等
防火排烟设备	包括防火卷帘门、防火风门、排烟口、排烟机、空调通风设备等
通信设备	包括应急通信机、一般电话、对讲电话、无线步话机等
避难设备	包括应急照明装置、引导灯、引导标志牌
其他设备	洒水送水设备、应急插座设备、消防水池、防范报警设备、航空障碍灯设备、地震探测设备、煤气检测设备、电气设备的监视等

➤ **攻略 90　火灾探测报警系统各组成部分的特点是怎样的?**

答：火灾探测报警系统的各组成部分的特点见表 5-38。

表 5-38　火灾探测报警系统的各组成部分的特点

名　称	说　明
防排烟系统	防排烟系统能够在火灾发生时迅速排除烟雾，并能防止烟气窜入消防电梯及非火灾区内
固定灭火系统	固定灭火系统最常用的有自动喷淋灭火系统、消火栓灭火系统等
火警电话	火警电话是为了适应消防通信需要，独立设立的消防通信网络系统
火灾报警控制器	火灾报警控制器向火灾探测器提供稳定的直流电源以及监视连接各火灾探测器的传输导线有无故障，并且接受有关报警信号与相关处理控制信号
火灾报警装置	火灾报警装置就是当发生火情时，能发出声或光报警
火灾事故广播	火灾事故广播的作用是便于组织人员的安全疏散与通知有关救灾的事项
火灾事故照明	火灾事故照明包括火灾事故工作照明、火灾事故疏散指示照明。其主要作用是保证在发生火灾时，重要的房间或部位能继续正常工作

（续）

名　称	说　明
火灾探测器	火灾探测器是火灾系统的传感部件，能够产生并在现场发出火灾报警信号，传送现场火灾状态信号。火灾探测器的种类有感温火灾探测器、感光火灾探测器、可燃气体探测器、感烟火灾探测器、复合火灾探测器等
手动火灾报警按钮	手动火灾报警按钮是手动触发装置。其一般装于金属盒内，确认火灾后，需要敲破保护罩，将键按下，报警设备动作。同时，手动信号也会传送到报警控制器，发出火灾报警
消防电梯	消防电梯用于消防人员扑救火灾、营救人员的需要
消防控制设备	消防控制设备主要指火灾报警装置、火警电话、防排烟、消防电梯等联动装置等

▶ 攻略 91　火灾自动报警系统分为哪些类型?

答：火灾自动报警系统的分类见表 5-39。

表 5-39　火灾自动报警系统的分类

依　据	说　明
采用技术	第 1 代多线制开关量式火灾探测报警系统，目前已处于被淘汰状态 第 2 代总线制可寻址开关量式火灾探测报警系统，目前被大量采用 第 3 代模拟量传输式智能火灾探测报警系统，可以降低系统的误报率
控制方式	火灾自动报警系统根据控制方式可以分为以下三种系统： 1）区域报警系统：由通用报警控制器或区域报警控制器和火灾探测器、手动报警按钮、警报装置等组成的火灾报警系统。一般适用于二级保护对象，保护范围为某一局部范围或某一设施 2）集中报警系统：设有一台集中报警控制器和两台以上区域报警控制器，集中报警控制器设在消防室，区域报警控制器设在各楼层服务台。一般适用于一、二级保护对象，适用于有服务台的综合办公楼、写字楼等 3）控制中心报警系统：由集中报警控制系统和消防联动控制设备构成。一般适用于特级、一级保护对象，保护范围为规模较大，需要集中管理的场所

▶ 攻略 92　消火栓分为哪些类型?

答：常见消火栓的分类见表 5-40。

▶ 攻略 93　怎样选择燃气报警器?

答：选择燃气报警器的方法与要点如下：

1）根据使用燃气的种类来选择，燃气泄漏报警器一般都不是通用型的。

2）不同地区的燃气的成分可能不同，需要根据当地燃气成分进行标定与检测的燃气报警器。

表 5-40　常见消火栓的分类

名　称	说　明	图　例
室内消火栓	室内消火栓是室内管网向火场供水的固定消防设施。室内消火栓一般安装在消火栓箱内使用	
室外消火栓	室外消火栓是用于向消防车供水或直接与水带、水枪连接的，是室外必备的消防、供水设施	

3）选择燃气泄漏报警器，需要关注报警器的长期稳定性与使用寿命。

4）公共场所使用的燃气泄漏报警器，还需要考虑安全性。

5）选择煤气报警器，注意煤气报警器技术参数是否适合需要。常见的技术参数有感应气体、工作温度、相对湿度、电源、报警浓度、报警浓度误差、报警方式、静态电流、报警电流、蜂鸣器声量能级、尺寸等。燃气报警器外形如图 5-18 所示。

图 5-18　燃气报警器

5.7　音响与广播系统

▶ **攻略 94　什么是声音、声波?**

答：声音是用来传递信息最方便的方式之一，它是通过一定介质传播的一种连续的机械波。物理学上叫做声波。声波可用一条随时间变化的连续曲线表示。

▶ **攻略 95　声音的三要素指的是什么?**

答：声音的三要素指的是音调、音强、音色，它们的特点如下：

1）音调是人们感觉到的声音高低，与声波的频率有关。

2）音强是人耳感觉到的声音大小，与声波的振幅有关，又叫做响度。

3）音色是人们感觉到的声音音质，与声波的波形形状有关。

▶ **攻略 96　声音、音频媒体的分类是怎样的?**

答：声音根据频率可分为次声（低于 20Hz）、超声（高于 20kHz）、可听声（即音频，频率范围是 20Hz～20kHz）。

音频媒体的分类如下：

1）根据用途分为语音、音乐、效果声。

2）根据处理的角度分为波形音频、MIDI 音频。

3）根据声音的质量分为数字激光唱盘质量（20Hz～20kHz）、调频无线电广播质量（20Hz～15kHz）、调幅无线电广播质量（50Hz～7kHz）、电话质量（200～3 400Hz）。

▶ **攻略 97　什么是波形音频数字化?**

答：波形音频数字化就是把模拟音频信号转换成有限个数字表示的离散序列的过程。

▶ **攻略 98　什么是声道数、单声道、双声道?**

答：声音通道的个数就叫做声道数，也就是指一次采样所记录产生的声音波形个数。记录声音时，如果每次生成一个声波数据，称为单声道。记录声音时，每次生成两个声波数据，称为双声道、立体声。

▶ **攻略 99　音响系统的类型与基本组成是怎样的?**

答：建筑物的音响系统的类型如下：

1）公共广播系统：面向公众区、面向宾馆客房等的广播音响系统属于这种系统，其具有播放背景音乐、紧急广播等功能。

2）厅堂扩声系统：剧场、体育场馆、礼堂、歌舞厅、宴会厅、卡拉 OK 厅等的音响系统属于这种系统。

3）专用的会议系统：有特殊要求的一种音响系统。

广播音响系统的基本组成见表 5-41。

表 5-41   广播音响系统的基本组成

名　称	说　明
传输线路	传输线路随着系统与传输方式的不同而有不同的要求
放大与信号处理设备	放大与信号处理设备包括调音台、前置放大器、功率放大器、各种控制器、音响加工设备等
扬声器系统	扬声器系统或称音箱、扬声器箱。箱体形式需要根据实际情况与设计要求来选择
音源设备	音源设备就是节目源，常有无线电广播、普通唱片、激光唱片、盒式磁带、传声器、电视伴音、电子乐器等

➤ 攻略 100　声音带宽分为哪些等级?

答：声音带宽（模拟音频信号）的等级如下：

1）20Hz～20kHz：CD。

2）31.5Hz～16kHz：FM。

3）63Hz～10kHz：AM。

4）300Hz～3.4kHz：TL。

➤ 攻略 101　数字音频信号采用的压缩质量标准有哪些?

答：数字音频信号的用途不同，采用压缩的质量标准也不同：

1）电话质量的音频信号采用 ITU–TG.711 标准，8kHz 取样、8bit 量化，码率为 64kbit/s。

2）AM 广播采用 ITU–TG.722 标准，16kHz 取样、14bit 量化、码率为 224kbit/s。

3）CD11172–3MPEG 音频标准为 48kHz、44.1kHz、32kHz 取样，每声道数码率 32～448kbit/s，适合 CD-DA 光盘用。

4）在高质量的数字音频时，取样频率为 96kHz 或 192kHz 或更高。

➤ 攻略 102　不同频率对音色的影响是怎样的?

答：不同频率对音色的影响见表 5-42。

表 5-42   不同频率对音色的影响

名　称	说　明
16～20kHz 频率	这段频率范围对于人耳的听觉器官来说，已经听不到了。但是，人可以通过人体、头骨、颅骨将感受到的 16～20kHz 频率的声波传递给大脑的听觉脑区，因而，也感受到这个声波的存在。该段频率影响音色的韵味、色彩、感情味。如果这段频率过强，则给人一种宇宙声的感觉，一种神秘莫测的感觉，一种不稳定的感觉。这段频率在音色当中强度很小。如果音响系统的频率响应范围达不到这个频率范围，那么音色的韵味将会失落
12～16kHz 频率	人耳可以听到的高频率声波，是音色最富于表现力的部分，是一些高音乐器、高音打击乐器的高频泛音频段。例如镲、铃、铃鼓、沙锤、铜刷、三角铁等打击乐器的高频泛音，可给人一种"金光四射"的感觉，强烈地表现了各种乐器的个性。如果这段频率成分过强，音色会产生"毛刺"般尖噪、刺耳的高频噪声。如果该段频率成分不足，则音色将会失掉色彩，失去个性
10～12kHz 频率	该段是高音木管乐器、高音铜管乐器的高频泛音频段，例如长笛、双簧管、小号、短笛等。如果该段频率过强，则会产生尖噪、刺耳的感觉。如果该段频率缺乏，则音色将会失去光泽，失去个性

（续）

名　称	说　明
8～10kHz 频率	该段频率会非常明显影响音色的清晰度、透明度。如果该频率成分过多，音色则变得尖锐。如果该频率成分缺少，音色则变得平平淡淡
6～8kHz 频率	该段频率会影响音色的明亮度、清晰度，这是人耳听觉敏感的频率。如果该段频率成分过强，则音色显得齿音严重。如果该段频率成分缺少，则音色会变得暗淡
5～6kHz 频率	该段频率最影响语音的清晰度、可懂度。如果该段频率成分过强，则音色变得锋利，易使人产生听觉上的疲劳感。如果该段频率成分不足，则音色显得含糊不清
4～5kHz 频率	该段频率对乐器的表面响度有影响。如果该段频率成分幅度大了，乐器的响度就会提高。如果该段频率强度提高了，则会使人感觉乐器与人耳的距离变近了。如果该段频率强度变小了，会使人听觉感到这种乐器与人耳的距离变远了
3～4kHz 频率	该段频率的穿透力很强。如果该段频率成分过强，则会产生咳声的感觉
2～3kHz 频率	该段频率是影响声音明亮度最敏感的频段。如果该段频率成分过强，音色就会显得呆板、发硬、不自然。如果该段频率成分丰富，则音色的明亮度会增强。如果该段频率幅度不足，则音色将会变得朦朦胧胧
1～2kHz 频率	该段频率范围通透感明显，顺畅感强。如果该段频率过强，音色则有跳跃感。如果该段频率缺乏，音色则松散且音色脱节
800Hz～1kHz 频率	该段频率幅度影响音色的力度。如果该段频率过多，则会产生喉音感。如果音色中的喉音成分过多，则会失掉语音的个性、失掉音色美感。如果该段频率丰满，音色会显得强劲有力。如果该段频率不足，音色将会显得松弛
500～800Hz 频率	该段频率是人声的基音频率区域，是一个重要的频率范围。如果该段频率过强，语音就会产生一种向前凸出的感觉，使语音产生一种提前进入人耳的听觉感受。如果该段频率丰满，人声的轮廓明朗，整体感好。如果该段频率幅度不足，语音会产生一种收缩感
300～500Hz 频率	该段频率是语音的主要音区频率。如果该段频率幅度过强，音色会变得单调。这段频率的幅度丰满，语音有力度。如果这段频率幅度不足，声音会显得空洞、不坚实
150～300Hz 频率	该段频率影响声音的力度，尤其是男声声音的力度。该段频率是男声声音的低频基音频率，同时也是乐器中和弦的根音频率。如果该段频率成分过强，声音会变得生硬而不自然，且没有特色。如果该段频率成分缺乏，音色会显得发软、发飘，语音则会变得软绵绵
100～150Hz 频率	该段频率影响音色的丰满度。如果该段频率成分缺少，音色会变得单薄、苍白。如果该段频率成分过强，音色则会显得浑浊，语音的清晰度变差。如果该段频率成分增强，就会产生一种房间共鸣的空间感、浑厚感
60～100Hz 频率	该段频率影响声音的浑厚感，是低音的基音区。如果该段频率过强，音色会出现低频共振声，有轰鸣声的感觉。如果该段频率很丰满，音色会显得厚实、浑厚感强。如果该段频率不足，音色会变得无力
20～60Hz 频率	该段频率影响音色的空间感。如果该段频率过强，会产生一种"嗡嗡"的低频共振的声音，严重地影响了语音的清晰度、可懂度。该段频率是房间或厅堂的谐振频率。如果该段频率缺乏，音色会变得空虚。如果该段频率表现的充分，会使人产生一种置身于大厅之中的感受

另外，声音的频谱分成三个频段，即高频段（7kHz 以上）、中频段（500Hz～7kHz）、低频段（500Hz 以下）。中频段还可分为中低频段（500Hz～4kHz）、中高频段（2～7kHz）。下面根据该分类方法介绍各个频段的谱特性对音质的影响，具体见表 5-43。

表 5-43　各个频段的谱特性对音质的影响

频　段	说　明
低频	1）声音的低频成分多、录放系统低频响应（200Hz以下）有提升：声音有气魄、厚实、有力、丰满
	2）声音的低频成分过多、录放系统的频率响应的低频过分提升：声音浑浊、沉重、有隆隆声
	3）声音的低频成分适中、录放系统的低频频率响应平直扩展：声音丰满、有气魄、浑厚、低沉、坚实、有力、可能有"隆隆"声
	4）声音的低频成分少、录放系统的低频响应有衰减：声音可能比较干净，但单薄无力
中频	1）声音的中频成分多、录放系统的中频响应有提升：声音清晰、透亮、有力、活跃
	2）声音的中频成分少、录放系统的中频响应有衰减：声音圆润、柔和、动态出不来、松散（500Hz~1kHz）、沉重（5kHz）、浑浊（5kHz）
	3）声音的中频成分过多、录放系统的中频响应过分提升：声音动态出不来、浑浊、有号角声、鸣声（500~800Hz）、电话声（1kHz）、声音硬（2~4kHz）、刺耳（2~5kHz）、有金属声（3~5kHz）、嗡嗡音（4~7kHz）
	4）声音的中频成分适中、录放系统的中频响应平直：声音圆滑、悦耳、自然、中性、和谐、有音乐性但声音可能无活力
高频	1）声音的高频成分多、录放系统高频响度有提升：声音清晰、明亮、锐利
	2）声音的高频成分少、录放系统高频响应有衰减：声音动态出不来、沉重、浑浊、圆润、柔和、丰满、声音枯燥、受限制、放不开、有遥远感
	3）声音的高频成分过多、录放系统高频响应过分提升：声音刺耳、有"嗞嗞"声、轮廓过分清楚、呆板、缺乏弹性、有弦乐噪声
	4）声音的高频成分适中、录放系统的高频响应平直扩展：声音开阔、活跃、透明、清晰、自然、圆滑、可能细节过分清楚
整个音频段	1）录放系统的频响有深谷：声音不协调
	2）整个频响的频带窄：声音单薄、无力、平淡
	3）在整个音频范围内各频率成分均匀、录放系统的总体频率响度应平直：声音自然、清晰、圆滑、透明、和谐、无染色、柔和、有音乐味、清脆
	4）声音的某些频率成分多，另一些频率又少，或录放系统频响多峰多谷：声音粗糙、刺耳、有染色

▶ 攻略 103　混响与音质的关系是怎样的？

答：听音现场是全吸声性的，或多或少都有混响存在。节目录制过程中可能有意加入一些人工混响。这些混响都将对节目的音质有影响：

1）如果混响太少，则声音枯燥、干、死板、压抑、单薄。

2）如果混线过多，则声音浑浊、松散、模糊。

3）混响稍多些，则声音有温暖感、丰满、有空间感、主动、开阔、有气魄、有深度感、明亮。

4）混响控制得好，则声音干净。

▶ 攻略 104　什么是 MP3 数码音乐？

答：MP3 的全称是 MPEG-1 Layer3 音频文件。MPEG-1 为活动影音压缩标准，其中的声音部分称 MPEG-1 音频层，它根据压缩质量、编码复杂度划分为 Layer1、Layer2、Layer3 三层，分别对应 MP1、MP2、MP3 三种声音文件。

MP3 文件主要魅力在于这种压缩比非常高的数字音频文件不仅能在网上自由传播，而且还能轻而易举地下载到便携式数字音频设备中。

▶ 攻略 105　怎样选择音响信号传输线缆？

答：选择音响信号传输线缆的方法与要点见表 5-44。

表 5-44　选择音响信号传输线缆的方法与要点

类　　型	说　　明
数字音频电缆	常用数字音频电缆可以使用与模拟音频相同的接插件。用模拟电缆来代用数字电缆，也能够将信号传出，但是会影响传输的质量。数字音频信号是工作频率很高的脉冲数据流，为了精确地传输信号，电缆必须与发送和接收设备相匹配，始端到终端电缆的阻抗必须保持同一标准
模拟音频电缆	模拟电缆无论长度多少，在电缆各点上阻抗是 600Ω，模拟设备在电平匹配时输入输出阻抗小于 600Ω 也不会影响模拟音频的音质。模拟音频电缆可以分为传声器线缆、传输线路电缆、音箱电缆。模拟与数字设备上应用的电缆在外观上略有不同，细心观察可以分辨出来

▶ 攻略 106　怎样选择智能家居家庭背景音乐系统控制线？

答：选择智能家居家庭背景音乐系统控制线除了需要敷设音响线外，其他每个房间还应单独敷设一条 8 芯网线，以接入家庭背景音乐系统终端控制面板。

▶ 攻略 107　家居扬声器摆放位置与使用有什么要求？

答：家居扬声器摆放位置与使用的一般要求见表 5-45。

表 5-45　家居扬声器摆放位置与使用的一般要求

项　　目	说　　明
煲机	首次使用时，扬声器单元需要 50～100h 才可煲出最佳声音。这段时间，扬声器也许可以正常使用
不要紧贴	不可以把扬声器单元与低音反射孔朝向地板或墙面放置
低频放大	扬声器放在靠墙的位置或者是地板上，低频会被放大，有时可能引起模糊的声音重放。如果扬声器是放在靠近角落的地方，这样的放大就更加明显。但是，有时这种放大又是需要的。因此，有些构造的扬声器刻意设计成靠墙摆放式
低音炮摆放位置	低音炮在房间的摆放位置影响系统的整体频响、声压级别。房间对于低频区域的影响非常强烈。低音炮摆放位置还影响主箱、低音炮间的相位差。把低音炮放在房间角落通常可以获得更加线性化的频响
反射	地毯、窗帘、软家具会吸收中频、高频的声音，因此，这是扬声器适宜的环境。大而空旷的区域就会产生硬反射，可能导致语音含糊不清。房间产生的反射大致类似于电视屏幕上出现的重影
房间尺寸	避免正方形或者是长度正好是宽度两倍的长方形房间内使用扬声器，因为，会产生不必要的共振
过载	长时间大功率播放可能导致扬声器单元和/或功放机过载
家具	家具可能会产生振动，并因此带来杂音
线材	用线材尽量短，并且确保所有连接干净，未被氧化
主箱	主箱一般对称放在听音者前方，两只主箱间的距离大约是与听音者间距离的 80%。也就是主箱与听音者间的角度为 45°

▶ 攻略 108　音响常见英中文对照是怎样的？

答：音响常见英中文对照见表 5-46。

表 5-46　音响常见英中文对照

英　　文	中　　文	英　　文	中　　文
Auto On/Always on	自动开/保持开机状态	EQ 2	均衡器 2
EQ 1	均衡器 1	Frequency Crossover	分频器

（续）

英　文	中　文	英　文	中　文
Fuse	熔断器	Phase	相位
Gain Controls	增益控制	Power connector	电源插座
Ground Lift Switch	浮地开关	Power select	电压选择
High Level input	高电平输入	RCA/Low level Input	低电平输入
High Pass/Subsonic	高通/超低音	Standby/On indicator	待机/开机指示灯
Input Volume	输入音量	Stereo/Parallel Switch	立体/平行开关
Main switch	电源开关	XLR/Balanced Input	平衡输入

➤ 攻略 109　什么是功放?

答：功率放大器简称功放，它是音响系统的一个重要组成单元。功放能够将从调音台输出的音频信号经过压限器、均衡器、激励器进行加工处理，然后把音频信号的能量进行放大推动音箱把声音送入声场。

➤ 攻略 110　功率放大器有哪些种类?

答：功率放大器的分类见表 5-47。

表 5-47　功率放大器的分类

名　称	分　类	说　明
根据功放与 音箱的配接方式	定压式功放	为了进行远距离传输音频信号，减少在传输线的能量损耗，以较高的电压形式传送功率信号。一般有 75V、120V、240V 等不同的电压输出端子供使用者选择。使用定压式功放要求在功放与扬声器间加装线间变压器以进行阻抗的匹配。使用多只扬声器时，其功率总和不得超过功放的额定功率
	定阻式功放	功放以固定阻抗形式输出音频信号，要求音箱必须根据规定的阻抗进行匹配，才能够得到额定功率的分配
根据功放使用的元件	电子管功放	以电子管作为功率放大的主件。其具有音色柔和、富有弹性、空间感强、体积大笨重、功率小、耗能多等特点
	晶体管功放	晶体管功放具有体积小、功率大、耗能低等特点
	集成电路功放	集成电路功放具有噪声小、动态范围大等特点

➤ 攻略 111　功放的性能指标有哪些?

答：功放的性能指标见表 5-48。

➤ 攻略 112　功放与音箱怎样匹配?

答：功放与音箱的匹配，需要做到以下几点：

1）在电子管功放中，音箱功率等于功放的额定功率。

2）音箱功率大于功放功率，俗称小马拉大车，仅限家庭用。

表 5-48　功放的性能指标

名　称	说　明
输出功率	输出功率就是功放送给扬声器的电功率，包括 1）额定功率：在不失真的前提下，功放的最大输出功率 2）音乐输出功率：在输出不失真的情况下，功放对音乐信号的瞬间最大输出功率

（续）

名　　称	说　　明
输出功率	3）最大输出功率：不考虑失真的大小，将功放音量开到最大，此时它所提供的电功率 4）峰值音乐输出功率：不考虑失真的大小，功放所能提供的最大音乐功率
频率响应	频率响应就是指在指定频带内各频率成分的增益特性。高质量的功放的频率响应在 20Hz～20kHz 内，不平均度应保持在 0.5dB 以内
非线性失真	非线性失真包括总谐波失真、互调失真。专业功放的总谐波失真要在 0.1%以下，互调失真在 0.02%以下
噪声与信噪比	噪声是指功放输入端不加任何信号时，作为负载的扬声器所发出的声音。信噪比就是指功放输出的有用信号与噪声之比，专业功放的信噪比值应大于 100dB
阻尼系数	阻尼系数就是指扬声器阻抗与功放输出阻抗的比值。通常阻尼系数大，表明功放的输出内阻很低
动态特性	动态特性指瞬态响应。如果功放的瞬态响应性差就跟不上瞬态信号的变化，从而产生失真

3）在专业音响系统中，功放功率大于音响功率。常规情况下，专业功放的功率比音箱功率大 2/3 即可。

▶攻略 113　怎样选择功放？

答：选择功放的方法与要点如下：

1）根据音箱功率选择功放，功放功率应比音箱功率大 2/3。

2）在选用原则上，应该是选择好音箱后，再选用功放器。

3）舞厅、DISCO 厅需要选择大功率功放。

4）歌舞厅、剧院主音箱系统一般需要选择定阻式功放。

5）KTV 一般需要选用小功率、多功能的功放。

6）专业使用一般需要选择频率响应范围宽、失真度小、信噪比大、音色优美的功放。

7）多功能厅的会议系统一般需要选择远距离分散式扬声器系统，因此，需要选择定压式功放。

▶攻略 114　怎样使用功放？

答：专业功放一般只有开关、旋钮、指示灯三部分，正确的操作方法如下：

1）开关使用时，需要注意开机时应是整个扩声系统最后一个开启。

2）关机时，需要最先关闭功放。

3）功放衰减器旋钮一般旋到最左边时，进入功放的输入信号为零，变压器无输出。旋到最右边时，进入功放的输入信号最大，变压器输出也最大。

4）功放与音箱连接时，需要注意极性要连接正确。

5）在固定系统中，功放输出音量一经确定，一般不需要随意调整。

6）功放在长时间工作后，搬运、安放时需要注意免受振动、撞击。

7）指示灯一般分为峰值灯、过载削波灯。使用时，可以根据指示来判断功放所处的状态。

▶攻略 115　什么是扬声器？

答：扬声器俗称喇叭，其任务是把功率放大器输出的信号能量不失真地转变为空气振动的声能。通常把扬声器、音箱、分频器三者的组合称为扬声器系统。

▶ **攻略 116　扬声器的性能指标有哪些?**

答:扬声器的性能指标见表 5-49。

表 5-49　扬声器的性能指标

名　称	说　明
标称功率	标称功率分为额定功率、最大功率: 1) 额定功率是指扬声器在允许的失真范围内,所允许的最大输入功率 2) 最大功率是指扬声器在某一瞬间所能承受的最大峰值功率,一般是额定功率的 2～4 倍
口径尺寸	扬声器的口径尺寸是指声波辐射口的最大几何尺寸。高音扬声器口径尺寸越大,指向性越强。低音扬声器口径尺寸越大,放音频率越低
灵敏度	灵敏度是指给扬声器输入 1W 的电功率,在离扬声器轴向正面 1m 处所测得的声压值。扬声器灵敏度越高,说明扬声器效率越高
失真	失真包括谐波失真、互调失真、瞬态失真 1) 谐波失真:扬声器磁场不均匀、振动系统失衡引起的,一般在低频重放时易产生,该指标不应超过 7% 2) 互调失真:两种不同频率信号同时加入扬声器时,互相调制而引起的失真。互调失真会造成音调失真。该指标较大时会使合唱,合奏等节目音质变坏 3) 瞬态失真扬声器振动系统的惯性而造成的失真:惯性能够使纸盆不紧跟瞬息变化的信号,从而引起输入信号变形
有效频率范围	有效频率范围是指给扬声器一个恒压信号时,并且使该信号由低频到高频改变频率时,扬声器产生的电压随之变化。有效频率范围越宽说明放声特性越好
指向性	指向性就是指扬声器将声波辐射各个方向的能力。300Hz 以下的低频指向性不明显,高频则尖锐。纸盆深,高频指向性强;纸盆浅,低频指向性强。口径大,指向性尖锐;口径小,指向性宽

▶ **攻略 117　扬声器的种类有哪些?**

答:扬声器的种类如下:

1) 根据声波辐射可以分为直射式扬声器(纸盆扬声器)、反射式扬声器(号筒扬声器)。

2) 根据频率特性可以分为低音扬声器、中音扬声器、高音扬声器、全音域扬声器(见图 5-19)。

3) 根据用途可以分为监听扬声器、主声扬声器、补声扬声器、巡回演出扬声器、影院扬声器等。

a) 纸盒扬声器　　　b) 高音扬声器

图 5-19　一些扬声器的外形

4) 根据外形可以分为圆锥形扬声器、球顶形扬声器、号角形扬声器。

5) 根据能量转换原理可以分为电动式扬声器(即动圈式扬声器)、静电式扬声器(即电容式扬声器)、电磁式扬声器(即舌簧式扬声器)、压电式扬声器(即晶体式扬声器)等。

6) 根据有无功率放大器可以分为有源音箱、无源音箱。

▶ **攻略 118　扬声器的特点是怎样的?**

答:一些扬声器的特点见表 5-50。

▶ **攻略 119　怎样选择扬声器系统?**

答:扬声器系统的选择方法与要点见表 5-51。

表 5-50　一些扬声器的特点

名　称	说　明
纸盆式扬声器	纸盆式扬声器又称为动圈式扬声器，它是一种低音扬声器。其一般由三部分组成，即振动系统、磁路系统、辅助系统。纸盆扬声器工作原理如下：当功率放大器输出的音频电流通过音圈时，由于磁场与音圈的相互作用，音圈会产生运动，会随信号振动，这样通过振动系统实现电声的转换。纸盆扬声器纸盆面积越大越有利于声辐射，通常低音纸盆口径为 20～30cm，高音纸盆口径在 10cm 以下 纸盆扬声器结构简单、低音丰满、音质柔和、频带宽，但效率较低
号筒式扬声器	号筒式扬声器是一种高音喇叭，由振动系统、号筒构成。号筒式扬声器的振动系统的振膜不是纸盆，而是一球形膜片。振膜的振动通过号筒向空气中辐射声波。号筒式扬声器的频率高、音量大，常用于室外及广场扩声
球顶形扬声器	球顶形扬声器是一种高音扬声器
高音扬声器	高音扬声器只能够为重放音频中的高频成分的扬声器。其通常采用口径较小的扬声器
中音扬声器	中音扬声器适用频域在 500Hz～5kHz 中频音发音的号筒型或锥型扬声器
低音扬声器	低音扬声器专为重放 500Hz 以下低音信号的扬声器。低音通常分为中低音段（100～500Hz）、低音频段（40～150Hz）、超低音频段（20～50Hz）
全音域扬声器	全音域扬声器是指一个扬声器单元能重放全音域的声音。该类扬声器一般频率范围控制在中低音到高音范围，低音频的下限大于 100Hz。该类扬声器常使用在电视机、录音机等民用设备中
监听扬声器	监听扬声器是供调音人员来评价音色质量的扬声器。监听扬声器要求频响宽、失真低、指向性好、功率大、动态范围大、抗过载。监听扬声器分为供调控人员及演奏人员监听用、供演奏人员监听用的扬声器 供调控人员及演奏人员监听用的扬声器可及时发现节目声音出现的问题，并加以调整、处理。这类扬声器保真度要高、瞬态特性要好、能够真实反映原声信号的质量。供调控人员及演奏人员监听用扬声器多选择扩散型组合的音箱 供演奏人员监听用的扬声器多使用小型扬声器。这类扬声器指向性要强、中高音特性好，以保证返回的声音信号有较高的清晰度，并防止演奏现场声反馈
主声扬声器	主声扬声器是面对观众、辐射全场的一种扬声器
补声扬声器	补声扬声器一般放在侧后方，主要弥补主声的不足
巡回演出扬声器	巡回演出扬声器具有大功率、移动方便等特点
影院扬声器	影院扬声器一般适应数码技术，具有语言清晰、穿透力强等特点
12in 以上大口径扬声器	一般的 12in 以上大口径扬声器单元低音特性好，失真不大，但对于超过 1.5kHz 的信号表现就很差
1～2in 的高音扬声器	1～2in 的高音扬声器单元重放 3kHz 以上的信号性能很好，但无法重放中音、低音信号
专业扩声用扬声器	专业扩声用扬声器多用于各种类型的室内外演出，主要是向广大观众或听众播放音乐、歌曲等节目。专业扩声用扬声器要选用功率大、频带宽、失真小、灵敏度高的扬声器，高频单元一般选用号角式扬声器，中、低频单元多选用纸盆扬声器，大型剧院使用声柱扬声器

表 5-51　扬声器系统的选择方法与要点

项　目	说　明
二路系统、三路系统	音频信号的频谱范围宽，采用一种扬声器难以把 20Hz～20kHz 频率范围内的频响表达完整。因此，需要采用扬声器系统。由低音（含中低音）与高音（含中高音）两种单元组成的系统称为二路扬声器系统。由低音、中音、高音三种单元组成的系统称为三路系统
灵敏度、最大声压级	如果要求扬声器要以相对较小的输入功率转换成很洪亮的声音，则扬声器应具有较高的声压灵敏度。如果两种扬声器的灵敏度相差 3dB，要达到同样大的声压级输出，需要增加电输入功率一倍，因此灵敏度较高的扬声器能够发出较大的声音

（续）

项　目	说　明
失真、音质	灵敏度与音质一般是有矛盾的，需要在两者中作适当的平衡。一般中低价位的扬声器，以灵敏度为主导；高价位的扬声器偏重音质；高层次的扬声器是两者兼顾
个性、共性	扩声用的音响与家中的 Hi-Fi 音响器材有区别，必须兼容性高。家居中的 Hi-Fi 音响器材，只需要照顾一部分人的口味，其个性是容许存在的
指向特性	扬声器发出的声音一般在低频段（低于 200Hz）的声音是无方向性的，在各方向均匀传播。高频段时，声音的传播呈现较强的方向性。优良的恒定指向特性可在现场布置时把声波的能量集中到观众区，避开声波的强烈反射面与声场互相干扰 扬声器的指向特性使偏离轴向的声压级随偏角的增大逐渐减小，同时声压级又随声波传播距离的增加按距离的二次方成反比而衰减，在距扬声器远近与方位不同的听众区，如果将这两种衰减选择得当，就可使两种衰减互相补偿，从而使声场更为均匀 大型工程是比较宽阔的区域，单只扬声器（音箱）一般不能够胜任，需要将多只音箱拼合成音箱群。陈列扬声器系统中，恒指向特性可使音箱间的中频段、高频段的声波在音箱间不产生相互干扰。一般把一对扬声器组成八字形摆放，可以覆盖单个音箱的一倍
功率处理能力	扬声器的功率处理能力代表扬声器承受长期连续安全工作的功率输入能力。驱动器的损坏模式有音圈过热损坏；驱动器的振膜位移量超过极限值，使扬声器的锥形振膜/或其周围的弹性部件损坏。另外，即使功放和扬声器系统的功率匹配，也会发生扬声器损坏的情况。因此，扬声器功率处理能力是需要考虑的一项必要指标

▶ 攻略 120　怎样设置扬声器？

答：设置扬声器的方法与要点如下：

1）办公室、生活间、更衣室等处一般可以设置功率为 3W 的扬声器箱。

2）楼层走廊一般可以设置吸顶式扬声器。

3）扬声器的间距根据楼房建筑层高的 2.5 倍左右来考虑。

4）楼房建筑吊顶安装，需要设置功率为 3～5W 的吸顶式扬声器。

5）门厅、一般会议室、餐厅、商场、娱乐场所等处可以设置功率为 3～6W 的扬声器箱。

6）客房床头控制柜可以设置功率为 1～5W 的扬声器。

7）建筑装饰与室内净高允许的情况下，对大空间的场所可以设置声柱或组合音箱（见图 5-20）。

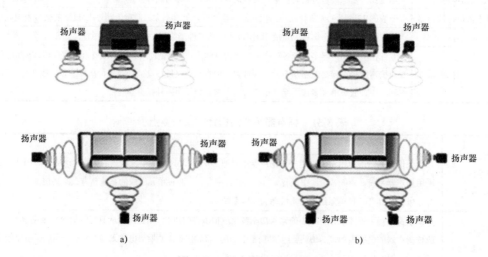

图 5-20　扬声器设置的图例

8）在噪声高、潮湿的场所设置扬声器时，可以考虑号角扬声器。

9）在噪声高的场所所选用的号角扬声器的声压级应比环境噪声大 10~15dB。

▶ 攻略 121　怎样安装扬声设备？

答：安装扬声设备的方法与要点见表 5-52。

表 5-52　安装扬声设备的方法与要点

类　型	说　明
纸盆扬声器	纸盆扬声器安装方法与要点： 1）一般纸盆扬声器装于室内，需要带有助声木箱 2）安装高度一般在办公室内距地面 2.5m 左右或距顶棚 200mm 左右 3）宾馆客房、大厅内安装在顶棚上，吸顶式或嵌入式需要考虑音响效果 4）纸盆扬声器在墙壁内暗装时，预留孔位置应准确，大小适中。助声箱随扬声器一起安装在预留孔中，需要与墙面平齐
挂式扬声器	挂式扬声器安装方法与要点如下： 1）挂式扬声器采用塑料胀钉与木螺钉直接固定在墙壁上，需要平正、牢固 2）吊顶上安装需要将助声箱固定在龙骨上
声柱	声柱安装方法与要点如下： 1）声柱一般采用集中式布置或分散式布置 2）声柱只能够竖直安装，不能够横放安装 3）安装时，需要先根据声柱安装方向、倾斜度制作支架，预埋固定支架，再将声柱用螺栓固定在支架上

▶ 攻略 122　音箱与扬声器有什么不同？

答：一只扬声器不带任何附件而单独使用时称为扬声器单元。音箱又叫做扬声器箱，一般由单只或多只扬声器，以及分频器、衰减器、箱体等共同组成。

▶ 攻略 123　音箱的性能指标有哪些？

答：音箱的性能指标见表 5-53。

表 5-53　音箱的性能指标

名　称	说　明
承受功率	音箱铭牌上标注的多少瓦到多少瓦的字样含义：前面的数值是指推动该音箱的最起码连续功率，只有达到这一功率，音箱才能进入最佳状态。后面的数字是指音箱所能承受的最大功率，超过该功率就可能烧毁音箱单元
等响度控制	等响度控制主要作用是低音量时提升高频、低频声。等响度控制一般为 8dB 或 10dB
动态范围	不失真表现的最大音量与最小音量的分贝数就是动态范围
功率	功率决定音箱所能发出的最大声强。音箱功率有两种标注方法，即额定功率和瞬间峰值功率。音箱的功率由功率放大器芯片的功率与电源变压器的功率主要决定。普通家庭用户的 $20m^2$ 左右的房间，真正意义上的 60W 功率音箱足够了，但功放的储备功率越大越好，最好为实际输出功率的 2 倍以上
可扩展性	可扩展性是指音箱是否支持多声道同时输入，是否有接无源环绕音箱的输出接口，是否有 USB 输入等功能

（续）

名　称	说　明
立体声分离度	立体声分离度是指双声道间互相不干扰信号的能力、程度，也即隔离程度。一般用一条通道内的信号电平与泄漏到另一通道中去的电平之差表示。如果立体声分离度差，则立体感将被削弱。欧洲广播联盟规定的调频立体声广播的立体声分离度应大于 25dB，实际上能做到 40dB 以上。国际电工委员会规定的立体声分离度的最低指标，1kHz 时大于等于 40dB，实际以达到大于 60dB 为好
立体声通道平衡	立体声通道平衡是指左、右通道增益的差别。一般以左、右通道输出电平间最大差值来表示。如果不平衡过大，立体声声像位置将产生偏离。该指标应小于 1dB
灵敏度	灵敏度的大小反映了音箱的推动的难易程度，灵敏度最好在 87dB 以上，这样的音箱比较好推动，对功放的要求也不太高。音箱的灵敏度每差 3dB，输出的声压就相差一倍，一般以 87dB 为中灵敏度，84dB 以下为低灵敏度，90dB 以上为高灵敏度。灵敏度的提高是以增加失真度为代价的。灵敏度虽然是音箱的一个指标，但是它与音箱的音质、音色无关
频率范围	频率范围是指音响系统能够重放的最低有效来回放频率与最高有效回放频率间的范围
频率响应	频率响应是指将一个以恒电压输出的音频信号与系统相连接时，音箱产生的声压随频率的变化而发生增大或衰减，同时相位随频率也发生变化的现象，这种声压和相位与频率的相关联的变化关系称为频率响应。一般要求频响越宽越好，但是也必须是平坦的，至少在两端的衰减不超过 3dB 才有意义
失真度	失真度有谐波失真、互调失真、瞬态失真之分： 1）谐波失真是指声音回放中增加了原信号没有的谐波成分而导致的失真 2）互调失真影响到的主要是声音的音调方面 3）瞬态失真是因为扬声器具有一定的惯性质量存在，盆体的振动无法跟上瞬间变化的电信号而导致的原信号与回放音色间存在的差异 4）普通多媒体音箱的失真度以小于 0.5% 为宜，通常低音炮的失真度普遍较大，小于 5% 就可以接受
响度	声音的强弱称为强度，它由气压迅速变化的振幅大小决定。人耳对强度的主观感觉与客观的实际强度不一致。一般把对于强弱的主观感觉称为响度，其单位为分贝。人耳的听觉频率为 20Hz～20kHz，这个频带叫音频、声频。无论声压高低，人耳对 3～5kHz 频率的声音最为敏感。多数人对信号声级突变 3dB 以下时是感觉不出来的，因此，对音响系统常以 3dB 作为允许的频率响应曲线变化范围
信噪比	信噪比是指音箱回放的正常声音信号与无信号时噪声信号的比值，其单位用 dB 表示。信噪比数值越高，噪声越小。信噪比低时，小信号输入时噪声严重。一般信噪比低于 80dB 的音箱不建议选择。信噪比低于 70dB 的低音炮不建议选择。国际电工委员会对信噪比的最低要求： 1）CD 机的信噪比可达 90dB 以上，高档的可达 110dB 以上 2）收音头调频立体声为 50dB，实际上达到 70dB 以上为佳 3）普通磁带录音座为 56dB，经杜比降噪后信噪比有很大提高 4）前置放大器大于等于 63dB，后级放大器大于等于 86dB，合并式放大器大于等于 63dB。合并式放大器信噪比的最佳值应大于 90dB
音调	音调是指具有一特定，并且通常是稳定的音高信号，也就是声音听起来调子高低的程度。音调与频率、声音强度有关。频率高的声音人耳的反应是音调高，频率低的声音人耳的反应是音调低。音调随频率的变化基本上呈对数关系
音色	音色是对声音音质的感觉，也是一种声音区别于另一种声音的特征品质。音色不但取决于基频，而且与基频成整倍数的谐波密切有关
音效技术	音效技术现在较为常见的有 SRS、APX、Spatializer 3D、Q-SOUND、Virtaul Dolby、Ymersion 等几种。对于多媒体音箱来说，SRS、BBE 两种技术比较容易实现，效果也好，能有效提高音箱的表现能力

（续）

名　称	说　明
阻抗	阻抗是指音箱在频率为 1kHz 时呈现的电阻值，通常是 4Ω 或 8Ω，也有 5Ω、6Ω、10Ω 等。音箱的输入阻抗高于 16Ω 为高阻抗，低于 8Ω 的为低阻抗，音箱的标准阻抗是 8Ω。音箱的阻抗是随工作频率的改变而改变的，通常在低频段较低，高频段较高。音箱的理想状态时随工作频率的变化越小越好。在功放与输出功率相同的情况下，低阻抗的音箱可以获得较大的输出功率，但是阻抗太低了又会造成欠阻尼、低音劣化等现象
阻尼系数	阻尼系数是指放大器的额定负载阻抗与功率放大器实际阻抗的比值。阻尼系数大表示功率放大器的输出电阻小，阻尼系数是放大器在信号消失后控制扬声器锥体运动的能力。一般希望功率放大器的输出阻抗小、阻尼系数大为好。阻尼系数一般在几十到几百间，优质专业功率放大器的阻尼系数可高达 200 以上

▶ 攻略 124 音箱有哪些种类？

答：音箱的种类见表 5-54。

表 5-54 音箱的种类

名　称	说　明
左右声道主音箱 （20Hz～20kHz）	左右声道主音箱在重放过程中起主导作用，其在重放时主要是反映欣赏者正面声场的大小与深度，并表现重放声场中左前、右前的声场信号。AV 系统中重放具有杜比解码的故事片时，左、右声道主音箱是表现其背景音乐。因此，一般家居左右声道主音箱要求摆位与电视机的高度相等
中置音箱 （40～20kHz）	中置音箱在重放过程中主要是表现人物的对白，处于中间的声音。一般家居中置音箱放置于电视机的上面。中置音箱有单低音与双低音两种，单低音的一般需要竖放，双低音的一般需要横放
环绕音箱 （40～10kHz）	环绕音箱主要是表现重放场后方的声音。环绕音箱摆放的高度一般是高于听者 70cm 的位置。有了环绕音箱才能够体现出声场对欣赏者的包围感，尤其是播放战争片时，飞机从后面飞向前面时，通过环绕音箱的表现，可以使欣赏者有一种身临其境的感受
超重低音音箱 （50Hz～150kHz）	重放大动态信号、故事片中出现高潮时，有了超重低音音箱的重放可以使欣赏者体会到一种排山倒海的气势。低音无方向性，因此，超重低音音箱可以随便摆。家居超重低音音箱一般放置于主声道与环绕音箱间
敞开式音箱	敞开式音箱是由障板与共鸣腔组合而成，盖面上有许多孔眼
声阻尼式音箱	声阻尼式音箱是在音箱的开口孔道内，装有许多玻璃石等声阻材料以此来降低箱内的共振频率，改善音箱的低频特性
密闭式音箱	密闭式音箱是把音箱封闭起来，在面板上只留扬声器口，以减少声反射。使扬声器前后的堺不会产生干涉，可改善低频特性，同时丰富中、高音
倒相式音箱	倒相式音箱在扬声器面板上开一个口或插入一根倒相管，使箱内的弹性空气与管内空气发生共振，使产生 180° 倒相。纸盆振动时，前后声波相叠加，增加低频辐射
声柱音箱	声柱音箱是一种特殊音箱，在柱体内以直线排列一定数量的扬声器，形成同轴辐射声的扬声器系统。声柱音箱常用于大型剧场，用金属板材或木料制成一个长方形的柱状体
木质音箱、塑料音箱	木质音箱、塑料音箱是根据箱体的材质来分的种类
钛膜球顶音箱、 软球顶音箱	钛膜球顶音箱、软球顶音箱是根据高音单元材质来分的种类
纸盆音箱、 防弹布纺织盆音箱、 羊毛编织盆音箱、 聚丙烯盆音箱	纸盆音箱、防弹布纺织盆音箱、羊毛编织盆音箱、聚丙烯盆音箱是根据低音单元材质来分的种类

（续）

名　称	说　明
被动式音箱	被动式音箱需要外置一台放大器驱动才能够工作
主动式有源音箱	主动式有源音箱就是自身内置电子分频器与放大器的一种音箱
偶极环绕音箱	偶极环绕音箱发声方式通常都采用双面发声方式，主要是通过反射声波来营造出环绕声效果

▶ 攻略 125　连接音箱的常见音频端子有哪些?

答：连接音箱的常见音频端子见表 5-55。

表 5-55　连接音箱的常见音频端子

名　称	说　明
弹簧夹	弹簧夹连接方式多见于 AV 接收机、双声道放大器、入门级音箱上。使用时，只需要压住弹簧夹，把裸线线头插进线孔里去，然后放松弹簧夹把线头夹紧即可。弹簧夹内部的簧片安装得非常接近，在相对的一个小范围内会有电磁接触。弹簧夹对于最大输出功率在 100W 以下的音箱连接中使用是足够胜任的
多用接线插头/插座	多用接线插头/插座接线方式几乎可以适用于所有的音箱插头： 1）把裸线线头扭紧，穿过接线柱水平方向的孔，再将接线柱旋紧 2）把线头的金属条直接插入接线柱的孔中，再旋紧接线柱 3）线头的金属条弯成 U 形，绕在接线柱上，再将接线柱旋紧 4）如果线头是香蕉插头，直接插入接线柱正面的孔中即可
各式转换接头	各式转换接头适用于各种不同接头间的转换
香蕉插头	香蕉插头具有稍稍鼓起的外形。香蕉插头插入后可以形成非常大的接触面积。香蕉插头被优先使用在大功率输出的器材中，用以连接音箱与接收机/放大器。分为两组的香蕉插头称为双香蕉插，双香蕉插头并不是所有器材上都适用

▶ 攻略 126　定压音箱与定阻音箱有什么区别?

答：定压音箱与定阻音箱的区别见表 5-56。

表 5-56　定压音箱与定阻音箱的区别

项　目	说　明
输出形式	1）定压不是电压一定，是要求负载的额定电压一定。定压功放与多个定压音箱并联时，只要总功率不超过定压功放的总功率即可 2）定阻功放要求输出负载电阻一定。定阻功放中，如果负载阻抗发生变化，功率就会发生相应的变化
应用不同	1）定压音箱主要应用于公共场合的公共广播。定压功放连接多个吸顶音箱时，只要将吸顶音箱并联在线上即可 2）定阻音箱多用于家庭背景音乐、家庭影院、KTV、舞台。定阻功放是高电流低电压输出，连接功放与吸顶音响，需要选择专用的音箱线
音质区别	1）定压功放在电路上使用了变压器，所以其音质受到了一定的影响。因此，定压吸顶音箱一般用在对音质要求不高的大空间 2）定阻吸顶音箱传输的限制只能传输 100m 以内，音质出色。因此，一般用在小空间对音质要求更高的场所，例如家庭背景音乐，酒店客房等可以采用

► **攻略 127　同轴吸顶音箱与分频吸顶音箱各有什么特点?**

答：同轴吸顶音箱与分频吸顶音箱的特点见表 5-57。

表 5-57　同轴吸顶音箱与分频吸顶音箱的特点

名　称	特　点
同轴吸顶音箱	同轴音箱用的是同轴单元，也就是高音单元与低音单元的组合体，把高音巧妙地放置在低音振膜的中心处，因此，能够保证高音、低音的声学中心是同一个点，进而解决了相位偏差的问题
分频吸顶音箱	分频吸顶音箱就是内置了分频器的音箱

► **攻略 128　分频器有什么特点?**

答：分频器主要的职责是将声音信号分成若干个不同频段的信号，再分配给各个相应的扬声器单元。同时，还可以修正单元与单元间的相位差以及灵敏度不一致等问题。因此，分频器的好坏直接影响着音箱的声音重放素质。也就是说，分频器可以将输入的音乐信号分离成高音、中音、低音等不同部分，再分别送入相应的高音、中音、低音扬声器单元中进行重放。

分频器根据分频频段可以分为二分频、三分频、四分频。二分频是将音频信号的整个频带划分为高频、低频两个频段。三分频是将整个频带划分为高频、中频、低频三个频段。四分频是将整个频带划分为高频、中频、低频、超低频段。

另外，分频器还可以分为功率分频器、电子分频器，它们的特点见表 5-58。

表 5-58　分频器的特点

名　称	说　明
功率分频器	功率分频（LC 分频网络）是采用电容、电感组成滤波网络，具有线路比较简单，使用比较方便，现在大部分民用音箱采用这种方式进行分频。功率分频很容易会出现音频谷点，产生交叉失真。当分频器所涉及的阶数越多，线路就越复杂，消耗的功率越大，并且放大器需要在全频状态下工作
电子分频器	电子分频器主要用于专业扩声系统、主动式音箱当中。其一般位于前级放大器与后级放大器间。电子分频器的工作方式是先将弱信号进行分频，分频后再使用各自独立的功率放大器进行放大，然后驱动扬声器单元。电子分频器具有能很大程度地减少功率损耗的情况下将衰减斜率做得很陡，令单元与单元之间衔接更完美。另外，功率放大器可以不在全频放大的状态下工作

► **攻略 129　什么是分频点?**

答：分频点是指两个相邻扬声器的频响曲线在某一频率上的相交点，一般为两个扬声器中功率输出的一半处（即-3dB 点）的频率。

分频点需要根据音箱频率特性、失真度等参数来决定。通常二分频器的分频点取 1~3kHz 间，三分频取 250Hz~1kHz 与 5kHz 两个分频点。

► **攻略 130　什么是家庭背景音乐?**

答：家庭背景音乐就是通过专业布线，将声音源信号接入各个房间、任何需要背景音乐系统的地方，通过各房间相应的控制面板独立控制房内的背景音乐专用音箱，让每个房间都能听到背景音乐（见图 5-21）。

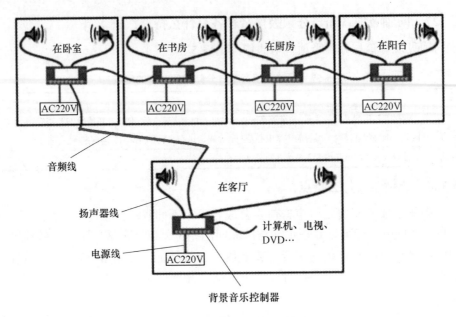

图 5-21　家庭背景音乐图例

➤ 攻略 131　怎样选择背景音乐线材与设备？

答：背景音乐线材与设备的选择见表 5-59。

表 5-59　背景音乐线材与设备的选择

名　称	说　明
线材	家庭背景音乐系统对线材的要求不高，100 芯音箱线完全可满足需求
功放	背景音乐的功放与普通的功放不同，不能用一般的家用功放替代。可以选择定压功放或专业家庭高保真立体声背景音乐系统功放
扬声器	1）家庭背景音乐扬声器可以分为悬挂式、吸顶式两种 2）房间的顶面较高，在 2.7m 以上时，可以采用吸顶式扬声器。吸顶式扬声器深度为 10～80mm，固定的方法也与吸顶灯一样，嵌入到天花吊顶后很美观 3）悬挂式扬声器安置在适合的需要位置即可。背景音乐系统对扬声器音质的要求与发烧级音箱不同 4）如果喜欢欣赏音乐，特别是高雅的音乐，需要选择频域高一些的音箱 5）为保证智能家居家庭背景音乐系统保持良好的立体声输出效果，安装家用扬声器或高保真扬声器时需要考虑到房间内人体经常活动的区域，以及房间内部的空间、装修格局等 6）在卧室中，将扬声器安装在床头两侧；在书房中，应将扬声器安装在书桌两侧；在餐厅中，可以考虑将扬声器安装在餐桌两侧 7）一般情况下，扬声器之间的距离保持在层高的 1.5 倍左右就会有比较好的立体声效果。如果房间较大，应选择较大功率的高保真扬声器，也可以考虑为此房间安装多个高保真扬声器，使整个空间内的音质更加均匀，而且立体声效果也更好 8）另外，造型、做工、防水、外观、薄厚等因素也要考虑

➤ 攻略 132　家居怎样选择音箱？

答：选择家居音箱的方法与要点见表 5-60。

表 5-60　选择家居音箱的方法与要点

项　　目	说　　明
从声压的角度来选择	音箱的功率、声压级一定要与背景音乐系统的参数相合，要与所安装的区域面积大小相合，要考虑整个系统的布局，才能达到最好的效果
从性能特征来选择	家庭主要播放轻音乐的目的
从安装的角度来选择	在洗手间安装的音箱需要具有防水的功能。有吊顶的房与没吊顶的场所，对音箱的安装也不同
装饰环境的角度来选择	背景音乐设计需要与装饰设计结合在一起

▶ 攻略 133　智能家居背景音乐系统怎样布线？

答：智能家居背景音乐的布线方法与照明线路的布线方法基本一致：

1）可以采用并联方式连接：从音源处（一般为家庭音响的摆放处）直接放线到需要放置背景音乐扬声器的房间，进入一个预制的开关暗盒，再从开关盒中分出线路直接到吊顶的扬声器上，最后将每个房间放置音响线路汇集到音源处，统一与功放并联。

2）智能家居背景音乐的布线一般采用走暗线。

3）一般在家庭基础装修前将背景音乐线屏蔽到地板下或是墙壁内，将吸顶扬声器或者壁挂音箱置于每个房间的四角或两角，并分别安装集中控制箱和各房间的终端控制器。

4）如果需要双声道的，在布线时就需要考虑每个房间布两根线路，一个左声道、一个右声道。

5）多线路需要标注清楚，以免混乱。

▶ 攻略 134　怎样选择广播音响系统连接器材？

答：为减少噪声干扰，从录音机、传声器、电唱机等信号源送到前级增音机、扩音机的连线、前级增音机与扩音机间的连线等零分贝以下的低电平线路一般均需要采用屏蔽线。屏蔽线根据实际情况选择单芯、双芯、四芯屏蔽电缆。常用的连接方式有非平衡式或平衡式、四芯屏蔽电缆对角并联等。扩音机到扬声设备间的连线可以不选择屏蔽线，可以选择多股铜芯塑料护套软线。

▶ 攻略 135　怎样配接广播音响系统末级？

答：广播音响系统末级配接就是指扩音机与扬声设备间的配接。根据扩音机的输出形式不同，可以分为定阻抗式配接和定电压式配接，具体见表 5-61。

表 5-61　定阻抗式配接方式和定电压式配接方式

名　　称	说　　明
定阻抗式配接	定阻抗输出的扩音机要求负载阻抗接近其输出阻抗，以实现阻抗的匹配。一般认为阻抗相差不大于 10% 时，可视为配接正常。如果扬声设备的阻抗难以实现正常的配接，可选用一定阻值的假负载电阻，使得总负载阻抗实现匹配
定电压式配接	定电压式扩音机一般标明了输出电压、输出功率。输出电压较高的大功率扩音机与扬声器连接时，需要加输送变压器。小功率扩音机，输出电压较低，一般可直接与扬声器连接

▶ 攻略 136　怎样安装广播音响系统设备？

答：广播音响系统设备的安装方法与要点如下：

1）广播音响系统设备的位置、规格、型号需要根据设计、实际情况来确定。

2）设备进场后，需要检查。

3）设备的安装需要平稳、端正。

4）落地式安装的设备需要用地脚螺栓加以固定。

5）与外线有关的设备，其装置需要尽量靠近外线进入的地方以及使用方便的地方。

6）与外线有关的设备最好直接装置在墙上。

7）录播室的门旁若装置播音信号灯，其高度应为 2.0m。

8）一般天线接线板安装在高度为 1.8m 处。

9）分路控制盘与配电盘装置高度为 1.2m 处。

➤ 攻略 137　广播室导线敷设有哪些方式？

答：广播室内导线的敷设方式有地板线槽、暗管敷设、明敷设等方式。

➤ 攻略 138　广播室电源有哪些特点？

答：广播室电源的一些特点如下：

1）广播室一般设置有独立的配电箱，由交流配电箱输出若干回路供给各个广播设备交流电源。

2）广播室配电箱安装方式有壁挂式、落地式。

3）广播系统对供电电压、容量要求高，有些广播室电源还为火警广播等功能的广播系统提供电源，因此，设有直流蓄电池组备用电源与电源互投装置。

4）广播室电源配电箱安装方法与动力、照明配电箱基本一样。

➤ 攻略 139　传声器的性能指标有哪些？

答：传声器的性能指标是评价传声器质量好坏的客观参数，也是选用传声器的依据。传声器的性能指标主要有以下几项，具体见表 5-62。

表 5-62　传声器的性能指标

名　称	说　明
方向性	方向性表示传声器的灵敏度随声波入射方向而变化的特性。无方向性表示对各个方向来的相同声压的声波都能够有近似相同的输出。如果是单方向性表示只对某一方向来的声波反应灵敏，而对其他方向来的声波则基本无反应或输出
灵敏度	灵敏度是指传声器在一定强度的声音作用下输出电信号的大小。灵敏度高，表示传声器的声电转换效率高，对微弱的声音信号反应灵敏
频率特性	传声器在不同频率的声波作用下的灵敏度是不同的。一般以中音频的灵敏度为基准，把灵敏度下降到某一规定值的频率范围叫做传声器的频率特性。频率特性范围宽表示该传声器对较宽频带的声音都有较高的灵敏度，扩音效果就好。理想的传声器频率特性应为 20Hz～20kHz
输出阻抗	传声器的输出阻抗是指传声器的两根输出线之间在 1kHz 时的阻抗。有高阻抗（如 10kΩ、20kΩ、50kΩ）、低阻抗（如 50Ω、150Ω、200Ω、250Ω、600Ω 等）之分

➤ 攻略 140　传声器可以分为哪些种类？

答：传声器的种类见表 5-63。各种传声器的符号如图 5-22 所示。

表 5-63 传声器的种类

名　称	说　明
构造	可以分为动圈式传声器、电容式传声器、压电式传声器、半导体式传声器等。常用的传声器是动圈式传声器、电容式传声器
使用方式	传声器可以分为有线式传声器、无线式传声器
接收声波方向性	可以分为无指向性传声器、有方向性传声器。有方向性传声器包括心形指向性传声器、强指向传声器、双指向性传声器等

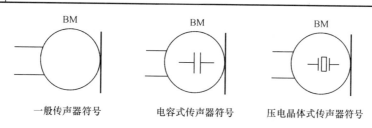

一般传声器符号　　　电容式传声器符号　　　压电晶体式传声器符号

图 5-22 各种传声器的符号

▶ 攻略 141　动圈式传声器有什么特点？

答：动圈式传声器是一种最常用的传声器，它主要由振动膜、音圈、永久磁铁、升压变压器等组成。动圈式传声器的工作原理是当人对着传声器讲话时，膜片随着声音前后颤动，从而带动音圈在磁场中作切割磁力线的运动，从而在线圈两端就会产生感应音频的电动势，也就完成了声电转换。

动圈式传声器的特点是结构简单、稳定可靠、使用方便、噪声小、灵敏度较低、频率范围窄等特点。

▶ 攻略 142　电容传声器有什么特点？

答：电容传声器是靠电容量的变化工作的，它主要由振动膜、极板、电源、负载电阻等组成。电容传声器的工作原理是当膜片受到声波的压力，并随着压力的大小、频率的不同而振动时，膜片与极板间的电容量就发生变化。同时，极板上的电荷随着变化，从而使电路中的电流也发生相应变化，负载电阻上也就有相应的电压输出，也就完成了声电转换。

电容传声器的频率范围宽、音质好、结构复杂、灵敏度高、失真小、成本高。电容传声器多用于高质量的广播、录音、扩音中。

▶ 攻略 143　无线传声器有什么特点？

答：无线传声器由一台微型发射机组成。发射机又由微型驻极体电容式传声器、天线、发送电路、电池仓等部分组成。无线传声器采用的是调频方式调制信号，调制后的信号经传声器的短天线发射出去，其发射频率的范围按有关规定为 100~120MHz 间，每隔 2MHz 为一个频道，避免互相干扰。

无线传声器具有体积小、音质良好、传声器与扩音机间无连线、发射功率小等特点。

▶ 攻略 144　怎样选择传声器？

答：选择传声器需要根据使用的场合、对声音的要求，并结合各种传声器的特点，综合考虑来选择。

1）讲话人位置不时移动，可以选择无线传声器。

2）讲话时与扩音机距离较远，可以选择无线传声器。

3）卡拉 OK 演唱，需要选择单方向性、灵敏度较低的传声器。

4）一般扩音，可以选择普通动圈式传声器。

5）高质量录音、播音，可以选择电容式传声器、高级动圈式传声器。

▶ 攻略 145　家庭背景音乐系统主机有哪些接口？

答：家庭背景音乐系统主机的有关接口，具体见表 5-64。

表 5-64　家庭背景音乐系统主机的有关接口

名　　称	说　　明
AM 天线接口	内置音源 FM/AM 设备的 AM 频段电台天线接口
FM 天线接口	内置音源 FM/AM 设备的 FM 频段电台天线接口
Ir 接口	配合 AUX 接口，可以实现设备对接入 AUX 接口音源设备的曲目选择、暂停、播放等功能
RS232 接口	可以实现有关 RS232 接口的连接
USB 接口	提供 USB 接口，可以用作接入存储 MP3 格式的音频文件、存储 avi、wmv、wma、mpeg-4 等格式的音/视频文件
熔丝座	内置熔断器，以使电流过载时保护设备不受损坏
辅助输入（AUX）	该辅助输入接口可接入其他辅助音源
控制信号线接口（REMOTE）	控制信号接口可以接入音量控制器，以控制与之对应的输出（OUT）口选择音源曲目，以及调节相应输出区域的输出音量、高低音大小
视频输出（VIDEO）	视频信号输出接口，设备光盘播放机可读取视频信号，并且输出视频信号
音频信号输出接口（OUT）	音频节目信号（音乐）输出接口，一般有多个，例如 OUT1：2×50W、8Ω；OUT2～OUT8：2×15W、8Ω

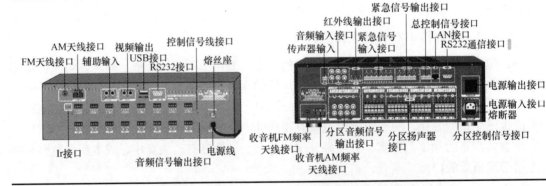

▶ 攻略 146　怎样安装智能家居家庭背景音乐系统收音机 FM 天线？

答：智能家居家庭背景音乐系统收音机 FM 天线安装方法见表 5-65。

表 5-65　智能家居家庭背景音乐系统收音机 FM 天线安装方法

天线连接方法	适合范围	说　　明
只用一根软线	适合信号较强的地方	将 FM 天线插头一端连接主机，另外一端接一根长 1.5m～2m 左右的 RVV0.75 单芯软线，图例如下： 适合信号较强的地方　线长1.5～2.0m　75Ω馈线 RVV0.75单芯软线 FM天线插头

（续）

天线连接方法	适 合 范 围	说　　明
屏蔽线加一段软线	适合干扰信号较大、屏蔽严重的地方	将 FM 天线插头一端连接主机，另一端的插口引出，连接一根 RVV75-5 或者 RVV75-3 单芯优质屏蔽线，天线屏蔽层接 FM 天线插头外层，线芯接天线中心；在屏蔽线的另一端一般可以设在阳台处。由于地理位置差别，需要多次测试
75Ω 导线连接天线	适用于信号较弱、对 FM 有高保真要求的地方	将 FM 天线插头一端连接主机，另一端的插口引出，连接一根 RVV75-5 或者 RVV75-3 单芯优质屏蔽线，天线屏蔽层接 FM 天线插头外层，线芯接天线中心。由于地理位置差别，需要多次测试

▶ 攻略 147　家用中央音响系统设备安装有哪些注意事项？

答：家用中央音响系统设备安装的一般注意事项如下：

1）家用中央音响系统设备只能采用所规定的电压。

2）家用中央音响系统设备电源线不能够随意切割、缠绕纠结或进行其他错误操作。

3）家用中央音响系统设备电源线不要靠近热源的地方，也不可让重物压在电源线上。

4）只能在结构足以支撑设备及安装托架重量的位置上安装家用中央音响系统设备。

5）家用中央音响系统设备不能够安装或装设在不安定的位置。

6）家用中央音响系统设备不能够暴露在雨中或可能遭受水或其他液体泼溅的环境中。

▶ 攻略 148　公共广播音响系统有哪些特点？

答：公共广播音响系统的一般特点如下：

1）公共广播音响系统包括一般广播、紧急广播、音乐广播等。

2）公共广播用于公共场所，例如走廊、电梯门厅、电梯轿厢、入口大厅、商场、酒吧、宴会厅等。

3）写字楼房间内有时也加吸顶音响以提供背景音乐、紧急广播，但是，音量的控制可以通过房内的音量旋钮来调节、控制。

4）公共广播通常采用组合式声柱或分散扬声器箱。

5）公共广播平时播放背景音乐，当遇到火灾时作为事故广播，指挥人员的疏散。

6）公共广播音响系统需要与消防报警系统的配合。

▶ 攻略 149　广播音响系统的主要设备有哪些?

答:广播音响系统的主要设备有现场设备、信号处理设备、音源设备,见表 5-66。

表 5-66　广播音响系统的主要设备

名　　称	说　　明
现场设备	现场设备有楼层分线箱、扬声器、音量控制器/音量旋钮
信号处理设备	信号处理设备有钟声发生器、节目选择器、多区输出选择器、话音前置放大器、线路放大器、功率放大器
音源设备	音源设备有 AM/FM 调谐器(用于接收无线电广播节目)、寻呼麦克风、激光唱机(是广播音响系统的主要节目源)、传声器及现场播音器(专门用于消防指挥等紧急情况下使用广播设备)、自动循环双卡座(可以对话音节目、音乐节目进行反复播放)

▶ 攻略 150　怎样选择广播音响系统中的广播扬声器?

答:广播扬声器的选择原则上需要根据环境的不同来选择,具体的选择参考见表 5-67。

表 5-67　广播扬声器具体的选择

应 用 场 所	选择的扬声器
防火要求较高的场合	宜选用防火型的扬声器
仅有框架吊顶而无天花板的室内	宜用吊装式球型音箱、有后罩的天花扬声器
没有天花板	原则上使用吊装音箱,也可用有后罩的天花扬声器
室外	宜选用室外音柱、号角
天花板吊顶的室内	宜用嵌入式、无后罩的天花扬声器
无吊顶的室内(例如地下停车场)	宜选用壁挂式扬声器、室内音柱
园林、草地	宜选用草地音箱
装修讲究、顶棚高阔的厅堂	宜选用造型优雅、色调和谐的吊装式扬声器

▶ 攻略 151　配置广播音响系统中的广播扬声器有什么要求?

答:广播扬声器配置原则上以均匀、分散的方式配置于广播服务区。其分散的程度需要满足以下条件:

1)服务区内的信噪比不小于 15dB。

2)超级商场的本底噪声为 58~63dB。

3)高级写字楼走廊的本底噪声为 48~52dB。

4)繁华路段的本底噪声为 70~75dB。

5)走道、大厅、餐厅等公众场所,扬声器的配置数量,需要能保证从本层任何部位到最近一个扬声器的步行距离不超过 15m。走道交叉处、拐弯处均需要设扬声器。走道末端最后一个扬声器距墙应不大于 8m。

▶ 攻略 152　怎样选用广播功放?

答:广播功放不同于 HI-FI 功放。广播功放最主要的特征是具有 70V、100V 恒压输出端子。选用广播功放的方法与要点如下:

1)广播线路一般相当长,因此,需要用高压传输才能减小线路的损耗。

2)广播功放的额定输出功率需要根据广播扬声器的总功率而选择。广播系统中只要广播扬声器的总功率小于或等于功放的额定功率，以及电压参数相同即可随意配接。如果考虑到线路损耗、老化等因素，需要适当留有功率余量。

3）背景音乐系统的广播功放的额定输出功率需要是广播扬声器总功率的 1.3 倍左右来选择。

4）所有公共广播系统原则上能够进行灾害事故紧急广播。因此，系统需要设置紧急广播功放。

5）紧急广播功放的额定输出功率需要是广播扬声器容量最大的三个分区中扬声器容量总和的 1.5 倍。

➤ 攻略 153　广播分区是怎样的?

答：一个公共广播系统一般划分成若干个区域，由相关人员决定哪些区域需要发布广播、哪些区域需要暂停广播、哪些区域需要插入紧急广播等。公共广播系统分区方案根据实际需要与下列一些规则来选择：

1）分区要便于管理。

2）需要分别对待的部分，可以分割成不同的区。

3）重要部门、广播扬声器音量有必要由现场人员任意调节的宜单独设区。

4）大厦一般以楼层分区。

5）商场、游乐场一般以部门分区。

6）运动场馆一般以看台分区。

7）住宅小区、度假村一般根据物业管理分区。

8）管理部门与公共场所需要分别设区。

9）每一个区内，广播扬声器的总功率不能太大，需要与分区器、功放容量相适应（见图 5-23）。

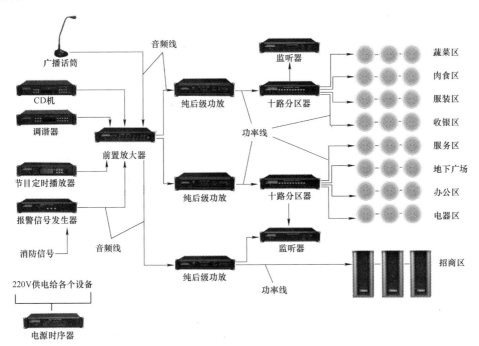

图 5-23　公共广播系统分区方案图例

► **攻略 154　广播系统所需的材料设备有哪些?**

答:广播系统所需的材料设备见表 5-68。

表 5-68　广播系统所需的材料设备

名　称	说　明
电缆	电缆有单芯、双芯、四芯屏蔽线,需要根据设计要求来选择
镀锌材料	有机螺钉、平垫、弹簧垫圈、金属膨胀螺栓等需要选择镀锌材料
分线箱、端子箱	分线箱、端子箱用于干路与支路分线路
控制器	控制器是控制音量大小的装置,可以选择定型的产品
扩音机	可以根据扩声系统的音质标准、所需容量来选择
声频处理设备	声频处理设备包括频率均衡器、人工混响器、延时器、压缩器、限幅器、噪声增益自动控制器等。可以选择定型的产品
音箱	音箱包括扬声器、箱体、护罩等附件,是定型产品。选择时需要符合设计要求
外接插座	外接插座为广播专用插座,可以采用定型的产品
线间变压器	线间变压器用于扩音机与扬声器间进行阻抗变换,扩音机输出端为高阻抗输出,扬声器端为低阻抗匹配
扬声器	扬声器有电动式、静电式、电磁式、离子式等多种。其中电动式扬声器应用最广。选择时,根据要求的规格型号,注意标称功率、阻抗等参数的选择
增音机	前级增音机又称调音盘,需要根据设计要求选择定型的产品
其他材料	其他材料包括塑料胀管、焊锡、焊剂、接线端子、钻头、各类插头等
其他	其他音响设备包括唱机、收录机、传声器、控制电源、稳压电源等设备

► **攻略 155　广播系统常用连线的规格有哪些?**

答:广播系统常用连线的规格见表 5-69。

表 5-69　广播系统常用连线的规格

导线规格	钢丝股数、每股铜丝线径/mm	导线截面积/mm²	每根导线每 100m 的电阻值/Ω
12	0.15	0.2	7.5
16	0.15	0.2	6
23	0.15	0.4	4
40	0.15	0.7	2.2
40	0.193	1.14	1.5

► **攻略 156　怎样安装广播用扩音机及机房设备?**

答:安装广播用扩音机及机房设备的方法与要点如下:

1)大型机柜采用槽钢基础时,需要先检查槽钢基础是否平直、尺寸是否满足机柜尺寸。

2)当机柜直接安装在地面时,需要先根据设计图要求在地面上弹上线。

3)根据机柜内固定孔距,在基础槽钢上或地面钻孔,多台排列时,需要从一端开始安装,逐台对准孔位,并且用镀锌螺栓固定。然后拉线找平直,再将各种地脚螺栓及柜体用螺栓拧紧、牢固。

4)设有收扩音机(见图 5-24)、电唱机、激光唱机等组合音响设备系统时,需要根据设备的要求,逐台将各设备装入机柜,上好螺栓,固定平整。

5)采用专用导线将各设备连接好,各支路导线线头压接好,设备与屏蔽线需要压接好保护地线。

6）扩音机等设备为桌上静置式时，需要将专用桌放置好，再进行设备安装，连接各支路导线。

7）设备安装后，调试前，需要将电源开关置于断开位置，各设备采取单独试运转后，然后整个系统统调。

图 5-24 广播用扩音机外形图例

▶ 攻略 157 怎样维护或清洁智能家居音响系统?

答：维护或清洁智能家居音响系统的方法、要点、注意事项如下：

1）音响系统器材用完后，各功能键要复位。如果功能键长期不复位，其牵拉钮簧长时期处于受力状态，容易造成功能失常。

2）明音、隔音、音波反射、折射的处理，需要考虑房间的体积、尺寸、坚固程度、材料的运用等。

3）不可把电源线与信号线扎在一起。

4）信号线、扬声器线均不能打结，否则会影响音色。

5）信号线、扬声器线过长应改短，许多信号线都有方向性，不要弄错。

6）不可以将家用中央音响系统设备的两个的输出端并联作为输出，否则将有可能损坏功放。

7）端子上标示有 ⚠ 记号的线路一般表示存在有危险的电压，与这些端子连接的外部线路必须由经培训的人员进行安装，或使用特定规格的现成导线、电缆安装。

8）使用时注意温度，音响器材正常的工作温度一般为 18～45℃。温度过高容易烧坏元器件或使元器件提早老化。

9）把中央音响均衡器调节键全拨上去或全拨下来，是错误的操作方法。均衡器上面"+"表示加强，中间"0"表示不改变原有音质，下面"-"表示衰减。绝大多数唱片、盒带在录制时，已把音频混合到最佳效果，播放时，只需把键拨到"0"的位置即可。对于有失真现象的唱片，才适当调节均衡器。有些乐曲超低音、超高音容易出现衰减，这时可适当加强高、低音。如果是收听广播中的新闻，则可以适当加强中音。

10）使用时要有好的习惯。开机时先开 CD，然后是功放，关机时则相反。开关音响时，把功放的音量调到最小。器材用完时后，各功能键要复位。

11）认为音响设备少用、减少使用次数可以延长音响设备的使用寿命是错误的。其实，音响设备要经常使用。

12）不要将智能家居家庭背景音乐系统设备安装在阳光直晒或暴露于热源中的位置。

13）不要将智能家居家庭背景音乐系统设备安装或存放在高湿器、多灰尘的地点。

14）不要阻塞家庭背景音乐系统机体上方、左右、后侧的通风孔。

15）家庭背景音乐系统机体的左侧、右侧应与辐射热源距离至少为 50mm。

16）智能家居家庭背景音乐系统设备 AC 电源线不可以连接到与指定电压不符的电源上。

17）为避免产生振荡，输入线需要远离输出线。

18）某些情况下，会形成接地回路，并且会产生交流电干扰。这种情况下，可以在连接家用中央音响系统设备的机体上连接后端信号接地端子，以降低干扰。

19）智能家居家庭背景音乐系统设备需要尽可能远离荧光灯、数码设备、个人计算机或其他会发出高频噪声的设备。

20）将影碟机、放大器、调谐器、数-模转换器等机器重叠放置，会引起互相干扰。因此，需要将器材放在由专用的音响架上。

21）如果将器材放进定做的柜子里，会因柜内空间引起谐振，使得功放等器材没有足够的流通空气，易过热、老化。

22）把音箱装入墙壁，会使声音效果变得生硬。

23）电源插头正负处理得好的系统，音色层次分明，自然顺畅。如果正负不一致或参差不齐，音色会偏硬、粗糙。

24）如果系统音色干硬，其中一个原因可能是接触不良。

25）云石密度低、谐振高，会影响音响效果。

26）玻璃密度比云石高，但不厚实、谐振更严重。

27）花岗石、麻石，尤其是麻石。密度高，承载器材较理想，但厚度要 3cm 以上。

28）室内先有了其他家具，如果将音箱摆放位置迁就家具，则是错误的设计方法。正确的应先决定聆听距离，然后将音箱摆到座位与对面墙间的 1/3 处，音箱的间距为聆听者与音箱直接距离的 0.7 倍，高度以聆听者耳朵和高音单元齐平为好。

29）清洁家用中央音响系统设备时，需要先关闭设备的电源开关，然后用干布擦拭。如果设备外表有脏污，可以使用蘸有中性清洁剂的湿布擦拭，不可使用石油精、溶剂或者经过化学处理的清洁布。

▶ 攻略 158　系统安装完毕，某些房间的控制面板不能打开扬声器怎么办?

答：系统安装完毕，某些房间的控制面板不能打开扬声器的原因：①音响线短路、断路、接触不良；②控制线短路、断路、接触不良；③控制面板连线的顺序不正确；④布线、接线方法不正确。

然后根据上述原因进行排查。

▶ 攻略 159　DVD 不能够选歌怎么办?

答：DVD 不能够选歌的原因：①红外控制器插头是否没有插紧；②按键时是否有灯闪烁，中间是否被遮挡住，命令是否对，距离是否太远。

然后根据上述原因进行排查。

▶ 攻略 160　怎样排除音箱常见的故障?

答：音箱常见故障的排除方法见表 5-70。

表 5-70　音箱常见故障的排除方法

现象	说明
无声	1) 音箱接线断、分频器异常引起的 2) 音圈烧毁：可以用万用表 R×1 档测量扬声器引线，如果阻值接近 0Ω，并且没有"咯咯"声，则说明音圈烧毁。更换音圈前，需要先清除磁隙内杂物，再小心地将新音圈放入磁隙，扶正音圈，边试听边用强力胶固定音圈的上下位置，待音圈置于最佳位置后，再用强力胶将音圈与纸盆的间隙填满至一半左右，最后封好防尘盖，将扬声器纸盆向上，放置一天后即可正常使用

（续）

现　象	说　明
无声	3）音圈断：可以用万用表 R×1 档测量扬声器引出线焊片，如果阻值为∞，可以用小刀把音圈两端引线的封漆刮开，露出裸铜线后再测。如果测量已通，并且有"喀喀"声，则表明音圈引线断路。如果仍不通，则说明音圈内部断线 4）扬声器引线断：扬声器纸盆振动频繁，编织线易折断。有时导线已断，但棉质芯线仍保持连接。如果编织线不易购得，可用稍长的软导线代替即可
声音时有时无	1）扬声器引线接触不良一般是音圈引线霉断、焊接不良所致 2）音圈引线断线、即将短路引起的 3）功率放大器输出插口接触不良、音箱输入线断线引起的
音量小	1）扬声器性能不良，磁钢的磁性下降引起的。可利用铁磁性物体碰触磁钢，根据吸引力的大小大致估计磁钢磁性的强弱。如果磁性太弱，则需要更换扬声器 2）分频器异常：分频器中有元件不良时，相应频段的信号受阻，该频段扬声器出现音量小故障 3）导磁心柱松脱：扬声器导磁心柱松脱时，会被导磁板吸向一边，使音圈受挤压而阻碍正常发声。检修时，可用手轻按纸盆，如果按不动，则可能是音圈被磁心柱压住，需拆卸并重新粘固后才能恢复使用
声音异常	1）磁隙有杂物：杂物进入磁隙，音圈振动时会与杂物相互摩擦，导致声音沙哑 2）箱体不良：箱体密封不良、装饰网罩安装不牢、箱体板材过薄等会造成播放时有破裂声、共振声 3）音圈擦碰磁心：音圈位置不正，与磁心发生擦碰，造成声音失真，检修时，需要校正音圈位置或更换音圈 4）纸盆破裂：损坏面积大的应更换纸盆，损坏面积小的可用稍薄的纸盆或其他韧性较好的纸修补

5.8　遥控、红外系统

> ## 攻略 161　家居遥控窗帘有什么特点?

答：家居遥控窗帘的一般特点如下：

1）遥控窗帘可以实现躺在床上、坐在沙发上，甚至在浴缸里，只要轻按遥控器，窗帘就会随心所欲地打开或关上。

2）窗帘状态可以实时回传给计算机、液晶遥控器。

3）遥控窗帘可以完美融入灯光照明等的场景模式中进行控制。

4）遥控窗帘常见的设备有弧形弯轨平开帘轨道、电动机、卷帘电动机、平开帘、对开帘电动机等（见图 5-25）。

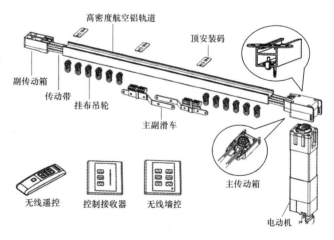

图 5-25　家居遥控窗帘图例

> ## 攻略 162　遥控开关的参数有哪些?

答：遥控开关的参数有工作电压（一般选择 AC220V、50/60Hz）、工作频率、静态电流、负载功率、遥控距离、外观尺寸（为便于与其他设施安装，一般选择 86 标准盒）、材质、接线方式等。

➤ 攻略 163 怎样选择继电器?

答:选择继电器的方法与要点如下:

1)了解控制电路的电源电压,能提供的最大电流。控制电路需要能给继电器提供足够的工作电流,否则继电器吸合是不稳定的。

2)了解被控制电路中的电压、电流。

3)了解被控电路需要几组、什么形式的触头。

4)了解安装布局空间,以便选择的继电器能够安装得上,尺寸符合要求。

➤ 攻略 164 什么是红外线?

答:红外数据传输,使用传播介质是红外线。红外线是波长在 750nm~1mm 间的电磁波,是人眼看不到的光线。红外数据传输一般采用红外波段内的近红外线,波长为 0.75~25μm。红外数据协会成立后,限定所用红外波长在 850~900nm。

➤ 攻略 165 什么是 IrDA?

答:IrDA 是国际红外数据协会的英文缩写,IrDA 相继制定了很多红外通信协议。

1)IrDA1.0 协议基于异步收发器 UART,最高通信速率为 115.2kbit/s,简称串行红外协议(Serial Infrared,SIR),采用 3/16 ENDEC 编/解码机制。

2)IrDA1.1 协议提高通信速率到 4Mbit/s,简称快速红外协议(Fast Infrared,FIR),采用 4 脉冲相位调制(Pulse Position Modulation,PPM)编译码机制,同时在低速时保留 1.0 协议规定。

3)之后,IrDA 推出了最高通信速率为 16Mbit/s 的协议,简称特速红外协议(Very Fast Infrared,VFIR)。

4)符合 IrDA 红外通信协议的器件称为 IrDA 器件;符合 SIR 协议的器件称为 SIR 器件;符合 FIR 协议的器件称为 FIR 器件;符合 VFIR 协议的器件称为 VFIR 器件。

5)IrDA 标准包括三个基本的规范和协议:红外物理层连接规范 IrPHY(Infrared Physical Layer Link Specification)、红外连接访问协议 IrLAP(Infrared Link Access Protocol)、红外连接管理协议 IrLMP(Infrared Link Management Protocol)。IrPHY 规范制定了红外通信硬件设计上的目标和要求。IrLAP 与 IrLMP 为两个软件层,负责对连接进行设置、管理和维护。

➤ 攻略 166 红外器件的特点是怎样的?

答:红外器件的特点见表 5-71。

表 5-71 红外器件的特点

名 称	说 明
红外检测器件	红外检测器件的主要部件是红外敏感接收管件。红外检测器件有独立接收管、内含放大器、集成放大器、解调器。接收灵敏度是衡量红外检测器件的主要性能指标,接收灵敏度越高,传输距离越远,误码率越低。内部集成放大与解调功能的红外检测器件一般还含有带通滤波器,该类红外检测器件常用于固定载波频率的应用
红外收发器件	红外收发器件集发射与接收于一体。一般器件的发射部分含有驱动器,接收部分含有放大器,并且内部集成有关断控制逻辑

（续）

名　　　称	说　　　明
红外编码/ 解码器件	红外编码/解码器件是实现调制/解调。红外编码/解码器件，需要从外部接入时钟或使用自身的晶体振荡电路，进行调制或解调
	红外编码/解码器件有单独编码的集成器件、集编码/解码于一体
红外接口器件	红外接口器件是实现红外传输系统与微控制器、PC 或网络系统的连接

➤ 攻略 167　怎样安装单线制遥控开关?

答：单线制遥控开关无需零线，具体安装如图 5-26 所示。

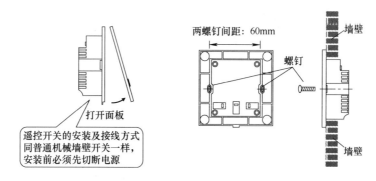

图 5-26　单线制遥控开关的安装

➤ 攻略 168　怎样安装双线制遥控开关?

答：双线制遥控开关具体安装如图 5-27 所示。

➤ 攻略 169　窗帘控制器怎样接线?

答：窗帘控制器接线如图 5-28 所示。

➤ 攻略 170　遥控插座怎样接线?

答：遥控插座接线如图 5-29 所示。

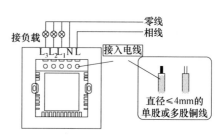

图 5-27　双线制遥控开关的安装

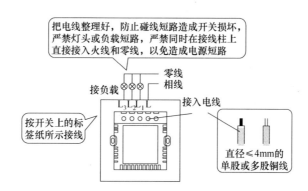

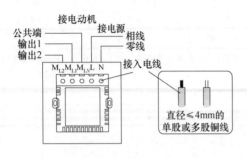

图 5-28　窗帘控制器接线

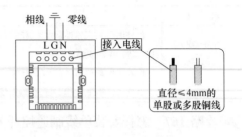

图 5-29　遥控插座接线

▶ **攻略 171　开关常见故障怎样排除?**

答：开关常见故障的原因、排除方法见表 5-72。

表 5-72　开关常见故障的原因、排除方法

现　象	原因与排除方法
按下开关按钮，开关面板 LED 常亮，但灯不亮	可能是高压驱动模块或者灯具损坏
开关不接受遥控信号	开关参数是否选用了不接受遥控信号的选项
开关不能调光	调光器驱动模块是否损坏
开关不能通过遥控器编址	开关参数是否选用了不接受遥控信号选项或者开关参数是否选用了不接受遥控器编址选项
开关或遥控不能控制背景音乐	可能是没有接高压驱动模块或者该路的编址与实际声音输出通道编址不相符
开关开后一会儿自己关掉或关后延时一会儿才自己关掉	是否使用了打开后自动延时关闭或关闭后自动延时关闭功能，事件管理模块是否设置了该功能
开关没有开，荧光灯微闪	可能是使用了调光器驱动模块，对于不可调的灯具需要使用继电器型高压驱动模块
开关送电后开关面板 LED 一直闪烁	可能是通信线路短路或电源线与通信线接反
智能遥控面板可以开关，但遥控器不能控制	1）遥控器可能没有进行开关录码：要进行录码才能控制，每路都要分开录码 2）遥控器是否损坏：按键时指示灯不亮则说明遥控器有可能损坏；指示灯变暗，则可能需要更换电池

5.9　接地

▶ **攻略 172　人工接地体（极）有关要求是怎样的?**

答：人工接地体（极）有关要求如下：

1）接地体的埋设深度不应小于 0.6m，角钢及钢管接地体需要垂直配置。

2）垂直接地体长度不应小于 2.5m，其相互间间距一般不应小于 5m。

3）接地体理设位置距建筑物不宜小于 1.5m。

4）接地装置必须埋设在距建筑物出入口或人行道小于 3m 时，应采用均压带做法或在接地装置上面敷设 50～90mm 厚度沥青层，其宽度应超过接地装置 2m。

5）接地体（线）的连接应采用焊接，焊接处焊缝应饱满并有足够的机械强度。

6）所有金属部件需要镀锌。

7）采用搭接焊时，其焊接长度如下：

① 镀锌扁钢不小于其宽度的 2 倍，三面施焊。

② 镀锌圆钢焊接长度为其直径的 6 倍，并需要双面施焊。

③ 镀锌圆钢与镀锌扁钢连接时，其长度为圆钢直径的 6 倍。

④ 镀锌扁钢与镀锌钢管焊接时，除应在其接触部位两侧进行焊接外，还需要直接将扁钢体弯成弧形与钢管焊接。

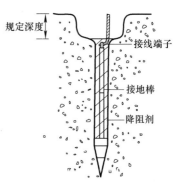

图 5-30　接地体（极）安装图例

▶ 攻略 173　人工接地体（极）最小尺寸需要符合哪些规定？

答：人工接地体（极）钢接地体与接地线的最小规格见表 5-73。接地体（极）安装图例如图 5-30 所示。

表 5-73　人工接地体（极）钢接地体与接地线的最小规格

种类、规格及单位		地上室内	地上室外	地下交流电流回路	地下直流电流回路
圆钢直径 /mm		6	8	10	12
扁　钢	截面积/mm²	60	100	100	100
	厚度/mm	3	4	4	6
角钢厚度/mm		2	2.5	4	6
钢管管壁厚度/mm		2.5	2.5	3.5	4.5

▶ 攻略 174　怎样安装自然基础接地体？

答：安装自然基础接地体的方法与要点见表 5-74。

表 5-74　安装自然基础接地体的方法与要点

项　　目	说　　明
利用无防水底板钢筋或深基础做接地体	根据设计尺寸位置要求，标好位置，然后将底板钢筋搭接焊好，再将柱主筋（不少于两根）底部与底板筋搭接焊好，并将两根主筋用色漆做好标记，以便于引出和检查
利用柱形桩基及平台钢筋做好接地体	根据设计尺寸位置，找好桩基组数位置，把每组桩基四角钢筋搭接封焊，再与柱主筋（不少于两根）焊好，并在室外地面以下，将主筋预埋好接地连接板，并将两根主筋用色漆做好标记，便于引出和检查